物理实验教程

主　编　潘小青　黄瑞强
副主编　罗　飞　邹文强

北京航空航天大学出版社

内容简介

本书依据“理工类大学物理实验教学基本要求”(2010版)在编者以往教材的基础上改编而成。书中重新组织了测量误差与数据处理基础知识,并吸收了目前优秀物理实验教材中有关测量基础理论的部分严格表述,更加注重新方法、新技术在物理实验中的应用,以提升实验教材的编写水平。

全书分5章。第1章阐述了测量误差与数据处理相关基础知识。第2章归纳了物理实验常用的实验方法、实验技术、实验仪器及其操作规范。第3~5章分别精选了40个实验,按照从基础到综合再到设计性实验的层次分类编排,内容涉及力学、热学、电磁学、光学和近代物理等知识领域,各实验项目既相互独立,又相互关联,形成组合系列实验。书末附录介绍了常用物理常量、物理参数的参考值。

本书可作为高等学校理工类各专业的物理实验教学用书,也可作为相关课程教师或实验技术人员的参考书。

图书在版编目(CIP)数据

物理实验教程 / 潘小青,黄瑞强主编. -- 北京 : 北京航空航天大学出版社,2016.8

ISBN 978-7-5124-2179-0

Ⅰ.①物… Ⅱ.①潘… ②黄… Ⅲ.①物理学—实验—高等学校—教材 Ⅳ.①O4-33

中国版本图书馆CIP数据核字(2016)第144705号

物理实验教程

主　编　潘小青　黄瑞强

副主编　罗　飞　邹文强

责任编辑　王慕冰

*

北京航空航天大学出版社出版发行

北京市海淀区学院路37号(邮编100191)　http://www.buaapress.com.cn

发行部电话:(010)82317024　传真:(010)82328026

读者信箱:bhpress@263.net　邮购电话:(010)82316936

涿州市新华印刷有限公司印装　各地书店经销

*

开本:710×1 000　1/16　印张:23.75　字数:506千字

2016年9月第1版　2019年1月第4次印刷

ISBN 978-7-5124-2179-0　定价:56.00元

若本书有倒页、脱页、缺页等印装质量问题,请与本社发行部联系调换。联系电话:(010)82317024

编 委 会

主　编　潘小青　黄瑞强

副主编　罗　飞　邹文强

参　编　刘志勇　刘　云　刘燕勇

刘长菊　蔺福军　叶会亮

前　言

本书是编者在以往物理实验教材的基础上，参照教育部高等学校物理基础课程教学指导分委员会编制的“理工类大学物理实验课程教学基本要求”(2010 版)，结合实验项目的更新换代进行修订改编而成的。本实验教材适用于大学理工类本、专科各专业的基础物理实验课程教学。本书在内容选择和编写过程中，主要基于以下考虑：

(1) 测量误差与数据处理基础中“有效数字及其修约规则”部分内容有别于以往教材的编排顺序而放在测量概念提出之后，并吸收了最新的国家标准与学术通则的部分内容，加强了对实验结果评估的规范表述。

(2) 对物理实验中常用的基本实验方法和实验技术进行了系统总结，介绍了通用物理实验仪器结构及其工作原理，概括地提出了各类物理实验涉及的关键操作技术和规范。

(3) 按照实验能力训练循序渐近的原则，本书内容编排根据实验的性质和层次由基础性实验、近代和综合性实验及设计研究性实验逐步深入。在每一层次的实验中按照力学、热学、电磁学、光学和近代物理学的知识体系进行编排。

(4) 在实验项目教学内容上，对实验原理、实验仪器结构和原理分别介绍，对实验内容、实验数据处理和思考题回答及实验讨论等进行了一定的拓展。

(5) 在设计研究性实验部分，对物理实验设计的过程、原则、方法进行了系统介绍。在设计性实验内容上取材较广泛，内容更多样化。

(6) 在一些实验项目的编写中，考虑到相同的实验内容可通过不同的实验方法加以实现，对部分实验项目列举了不同的实验方法进行描述，使本书可有不同的适用对象。

实验教学是一项集体合作的教学工作，本书的编写是我校物理实验中心许多教师合作完成的。参加本书编写的人员有：绪论、第 1 章由潘小青、黄瑞强编写；第 2 章由潘小青、叶会亮编写；第 5 章 5.1～5.4 节由潘小青、蔺福军编写；3.3节、4.1节、5.5节由潘小青编写；3.1节、3.2节、3.8节、4.2节、4.3节由罗飞编写；3.4节、3.11节、3.12节、4.9节、4.13节、5.10节、5.13节由邹文强编写；3.5节、3.6节、5.7节由刘志勇编写；3.7节、4.8节、4.10～4.14节由刘云编写；3.9节、4.4～4.7节、4.15节、4.16节、5.11节、5.12节由黄瑞强编写；3.13节、3.15节由刘长菊编写；5.6节、5.8节、5.9节由刘燕勇编写；3.10节、3.14节、附录由蔺福军编写。全书由潘小青统稿。

本书编写过程得到江西理工大学教务处的大力支持，也参阅了许多兄弟院校的实验教材，甚至引用了其中部分内容，参考书目列于书末，在此一并表示感谢。

编 者

2016年5月

目　录

绪　论

1. 物理实验的地位和作用

物理学研究自然界物质的基本结构、相互作用、物质运动的基本形式等。历史上每次重大的技术革命都源于物理学的发展。第一次工业革命基于热力学、分子物理学的发展,促使了热机、蒸汽机的发明和广泛应用;第二次工业革命源于电磁学理论和实验的发展,使人类步入电气化时代;第三次工业革命基于近代原子物理学、量子力学的建立,促进了半导体、激光、核技术、电子计算机的迅猛发展。物理实验是物理学的两大支柱之一,一切物理概念的建立、物理规律的发现和物理理论的形成都有赖于物理实验,并接受实验的检验。从本质上而言,物理学是一门实验科学,物理实验在推动自然科学、工程技术的发展中起着至关重要的作用。

物理实验反映了各个自然学科科学实验的共性和普遍性问题,其实验原理、方法及技术已被广泛地运用于各学科的科学研究和工程技术的各个领域中。它在培养学生严谨的科学思维能力和创新能力,培养学生理论联系实际,特别是与科学技术发展相适应的综合能力,适应新世纪人才培养目标方面有着不可替代的重要作用。

2. 大学物理实验课的目的与任务

物理实验课是高等院校对理工类各专业学生进行科学实验基本训练的必修通识教育课程,是大学生进入大学后接受系统实验方法和实验技能训练的开端。物理实验覆盖广泛的学科领域,具有多样化的实验方法和手段,以及综合性很强的基本实验技能训练,它是培养学生创新意识和创新能力,引导学生确立科学思想和科学方法,提高学生科学素质的重要基础。

(1) 通过对物理实验现象的观察、分析和对物理量的测量,学习物理实验的思想、原理和方法,加深对物理学原理和物理实验创意的理解。

(2) 培养与提高学生基本的科学实验能力,其中包括:

① 能够通过阅读实验教材或资料,基本掌握实验原理及方法,为进行实验做准备。

② 能够借助教材或仪器说明书,在老师的指导下,正确地使用常用仪器及辅助设备,加深对实验设计思想的理解。

③ 能够运用物理学理论对实验现象进行初步的分析判断,逐步学会提出问题、分析问题和解决问题的方法。

④ 能够正确地记录和处理实验数据,绘制实验曲线,分析实验结果,撰写合格的实验报告。

⑤ 能够完成符合规范要求的具有设计性内容的实验。

⑥ 在老师的指导下，能够查阅有关方面的科技文献，能够用实验原理、方法进行简单的具有研究性或创意性内容的实验。

(3) 培养与提高学生的科学实验素质。通过物理实验课程的学习，养成学生理论联系实际和实事求是的科学作风、严肃认真的工作态度、主动研究的探索精神，遵守纪律、团结协作和爱护公共财产的优良品德。

3. 大学物理实验课的主要教学环节

(1) 实验预习

学生在进行实验前，要求进行预习。通过预习，应清楚本次实验的主要内容，需要实现什么教学目的，实验用到的物理原理、实验方法、实验仪器，测量哪些物理量才能实现实验的要求。通过预习撰写预习报告，预习报告是实验工作的前期准备，是写给自己参考用的。因此预习报告要求简单明了，主要写明实验目的、实验用到的测量仪器、实验原理和测量方法、实验的主要内容和实验过程及注意事项。预习报告的内容包括：实验名称、实验目的、实验原理简述(含必要的理论公式和电路图或光路图)、实验过程概要、记录数据的表格(写出已知量、指定量、待测量和各量的单位)。

(2) 实验操作

进入实验室后，按照编组号使用相应的实验仪器。实验过程中要求遵守实验室规则，了解实验仪器的使用及注意事项，正式测量之前进行试验性探索操作。实验进程中仔细观察和认真分析实验现象，如实记录实验数据和现象(用钢笔或圆珠笔记录数据，原始数据不得改动)。有效数字位数表示要正确，数据之间适当留有间隙，以便补充。如出现记录错误，应用单划线划掉，再在旁边写上正确值，不允许涂改数据，更不允许抄袭他人数据。不要忘记记录有关实验环境条件、仪器的规格和准确度等级以及被测量量的单位。实验完毕，需经指导教师核准数据并签字认可后，方可整理仪器，离开实验室。

(3) 实验报告

实验报告是写给同行看的，所以必须充分地反映自己实验的过程和结果，反映自己的能力水平，具有自己的特色。实验报告要有条理性，并注意运用科学术语。必须有实验的结论和对实验结果的讨论、分析或评估。实验原理要简明扼要，要有必要的电路图或光路图和主要的数据处理过程，一定要正确地表示实验结果，尤其是利用作图求得的一些物理量。

实验报告内容包括：实验名称、实验目的、主要实验仪器设备、原理简述(原理图、电路图或光路图以及主要计算公式等)、实验的主要过程(内容和步骤)、实验数据表格、数据处理计算的主要过程、必要的作图以及实验结果表示、实验现象分析、实验误差评估或不确定度计算、实验小结和问题讨论等。

第 1 章　测量误差与数据处理

科学实验是人们为实现预定目的，在人工控制的条件下，使自然过程在实验场所再现，从而观察和探求其规律和机制的一种实验方法。按照实验目的的不同，科学实验主要用于定性分析与定量研究两个层面。定性实验是判定某种因素、性质是否存在。定量实验主要测定某种数值或数量间的关系。大部分实验是定量实验，定量实验离不开测量，而测量不可能绝对准确，所以需要对测量结果进行评估，这就需要了解测量误差基本理论。本章主要介绍物理实验中涉及的测量与有效数字、误差、不确定度和数据处理的基本知识。

1.1　测量与有效数字

1.1.1　测　量

测量就是将被测的物理量与规定作为标准的同类物理量（或称为标准量）通过一定的方法进行比较，其倍数即为被测物理量的测量值。测量值由数值和单位两部分构成，一个有单位的数值才有物理意义，这时它才可以为一物理量。

根据获得测量结果的方法不同，测量分为直接测量和间接测量。

由仪器或量具可以直接进行读数的，称为直接测量。例如用米尺测量物体的长度，用天平称物体的质量，用电压表测量电压，用温度计测量温度等都是直接测量。

大多数物理量需要用直接测量的量通过一定的函数关系式计算得到，这样的测量称为间接测量。例如测量钢球的密度时，先用游标卡尺或千分尺测量出它的直径 d，再用天平称出它的质量 m，然后通过函数关系式 $\rho=6m/(\pi d^3)$ 求出钢球的密度。

1.1.2　有效数字

实验中实际测量到的数值，从非零数字最左一位向右数而得到的位数称为有效位数，它包括最后一位或两位估计的、不确定的位数。通常把通过直读获得的准确数字叫做可靠数字，把通过估读得到的那部分数字叫做存疑数字，把测量结果中能够反映被测量大小的带有存疑数字的全部位数叫有效位数。

测量结果的有效位数越多，表明测量越准确；有效位数越少，表示测量越不准确。因此，在使用仪器、仪表进行测量时，要能正确地使用仪器、仪表，并按有效位数的要求正确地读取和记录测量数据。

1.1.3 有效数字记录

如图1.1.1所示，用米尺测量物体长度。物体的一端与零刻度线重合，而另一端在1.3 cm与1.4 cm之间，这时近似地把最小分度值1 mm再分成10等份，从图上估计出物体的另一端大约在(4/10)mm的地方，因此可把物体的长度记为1.34 cm，其中“1.3”是准确数字，而第三位数字“4”为存疑数字。显然，1.34 cm要比1.3 cm或1.4 cm更真实地反映物体的长度。1.34 cm为三位有效位数。如果物体的另一端正好在1.3 cm处，则应记录为1.30 cm，仍是三位有效位数。如果用游标卡尺测量该物体的长度读数为13.42 mm，则是四位有效位数，其中末位“2”是存疑数字。可见测量结果所包含的有效位数是由所用测量仪器的准确度及估计读数方式决定的，因此，在记录测量结果时不允许任意增减有效位数。在使用数字仪器、仪表进行测量时，不需要进行估计读数，显示的末位数字就是存疑数字。

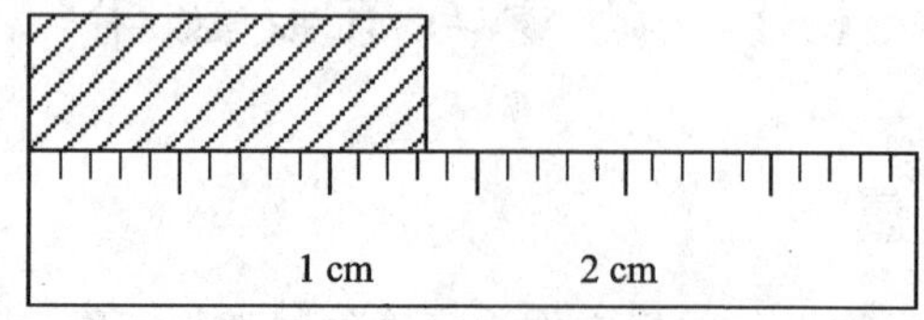

图1.1.1 用米尺测量物体长度

用一台感量为0.02 g的天平称得一物体的质量为38.30 g，有4位有效位数；如果用千克作单位，则写成0.038 30 kg，因单位换算在第一个非零数字前的“0”不能看作有效数位，因而有效位数还是4位。同样，如果用毫克作单位，则为3 830×10 mg，因单位换算后面增加的“0”也不能作为有效位数。为便于进行有效数字运算，常采用科学记数法，即把数据写成小数点前面只留一位整数，后面再乘以10的方幂形式。例如，38.30 g$=3.830\times10^{-2}$ kg$=3.830\times10^{4}$ mg，这种记数法既可表达出有效数字位数，又可表达出数值大小，计算时定位也容易，因此，在实验数据记录中常采用科学记数法。

1.1.4 数值修约

在进行具体的数字运算前，通过省略原数值的最后若干位数字，调整保留的末位数字，使最后所得到的值最接近原数值的过程称为数值修约。指导数字修约的具体规则称为数值修约规则。数值修约时应首先确定“修约间隔”和“修约规则”。

一般简化地约定修约间隔取单位修约间隔1×10^{n}。有效位数修约规则约定：对保留数字末位以后部分的第一个数，小于“5”则舍，大于“5”则入(当末位后为5且“5”的后面还有任何不是0的数字时，都应向前进一位)。等于“5”则把保留数字末位凑为偶数，即末位是奇数则加1(五入)，末位是偶数则不变(五舍)，此规则称为“四舍六入五凑偶”规则。例如：4.535取三位有效位数则为4.54；13.505取四位有效位数则为 13.50。

负数修约时，取绝对值按照上述规定进行修约，再加上负号。另外，不允许连续修约。例如将数字 10.2749 修约到两位小数时，应一步到位：10.2749→10.27(正确)。如果按照“四舍六入五凑偶”规则分步修约，将得到错误结果：10.2749→10.275→10.28(错误)。

1.1.5　有效数字的运算规则

间接测量要由直接测量值通过公式计算得出，间接测量值也应该用有效数字表示。下面讨论有效数字的运算规则。

有效数字运算的总原则是：

① 准确数字与准确数字进行四则运算时，其结果仍为准确数字；

② 准确数字与存疑数字进行四则运算时，其结果均为存疑数字；

③ 在运算最后结果中一般只保留一位存疑数字，其余存疑数字应根据尾数舍入规则处理。

一个计算出来的结果不会比参与计算的最不准确的数值更准确或可靠，因此为了简化运算，在进行四则运算前，可将参加运算的原始数据，分别按加减乘除不同情况进行修约。运算时，为了把存疑数字、可靠数字加以区别，在可疑数字下加一横线。

1. 加减运算

以参与运算的末位最高的数为准，其余数据及其和、差修约至比该末位多取一位。

【例 1.1.1】

$$\begin{array}{r} 12.3\underline{4} \\ +)\quad 2.357\underline{4} \\ \hline 14.6\underline{974} \end{array} \quad \xrightarrow{\text{可化简为}} \quad \begin{array}{r} 12.3\underline{4} \\ +)\quad 2.357 \\ \hline 14.6\underline{97} \end{array}$$

结果为 $14.6\underline{97}$　　　　结果为 $14.6\underline{97}$

【例 1.1.2】

$$\begin{array}{r} 43.3\underline{2} \\ -)\quad 6.256\underline{8} \\ \hline 37.0\underline{632} \end{array} \quad \xrightarrow{\text{可化简为}} \quad \begin{array}{r} 43.32 \\ -)\quad 6.257 \\ \hline 37.0\underline{63} \end{array}$$

结果为 $37.0\underline{63}$　　　　结果为 $37.0\underline{63}$

2. 乘除运算

以参与运算的有效位数最少的数据为基准，其余各数及其积、商都比该数多保留 1 位。

【例 1.1.3】

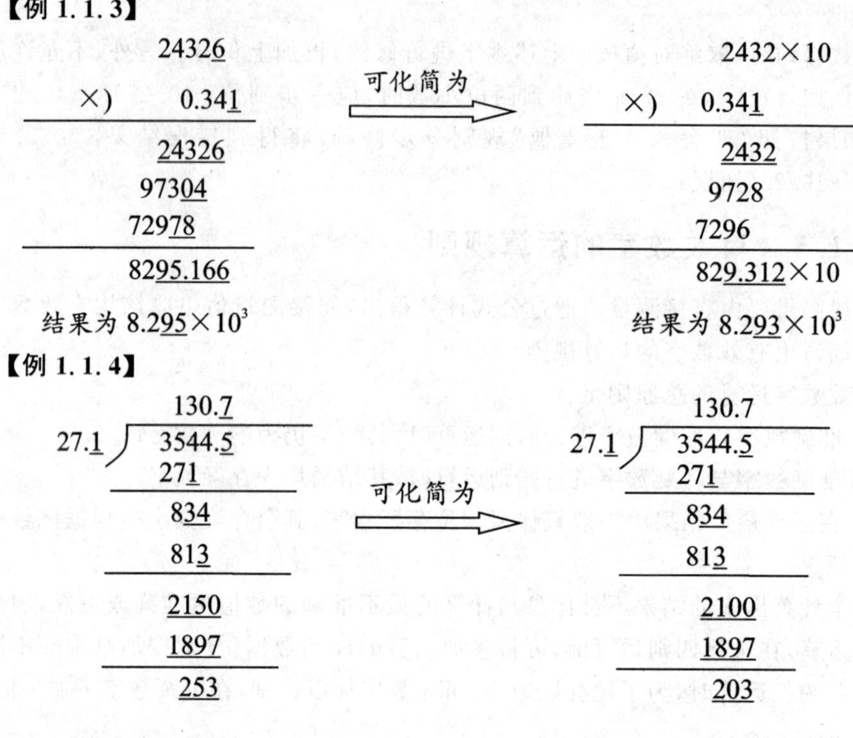

3. 函数运算

在大学物理实验中，为了简便和统一起见，对常用的对数函数、指数函数和三角函数，其有效位数运算作如下规定：

① 对数函数运算后有效位数的尾数取与真数的位数相同。例如：

lg 1.938＝0.297 3；

lg 1 983＝3＋lg 1.938＝3.297。

② 指数函数运算后的有效数字位数可与指数的小数点后的位数相同（包括紧接小数点后的零）。

③ 三角函数的取位由弧度的有效位数而定。例如：

$\sin 30°00' = 0.500\ 0$；

$\cos 20°16' = 0.938\ 1$。

4. 其　他

在运算过程中，可能碰到一些特定的数字如 π、e 等常数以及$\sqrt{2}$、1/2 等系数，其有效数字可视为无限，不影响结果有效数字的确定。

实际上，对参与运算的数据和中间运算结果都可以不修约，只是在得到后面讨论的不确定度之后，再根据不确定度对最终结果进行数值修约。由不确定度决定有效位数是物理实验的基本方法。

1.2 测量误差

测量总是依据一定的实验原理和实验方法，使用一定的测量仪器，在一定的环境条件中，由一定的人进行的。受到测量仪器、测量方法、测量条件和测量人员技术以及其他各种因素的限制，必然使测量值与被测量的真实量值之间存在差异。测量结果与被测量的真实量值之间的差异，称为测量误差，简称误差。

误差公理认为：在测量过程中各种各样的测量误差的产生是不可避免的，测量误差自始至终存在于测量过程中，一切测量结果都存在误差。因此，误差的存在具有必然性和普遍性。

1.2.1 真　值

真值是指在一定的时间和空间条件下，能够准确地反映某一被测量真实状态和属性的量值，也就是某一被测量客观存在的、实际具有的量值。真值有理论真值和约定真值两种。

理论真值是在理想情况下表征某一被测量真实状态和属性的量值。理论真值是客观存在的，或者是根据一定的理论所定义的。例如，三角形三内角之和为 180°。由于测量误差的普遍存在，一般情况下被测量的理论真值是不可能通过测量得到的，但却是实际存在的。

由于被测量的理论真值不能通过测量得到，为解决测量中的真值问题，只能用约定的办法来确定真值。约定真值就是指人们为了达到某种目的，按照约定的办法所确定的量值。约定真值是人们定义的、得到国际上公认的某个物理量的标准量值。例如光速被约定为 $2.997\,9\times10^{8}\,\mathrm{m/s}$。通常以高精度等级的仪器测量的值约定为低精度等级仪器测量值的约定真值。

1.2.2 误　差

绝对误差（简称误差）定义为被测量的测量值与真值之差，即

$$误差=测量值-真值$$

误差具有与被测量相同的单位，其值可为正，亦可为负。如果用 x_0 表示真值，x 表示测量值，则绝对误差 Δx（或 Δ）可表示为

$$\Delta x = x - x_0 \tag{1.2.1}$$

绝对误差可以比较不同仪器测量同一物理量的准确度的高低。

1.2.3 相对误差

仅用绝对误差还不足以表示测量结果的准确程度。例如，用同一钢直尺分别测

量 100.0 cm 和 1.0 cm 的两个长度各一次，误差相同。显然，这一误差对前者而言影响不大，而对后者来说误差相对就大了。为全面评价测量结果的优劣，还要考虑被测量值本身的大小，故引入相对误差的概念。相对误差定义为

$$相对误差=\frac{误差}{真值}\times 100\%$$

用 E 表示相对误差，则

$$E=\frac{\Delta x}{x_0}\times 100\% \tag{1.2.2}$$

相对误差可以比较不同被测物理量的测量准确度的高低。采用相对误差来表示测量误差能够较确切地表明测量的准确程度。

显然，绝对误差与相对误差之间的关系是

$$\Delta x = x_0 \cdot E \tag{1.2.3}$$

1.2.4 误差的分类

误差按其来源和性质可分为两大类：系统误差和随机误差。

1. 系统误差

系统误差的特点是它具有确定的规律性。在一定的实验条件(方法、仪器、环境和观测人都不变)下多次测量同一量时，误差的大小和正负号保持不变，或按一定的规律变化，或按一定的规律重复的误差，称为系统误差。系统误差主要来自以下几个方面：

① 理论(方法)误差。这是由于测量依据的理论公式本身的近似性、实验条件或测量方法不能达到理论公式所规定的要求等而引起的误差。例如，用伏安法测量电阻，由于电表内阻的影响所带来的误差。

② 仪器误差。这是由于测量仪器本身固有缺陷或没有按规定使用而引起的。例如，用未经校准零位的千分尺测量零件的长度，用不十分准确的天平称物体的质量等引起的误差。

③ 环境误差。由于环境条件变化所引起的误差，例如温度、气压、湿度的变化等。

④ 个人误差。这是由于测量者本身的生理和心理特点，或因个人习惯所带来的误差。例如，测量者反应速度的快慢、分辨能力的高低、读数习惯和精神状态等原因造成的误差。

总之，系统误差是在一定实验条件下由一些确定的因素引起的，它使测量结果总是表现出确定的规律性。因此，试图在相同的条件下用增加测量次数来减少或消除它是行不通的，只有找到某个系统误差产生的原因，才能采取一定的方法减少或消除它的影响，或对测量结果进行修正。

2. 随机误差

随机误差的特点是它出现的随机性。在相同的条件下,多次测量同一量值,每一次测量的误差时大时小,误差的符号时正时负,没有确定的变化规律,呈现无规则的涨落,且无法控制和预测,这样的误差称为随机误差。

随机误差是由于偶然的或不确定的因素引起的,它主要来自以下几个方面:

① 主观方面,例如由于人们的感官灵敏度和仪器的精密度有限而导致操作不熟练、估计读数不准等。

② 客观方面,既有测量装置方面的因素,也有环境方面的因素和人员方面的因素。由于人们对这些微小的随机影响因素很难把握,一般也无法进行控制。

在相同的条件下,对同一物理量做多次测量,误差较小的数据比误差较大的数据出现的概率要大得多;在多次测量中绝对值相同的正误差或负误差出现的概率大致是相等的,全部误差的总和在测量次数很多时趋于零。因此,增加测量次数可以减少随机误差。

系统误差与随机误差性质不同,来源不同,处理方法不同。但系统误差和随机误差往往是并存的,影响测量结果的准确度,有时主要因素是系统误差,有时主要因素是随机误差,因此对每个实验要进行具体分析,实验的结果是系统误差和随机误差的总和。但在具体的实验中,考虑随机误差的因素更多一些。

需要指出的是,在整个测量过程中,除了上述两种误差外,还可能发生读数记录上的错误、仪器损坏、操作不当等造成测量上的错误。错误不同于误差,它是可以发现和避免的。

1.3　系统误差及其处理

1.3.1　系统误差的发现

要发现系统误差,就必须仔细研究测量理论和方法的每一步推导,检验或校准每一件仪器,分析每一个实验条件,考虑每一步调整和测量,注意每一个因素对实验的影响等。下面简述几种常用的发现系统误差的方法。

1. 实验对比法

实验对比法包括:实验方法的对比,即用不同方法测同一个量,看结果是否一致;仪器的对比,如用两个电流表接入同一电路对比;改变测量步骤对比,如测量某物理量与温度的关系可升温测量与降温测量,看读数是否一致;改变测量中某些参量的数值、改变实验条件以及换人测量等方法进行对比。在对比中,如果发现实验结果有差异,即说明实验中存在系统误差。

2. 理论分析法

理论分析法包括分析实验所依据的理论公式要求的条件与实际情况有无差异，分析仪器所要求的使用条件是否达到了，等等。

3. 数据分析法

这种方法的理论依据是随机误差服从一定的统计分布规律，如果结果不遵从这种规律，则说明存在系统误差。在相同的条件下得到大量数据时，可用这种方法。

例如：若按顺序记录的测量数据的偏差是单向或周期性变化的，则说明存在固定的或变化的系统误差。因为按照随机误差的统计分布理论，测量值的散布在时间和空间上均是随机的。

以上只是从普遍的意义上介绍了几种发现系统误差的常见方法，在实际实验中，还有许多其他的方式，这里不再一一介绍。

1.3.2 系统误差的修正和消除

通过发现系统误差就能引入修正值加以修正，如对千分尺的零点修正，利用较高等级的电表对低等级的电表测出修正曲线等。但实际中，有时不易找出确切的系统误差值，也常在测量中设法抵消它的影响。下面介绍几种典型的从测量方法上消除系统误差的途径。

1. 替换法

在测量装置上对待测量进行测量后，立即用一个标准量替换待测量，再次进行测量，并调到同样的情况，从而得出待测量等于标准量。例如：在天平上称物体质量，如果采用通常测法，即左盘放待测物，右盘放砝码，会把由于两臂不等长的系统误差带入测量值。如用替换法，就可避开这一系统误差。具体方法是：设待测物质量为X，先利用中介物T(例如干净的细砂)与之平衡，若天平两臂长分别为L_1和L_2，则平衡时有$X=(L_2/L_1)T$。移去待测物，换之以标准砝码p再与中介物T达平衡，则有$p=(L_2/L_1)T$，于是得$X=p$。

2. 异号法

使测量过程中的误差出现一次为正值，另一次为负值，取两者的平均值以消除系统误差的方法称异号法。例如：在使用电位差计测微弱电动势ε的电路中，若有温差电动势ε_0的干扰，则测出的数值ε_1实为两电动势之差，即$\varepsilon_1=\varepsilon-\varepsilon_0$；若将$\varepsilon$反向后，再测量之，则测量值$\varepsilon_2=\varepsilon+\varepsilon_0$，将两次测量结果取平均，温差电动势引入的误差就被消除了。

3. 交换法

例如：用滑线式惠斯通电桥测电阻时，把待测电阻与标准电阻交换位置再次测量，取两次测量值的平均值，就可消除滑线电阻丝不均匀引进的误差。

4. 对称观测法

若有随时间线性变化的系统误差，则可将观测程序在某时刻对称地再做一次。例如，一只灵敏电流计零点随时间有线性漂移，在测量读数前记下一次零点值，测量读数后再记一次零点值，取两次零点值的平均值来修正测量值。又如，测电阻温度系数的实验，测电阻前记录一次温度，测电阻后再记录一次温度，取两次平均值作为该点温度值等。

由于很多随时间变化的误差在短时间内均可认为是线性变化，因此对称观测法是一种能够消除随时间变化的系统误差的好方法。

5. 半周期偶数观测法

对周期性误差，可以每经过半个周期进行偶数次观测。例如，分光计刻度盘偏心带来的角度测量误差是以360°为周期的，就采取相距180°的一对游标，每次测量分别从一对游标上读两个数，则两个角位置之间的夹角是两个游标上分别算出来的夹角的平均值。

以上仅仅是列举了几种减小或消除某些简单的系统误差的方法。实际上，许多系统误差的出现，常常是由于实验所用理论不完善，或理论背后隐藏着未被发现的更精细的规律性而导致的，难以全部消除。

1.4　随机误差及其估算

1.4.1　随机误差的统计规律

假设系统误差已经消除，而被测量本身是稳定的，在相同的条件下，对同一物理量进行多次重复测量，其结果彼此有差异，这就是随机误差引起的。实验和理论都证明，大部分测量的随机误差当重复测量次数足够多时，随机误差的出现遵循统计规律。误差分布曲线如图1.4.1所示，横坐标表示误差 $\Delta=x-x_0$，纵坐标为一个与误差出现的概率有关的概率密度函数 $f(\Delta)$，借助概率论和数理统计的原理可导出误差分布函数。

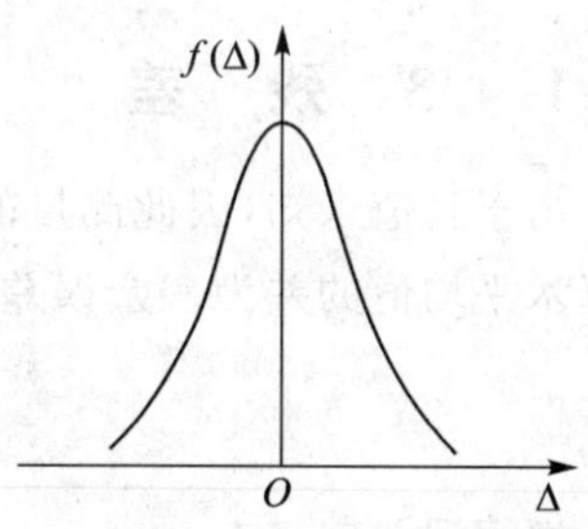

图1.4.1　随机误差分布曲线

$$f(\Delta)=\frac{1}{\sqrt{2\pi}\sigma}\mathrm{e}^{-\frac{\Delta^2}{2\sigma^2}} \tag{1.4.1}$$

这种分布称为正态分布，式(1.4.1)中的特征量 σ 为

$$\sigma=\sqrt{\frac{\sum\Delta_i^2}{n}}\qquad(n\to\infty) \tag{1.4.2}$$

称为均方根误差或标准误差。

服从正态分布的随机误差具有下面一些特征：

① 有界性——绝对值很大的误差出现的概率为零，即误差的绝对值不会超过一定的界限。

② 单峰性——绝对值小的误差出现的概率比绝对值大的误差出现的概率大。

③ 对称性——绝对值相等的正误差和负误差出现的概率相同。

④ 抵偿性——随机误差的算术平均值随着测量次数的增加而越来越趋于零，即

$$\lim_{n\to\infty}\frac{1}{n}\sum_{i=1}^{n}\Delta_i = 0 \tag{1.4.3}$$

在测量不可避免地存在随机误差的情况下，每次测量值各有差异，那么怎样的测量是更接近于真值的最佳值呢？

1.4.2 测量结果的最佳值——算术平均值

利用随机误差的上述统计特性可获得实验结果的最佳值——约定真值。

设对某一物理量在等准确度测量的条件（即实验原理、方法、仪器、环境、人员均相同）下进行多次重复测量，其测量列为 $x_1, x_2, \cdots, x_i, \cdots, x_n$，则测量列的算术平均值为

$$\bar{x} = \frac{1}{n}\sum_{i=1}^{n}x_i \tag{1.4.4}$$

容易理解，对于有限次测量，平均值会随着测量次数的不同而有所变动。因而多次测量的算术平均值，只能称为近真值或最佳值。由随机误差的统计特征可以证明，当测量次数无限增多时，算术平均值就将无限接近于真值。

1.4.3 残　差

由于真值未知，因此测量的绝对误差在大多数情况下是不知道的。定义测量值与算术平均值的差为残余误差，简称残差（或偏差），用 v_i 表示。

残差＝测量值－算术平均值

记为

$$v_i = x_i - \bar{x} \tag{1.4.5}$$

根据误差定义有

$$(x_1 - x_0) + (x_2 - x_0) + \cdots + (x_n - x_0) = \Delta_1 + \Delta_2 + \cdots + \Delta_n$$

$$\frac{1}{n}\sum_{i=1}^{n}\Delta_i = \frac{1}{n}\sum_{i=1}^{n}(x_i - x_0) = \bar{x} - x_0$$

由于随机误差的抵偿性，当 $n\to\infty$ 时，$\sum_{i=1}^{n}\Delta_i/n \to 0$，因此有 $\bar{x}\to x_0$。

可见测量次数越多，测量列的算术平均值越接近于真值。所以，测量结果可用测量列的算术平均值作为约定真值。但是测量结果的随机误差究竟有多大？如何表示呢？

1.4.4 随机误差的表示法

随机误差的大小常用标准误差、平均误差和极限误差表示。

1. 测量列的标准误差 σ

随机误差 Δ 为正态分布时，概率密度函数 $f(\Delta)$ 由式(1.4.1) 表示，下面讨论特征量 σ 的物理意义。

图 1.4.2 所示是不同 σ 值时的 $f(\Delta)$曲线。σ 越小，表示绝对值小的误差越占优势，正态分布曲线越尖，反映了测量列中各测量值的分散性小，重复性好。反之，σ 值越大，正态分布曲线较平坦，测量列中各测量值的分散性大，重复性差。因此，测量列的标准误差 σ 是表征同一待测量的 n 次测量所得结果的离散性的参数。

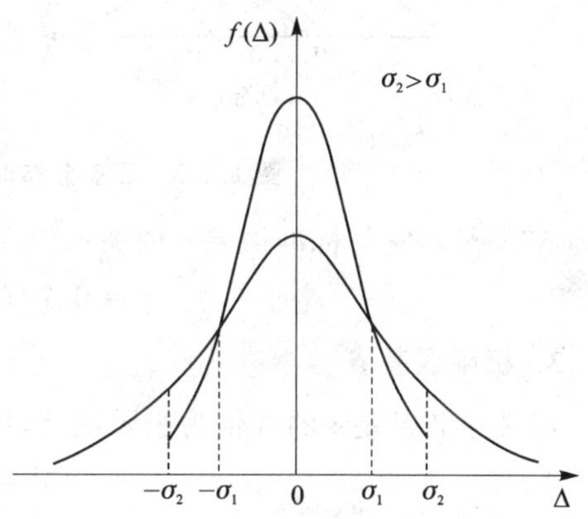

图 1.4.2　不同 σ 值时的 $f(\Delta)$ 曲线

但要注意，标准误差 σ 和各测量值的误差 Δ_i 有着完全不同的含义。Δ_i 是实在的误差值，亦称真误差；而 σ 并不是一个具体的测量误差值，它反映的是测量列的随机误差概率分布特性，只具有统计性质的意义，是一个统计性的特征值。

图 1.4.3(a)所示曲线下的总面积表示各种大小(包括正、负)误差出现的总概率，当然应该是 100%。由 $\Delta=-\sigma$ 到 $\Delta=\sigma$ 之间的曲线下的面积(图中画斜线部分)，计算约为总面积的 68.3%，它表示随机误差落到区间$[-\sigma,\sigma]$内的概率。这就是说，在等准确度重复测量时，若测量次数 n 很大，则所获得的数据中，将有 68.3%的数据其误差绝对值$|\Delta_i|$比 σ 小。

由此可见，标准误差 σ 所表示的意义是：测量列中任一测量值的误差落在区间$[-\sigma,\sigma]$内的概率约为 68.3%。

2. 平均误差 η

n 次测量误差的平均值定义为

$$\eta=\frac{\sum|\Delta_i|}{n} \tag{1.4.6}$$

它的概率含义是：

$$P(-\eta<\Delta<+\eta)=\int_{-\eta}^{\eta}f(\Delta)\mathrm{d}\Delta=57.5\% \tag{1.4.7}$$

如图 1.4.3(b)所示，即任作一次测量，测量值误差落在$[-\eta,+\eta]$之间的可能性

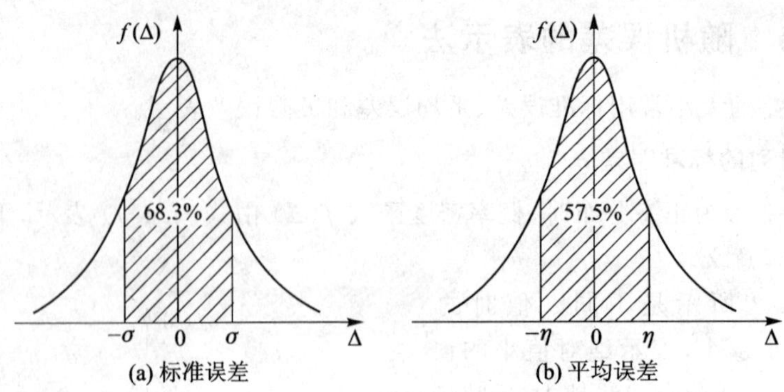

图 1.4.3　正态分布时不同误差的概率意义

约为 57.5%。它与标准误差 σ 的关系为

$$\eta = 0.7979\sigma \approx 0.8\sigma$$

3. 极限误差 δ

定义标准误差 σ 的 3 倍为极限误差，用 δ 表示为

$$\delta = 3\sigma \tag{1.4.8}$$

它的概率含义是：

$$P(-\delta < \Delta < \delta) = \int_{-\delta}^{\delta} f(\Delta)\mathrm{d}\Delta = 99.7\% \tag{1.4.9}$$

极限误差表示任作一次测量时，测量值的误差在 $[-3\sigma, +3\sigma]$ 之间的概率为 99.7%，即在 1 000 次测量中只有 3 次测量值的误差绝对值会超过 3σ。由于在一般实验中测量次数很少超过几十次，因此，可以认为测量值误差超过 $\pm 3\sigma$ 范围的概率是极小的，故称其为极限误差。

上述三种随机误差的表示法，其区别在于概率的大小不同，换一个其他概率又可以有一种随机误差表示法。但是，由于真值 x_0 是无法测得的，因此误差 $\Delta_i = x_i - x_0$ 也是无法计算的，δ、η、σ 均无法算出。那么如何来估算随机误差的大小呢？

1.4.5　有限次测量列的随机误差估算

由于有限次测量列的算术平均值 $\bar{x}$ 是真值的最佳估计值，且当 $n \to \infty$ 时，$\bar{x} \to x_0$，因此可以用测量列中各次测量值与算术平均值之差即残差（也称偏差）来估算误差。

$$v_i = x_i - \bar{x}$$

v_i 是可以计算的，当由 v_i 来估算标准误差时，由误差理论可以证明：

$$\sigma_x = \sqrt{\frac{\sum_{i=1}^{n}(x_i - \bar{x})^2}{n-1}} = \sqrt{\frac{\sum_{i=1}^{n} v_i^2}{n-1}} \tag{1.4.10}$$

考虑到测量次数 n 为有限次，σ_x 是根据所得到的测量值样本对无限总体的标准差做出的估计，因而所求得的是标准误差的估计值。σ_x 一般称为测量列中任一测量值 x_i 的标准偏差。一般而言，利用标准偏差代替标准误差，只要测量次数不是很少(例如不少于 10 次)，则测量列中任一测量值的误差落在区间$[-\sigma_x,\sigma_x]$内的概率仍在 68%附近。

同理，按 v_i 来估算平均误差 η 时，测量列的平均绝对偏差 η_x 为

$$\eta_x = \frac{\sum |v_i|}{n} \approx \frac{4}{5}\sigma_x \tag{1.4.11}$$

而 $\delta=3\sigma$，则极限偏差为

$$\delta_x = 3\sigma_x \tag{1.4.12}$$

1.4.6　算术平均值标准偏差

在进行了有限的 n 次测量后，可得一最佳值 $\bar{x}$，并用 σ_x 估算出这列数据的标准偏差，以表示其离散性。这时，测量列中任一测量值 x_i 的偏差落在区间$[-\sigma_x,\sigma_x]$内的概率约为 68.3%。但是，$\bar{x}$ 也是一个随机变量，随 n 的增减而变化，那么算术平均值本身的可靠性如何？显然，$\bar{x}$ 肯定要比测量列中的任一测量值更可靠。由误差理论可以证明，算术平均值 $\bar{x}$ 的标准偏差 $\sigma_{\bar{x}}$ 为

$$\sigma_{\bar{x}} = \frac{\sigma_x}{\sqrt{n}} = \sqrt{\frac{\sum v_i^2}{n(n-1)}} \tag{1.4.13}$$

即算术平均值的标准偏差是测量列的标准偏差(测量列中任一测量值 x_i 的标准偏差)的 $1/\sqrt{n}$倍。由于算术平均值的标准差 $\sigma_{\bar{x}}$ 与测量次数 n 的平方根成反比，因此 $\sigma_{\bar{x}}$ 随着 n 增大而减小的速度越来越小。当 $n>10$ 后，n 再增加时，$\sigma_{\bar{x}}$ 的减小效果已不明显，一般等精度测量的测量次数取 $n\leqslant 10$ 即可。

与测量列的标准偏差 σ_x 的统计意义一样，$\sigma_{\bar{x}}$ 也用来反映算术平均值 $\bar{x}$ 的离散性，按照式(1.4.13)求出的 $\sigma_{\bar{x}}$ 值表示算术平均值的偏差落在区间$[-\sigma_{\bar{x}},+\sigma_{\bar{x}}]$内的概率约为 68.3%。

1.5　仪器误差

1.5.1　仪器的示值误差

测量是用仪器或量具进行的。有的仪器比较粗糙或灵敏度较低，有的仪器比较精确或灵敏度较高，但任何仪器都存在误差。仪器误差就是指在正确使用仪器的条件下，测量所得的结果的最大误差或误差限，用 $\Delta_{仪}$ 表示。

仪器误差通常是制造工厂和计量机构使用更精确的仪器、量具，经过检定比较后

给出的，由所用仪器的量程和级别(或只用级别)可以算出仪器误差 $\Delta_{仪}$ 的大小。下面列举几种常用器具的仪器误差限(示值误差)。

1. 游标卡尺、螺旋测微计(千分尺)的仪器示值误差

游标卡尺不分准确度等级，一般测量范围在 300 mm 以下的卡尺其分度值便是仪器的示值误差，如表 1.5.1 所列。因为确定游标卡尺上哪条线与主尺上某一刻度对齐，最多只可能有正负一条线之差。

表 1.5.1 游标卡尺的示值误差

mm

测量范围	示值误差		
	分度值		
	0.02	0.05	0.1
0～300	±0.02	±0.05	±0.1
300～500	±0.04	±0.05	±0.1

螺旋测微计分零级和一级两类，通常实验室使用的为一级，其示值误差也根据测量范围的不同而不同，如表 1.5.2 所列。

表 1.5.2 螺旋测微计的示值误差

mm

测量范围	0～100	100～150	150～200
示值误差	±0.004	±0.005	±0.1

在物理实验中，考虑到上述规定的严格性，又兼顾教学训练的简化需要，除具体实验中另有说明以外，一般约定游标卡尺的仪器误差按其分度值计算。钢卷尺、螺旋测微计等的仪器误差未知其示值误差时，可以按其最小分度值的 1/2 计算。

2. 物理天平的示值误差

物理实验室中常用物理天平，其基本型号、感量及其允许误差如表 1.5.3 所列。

表 1.5.3 物理天平的示值误差

型 号	最大称量/g	感量/mg	不等臂偏差/mg	示值变动性误差/mg
WL	500	20	60	20
WL	1 000	50	100	50
TW-0.2	200	20	<60	<20
TW-0.5	500	50	<150	<50
TW-1	1 000	100	<300	<100

3. 电表的示值误差

根据国家标准 GB766—76 规定，电表准确度等级分为 0.1、0.2、0.5、1.0、1.5、

2.5、5.0 共七个等级，在规定条件下使用时，其最大绝对误差为

$$\Delta_{仪} = 量程 \times 准确度等级\ \% = x_n \times S_n\% \tag{1.5.1}$$

其中 x_n 为量程。例如量程为 3.0 V 的 0.5 级电压表的最大示值误差是

$$\Delta V_{仪} = 3.0\ \text{V} \times \frac{0.5}{100} = 0.015\ \text{V}$$

1.5.2　仪器的标准误差 $\sigma_{仪}$

仪器误差也同样包含系统误差和随机误差两部分。究竟哪个因素为主，要具体分析。一般准确度级别较高的仪表(如 0.2 级)主要是随机误差，级别低的或工业用仪表则主要是系统误差。实验室用仪表(0.5 级)两种误差都有，且数值相近。如何确定仪器的标准误差？它与仪器的最大示值误差间关系又如何？

一般仪器误差的概率密度函数遵从均匀分布，如图 1.5.1 所示。在 $\Delta_{仪}$ 范围内，各种误差(不同大小和符号)出现的概率相同，区间外出现的概率为 0。

例如，游标卡尺的仪器误差、仪器度盘或其他传动齿轮的回差产生的误差、机械秒表在其分度值内不能分辨引起的误差、级别较高的仪器和仪表的误差等都属于均匀分布。误差发生在 $[-\Delta_{仪}, +\Delta_{仪}]$ 区间内的概率为

$$\int_{-\Delta_{仪}}^{+\Delta_{仪}} f(\Delta)\mathrm{d}\Delta = 1$$

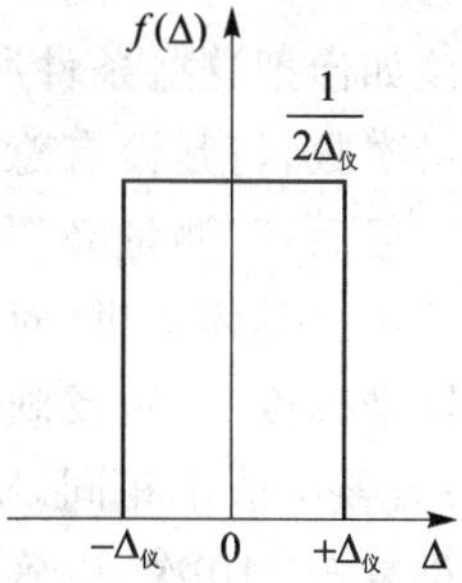

图 1.5.1　均匀分布

所以误差服从的规律为

$$f(\Delta) = \frac{1}{2\Delta_{仪}}$$

可计算得标准误差为

$$\sigma_{仪} = \frac{\Delta_{仪}}{\sqrt{3}} \tag{1.5.2}$$

根据式(1.5.2)，对最小分度为 0.1 cm 的钢直尺，其仪器的标准误差 $\sigma_{仪} = 0.5\ \text{cm}/\sqrt{3} = 0.03\ \text{cm}$；量程为 150 mA、准确度为 1.0 级的电流表，其 $\sigma_{仪} = 1.5\ \text{mA}/\sqrt{3} = 0.9\ \text{mA}$；用电子秒表测时间，其最末的数字代表的一个单位，就是仪器的最大误差 $\Delta_{仪}$，即有 $\sigma_{仪} = 0.01\ \text{s}/\sqrt{3} = 0.006\ \text{s}$。

若仪器误差的概率分布函数近似服从正态分布，则

$$\sigma_{仪} = \Delta_{仪}/3 \quad (P = 0.683)$$

螺旋测微计的误差概率分布函数为近似的正态分布。

1.6 直接测量量及间接测量量的误差传递

1.6.1 直接测量结果的表示

1. 测量的重复次数问题

由于在测量中存在随机误差，为了能获得该项测量的最佳值，并对结果作出正确评价，就需进行多次重复测量。从理论上讲，进行无限多次重复测量，所得的算术平均值就是待测量真值的最佳值，且 $\sigma_{\bar{x}} \to 0(n \to \infty)$。由于 $\sigma_{\bar{x}}$ 的减少按 $1/\sqrt{n}$ 的比例关系变化，在 n 较大时，$\sigma_{\bar{x}}$ 的变化极慢，在一般的实验中，没有必要无限地增加测量次数。另一方面，由于测量的准确性还受到测量仪器、测量方法等条件限制，所以关键是应该如何把这些条件所能达到的准确性体现出来，不考虑这些条件而去单纯地增加测量次数，将是没有意义的。

一般而言，测量必须重复多次。若重复测量值起伏大，则多测几次；若起伏小，则少测几次。具体地讲，对一个量至少应先测 2～3 次，若各次测量值相同，则表明测量中仪器准确度不高，反映不出测量的随机误差，就不再进行多次测量，而以单次测量处理；若各次值不相同，则表明测量中已显示出随机误差，需要再追加重复测量次数，至少重复 5～10 次，以确定标准偏差。

2. 单次测量结果的标准误差

对于实际工作中，有时测量不能或不需要重复多次，或者仪器准确度不高，测量条件比较稳定，多次测量同一物理结果相近，我们用 $\Delta_{仪}$ 表示测量结果的最大允许误差，用 $\sigma_{仪} = \Delta_{仪}/\sqrt{3}$ 表示单次测量的标准误差，将结果表示为

$$x = x_{测} \pm \sigma_{仪} \tag{1.6.1}$$

3. 多次重复测量结果的误差表示

对于多次重复测量的物理量，以测量列的算术平均值 $\bar{x}$ 表示测量结果的最佳值。测量结果的随机误差估算用算术平均值的标准误差表示，即

$$x = \bar{x} \pm \sigma_{\bar{x}} \tag{1.6.2}$$

其中
$$\sigma_{\bar{x}} = \sqrt{\frac{\sum v_i^2}{n(n-1)}} \quad (i = 1,2,3,\cdots)$$

根据对标准误差统计意义的认识，上式表示被测物理量的真值在区间 $[\bar{x} - \sigma_{\bar{x}}, \bar{x} + \sigma_{\bar{x}}]$ 内的概率为 68.3%。因此，不排除真值出现在区间外的可能性，当然，更不能认为测量结果是 $\bar{x} - \sigma_{\bar{x}}$ 和 $\bar{x} + \sigma_{\bar{x}}$ 两个值。只有从统计的观点出发，才能正确地理解测量结果表示式的意义，否则将引出错误的结论。

对于一般教学实验，由于所用仪器准确度很不一致，既有仪器误差，也有随机

误差，还包括其他不确定因素造成的未定系统误差。为简化起见，这时合成的总误差为

$$\sigma_c = \sqrt{\sigma_{\bar{x}}^2 + \sigma_{仪}^2} \tag{1.6.3}$$

如果 $\sigma_{\bar{x}}$ 与 $\sigma_{仪}$ 比较相差较大(3 倍以上)，则取最大者表示测量结果的误差，其测量结果写为

$$\left.\begin{array}{ll} x = \bar{x} \pm \sigma_{\bar{x}}(\text{单位}) & (\sigma_{\bar{x}} > \sigma_{仪}) \\ x = \bar{x} \pm \sigma_{仪}(\text{单位}) & (\sigma_{\bar{x}} < \sigma_{仪}) \end{array}\right\} \tag{1.6.4}$$

测量结果的有效位数修约规则如下：误差或偏差一般取一位有效位数，若误差首位数字是 1，则可取两位有效位数，尾数通常只进不舍；测量结果的有效位数的末位应与误差位对齐。

4. 测量结果的相对误差表示法

容易看出，仅有标准误差或平均值绝对误差等还不足以表示测量结果的准确程度，还要考虑被测量本身的大小，故引入相对误差的概念。相对误差 E 定义为

$$E = \frac{\sigma_{\bar{x}}}{\bar{x}} \times 100\% \tag{1.6.5}$$

相对误差一般可取 1～2 位有效位数，尾数亦只进不舍。

若待测物理量有公认值或理论值，则还可将测量最佳值与其公认值或理论值比较，并用相对误差即百分误差来表示测量的优劣，即

$$E = \frac{|\bar{x} - x_0|}{x_0} \times 100\% \tag{1.6.6}$$

5. 测量次数很少时置信区间的确定

当测量次数很少时，测量列的算术平均值与标准差 $\sigma_{\bar{x}}$ 将严重偏离正态分布真值 x_0 和标准误差 σ。根据误差理论，在有限次(n 次)测量中，算术平均值不再服从正态分布，而是服从自由度 $\gamma = n-1$ 的 t 分布(亦称"学生分布")，它是一种连续型随机变量的概率分布。由 t 分布可以提供一个系数因子，简称 t 因子，t 也是一个统计量。用这个 t 因子乘以平均值的标准偏差，仍然保证这个区间内有 68.3% 的置信概率。表 1.6.1 列出了几个常用的 t 因子数。

表 1.6.1　常用的 t 因子

$\gamma = n-1$	1	2	3	4	5	6	7	8	9
$t_{0.683}$	1.84	1.32	1.20	1.14	1.11	1.09	1.08	1.07	1.06
$t_{0.95}$	12.71	4.30	6.18	2.78	2.57	2.45	2.36	2.31	2.26

从表中可见，t 因子随测量次数的增加而趋近于 1，即 t 分布在 $n \to \infty$ 时趋近于正态分布。于是在测量次数很少时，将测量结果表示成

$$\bar{x} \pm t_{0.683} \cdot \sigma_{\bar{x}} \quad (\text{单位}) \tag{1.6.7}$$

对实验中直接测量量的误差处理,一般可按图 1.6.1 所示进行。

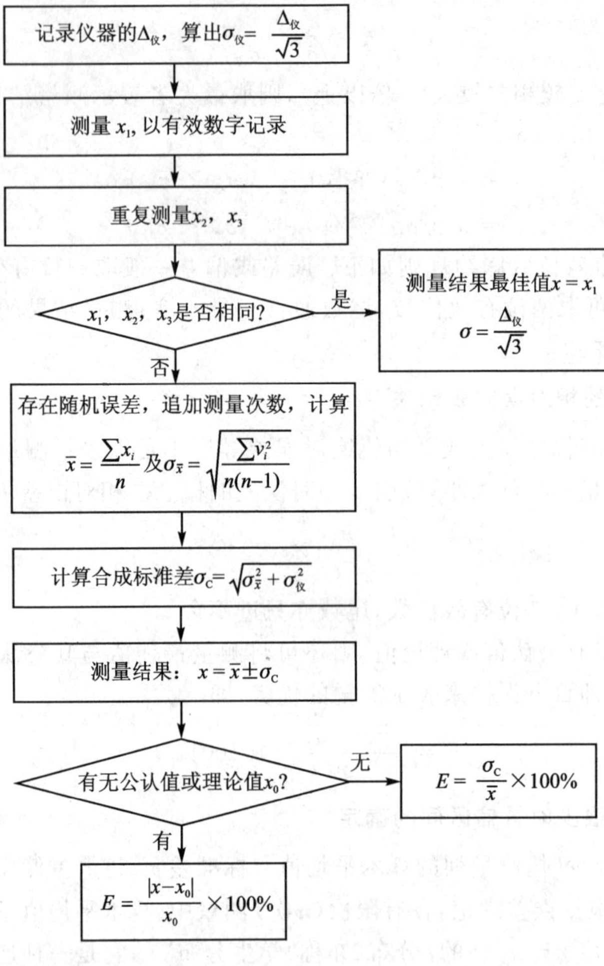

记录仪器的$\Delta_{仪}$,算出$\sigma_{仪}=\dfrac{\Delta_{仪}}{\sqrt{3}}$

测量x_1,以有效数字记录

重复测量x_2,x_3

x_1,x_2,x_3是否相同?

是:测量结果最佳值$x=x_1$,$\sigma=\dfrac{\Delta_{仪}}{\sqrt{3}}$

否:存在随机误差,追加测量次数,计算 $\bar{x}=\dfrac{\sum x_i}{n}$ 及 $\sigma_{\bar{x}}=\sqrt{\dfrac{\sum v_i^2}{n(n-1)}}$

计算合成标准差$\sigma_C=\sqrt{\sigma_{\bar{x}}^2+\sigma_{仪}^2}$

测量结果:$x=\bar{x}\pm\sigma_C$

有无公认值或理论值x_0?

无:$E=\dfrac{\sigma_C}{\bar{x}}\times 100\%$

有:$E=\dfrac{|x-x_0|}{x_0}\times 100\%$

图 1.6.1 直接测量量的标准误差数据处理流程图

1.6.2 间接测量结果的误差传递

由于间接测量量的理论值都是通过一定的函数关系式由各直接测量量计算得到的,而各直接测量值都是有误差的,因此计算出来的间接测量量值也必然出现误差传递。由各直接测量误差计算间接测量误差的数学公式称为误差传递公式。下面介绍标准差传递的一般公式。

标准差及相对标准差的传递公式

当直接测量值的随机误差是以标准偏差进行估算时,它们将以方和根合成的方式传递给间接测量结果的标准偏差。设待测量 $N=f(A,B,C,\cdots)$,其中 $A,B,C,\cdots$ 为直接测量量,则

$$\sigma_{\bar{N}}=\sqrt{\left(\frac{\partial f}{\partial A}\right)^2\sigma_{\bar{A}}^2+\left(\frac{\partial f}{\partial B}\right)^2\sigma_{\bar{B}}^2+\left(\frac{\partial f}{\partial C}\right)^2\sigma_{\bar{C}}^2+\cdots} \tag{1.6.8}$$

相对标准偏差

$$E=\frac{\sigma_N}{N}=\sqrt{\left(\frac{\partial f}{\partial A}\right)^2\cdot\left(\frac{\sigma_{\bar{A}}}{N}\right)^2+\left(\frac{\partial f}{\partial B}\right)^2\cdot\left(\frac{\sigma_{\bar{B}}}{N}\right)^2+\left(\frac{\partial f}{\partial C}\right)^2\cdot\left(\frac{\sigma_{\bar{C}}}{N}\right)^2+\cdots}\times 100\% \tag{1.6.9}$$

以上两式即为间接测量中标准偏差的传递公式。$\sigma_{\bar{A}}$、$\sigma_{\bar{B}}$、$\sigma_{\bar{C}}$、… 为各直接测量值 A、B、C、… 平均值的标准偏差，$\sigma_{\bar{N}}$ 为间接测量值 N 的平均值的标准偏差，它们不仅可以用来估算间接测量结果的误差，而且还可用来分析各直接测量值误差对最后结果误差的影响大小，从而为改进实验指出方向。在设计一项实验时，还能为合理地组织实验、选择仪器提供必要的依据。下面讨论它们在基本运算中的应用。

(1) 和差关系

设 $N=A+B$，有

$$\frac{\partial N}{\partial A}=1,\qquad \frac{\partial N}{\partial B}=1$$

根据式(1.6.8)得

$$\sigma_N=\sqrt{\sigma_A^2+\sigma_B^2}$$

(2) 倍数关系

设 $N=KA$(其中 K 为常数)，则

$$\sigma_N=|K|\sigma_A$$

(3) 乘除关系

设 $N=AB$ 时，有

$$\frac{\partial N}{\partial A}=B,\qquad \frac{\partial N}{\partial B}=A$$

设 $N=A/B$ 时，有

$$\frac{\partial N}{\partial A}=\frac{1}{B},\qquad \frac{\partial N}{\partial B}=-\frac{A}{B^2}$$

分别代入式(1.6.9)，得

$$E_N=\frac{\sigma_N}{N}=\sqrt{\left(\frac{\sigma_A}{A}\right)^2+\left(\frac{\sigma_B}{B}\right)^2}=\sqrt{E_A^2+E_B^2}\times 100\%$$

由此可见，函数关系式不论是乘还是除，它们结果的相对标准偏差都等于各直接测量量的相对标准偏差的“方和根”，所以当函数是乘除关系时，总是用相对标准偏差进行传递，先算出结果的相对标准偏差 E_N，然后由 $\sigma_N=N\cdot E_N$ 计算 N 的标准偏差 σ_N。

现将上面推导的一些常用的误差传递公式与标准误差传递公式列于表 1.6.2 中。

【例 1.6.1】 利用误差传递关系证明测量列平均值的标准偏差 $\sigma_{\bar{x}}=\sigma_x/\sqrt{n}$。

证明 若对某物理量测量 n 次，则平均值

$$\bar{x}=\frac{1}{n}(x_1+x_2+\cdots+x_n)$$

根据误差传递关系，得

$$\sigma_{\bar{x}}=\sqrt{\left(\frac{\sigma_{x_1}}{n}\right)^2+\left(\frac{\sigma_{x_1}}{n}\right)^2+\cdots+\left(\frac{\sigma_{x_n}}{n}\right)^2}$$

因为每一个测量值的标准偏差 σ_x 相同，所以有

$$\sigma_{\bar{x}}=\sqrt{n\frac{\sigma_x^2}{n^2}}=\frac{\sigma_x}{\sqrt{n}}$$

表 1.6.2 常用函数的标准误差传递公式

函数关系式	误差传递一般公式	标准误差传递公式
$N=A+B$	$\Delta N=\Delta A+\Delta B$	$\sigma_N=\sqrt{\sigma_A^2+\sigma_B^2}$
$N=A-B$	$\Delta N=\Delta A+\Delta B$	$\sigma_N=\sqrt{\sigma_A^2+\sigma_B^2}$
$N=A\cdot B$	$E=\frac{\Delta A}{A}+\frac{\Delta B}{B}$	$E=\sqrt{\left(\frac{\sigma_A}{A}\right)^2+\left(\frac{\sigma_B}{B}\right)^2}$
$N=A/B$	$E=\frac{\Delta A}{A}+\frac{\Delta B}{B}$	$E=\sqrt{\left(\frac{\sigma_A}{A}\right)^2+\left(\frac{\sigma_B}{B}\right)^2}$
$N=A^n$	$E=n\frac{\Delta A}{A}$	$E=n\frac{\sigma_A}{A}$
$N=\sqrt[n]{A}$	$E=\frac{1}{n}\frac{\Delta A}{A}$	$E=\frac{1}{n}\frac{\sigma_A}{A}$
$N=\sin A$	$\Delta N=\lvert\cos A\rvert\cdot\Delta A$	$\sigma_N=(\cos A)\cdot\sigma_A$
$N=\ln A$	$\Delta N=\frac{\Delta A}{A}$	$\sigma_N=\frac{\sigma_A}{A}$
$N=\frac{A^pB^q}{C^r}$	$E=p\frac{\Delta A}{A}+q\frac{\Delta B}{B}+r\frac{\Delta C}{C}$	$E=\sqrt{p^2\left(\frac{\sigma_A}{A}\right)^2+q^2\left(\frac{\sigma_B}{B}\right)^2+r^2\left(\frac{\sigma_C}{C}\right)^2}$

【例 1.6.2】 测得圆柱体的质量 m、高度 h 及直径 d，求其密度及标准偏差。

数据记录：d=5.642 mm、5.648 mm、5.640 mm、5.653 mm、5.639 mm、5.646 mm（$\Delta_{仪}$=0.004 mm）；h=(6.715±0.006)cm；m=(14.06±0.02)g，其中 h 和 m 为单次测量。

解

$$\bar{d}=\frac{1}{n}\sum_{i=1}^{n}d_i=\frac{1}{6}(5.642+5.648+5.640+5.653+5.639+5.646)\ \text{mm}=5.645\ \text{mm}$$

$$\sigma_{\bar{d}}=\sqrt{\frac{\sum(d_i-\bar{d})^2}{n(n-1)}}=0.003\ \text{mm}$$

故
$$d=\bar{d}\pm\sigma_{\bar{d}}=(5.645\pm0.003)\text{mm}$$

$$\rho_{测}=\frac{m}{V}=\frac{4m}{\pi d^2h}=\frac{4\times14.06}{3.142\ 6\times(5.645\times10^{-1})^2\times6.715}\ \text{g}\cdot\text{cm}^{-3}=8.366\ \text{g}\cdot\text{cm}^{-3}$$

按误差传递公式(1.6.2)得

$$E=\frac{\sigma_{\rho}}{\rho}\times 100\%=\sqrt{\left(\frac{\sigma_m}{m}\right)^2+\left(2\,\frac{\sigma_{\bar{d}}}{d}\right)^2+\left(\frac{\sigma_h}{h}\right)^2}\times 100\%=0.20\%$$

$$\sigma_{\rho}=\rho\cdot E_{\rho}=8.366\ \mathrm{g\cdot cm^{-3}}\times 0.20\%=0.02\ \mathrm{g\cdot cm^{-3}}$$

所以,圆柱体密度 ρ 的计算结果为

$$\rho=\rho_{测}\pm\sigma_{\rho}=(8.37\pm 0.02)\mathrm{g\cdot cm^{-3}}$$

从例 1.6.2 的求解过程中归纳以下几点:

① 测量值最后一位应与标准差所在位对齐,对于测量值主要考虑数值的准确性,所以尾数采取四舍六入、逢五取偶的修约规则。

② 标准偏差本着宁大勿小原则。一般取一位有效位数(首位是 1 可保留两位),对末位数以后的数,采取只进不舍的修约规则。

③ 相对标准差最多取两位,尾数也采用只进不舍的修约规则。

【例 1.6.3】 推导 $\rho=\frac{m_1}{m_1-m_2}\rho_0$ 的标准误差传递公式。测得 $m_1=(27.06\pm 0.02)\mathrm{g}$,$m_2=(17.03\pm 0.02)\mathrm{g}$,$\rho_0=(0.999\,7\pm 0.000\,3)\mathrm{g\cdot cm^{-3}}$。求相对标准差 E_{ρ} 及其结果表达式。

解 $\rho=\frac{m_1}{m_1-m_2}\rho_0=\frac{27.06}{27.06-17.03}\times 0.999\,7\ \mathrm{g\cdot cm^{-3}}=2.697\ \mathrm{g\cdot cm^{-3}}$

由 $\rho=\frac{m_1}{m_1-m_2}\rho_0$ 取对数,并求全微分:

$$\ln\rho=\ln m_1-\ln(m_1-m_2)+\ln\rho_0$$

$$\frac{\mathrm{d}\rho}{\rho}=\frac{\mathrm{d}m_1}{m_1}-\frac{\mathrm{d}m_1-\mathrm{d}m_2}{m_1-m_2}+\frac{\mathrm{d}\rho_0}{\rho_0}=\frac{-m_2}{m_1(m_1-m_2)}\mathrm{d}m_1+\frac{\mathrm{d}m_2}{m_1-m_2}+\frac{\mathrm{d}\rho_0}{\rho_0}$$

将式中的微分符号换成对应的标准偏差,然后平方相加再开方,得相对标准偏差:

$$E_{\rho}=\frac{\sigma_{\rho}}{\rho}=\sqrt{\frac{m_2^2\sigma_{m_1}^2}{m_1^2(m_1-m_2)^2}+\frac{\sigma_{m_2}^2}{(m_1-m_2)^2}+\frac{\sigma_{\rho_0}^2}{\rho_0^2}}=$$

$$\sqrt{\frac{17.03^2\times 0.02^2}{27.06^2\times(27.06-17.03)^2}+\frac{0.02^2}{(27.06-17.03)^2}+\frac{0.000\,3^2}{0.999\,7^2}}=$$

$$\sqrt{1.6\times 10^{-6}+4.0\times 10^{-6}+9.0\times 10^{-8}}=2.4\times 10^{-3}=0.24\%$$

标准偏差为

$$\sigma_{\rho}=\rho\cdot E_{\rho}=2.697\ \mathrm{g\cdot cm^{-3}}\times 0.24\%=6.5\times 10^{-3}\ \mathrm{g\cdot cm^{-3}}\approx 0.007\ \mathrm{g\cdot cm^{-3}}$$

结果表达式为

$$\rho=\rho\pm\sigma_{\rho}=(2.697\pm 0.007)\mathrm{g\cdot cm^{-3}}$$

1.6.3　间接测量的数据处理过程

在物理实验中测得各直接测量量后,间接测量量的测量结果及相对误差一般可

按图 1.6.2 所示的处理流程图进行。

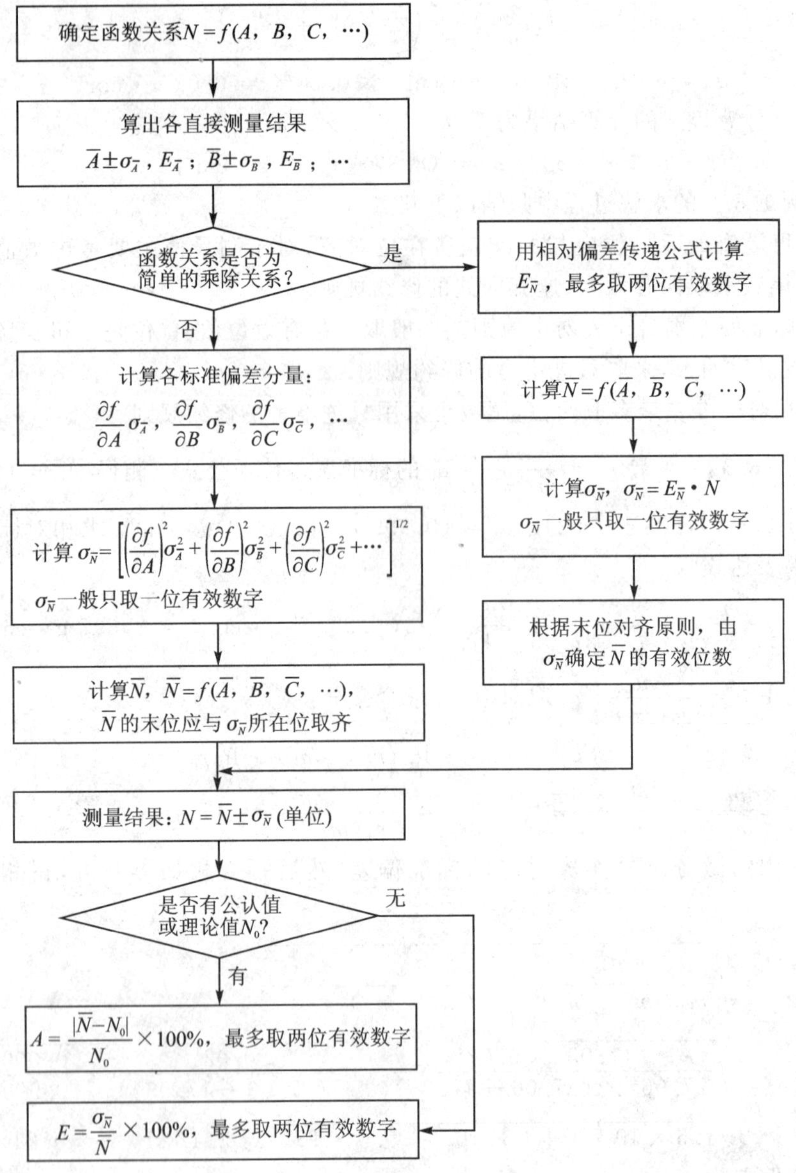

图 1.6.2　间接测量量的标准误差及结果数据处理流程图

1.7　不确定度

测量不确定度是用来表征被测量之值所处范围的一种评定，一切测量结果都不可避免地具有不确定度。

国际标准化组织 ISO、国际电工委员会 IEC、国际计量局 BIPM、国际法制计量组织 OIML、国际理论化学与应用化学联合会 IUPAC、国际理论物理与应用物理联合会 IUPAP、国际临床化学联合会 IFCC 等 7 个国际组织于 1993 年联合发布了《测量不确定度表示指南》(*Guide to the Expression of Uncertainty in Measurement*)，简称 GUM。我国于 1999 年经国家质量技术监督局批准，颁布实施了由全国法制计量技术委员会提出的《测量不确定度评定与表示》(JJF1059—1999)。

1.7.1　不确定度的概念

测量的目的是得到被测量的真值，但由于测量误差的存在，被测量的真值往往是无法得到的，测量结果就带有不确定性。测量的结果是否可信、准确程度到底如何，测量结果质量的高低怎样，需要给出一个定量指标，以确定测量结果的可信程度。对一组物理实验的具体数据来说，不确定度是指测量值(近真值)附近的一个范围，测量值与真值之差(误差)可能落于其中。不确定度小，测量结果可信赖程度高；不确定度大，测量结果可信赖程度低。

测量不确定度是组成测量结果的一个参数，它反映了被测量的测量结果的分散性，也就是测量结果的不确定性。对被测量进行多次重复测量，被测量的测量值不是一个确定的数值，而是分散的无限多个可能值。测量不确定度表征了测量值所处的一个区间，它是对被测量真值所处的量值范围的一个估计。测量不确定度是与测量结果相关联的一个参数，它是对测量结果分散性的估计，可以通过对测量值的评定而求出。但是，测量不确定度不代表具体的误差值。

不确定度是建立在误差理论基础上的新概念。测量不确定度定义为测量结果带有的一个参数，用以表征合理赋予被测量值的分散性，它是被测量客观值在某一量值范围内的一个评定。不确定度理论将不确定度按照测量数据的性质分为 A 类不确定度分量和 B 类不确定度分量两种。

A 类不确定度分量是用对观测量进行统计分析的方法来评定标准不确定度。

B 类不确定度分量是用对观测量进行非统计分析的其他方法来评定标准不确定度。

1.7.2　不确定度评定的简化方法

1. A 类不确定度分量

由于大学物理实验中大部分直接测量可看成等准确度测量，以 n 次直接测量量的算术平均值 $\bar{x}$ 作为测量结果的最佳估计值，用 $\sigma_{\bar{x}}$ 来估算测量结果的标准偏差，A 类标准不确定度分量为

$$u_{\mathrm{A}} = t_{p(n-1)}\sigma_{\bar{x}} \qquad (P = 0.683) \tag{1.7.1}$$

2. B 类不确定度分量

B 类标准不确定度的评定原则上要考虑到各种影响因素，获得 B 类标准不确定

度的信息来源众多，包括以前的观测数据，对有关技术资料和测量仪器特性的了解和经验，生产部门提供的技术说明文件、校准证书、检定证书或其他文件提供的数据、准确度的等别或级别等，手册或某些资料给出的参考数据及其不确定度等。为简化处理，我们主要以仪器标准差作为B类标准不确定度分量，即

$$u_{\mathrm{B}} = \sigma_{仪} \qquad (P = 0.683) \tag{1.7.2}$$

对于单次测量的随机误差一般以最大误差进行估计，以下分两种情况处理：

① 当已知仪器准确度时，以其准确度作为误差大小。如一个量程为150 mA、准确度为0.2级的电流表，测某一次电流，读数为131.2 mA。为估计其误差，则按准确度0.2级可算出最大绝对误差为0.3 mA，因而该次测量的结果可写成$I=(131.2\pm 0.3)$mA。

② 当未知仪器准确度时，单次测量误差的估计，应根据所用仪器的灵敏度、测试者感觉器官的分辨能力以及观测时的环境条件等因素具体考虑，以使估计误差的大小尽可能符合实际情况。一般来说，最大读数误差对连续读数的仪器可取仪器最小分度值的一半，而无法进行估计的非连续读数的仪器，如数字式仪表，则取其最末位数的一个最小单位。

3. 合成标准不确定度

合成标准不确定度可以按不确定度分量的A、B两类评定方法分别合成。如$u_{\mathrm{cA}(N)}$、$u_{\mathrm{cB}(N)}$分别为按A、B类标准不确定度分量的合成不确定度。

当全部直接测量量是彼此独立或不相关时，合成标准不确定度$u_{\mathrm{c}(N)}$由式(1.7.3)得出：

$$u_{\mathrm{c}(N)} = \sqrt{\sum_{i=1}^{n}\left(\frac{\partial F}{\partial x_i}\right)^2 u^2(x_i)} \tag{1.7.3}$$

式中，标准不确定度$u(x_i)$既可以按A类也可以按B类方法评定。$u_{\mathrm{c}(N)}$是一个估计的标准差，表征合理赋予被测量N之值的分散性。

将A类和B类标准差合成得到置信概率$P=0.683$的合成标准不确定度：

$$u_{\mathrm{c}} = (u_{\mathrm{A}}^2 + u_{\mathrm{B}}^2)^{1/2} \qquad (P = 0.683) \tag{1.7.4}$$

若考虑到测量次数，则还应作t因子修正。在大学物理实验中，若取置信概率$P=0.683$，则在A类、B类不确定度分量各只有一个以标准差形式表示的相互独立的分量的简单情况下，合成不确定度u_{c}为

$$u_{\mathrm{c}} = \sqrt{[t_{0.683}(n-1)\sigma_{\bar{x}}]^2 + \sigma_{仪}^2} \tag{1.7.5}$$

4. 扩展不确定度的评定

若要增大置信概率，则将合成标准不确定度乘以一个与相应置信概率相联系的包含因子(或称覆盖因子)k，得到增大置信概率的不确定度叫做扩展不确定度。若取置信概率为0.95，则对正态分布，$k_{0.95}=1.96\approx 2$。这时的扩展不确定度为

$$u_{0.95} = \sqrt{(t_{0.95}u_{\mathrm{A}})^2 + (k_{0.95}u_{\mathrm{B}})^2} \tag{1.7.6}$$

在大学物理实验中，为简化计算，以后统一采用式(1.7.5)计算合成不确定度，因而相应的置信概率为 $P=0.683$。

1.7.3　不确定度的计算

1. 直接测量的不确定度计算

单次测量时，大体有以下三种情况：

① 仪器准确度较低，随机误差很小，多次测量读数相同，不必进行多次测量。

② 对测量的准确程度要求不高，只测一次即可。

③ 因测量条件的限制，不可能多次重复测量。

单次测量的结果也应以不确定度表示测量结果。这时 u 常用仪器的最大允许误差 $\Delta_{仪}$ 表示。

多次测量时，不确定度的计算过程如下：

① 求测量数据的算术平均值 $\bar{x} = \dfrac{\sum x_i}{n}$；

② 修正已知的系统误差，得到测量值(如螺旋测微器必须消除零误差)；

③ 计算平均值标准差 $\sigma_{\bar{x}}$；

④ 求 A 类不确定度分量 $u_A = t_{p(n-1)}\sigma_{\bar{x}}$ $(P = 0.683)$；

⑤ 根据仪器标定的最大允许误差确定 $u_B = \sigma_{仪}$；

⑥ 由 u_A、u_B 合成不确定度 $u = \sqrt{u_A^2 + u_B^2}$；

⑦ 给出测量结果 $x = \bar{x} \pm u$。

2. 间接测量不确定度计算过程

用间接测量不确定度表示测量结果的计算过程如下：

① 写出(或求出)各直接测量量的不确定度。

② 依据 $N = F(x,y,z,\cdots)$ 的关系求出 $\dfrac{\partial F}{\partial x},\dfrac{\partial F}{\partial y},\cdots$，或 $\dfrac{\partial \ln F}{\partial x},\dfrac{\partial \ln F}{\partial y},\cdots$。

③ 用公式 $u_N = \sqrt{\left(\dfrac{\partial F}{\partial x}\right)^2 (u_x)^2 + \left(\dfrac{\partial F}{\partial y}\right)^2 (u_y)^2 + \cdots}$

或 $E_{u_N} = \dfrac{u_N}{\overline{N}} = \sqrt{\left(\dfrac{\partial \ln F}{\partial x}\right)^2 (u_x)^2 + \left(\dfrac{\partial \ln F}{\partial y}\right)^2 (u_y)^2 + \cdots}$，求出 u_N。

④ 亦可用误差传递公式计算各直接测量量的不确定度(见表 1.6.2)。

⑤ 给出实验结果 $\begin{cases} N = \overline{N} \pm u_N \\ E_{u_N} = \dfrac{u}{\overline{N}} \times 100\% \end{cases}$，　$\overline{N} = f(\bar{x},\bar{y},\bar{z},\cdots)$。

【例 1.7.1】　采用感量为 0.1 g 的物理天平称量某物体的质量，其读数值为 35.41 g，求物体质量的测量结果。

解 采用物理天平称物体的质量，重复测量读数值往往相同，故一般只需进行单次测量即可。单次测量的读数即为近似真实值，$m=35.41$ g。

物理天平的"示值误差"通常取感量的一半，并且作为仪器误差，即

$$\sigma_{仪}=0.05\ \text{g}$$

测量结果为

$$m=(35.41\pm0.05)\ \text{g}$$

在例 1.7.1 中，因为是单次测量 $(n=1)$，合成不确定度 $u_c=\sqrt{u_A^2+\sigma_B^2}$ 中的 $u_A=0$，所以 $u_c=\sigma_B$，即单次测量的合成不确定度等于非统计不确定度。但是这个结论并不表明单次测量的 u_c 就小，因为当 $n=1$ 时，σ_x 发散。其随机分布特征是客观存在的，测量次数 n 越大，置信概率就越高，因而测量的平均值就越接近真值。

【例 1.7.2】 用螺旋测微器测量小钢球的直径，5 次的测量值分别为

$$d=11.922,11.923,11.922,11.922,11.922\ (\text{mm})$$

螺旋测微器的最小分度数值为 0.01 mm，试写出测量结果。

解 ① 求直径 d 的算术平均值：

$$\bar{d}=\frac{1}{n}\sum_{1}^{5}d_i=\frac{1}{5}(11.922+11.923+11.922+11.922+11.922)\ \text{mm}=11.922\ \text{mm}$$

② 计算 B 类不确定度：

螺旋测微器的仪器误差为 $\Delta_{仪}=0.005$ mm，则

$$\sigma_B=\Delta_{仪}=0.005\ \text{mm}$$

③ 计算 A 类不确定度：

$$\sigma_d=\sqrt{\frac{\sum_{1}^{5}(d_i-\bar{d})^2}{n-1}}=$$

$$\sqrt{\frac{(11.922-11.922)^2+(11.923-11.922)^2+\cdots}{5-1}}\ \text{mm}=0.000\ 5\ \text{mm}$$

$$\sigma_{\bar{d}}=\frac{\sigma_d}{\sqrt{n}}=0.000\ 24\ \text{mm}$$

$$u_A=t_{0.683(n-1)}\sigma_{\bar{d}}=1.14\times0.000\ 24=0.000\ 28$$

④ 合成不确定度：

由于 $0.000\ 28<\frac{1}{3}\times0.005$，故可略去 u_A，于是有

$$u_c=0.005\ \text{mm}$$

⑤ 测量结果如下：

$$d=\bar{d}\pm u_c=(11.922\pm0.005)\ \text{mm}$$

从例 1.7.2 中可以看出，当有些不确定度分量的数值很小时，相对而言可以略去不计。在计算合成不确定度中求"方和根"时，若某一平方值小于另一平方值的 $\frac{1}{9}$，

则这一项就可以略去不计。这一结论叫做微小误差准则。在进行数据处理时,利用微小误差准则可减少不必要的计算。不确定度的计算结果,一般应保留一位有效数字,多余的位数按有效数字的修约原则进行取舍。

【例1.7.3】 已知电阻$R_1=(50.2\pm0.5)\Omega$,$R_2=(149.8\pm0.5)\Omega$,求它们串联的电阻R和合成不确定度u_R。

解 串联电阻的阻值为

$$R=R_1+R_2=50.2\ \Omega+149.8\ \Omega=200.0\ \Omega$$

合成不确定度为

$$u_R=\sqrt{\sum_1^2\left(\frac{\partial R}{\partial R_i}u_{R_i}\right)^2}=\sqrt{\left(\frac{\partial R}{\partial R_1}u_1\right)^2+\left(\frac{\partial R}{\partial R_2}u_2\right)^2}=$$

$$\sqrt{u_1^2+u_2^2}=\sqrt{0.5^2+0.5^2}\ \Omega=0.7\ \Omega$$

测量结果为

$$R=(200.0\pm0.7)\ \Omega$$

在例1.7.3中,由于$\frac{\partial R}{\partial R_1}=1$,$\frac{\partial R}{\partial R_2}=1$,因此$R$的总合成不确定度为各个直接测量量的不确定度平方求和后再开方。

1.8 数据处理方法

实验必然要采集大量数据。所谓数据处理,是指从获得数据到得出结论为止的数据加工过程,包括记录、整理、计算、作图、分析等方面的处理方法。前面我们从测量误差的概念出发,讨论了测量结果和误差的估算,本节主要介绍物理实验中常用的列表法、图示法与图解法、逐差法以及一元线性函数的最小二乘法等数据处理的常用方法。

1.8.1 列表法

在记录和处理数据时,常常将所得数据列成表格形式。数据列表后,可以简单而明确、形式紧凑地表示出有关物理量之间的对应关系;便于随时检查结果是否合理,及时发现问题,减少和避免错误;有助于找出有关物理量之间规律性的联系,进而求出经验公式等。拟定数据列表的要求如下:

① 写出列表的名称,列表名称要简单明了,能反映表格中有关量及其关系。

② 表内各栏目(纵或横)均应标明测量量的名称和单位,若名称用自定义的符号,则需要加以说明。单位及量值的数量级写在该符号的标题栏中,不必重复记录在各个数值上。

③ 列入表中的数据主要是原始数据,处理数据过程中的重要中间结果也应列入表中。

【例 1.8.1】 测钢球直径 D,列表如表 1.8.1 所列。使用仪器为 0～100 mm 的一级螺旋测微计,其 $\Delta_{仪}=0.004$ mm。

表 1.8.1 钢球直径 D

测量次数	初读数/mm	末读数/mm	直径 D_i /mm	$v_i=D_i-\bar{D}$ /mm	v_i^2 /mm²
1	0.004	6.002	5.998	+0.001 3	196
2	0.003	6.000	5.997	+0.000 3	9
3	0.004	6.000	5.996	+0.000 7	49
4	0.004	6.001	5.997	+0.000 3	9
5	0.005	6.001	5.996	+0.000 7	49
6	0.004	6.000	5.996	+0.000 7	49
7	0.004	6.001	5.997	+0.000 3	9
8	0.003	6.002	5.999	+0.002 3	529
9	0.005	6.000	5.995	+0.001 7	289
10	0.004	6.000	5.996	+0.000 7	49
平均/mm	$\bar{D}=5.996\ 7$　　$\sigma_{\bar{D}}=0.000\ 4$				

注：若用计算器计算 $\bar{D}$、$\sigma_{\bar{D}}$，则后两列可省去。

$$\sigma_{仪}=\frac{\Delta_{仪}}{\sqrt{3}}=\frac{0.004}{\sqrt{3}}=0.002\ 3\ \text{mm}$$

$$\sigma_{仪}\gg\sigma_{\bar{D}}$$

最后结果为 $D=\bar{D}\pm\sigma_{仪}=(5.997\pm0.003)$ mm。

上列表格中的数据在计算 D 的平均值时多保留一位,一般处理中间过程往往多保留一位,以便运算过程中不至于失之过多,最后仍应按有效数字有关修约规则进行取舍。

1.8.2 图示法和图解法

1. 图示法

物理实验中测得的各物理量之间的关系,可以用函数式表示,也可以用各种图线表示,称为实验数据的图线表示法,简称图示法。定量图线形象直观,它不仅能简明地显示物理量之间的相互关系、变化趋势,而且能方便地找出函数的极大值、极小值、周期性和奇异性等。特别是对那些尚未找到适当的解析函数表达式的实验结果,可以从图线中去寻找相应的经验公式,从而探求物理量之间的变化规律。

制作一幅完整而正确的图线,其基本步骤包括：图纸的选择;坐标的分度和标记;标出每个实验点;作出一条与许多实验点基本相符合的图线;图注和说明等。

(1) 图纸的选择。图纸通常有线性直角坐标纸(毫米方格纸)、对数坐标纸、半对数坐标纸、极坐标纸等，应根据具体实验数据特点选取合适的坐标纸。

因为图线中直线最易绘制，也便于使用，所以有已知函数关系的情况下，作变量之间的关系图线时，最好通过变换将某种函数关系曲线改为线性函数的直线。

例如：

① $y=a+bx$，y 与 x 为线性函数关系；

② $y=a+b/x$，若令 $u=1/x$，则得 $y=a+bu$，y 与 u 为线性函数关系；

③ $y=ax^b$，取常用对数，则 $\lg y=\lg a+b\lg x$，$\lg y$ 与 $\lg x$ 成线性函数关系；

④ $y=ae^{bx}$，选自然对数，则 $\ln y=\ln a+bx$，$\ln y$ 与 x 为线性函数关系。

对于①，选用线性直角坐标纸就可得直线；对于②，以 y、u 为坐标时，在线性直角坐标纸也是一条直线；对于③，在选用对数坐标后，不必对 x、y 作对数计算，就能得一条直线；对于④，则应选择半对数坐标纸作图，才可得到一条直线；如果只有线性直角坐标纸，而要作③、④两类函数关系的直线，则应将相应的测量进行对数计算后再作图。

(2) 坐标的分度与标记。绘制图线时，应以自变量作横坐标(x 轴)，以因变量作纵坐标(y 轴)，并标明各坐标轴所代表的物理量(可用相应的符号表示)及其单位。

坐标的分度可根据实验数据的有效数字和对结果的要求来确定。原则上，数据中的可靠数字在图中也应是可靠的，而最后一位的存疑数字在图中也是估计的，即不能因作图而引进额外的误差。在坐标轴上每隔一定间距均匀地标出分度值，标记所用有效数字位数应与原始数据的有效数字相同，单位应与坐标轴的单位一致，坐标分度不一定从 0 开始，可以用低于原始数据的某一整数作为坐标分度的起点，高于测量所得最高的某一整数作为终点，这样图线就能充满所选用的整个图纸。

(3) 描点。根据测量数据，用“＋”或“⊙”记号标出各数据点在坐标纸上的位置，记号交叉点或圆心应是测量点的坐标位置，“＋”中的横竖线段、“⊙”中的半径表示测量点的误差范围，欲在同一图纸上画不同图线，标点应该用不同符号，以便区分。还可用“ ”、“△”，不用“· ”记号，因为连线时会盖住，不能清楚地看出点与线的偏离情况。

(4) 连接实验图线。作一条与标出的实验点基本相符合的图线，连线时必须使用工具(最好用透明的直尺、三角板、曲线板等)，所绘的曲线或直线就光滑匀称，而且要尽可能使所绘的图线通过较多的测量点，但不能连成折线，对严重偏离曲线或直线的个别点，应检查一下描点是否有误，若没有错误，在连线时可考虑舍去其他不在直线上的点，应使它们均匀地分布在图线的两侧，如图 1.8.1(b)所示。

对于仪器仪表校正曲线，连线时应将相邻的两点连成直线，整个校正曲线图呈折线形式。

(5) 图注和说明。在图纸的明显位置应写清图的名称，注明作者、作图的日期和必要的简短说明。

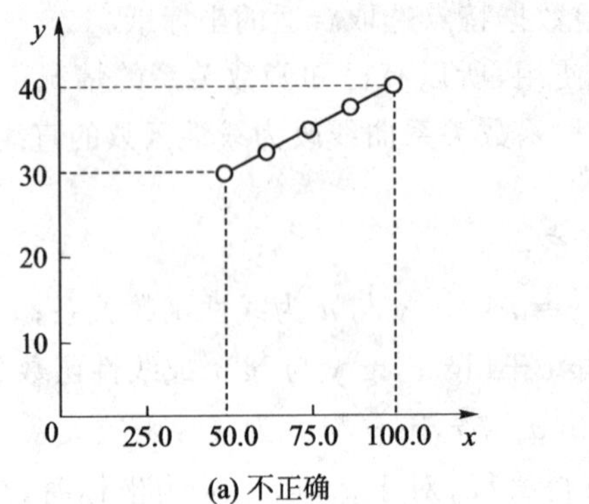

(a) 不正确

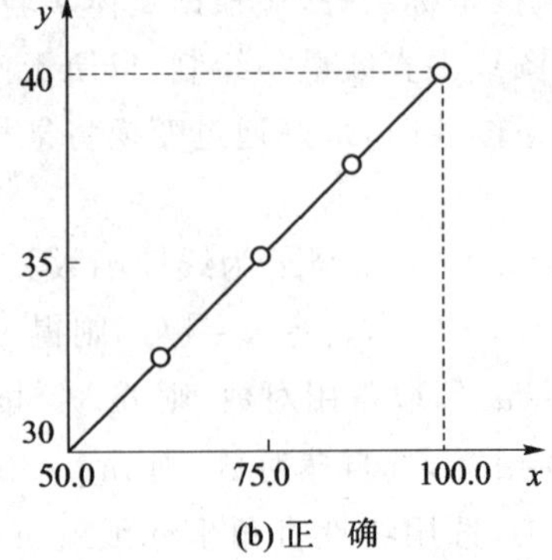

(b) 正　确

图 1.8.1　坐标分度

2. 图解法

利用已作好的图线，定量地求得待测量或得出经验方程，称为图解法，尤其当图线为直线时，采用此法更为方便。

(1) 选点——两点法。为求直线的斜率，通常用两点法而不用一点法，因为直线不一定通过原点。在直线的两端任选取两点 $A(x_1, y_1)$、$B(x_2, y_2)$，一般不用实验点，而是在直线上选取，并用与实验点不同的记号表示，在记号旁注明其坐标值，这两点应尽量分开些，如图 1.8.2 所示。如果两点太靠近，计算斜率时会使结果的有效数字位数减少；但也不能取得超出实验数据范围以外，因为选这样的点无实验依据。

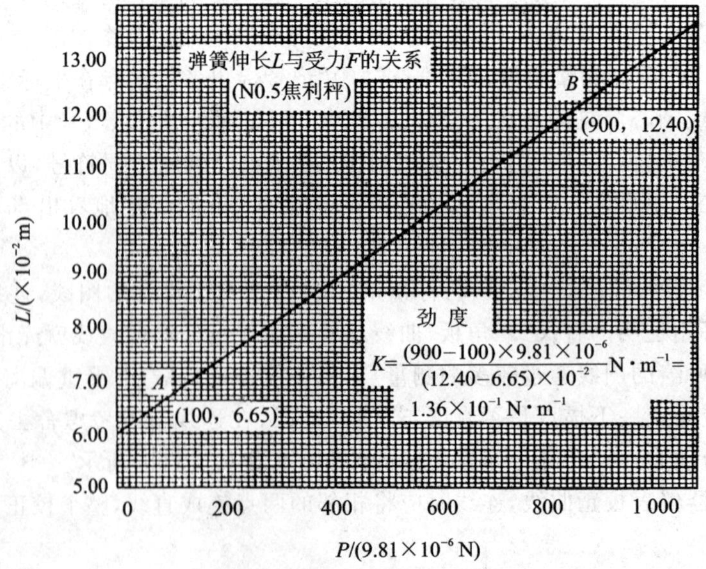

图 1.8.2　作图示例

(2) 求斜率。因为线性方程为 $y=a+bx$,将两点坐标值代入,可得直线斜率:

$$b=\frac{y_2-y_1}{x_2-x_1}$$

(3) 求截距。若坐标起点为零,则可将直线虚线延长,得到与坐标轴的交点,即可求得截距。若起点不为零,则可按下式计算:

$$a=\frac{x_2y_1-x_1y_2}{x_2-x_1} \tag{1.8.1}$$

【例 1.8.2】 表 1.8.2 所列数据是测量焦利秤弹簧伸长与受力的关系。测量弹簧长度用刻度为 0.1 mm 的游标卡尺。加外力使用的是 5 个 200 mg 的 4 级砝码,其极限误差与伸长量测量误差相比很小,因而可以认为砝码是完全准确的,作图示例见图 1.8.2。

表 1.8.2　弹簧伸长与受力关系数据表

砝码质量/mg	增重位置/mm	减重位置/mm	平均位置 L/mm
0	58.2	61.2	59.7
200	72.8	75.2	74.0
400	87.1	89.4	88.3
600	101.0	108.3	102.4
800	115.7	117.1	116.4
1 000	129.4	129.4	129.4

1.8.3　逐差法

逐差法常用于处理自变量等间距变化的数据组。逐差法计算简便,特别是在检查数据时,可以随测随检,便于及时发现数据差错和数据规律。

逐差法是把实验测量的数据列成表格进行逐次相减,或者分成高低两组实行对应项等间隔相减。为了说明这种方法,仍使用 1.8.2 小节给出的弹簧伸长与受力关系的实验数据,对其逐次相减及等间隔相减的结果列于表 1.8.3。从表中可以看出,逐次相减的结果接近相等,说明弹簧伸长与所加砝码质量成线性变化关系。同时还会看到 $L_5-L_4=13.5$ mm,较其他相减的结果偏小,很可能是因为这个测量值有某种系统误差。因为实验是增加砝码读一次数,减少砝码读一次数,减砝码读数普遍比增加砝码读数偏大,从 L_0 至 L_4 的结果都是增重和减重的平均值,因而抵消了一部分系统误差,而 L_5 是一次测量的值,增减砝码之间的差异在这个值上没有被抵消。可见,只简单地逐次把数据减一下,就多知道了许多信息。

利用数据求弹簧的劲度系数 K(直线斜率的倒数)有多种方法可供选择。例如,任取两个数据点就可求出,不过这样不能充分利用数据抵消掉一部分测量误差的影响,因而不是好的办法。利用逐次相减值求平均行不行呢?

$$l=\frac{1}{5}[(L_1-L_0)+(L_2-L_1)+\cdots+(L_5-L_4)]=\frac{1}{5}(L_5-L_0)$$

结果中间的点都相互减去了,没有起作用,仍然只用了两个端点数据点,因此,也是不能用的。

表 1.8.3 弹簧伸长与受力关系

1	2	3	4
砝码质量/mg	弹簧伸长位置/mm	逐次相减/mm	等间隔相减/mm
0	$L_0=59.7$	$L_1-L_0=14.3$	$L_3-L_0=42.7$
200	$L_1=74.0$	$L_2-L_1=14.3$	
400	$L_2=88.3$	$L_3-L_2=14.1$	$L_4-L_1=42.4$
600	$L_3=102.4$	$L_4-L_3=14.0$	
800	$L_4=116.4$	$L_5-L_4=13.5$	$L_5-L_2=41.1$
1 000	$L_5=129.4$		

通常的方法是把实验数据分成两组,一组是 L_0、L_1、L_2,另一组是 L_3、L_4、L_5,然后求它们对应间隔的差值,对于本例题相当于求间隔 600 mg 砝码质量的伸长 l,这样就充分利用了每个数据点,得到三个独立的 l 测量值,然后取它们的平均值

$$\bar{l}=\frac{(L_3-L_0)+(L_4-L_1)+(L_5-L_2)}{3}=42.1\ \text{mm}$$

用这个平均值去求 $\bar{K}$,相当于利用数据点连了三条直线,求出每条直线的斜率再取其平均值的倒数劲度系数 $\bar{K}$ 为

$$\bar{K}=\frac{600\times 98.1\times 10^{-4}}{\frac{1}{3}(42.7+42.2+41.1)\times 10^{-3}}\ \text{N/m}=1.40\times 10^{-1}\ \text{N/m}$$

这个结果比作图法得到的 1.36×10^{-1} N/m 更准确。

用逐差法得到的结果,还可以估计它的随机偏差:根据误差传递关系,在忽略砝码误差的情况下,K 的相对偏差应等于 $\bar{l}$ 的相对偏差,可以根据 l 的三次结果,计算它的标准偏差,即

$$\sigma_l=\sqrt{\frac{(l_1-\bar{l})^2+(l_2-\bar{l})^2+(l_3-\bar{l})^2}{3(3-1)}}=0.49\ \text{mm}\approx 0.5\ \text{mm}$$

由于对 l 相当于只测 3 次,测量次数很少,因此需要引入 t 因子,查表 1.6.1,$n=3$ 时,$t_{0.683}=1.32$,因而 l 的置信区间为 $t_{0.683}\cdot\sigma_l=0.49\times 1.32\approx 0.7$,即

$$l=(42.1\pm 0.7)\text{mm}\qquad (P=68.3\%)$$

其相对偏差 $E_l=(0.7/42.1)\times 100\%=1.7\%$。$K$ 的标准偏差 $\sigma_{\bar{K}}=\bar{K}\cdot E_{\bar{K}}=0.140\times 1.7\%\approx 0.003$ N/m,所以

$$K = (1.40 \pm 0.03) \times 10^{-1}\text{N/m} \qquad (P = 68.3\%)$$

用逐差法处理数据，要满足下列条件：

① 必须是一元函数；

② 自变量的变化是等间距的；

③ 自变量的误差应远小于因变量的误差。

1.8.4　最小二乘法(线性回归)

最小二乘拟合曲线是以误差理论为依据的严格方法，是实际研究工作中所采用的正规处理数据方法。由于它涉及许多概率统计知识，这里只能做简单介绍。

最小二乘法拟合曲线的原理是：若能找到最佳的拟合曲线，则这条拟合曲线上各相应点的值与各测量值之偏差的平方和在所有拟合曲线中就是最小的。

下面用最简单的直线拟合来介绍最小二乘法。设在 $y=ax+b$ 的关系中，x 的偏差远小于 y 的偏差，即不考虑 x 的偏差。

假设对于一组(x_i, y_i) $(i=1,2,\cdots,n)$数据点，$y=ax+b$ 是它们的最佳拟合方程，根据最小二乘法，求出 a 和 b，即达到了拟合目的。

由关系式，每次测量的 y_i 值与按 ax_i+b 计算出的 y_i 值之间的偏差为

$$v_i = y_i - (ax_i + b)$$

求偏差平方和

$$\sum_{i=1}^{n} v_i^2 = [y_i - (ax_i + b)]^2$$

根据最小二乘原理，偏差平方和为最小，即

$$\sum_{i=1}^{n} [y_i - (ax_i + b)]^2 = \text{最小值}$$

在上式中，y_i、x_i是已经测定的数据点，它们不是变量，要使方程达最小，变动的量是 a 和 b。根据求极值的条件，要求上式对 a 的偏导数为零，对 b 的偏导数也为零，于是得到：

$$\begin{cases} -2\sum_{i=1}^{n} x_i(y_i - ax_i - b) = 0 \\ -2\sum_{i=1}^{n} (y_i - ax_i - b) = 0 \end{cases}$$

经整理后写成

$$\begin{cases} \overline{x^2}a + \bar{x}b = \overline{xy} \\ \bar{x}a + b = \bar{y} \end{cases}$$

式中

$$\bar{x} = \frac{1}{n}\sum_{i=1}^{n} x_i, \qquad \bar{y} = \frac{1}{n}\sum_{i=1}^{n} y_i, \qquad \overline{x^2} = \frac{1}{n}\sum_{i=1}^{n} x_i{}^2, \qquad \overline{xy} = \frac{1}{n}\sum_{i=1}^{n} x_i y_i$$

联合求得 a 和 b 为

$$\left.\begin{aligned} a &= \frac{\bar{x}\bar{y} - \overline{xy}}{(\bar{x})^2 - \overline{x^2}} \\ b &= \bar{y} - a\bar{x} \end{aligned}\right\} \tag{1.8.2}$$

可以证明由式(1.8.2)给出的 a 和 b 对应的 $\sum_{i=1}^{n} v_i^2$ 就是最小值。

衡量数据在拟合直线两侧的离散程度，仍用标准差

$$\sigma_y = \sqrt{\frac{\sum_{i=1}^{n}(y_i - ax_i - b)^2}{n-2}}$$

要注意：这时分母上是 $n-2$，不是 $n-1$。这是因为确定两个未知数 a 和 b 要用两个方程，独立变量的个数减少为 $n-2$。斜率 a 和截距 b 的标准偏差为

$$\sigma_a = \frac{\sigma_y}{\sqrt{n[\overline{x^2} - (\bar{x})^2]}}$$

$$\sigma_b = \frac{\sqrt{\overline{x^2}}}{\sqrt{n[\overline{x^2} - (\bar{x})^2]}}\sigma_y$$

如果 y_i 的随机误差是正态分布，且数据点不是太少，则按上述偏差公式计算出来的误差限内置信概率也是68%。

为了判断所得结果是否合理，在待定常数确定以后，还需要计算相关系数 γ，对于一元线性回归，γ 定义为

$$\gamma = \frac{\overline{xy} - \bar{x}\cdot\bar{y}}{\sqrt{[\overline{x^2} - (\bar{x})^2][\overline{y^2} - (\bar{y})^2]}}$$

可以证明，γ 的值总是在0和1之间，γ 值越接近1，说明实验数据点密集地分布在所求得直线近旁，用线性函数进行回归是合适的。相反，如果 γ 值远小于1而接近于0，则说明实验数据对求得的直线很分散，即用线性回归不妥，必须用其他函数重新试探。

现在我们再用最小二乘法处理弹簧伸长量与受力关系的那组数据。为此再把数据列表如表1.8.4所列。

设弹簧伸长的量 $L-L_0$ 与所受力 F 有如下线性关系：

$$L = \frac{1}{K}F + L_0 = \frac{g}{K}m + L_0$$

对比 $y = ax + b$ 可知：$g/K = a, L_0 = b$。将表1.8.4所列数据代入式(1.8.2)得斜率

$$a = \frac{\bar{x}\cdot\bar{y} - \overline{xy}}{(\bar{x})^2 - \overline{x^2}} = \frac{0.500 \times 9.50 - 5.57}{(0.500)^2 - 0.367}\ \text{cm/g} = 7.01\ \text{cm/g} = 70.1\ \text{m/kg}$$

截距

$$b = \bar{y} - a\bar{x} = (9.50 - 7.01 \times 0.500)\text{cm} = 6.00\ \text{cm} = 0.0600\ \text{m}$$

表 1.8.4　弹簧伸长量与受力关系

砝码质量/g		弹簧伸长/cm		x_iy_i		ax_i+b		v_i	$v_i^2\times10^2$
x_1	0.000	y_1	5.97	x_1y_1	0.000		6.000	−0.030	0.09
x_2	0.200	y_2	7.40	x_2y_2	1.480		7.402	−0.002	0.00
x_3	0.400	y_3	8.83	x_3y_3	3.532		8.804	+0.026	0.07
x_4	0.600	y_4	10.24	x_4y_4	6.144		10.206	+0.034	0.12
x_5	0.800	y_5	11.64	x_5y_5	9.312		11.608	+0.032	0.10
x_6	1.000	y_6	12.94	x_6y_6	12.904		13.010	−0.070	0.49
$\sum x_i$	3.000	$\sum y_i$	57.02	$\sum x_iy_i$	33.408	$\sum v_i^2=0.87\times10^{-2}$			
$\bar{x}$	0.500	$\bar{y}$	9.50	$\overline{xy}$	5.57				
$\sum x_i{}^2$	2.200	$\sum y_i{}^2$	576.2						
$\overline{x^2}$	0.367	$\overline{y^2}$	96.03						

$$\sigma_y=\sqrt{\frac{\sum\limits_{i=1}^{6}v_i^2}{n-2}}=\sqrt{\frac{0.87\times10^{-2}}{4}}\ \text{cm}=0.047\ \text{cm}$$

$$\sigma_a=\frac{\sigma_y}{\sqrt{n[\overline{x^2}-(\bar{x})^2]}}=\frac{0.047}{\sqrt{6[0.367-(0.500)^2]}}\ \text{cm/g}=0.056\ \text{cm/g}$$

于是
$$K=\frac{g}{a}=\frac{9.81}{70.1}\times1.40\times10^{-1}\ \text{N/m}=0.01\times10^{-1}\ \text{N/m}$$

根据误差传递关系有

$$\frac{\sigma_k}{K}=\frac{\sigma_a}{a}\qquad（相对误差相等）$$

$$\sigma_K=\frac{\sigma_a}{a}\cdot K=\frac{0.056}{7.01}\times1.40\times10^{-1}\ \text{N/m}=0.01\times10^{-1}\ \text{N/m}$$

所以 $K=(1.04\pm0.01)\times10^{-1}$ N/m（置信概率为 68%）。

用最小二乘法得到的弹簧伸长量与受力关系的最佳拟合直线方程是：

$$L=\frac{F}{K}+L_0=\frac{F}{0.140}+0.060\,0\qquad（单位：F 为 \text{N}，L 为 \text{m}）$$

$$\gamma=\frac{\overline{xy}-\bar{x}\cdot\bar{y}}{\sqrt{[\overline{x^2}-(\bar{x})^2][\overline{y^2}-(\bar{y})^2]}}=\frac{5.57-0.500\times9.50}{\sqrt{(0.367-0.500\ 2)(96.03-9.50^2)}}=0.997$$

相关系数 γ 很接近于 1，表明拟合结果很好。

从以上三种方法求出的弹簧劲度系数 K 的结果看：作图法 $K=1.36\times10^{-1}$ N/m，不能给出确切的置信区间；逐差法 $K=(1.40\pm0.03)\times10^{-1}$ N/m，给出的置信区间较大，即在同样置信概率下不确定度大；最小二乘法 $K=(1.40\pm0.01)\times10^{-1}$ N/m，不确定度较逐差法小，因而最小二乘法得到的结果最可靠。

最小二乘法的数据计算较为复杂，一般使用计算机计算最方便。现把用 BASIC 语言编制的最小二乘法直线拟合程序附于下面，供参考。

使用此程序只需将第 130 条程序的 DATA 后边的数据换成需要拟合的数据 xi、yi，并去掉 210、250 和 260 三条计算 K 的特殊程序，就是通用最小二乘法拟合直线的程序，启动程序后，计算机就会打印 a、b、σ_y、σ_a、σ_b 和 γ 值。

```
10   REM SYXL.BAS
20   CLEAR: N = 6: DIM X (N),Y(N)
30   FOR I = 1 TO N
40   READ X(I),Y(I)
50   XP = XP + X(I)/N;YP + Y(I)/N: XYP = XYP + X(I) * Y(I)/N
60   X2P = X2P + X(I) * X(I)/N;Y2P = Y2P + Y(I) * Y(I)/N
70   XP2 = X2P—XP * XP: YP2 = Y2P—YP * YP
80   NEXT I
90   IF XP2 = 0  OR YP2 = 0  THEN PRINT“NO UNIQUE SOLUTION”: END
100  A = (XP * YP—XYP)/(XP * XP—X2P): B = YP—A * XP
110  PRINT USING “a = ＃＃＃. ＃＃＃^^^^”;A
120  PRINT USING“b = ＃＃. ＃＃＃^^^^”;B
130  DATA 0,5.97,0.2,7.40,0.4,8.83,0.6,10.24,0.8,11.64,1.0,12.94
140  FOR I =  1 TO N
150  YX  = YX + (Y(I)—A * X(I)—B)^  2
160  NEXT I
170  SY = SQR(YX/(N—2))
180  SA = SY/SQR(N * (X2P—XP * XP))
190  SB = SY * SQR(X2P)/SQR(N * (X2P—XP * XP))
200  R = (XYP—XP * YP)/SQR(XP2 * YP2)
210  k = 9.81 * .1/A: SK = SA * K/A
220  PRINT USING“Sy = ＃＃. ＃^^^^”;SY
230  PRINT USING“Sa = ＃＃. ＃^^^^”;SA
240  PRINT USING“Sb = ＃＃. ＃^^^^”;SB
250  PRINT USING“K = ＃＃. ＃^^^^”;K;: PRINT“N/M“
260  PRINT USING“SK = ＃＃. ＃^^^^”;SK;: PRINT“N/M”
270  PRINT USING“r = ＃. ＃＃＃＃”;R
280  END
a = 6.997E + 00
b = 6.005E + 00
Sy = 4.6E - 02
Sa = 5.5E - 02
Sb = 3.3E - 02
K = 1.402E - 01N/M
SK = 1.1E - 03N/M
r = 0.9999
```

1.9　习　题

1. 指出下列各量有几位有效数字：

(1) L=0.000 10 cm；　(2) T=1.000 54 s；　(3) g=981.003 06 cm/s^2；

(4) $E=2.450\times10^{23}$ J；　(5) I=0.333 mA。

2. 将下列各数据取成三位有效数字：

(1) 2.055 81；　(2) 0.861 479 9；　(3) 58.052 42；

(4) 0.050 000 0；　(5) $4.525\ 654\times10^3$。

3. 单位变换：

(1) 52.10 g=________ kg=________ mg；

(2) 3.12 cm=________ km=________ μm。

4. 用科学记数法正确写出以下结果的表达式：

(1) A=(280 000±100)km；　(2) B=(0.002 650±0.000 3)m；

(3) C=(68.200 0±0.2)cm；　(4) D=(125.5±0.20)mm。

5. 根据有效数字运算规则计算以下各式：

(1) 198.764+1.3；　(2) 507.508−2.5；　(3) 132×10；

(4) 48.12÷0.012；

(5) $\dfrac{76.00}{40.00-2.0}$；　(6) $\dfrac{50.00\times(18.30-16.3)}{(103-3.0)\times1.00+0.001)}$；

(7) $\dfrac{25^2+943.0}{479.0}$；　(8) $\dfrac{23.3-21.3}{2.5}\times100-14.30$。

6. 写出下列测量关系式的标准误差传递式：

(1) $g=4\pi^2\dfrac{L}{T^2}$；　(2) $N=\dfrac{x-y}{x+y}$；　(3) $f=\dfrac{uv}{u+v}$；

(4) $f=\dfrac{L^2-D^2}{4L}$；　(5) $n=\dfrac{\sin i}{\sin r}$。

7. 试求下列间接测量值的标准误差，并把答案写成标准形式：

(1) $x=A-B$；其中 A=(25.3±0.2)cm，B=(9.0±0.2) cm；

(2) $R=U/I$，其中 U=(10.5±0.2) V，I=(100.0±0.5) mA；

(3) $S=LH$，其中 L=(10.005±0.005) cm，H=(0.100±0.005) cm。

8. 用精密天平称一物体质量 m 共 5 次，结果为 3.612 7 g、3.612 2 g、3.612 1 g、3.612 5 g、3.612 0 g，试求测量的算术平均值、标准偏差及相对标准偏差，并写出测量结果 $m=\bar{m}\pm\sigma_{\bar{m}}$。

9. 实验测得铅球的直径 d=(4.000±0.002)cm，质量 m=(382.35±0.05)g，求铅球的密度 ρ，并用标准形式写出测量结果。提示：$\rho=m/V=6m/(\pi d^3)$，先算相对误差，后算标准误差。

10. 某同学在弹簧劲度系数的实验中得到如表1.9.1所列的数据。

表1.9.1　题10表

F/g	2.00	4.00	6.00	8.00	10.00	12.00	14.00
y/cm	6.90	10.00	13.05	15.95	19.00	22.05	25.10

其中F为弹簧所受的作用力，y为弹簧的长度，已知$y-y_0=\frac{1}{K}F$，试用图解法处理数据，从图中求弹簧的劲度系数K及弹簧的原长y_0。

11. 用伏安法测量电阻的数据如表1.9.2所列。

表1.9.2　题11表

U/V	0.00	1.00	2.01	3.05	4.00	5.01	5.99	6.98	8.00	9.00	9.99	11.00
I/mA	0.00	2.00	4.00	6.00	8.00	10.00	12.00	14.00	16.00	18.00	20.00	22.00

用直角坐标纸作图，写出U—I函数式，并用逐差法求出U—I函数式。

12. 请按作图规则作一直线图，并计算直线斜率和重力加速度，数据如表1.9.3所列。

表1.9.3　题12表

摆长 L/cm	46.1	56.5	67.3	79.0	89.4	99.9
周期 T^2/s^2	1.858	2.271	2.706	3.183	3.603	4.032

（提示：原点可取$L=45$ cm，$T^2=1.8$ s^2）试用最小二乘法对数据进行直线拟合，求直线方程的斜率和截距，并由斜率求重力加速度。

13. 水的表面张力y(N/m)，在不同温度时的数值如表1.9.4所列，设$y=aT-b$，其中T为开尔文温标，试用逐差法和最小二乘法，求常数a和b。

表1.9.4　题13表

t/ ℃	10	20	30	40	50	60
$y\times10^2$/(N·m)	74.22	72.75	71.18	69.56	67.91	66.18

14. 指出下列情况属于随机误差还是系统误差：

(1) 螺旋测微计零点不准；

(2) 读数误差；

(3) 天平零点漂移；

(4) 电表的接入误差；

(5) 忽略空气阻力影响。

第 2 章　物理实验基础

物理实验是指借助实验仪器设备在一定的环境条件下观察物理现象、测量物理量、探索物理规律的过程。物理实验依据物理原理，以实验仪器、装置及实验技术为手段，选择科学的实验方法对物理量进行测量。测量的物理量包括物理学各领域如力学、热学、电磁学、光学、量子力学等分支学科中的基本物理量、重要的物理常量、材料的物性参数等。物理实验包含丰富的科学实验的思想、方法和手段，被广泛应用于各行各业社会生产中。本章简要介绍物理实验的基本方法、基本技术和基本仪器及其操作规范。

2.1　基本实验方法和实验技术

物理实验根据所要测量的物理量和研究的物理规律及实验所要求的测量误差限制，选择恰当的实验方法进行。一个物理量可以根据其在不同物理规律中不同的表达式，选择不同的实验方法进行测量，若方法不同，则测量结果的误差也不一样。物理学是一门实验科学，在其学科体系形成过程中，积累了丰富的实验方法，发展出了多样的实验技术。本节就基础物理实验中常用的物理实验方法和实验技术作简要介绍。

2.1.1　比较法

比较法是物理测量中最普遍、最基本的测量方法。它通过将待测物理量与标准量进行比较而得到测量值，用作比较的测量装置称为比较系统。比较法可分为直接比较法和间接比较法两种。

1. 直接比较法

直接比较法是将被测量与同类物理量的标准量具进行比较，得到被测量是标准量的多少倍，从而直接得到被测量。其特点是：

① 量纲相同——标准量和被测量的量纲相同。如米尺测量长度，秒表测量时间。

② 直接可比——标准量与被测量直接比较，不需要进行繁杂的运算即可得到结果。如用物理天平称量质量，只要天平达到平衡，砝码总质量就是被测物体的质量。

③ 同时性——标准量与待测量在比较的同时，即可得出结果，没有时间的滞后。

直接比较法中用作比较的标准量具，如砝码、直尺、角规等根据被测对象及测量条件的不同，有不同的测量误差。

2. 间接比较法

有些物理量难以直接测量,只能利用物理量之间的函数关系制成与待测量相关的仪器,再用这些仪器与待测量进行比较。如电流表、电压表等均采用电磁力矩与游丝力矩平衡时,电流大小与电流表指针的偏转角之间的一一对应关系而制成。温度计采用物体体积膨胀与温度的关系制成。所以,虽然它们能直接读出结果,但其测量原理则属于间接比较法。

一般而言,进行间接比较需要选取一个中间量。为了减小误差,要求待测量与中间量具有稳定而简单的函数关系。例如任何液体的体积均随温度发生变化,但通常用作温度计的液体是水银,这是由于在温度变化不大时,水银的体积膨胀与温度成线性关系且比较稳定,同时水银与玻璃毛细管无浸润,流动性好。

间接比较法有时只有标准量具还不够,还要配置比较系统,使被测量和标准量能够实现比较。如只有标准电池还不能测量电势差,还需要由比较电阻等组成电位差计来测量电池的电动势或热电偶的温差电势,这些装置构成了比较系统。

实际上,所有测量都是比较的过程,只不过比较的形式在有些测量中不那么明显而已。

3. 替代法

替代法也是比较法的一种,它与直接比较的区别在于不具备同时性,而与间接比较法的区别在于不用公式计算,不需要中间量。

替代法是利用待测量与标准量对某一物理过程具有等效作用来进行测量的。大家所熟知的曹冲称象即用了替代法。如图 2.1.1 所示为替代法测量电阻的电路。测量过程中维持电源电压 E 不变,当单刀双掷开关 S_2 接到 R_x 时,电流表有一示数,然后 S_2 接到标准电阻箱 R_0,调节 R_0 使电流表的读数与接 R_x 时的读数相同,则 $R_x = R_0$。在这一方法中物理过程是指 R_x、R_0 对电路电流的影响,而等效的判定依据是在比较系统的电压稳定不变的条件下电流表的示数相同。

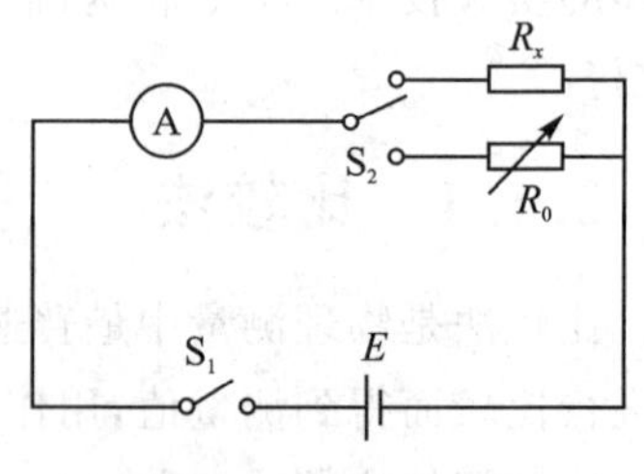

图 2.1.1 替代法

2.1.2 放大法

实验中往往会遇到一些值很小的物理量或变化很微弱的物理量,即使能够找到可与之进行比较的标准量,也会因为这些量的值过小而无法分辨出测量值,此时需要把这些量进行放大,使得测量成为可能。常用的放大法有机械放大法、光学放大法、电磁放大法等。

1. 机械放大法

利用部件之间的几何关系,使标准单位量在测量过程中得到放大,从而提高测量仪器的分辨率，达到提高测量准确度的目的。

螺旋测微器和读数显微镜的读数系统是机械放大的典型例子。螺旋测微装置由主尺和鼓轮组成，一般主尺上 0.5 mm 对应鼓轮的 50 分格或主尺上 1.0 mm 对应鼓轮的 100 分格，所以它们的放大倍数均为 100 倍。游标卡尺也是利用放大原理，将主尺上的 1.0 mm 放大为游标上的 n 分格，n 一般为 10、20 或 50，从而将测量的最小分度值分别提高为 0.1 mm、0.05 mm 或 0.02 mm。

例如，一根很细的金属丝，要直接用毫米尺测出它的直径是很困难的。这时，可以把它密绕在一个光滑且直径均匀的圆柱体上，用米尺测量 n 匝金属丝的长度 L，则 L/n 就是细丝的直径，n 就是放大倍数。再如，用计时器测量单摆周期时，如果仅测一个周期，则会由于启动停止仪表而造成很大的误差，这时可以测量 n 个周期的总时间 t，则周期 $T=t/n$，这样就把误差平均分配在 n 个周期中。这种方法也称为累积计放大法。

2. 光学放大法

光学放大法分为视角放大法和微小变化量放大法两种。显微镜和望远镜属于视角放大仪器，它们只能放大物体的几何线度，帮助观察者分辨物体的细节或便于使测量基准对齐，而真正要测出被测物的尺寸，必须配以相应的读数装置。测微目镜、读数显微镜则为光学视角放大与机械放大的组合型仪器。其观察采用显微镜进行视角放大，便于测量基准的对齐，而读数则利用机械放大的螺旋测微器。光杠杆则是借助平面镜将微小位移转化为平面镜反射角的变化，从而放大为标尺像示数的变化。光杠杆放大原理也被应用于复射式灵敏检流计中。

3. 电磁放大法

在电磁学相关物理量的测量中，有时待测信号很微弱，必须经过放大才能测量。另外，很多非电学量如压强、光强、温度、位移等，都可以先经过相应的传感器转换为电学量经过放大后才能测量。电磁放大法一般通过选用合适的电子元件设计成合理的电路制成电子仪器来实现，在工程测量中有着非常广泛的应用。电磁放大法对电路的要求有：

① 电子元件尽量工作在线性区；

② 电路抗外界干扰(如温度、湿度、振动、电磁场影响等)性能好；

③ 电路工作稳定，不发生漂移。

2.1.3 补偿法

若某测量系统受某种作用产生 A 效应，同时受另一种同类作用产生 B 效应，如果 B 效应的存在使 A 效应显示不出来，就叫 B 对 A 进行了补偿。补偿法大多用在补偿测量和补偿校正系统误差两个方面。

1. 补偿测量

设系统中A效应的量值为测量对象,但由于A效应的物理量不能直接测量或难以准确测定,就用人为方法制造出一个B效应与A补偿。制造B效应的原则是B效应的量值应易于测量或已知,这样就可用测量B效应的方法得到A效应的量值。

完整的补偿测量系统由待测装置、补偿装置、测量装置和指零装置组成。待测装置产生待测效应,要求待测量尽量稳定,便于补偿。补偿装置产生补偿效应,要求补偿量值准确地达到设计要求。测量装置将待测量与补偿量联系起来进行比较。指零装置是一个比较仪器,由它来指示待测量与补偿量是否达到完全补偿。只有补偿装置所用仪器和示零装置的仪器准确度足够高,才能使补偿测量具有足够高的准确度。

电位差计和电桥均属于应用补偿测量设计的仪器。由于待测量和补偿量要进行比较,因此补偿法又包含了比较法。

2. 补偿法校正系统误差

实验测量中,往往由于存在某些附加物理效应而产生系统误差,且无法排除,于是人们想办法制造另一种效应去补偿原来附加物理效应的影响,使得这种影响消失、减弱或对测量结果无影响,这个过程称为补偿法校正系统误差。例如用电阻应变片测量应变的实验中,由于应变片由金属制成,其阻值随温度的变化而变化。为了使温度变化引起的阻值变化对电桥的平衡不产生影响,必须在电桥的另一个臂上接一性能、参数完全相同的温度补偿片,使得它们对电桥的影响刚好相反,即应变片和补偿片处于同一温度变化环境时,其阻值同时且同大小变化,但它们的变化对电桥平衡状态无影响,电桥始终平衡。

再如,在电路中常使用廉价的碳膜和金属膜电阻器,这两种电阻的温度系数都很大,因而只要环境温度变化或电阻自身发热,它们的阻值就变化很大,影响电路的稳定性。但是金属膜电阻的温度系数为正,碳膜电阻的温度系数为负,若将它们适当搭配串联在电路里,就可以使电路受温度变化的影响降到最小。

另外,在电子线路里常配置各种补偿电路来减小电路的某种漂移。在光学实验中,为防止由于光学器件的引入而产生附加光程差,常在光路里适当配置光学补偿器来抵消这种附加光程差。

2.1.4 转换法

在物理实验中,有很多物理量由于其属性关系,很难用仪器、仪表直接测量,或者因条件所限,无法提高测量的准确度。此时可以根据物理量之间的定量关系,把不易测量的待测物理量转换为容易测量的物理量进行测量,然后利用函数关系求待测物理量,这种方法叫转换法。转换法一般可分为参量转换法和能量转换法两大类。

1. 参量转换法

参量转换法是利用物理量之间的函数关系，实现各参量之间的变换，以达到测量某一物理量的目的。这种方法几乎贯穿于整个物理实验之中，例如伏安法测电阻，是根据欧姆定律将对电阻 R 的测量转变为对电流 I 和电压 U 的测量，从而根据 $R=U/I$ 得到电阻 R 的值。又如单摆法测重力加速度实验中，是将重力加速度的测量通过单摆周期公式转换为对单摆长度 L 和单摆周期 T 的测量。

2. 能量换测法

能量换测法是泛指某种形式的物理量，通过变换器转变成另一种形式的物理量的测量方法。由于电学量的测量具有控制方便、反应迅速、灵敏度高，能进行动态测量和自动记录等特点，因此最常见的能量换测法是将非电学量转换为电学量的测量。

将非电学量转换为电学量的器件通常称为传感器。传感器在实验中作为一种换能器，将待测的非电学量转换为电流或电压等电学量。转换后的电学量通常作为后续测量电路的输入信号，经放大后通过仪表显示测量结果。

(1) 热-电转换

将热学量通过热电传感器转换成电学量进行测量的方法称为热-电转换法。它利用传感元件的电学参数随温度变化的特性来实现测量的目的。热电传感器种类很多，都是利用材料的电学参数随温度变化的特性来间接测量热学量的。常用的热电传感器有四大类，其中最典型的热电式传感器是热敏电阻和热电偶。

① 金属电阻热传感器。金属电阻的阻值会随温度而发生变化，在一定的温度范围内其阻值与温度成线性关系，利用测量电路测量其电阻就可知待测温度。

② 热敏电阻。热敏电阻是利用物质的电阻随自身温度而变化的效应制成的热敏元件，它们大多是由半导体材料制成的。半导体热敏电阻按其电阻随温度变化的典型特性分为三种类型：

- 负温度系数热敏电阻(NTC)；
- 正温度系数热敏电阻(PTC)；
- 临界热敏电阻(CTR)。

用 SnO_2 等半导体材料制成的热敏电阻，其阻值随温度的变化非常灵敏，一般多用在温度控制、温度补偿电路中，其缺点是稳定性较差。

用温度敏感元件制成的电阻温度计，可以用来检测随温度变化的各种非电量，如温度、速度、浓度、密度等物理量。

③ PN 结传感器。若在半导体 PN 结器件上通一恒定的正向电流，则 PN 结正向电压与器件的温度成线性关系，因而只要测得结电压的大小，便可得到对应的温度。PN 结传感器的优点是灵敏度很高，每当温度变化 1 ℃时，结电压可变化 2 mV 左右，而且也比较稳定；缺点是可测温度范围较小，为－200～＋200 ℃，温度再高，半导体性质就要发生变化。

④ 热电偶。当两种不同的金属材料接触且接触两端具有温差时，会产生温差电动势。当两种材料确定后，电动势的大小与温差大小有关，如果已知一端的温度，通过测量温差电动势的大小，即可得到另一端的温度值。实际应用时，总是将热端置于待测温度场中，冷端置于恒温场中。

常用的热电偶有以下三种：

- 铜-康铜热电偶，测温范围为－200～200 ℃，当热端 t_2 在 0 ℃以上时，铜为正极；t_2 在 0 ℃以下时，康铜为正极。
- 镍铬-镍铝热电偶，测温范围为 900～1 200 ℃，正电极为镍铬。
- 铂铑-铂热电偶，测温范围为 1 300～1 600 ℃，正极为铂铑。

热电偶测温范围宽，但热电势较低；热敏电阻工作温度范围窄，灵敏度高，主要用于检测微小温度变化。它们共同的不足是输出非线性，若要求输出线性好，测温准确度高，则可用由热敏晶体管构成的晶体管温度传感器、集成电路温度传感器。

(2) 力-电转换

某些电介质，当受到沿着一定方向的外力作用而变形时，内部会产生极化现象，在它的两个表面上产生符号相反的电荷。当去掉外力后，它又重新恢复不带电状态，这种现象称为压电效应。利用压电效应可以将力学量转换成电学量进行测量。大家所熟知的话筒就是把声压转换成电信号的装置。某些电介质，当受到的作用力方向改变时，电荷极性也随着改变，当在介质的极化方向施加电场时，这些电介质也会产生变形，若施加交变电场，则电介质因变形而振动。这种现象称为逆压电效应，或称电致伸缩效应。

具有压电效应的物质很多，如天然形成的石英晶体，人工制造的压电陶瓷、烙铁酸铅等。压电传感器不仅可实现对各种力的电学测量，而且可以对那些最终能转变为力的物理量(如位移、速度和周期等)实现非电量电测。例如，利用电致伸缩效应可制成压电喇叭。

(3) 光-电转换

光电转换是将光信号转换为电信号进行测量的方法。其基本原理是光电效应，光电效应根据其机理又可分为外光电效应、内光电效应两种类型。

① 外光电效应

在一定频率的光照射下，金属中的电子吸收光能，从表面逸出形成电流的现象称为外光电效应。它是 1887 年由德国科学家赫兹发现的，直到 1905 年爱因斯坦提出光量子概念得到光电效应方程才解释了光电效应。基于外光电效应的光电器件有光电管、光电倍增管等。

② 内光电效应

当一定频率的光照射到半导体上时，半导体价带中的电子被能量大于其禁带宽度的光子激发，由价带越过禁带而跃迁到导带，造成载流子数 n 增多。同时如果入射光中有波长很长的辐射，被半导体吸收的光子，还将改变导带中的载流子迁移率从而改变它的电阻率。由于这个物理过程都是在半导体内部进行的,故称为内光电效应(又称为光电导效应)。

内光电效应根据其产生的原因分为以下两类:

(a) 光电导效应——当入射光的强度改变时,半导体电导率发生改变的现象称为光电导效应。基于这种效应的光电器件有光敏电阻。

(b) 光生伏特效应——当半导体 PN 结受到一定频率的光照射时,会在 PN 结两侧产生光生电动势,这种现象称为光生伏特效应。最常用的光生伏特效应器件是光电池。光电池的种类很多。例如,利用金属-半导体接触产生光生伏特效应而制成的硒光电池;利用 PN 结产生光生伏特效应制成的硅、锗光电池(又称太阳能电池);还有硫化镉光电池及近年来正在研制的有机染料太阳能电池等。

(4) 磁-电转换法

磁场的测量通常也是转换成电学量进行测量。常用测量磁场的方法按其原理可分为两类。一类是以电磁感应原理为基础的测量方法。利用电磁感应原理,把磁场的变化转变为电流的变化,通过对电流的测量,达到对磁场及其相关物理量的测量,如冲击法和感应法等。另一类是由物质在磁场中表现的特性而发展出来的方法,如霍尔效应法、核磁共振法等。

① 冲击法测磁场

冲击法测量磁场的基本原理是:将探测线圈放在待测磁场的空间并与冲击电流计相连;当通过探测线圈的磁通量发生变化时,探测线圈的两端产生感应电动势,并在回路中产生感应电流。感应电流使冲击电流计发生偏转,利用冲击电流计的最大偏转角与通过它的电量以及被测磁场间的定量关系可测出磁场。

② 感应法测磁场

感应法测磁场是通过测量在线圈中产生的交变电动势来测出待测磁场。当线圈在被测磁场中转动或振动时,通过线圈的磁通量就会发生周期性变化,按照法拉弟电磁感应定律,线圈中将产生交变的感应电流。在测量交变磁场时,固定线圈不动,穿过线圈的磁通量作周期性变化,从而在测量线圈内产生交变电动势和交变电流。

③ 霍尔效应法测磁场

霍尔效应法主要是利用半导体材料的霍尔效应,把磁场大小转换为相应的电压大小来测量磁场。在半导体霍尔片中通以电流 I,并在垂直电流方向加一恒定磁场,这时在霍尔片平行于电流和磁场方向的两个面上会出现载流子的积累形成霍尔电势差 U,这一电势差的大小与载流子浓度、电流强度、磁感应强度等有关,因此只要测出霍尔电势差的大小,依据电流和载流子浓度就可测量磁场大小。

2.1.5　模拟法

在研究物质的运动规律、探索自然界奥秘或解决工程技术问题时,经常会碰到一些特殊的情况,比如研究对象过分庞大或者危险,或者变化缓慢等限制,以致难于对研究对象进行直接测量。于是人们依据相似理论,人为地制造一个类同于研究对象的物理现象或模型,用对模型的测试代替对实际对象的测试,这种方法称为模拟法。模拟法可分为物理模拟和数学模拟两种。

1. 物理模拟

物理模拟通常是人为制造几何形状与实际"原型"相似的"模型",模拟相似的物理过程并得到测量结果。

例如,为了研究高速飞行的飞机上各部位所受的空气作用力,便于飞机的设计,人们首先制造一个与飞机几何形状相似的模型,将其放在风洞中,创造一个与实际飞机在空中飞行完全相似的物理过程。通过对模型飞机受力情况的测试,便可以在较短的时间、方便的空间,以较小的代价获得可靠的实验数据。又如,在空间科学技术的发展过程中,许多实验都要先在实验室进行模拟实验,取得初步结果后,再发射人造卫星完成进一步的实验。

物理模拟具有生动形象的直观性,并可使观察的现象反复出现,因此具有广泛的应用价值,尤其对那些难以用数学方程式来准确描述的研究对象常被采用。

2. 数学模拟

数学模拟要求模型和原型遵循相同的数学规律,而在物理实质上未必有共同之处,这种方法称为数学模拟。例如在模拟法测绘静电场实验中,根据稳恒电流场与静电场的电势差和电场具有相同的数学方程式,可用稳恒电流场来模拟静电场。

随着计算机技术的不断发展和广泛应用,人们还可以通过计算机模拟实验过程,从而预测可能的实验结果。这是一种新的模拟方法——人工智能模拟,它属于计算物理的研究范畴。

模拟法虽然具有上述的许多优点,但仍有很大的局限性,因为它只能解决可测性问题,并不能提高实验的准确性。

2.1.6 基本光学实验方法

光学实验技术可分为几何光学、物理光学和量子光学实验技术。实际中往往需要三者结合形成综合的光学实验方法。

在几何光学实验范畴内,通常以光的直线传播为基础观察一些光学现象,探索和研究光在各种均匀介质的界面上反射、折射及成像的基本规律,测定光学材料和光学元器件的基本参数,如光学材料的折射率、透镜的焦距等。

物理光学实验技术是以光的电磁波特性为基础,利用光的干涉、衍射、偏振等各种现象及光谱技术进行测量。

1. 干涉法

当两束相干光波在空间相遇时,在其重叠区域可以观察到明暗相间的干涉条纹,通过测量条纹间距可得到待测的光学参数。获得相干光的方法一般有两种:一是分波阵面法，典型的如杨氏双缝干涉实验、洛埃镜实验、双棱镜实验等；二是分振幅法干涉，典型的如牛顿环、劈尖、迈克尔逊干涉仪等。

(1) 分波阵面法干涉

在光波传播过程中，相位相同的点构成的面称为波阵面。如果用狭缝将光波同一波阵面分割成两列光波，按照惠更斯原理，这两列光波是相干的，当这两列光波在空间相遇时，在叠加区域即形成干涉条纹，这种方法称为分波阵面法。如图 2.1.2 所示为杨氏双缝干涉示意图，入射光波长为 λ，双缝间距为 d，光屏到双缝的距离为 L，光屏上明、暗的条纹的位置为 x，则双缝出射的相干光的光程差为

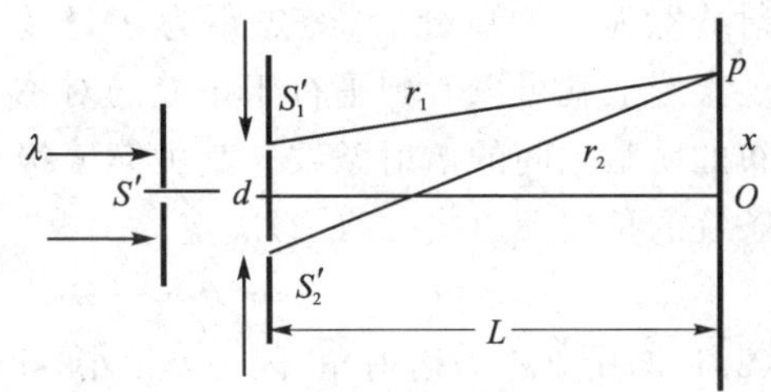

图 2.1.2　杨氏双缝干涉示意图

$$\delta = d\frac{x}{L} \tag{2.1.1}$$

明纹位置　　$\delta = k\lambda,\quad k = 0, \pm 1, \pm 2, \cdots$

暗纹位置　　$\delta = \frac{(2k-1)\lambda}{2},\quad k = 0, \pm 1, \pm 2, \cdots$

条纹间距　　$$\Delta x = \frac{L\lambda}{d} \tag{2.1.2}$$

杨氏双缝干涉有下列两方面的应用：

① 测量光波波长。由式(2.1.2)可知，测出 L、d 及条纹间距 Δx，即可算出波长 λ。但是，这种测量方法对干涉条纹的分辨率不高，测量误差较大，目前已很少使用。

② 测量薄膜折射率。在双缝的其中一条缝后插入厚度为 e、折射率为 n 的待测光学介质薄膜，则双缝干涉产生附加光程差为 $(n-1)e$，引起干涉条纹移动 N 级，相应有关系式 $(n-1)e=N\lambda$。若已知薄膜厚度 e，则可测出介质折射率 n。反之，可由已知折射率 n 测出薄膜厚度 e。但由于这种装置干涉明纹的光强很弱且对比度差，仅仅作为一种原理的实现，没有实用价值。

(2) 分振幅法干涉

在分波阵面法干涉中，由于光源线度很小，影响干涉条纹清晰度而难于观测。因此采用扩展光源才能获得较大的亮度，这时多采用分振幅法干涉。典型的分振幅法干涉是劈尖与牛顿环。用扩展面光源照射由两透明玻璃所夹形成的空气薄膜，光经空气膜的上、下表面反射、折射后相遇形成相干光干涉，若已知入射光的波长，则通过测量干涉条纹间距可测量空气膜的厚度。

2. 衍射测量技术

当光波通过足够小的障碍物时，会产生偏离直线传播的现象，这称为光的衍射。

光的衍射主要有单缝衍射和光栅衍射等。

(1) 单缝衍射

如图 2.1.3 所示，波长为 λ 单色光束照射缝宽为 a 的单缝后，经焦距为 f 透镜在观察屏上就可以看到平行于单缝的对称分布的明暗相间的衍射条纹。其中第 k 级暗条纹的角位置由式(2.1.3)决定：

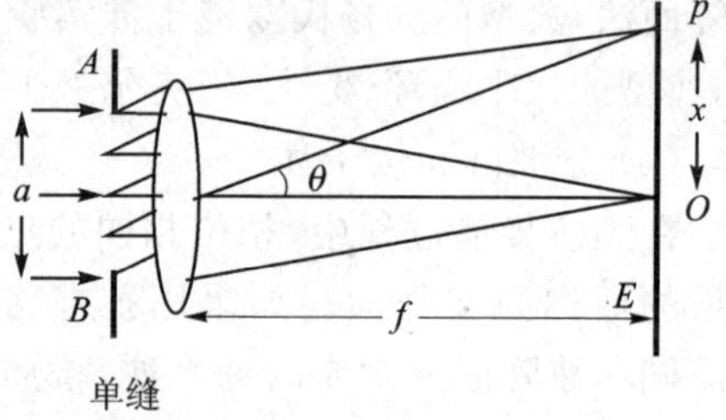

图 2.1.3 单缝衍射

$$a\sin\theta=\pm k\lambda,\qquad k=1,2,\cdots \tag{2.1.3}$$

式(2.1.3)中 θ 称为衍射角。因为 θ 很小，$\sin\theta\approx\tan\theta\approx\theta$，所以有

$$\theta=\frac{x}{f}=\pm k\frac{\lambda}{a},\qquad k=1,2,\cdots \tag{2.1.4}$$

当已知入射光波长 λ、透镜焦距 f 及 k 级暗纹位置 x，就可以得到单缝宽度或细丝直径 a。反之，也可以利用其他已知量测出光波波长 λ。例如：过去在加工仪表游丝过程中，依靠人工用千分尺或读数显微镜逐段检验，工作强度大，速度慢；现在可利用激光照射游丝所产生的衍射现象，进行无接触的动态测量和检验，大大提高了检测速度和成品的合格率。

(2) 衍射光栅

在玻璃或金属片上刻制大量互相平行、等宽、等距的狭缝(或刻痕)，即制成平面光栅。平面光栅有透射光栅与反射光栅两类。

当平行光线垂直照射到透射光栅上时，在透镜后焦平面处的观察屏上可以观察到在很暗的背景下明亮细锐的光栅衍射主极大明纹。各级主极大明纹的位置由下列光栅方程决定：

$$(a+b)\sin\theta=\pm k\lambda,\qquad k=1,2,\cdots \tag{2.1.5}$$

式(2.1.5)中：a 是透光部分狭缝宽度；b 是不透光部分宽度；$a+b=d$ 是相邻狭缝中心的间距，称为光栅常量；θ 是衍射角；λ 是光波波长。利用光栅衍射可以测定光波波长或光栅常量。利用晶体的晶格作为空间光栅，可以得到 X 射线的衍射图样。X 射线衍射仪就是利用这一原理制成的，它可用来研究晶体结构。

3. 偏振测量技术

干涉和衍射是光的波动性的具体表现，光的偏振现象进一步表明了光波是横波。根据光波振动的特点，光可以分成自然光和偏振光。自然光的特点是在垂直于光波传播方向的平面内，各个方向都有等幅的光振动。从光源直接发出的光一般是自然光，如阳光、灯光等。偏振光的特点是光振动只沿某一个方向或在某一个方向上占优势。可以用偏振元件对光波的偏振现象进行分析和研究。

(1) 偏振器件

起偏器与检偏器：自然光经反射、折射、双折射及选择吸收等作用，可以转变为偏振光。将自然光变为偏振光的器件称为起偏器，用作检验偏振光的器件，称为检偏器。常用的起偏、检偏器件有玻璃片堆、偏振片和尼科耳棱镜等。

① 玻璃片堆

当自然光以布儒斯特角 θ_b 入射到破璃片时，反射光是振动面与入射面垂直的完全偏振光，折射光是部分偏振光，这一规律称为布儒斯特定律。但若自然光连续通过许多平行的玻璃片堆时，经多次反射、折射后透射出来的光也成为完全偏振光(其振动面在折射面内)。同时，由于玻璃片堆多层反射光的累加，反射光的强度也得到增强，所以玻璃片堆是一种最简单的起偏器。

② 偏振片

偏振片是利用晶体的二向色性制成的。晶体对于光的吸收本领除了与波长有关外，还与光的振动方向有关。在晶体内部存在一个特殊的方向(这一方向又称晶体的光轴)，当光振动方向与晶体光轴平行时，光能全部通过，而当上述两个方向相互垂直时，光完全不能通过，这种现象称为晶体的二向色性。利用晶体的这一特性可获得偏振光。常用的偏振片偏振度高达 99.9%，且适用于整个可见光波范围，被广泛应用于光测弹性仪、应力仪、旋光仪及偏光显微镜中。这种偏振片的缺点是强度差，受潮后容易退偏振。

③ 尼科耳棱镜

当一束单色光入射到各向同性的介质表面发生折射时，一般只有一束折射光线。但是当一束单色光线入射到各向异性光学晶体的界面上时，一般会产生两条折射光线，其中一条遵循折射定律的光线称为 o 光，另一条不遵循折射定律的光线称为 e 光。o 光和 e 光是振动方向相互垂直的偏振光，这种现象称为双折射现象。尼科耳棱镜就是利用双折射现象制成的偏振棱镜。自尼科尔棱镜出来的偏振光的振动面在棱镜的主截面(晶体光轴与折射光线构成的平面)内。

④ 波　片

波片是用来改变或检验光的偏振情况的晶体，一般采用优质石英、云母等双折射晶体制成。光波经过一定厚度的玻片后，o、e 光之间会增加一个光程差 δ。使光程差增加 1/4 波长的波片称 1/4 波片；光程差增加 1/2 波长的波片称 1/2 波片或半波片；光程差 δ 的值由晶体的折射率和厚度决定。

(2) 偏振光干涉

当两束振动方向一致的相干偏振光相遇叠加时，也会产生干涉现象。自然光经起偏器后成为线偏振光，再经过厚度为 d 的波片后，成为两束相互间有相位差而振动面互相垂直的偏振光，这两束光再经过一个检偏器后，在检偏器的偏振化方向上两分振动叠加而产生干涉。若入射光为单色光，则最后可见明暗相间的条纹；若入射光为复色光，则可见到干涉色彩，这种现象称为色偏振。

以上分别从力学、电学、磁学和光学几大物理学分支学科介绍了其中几种典型的实验方法和实验技术，在具体的科学实验中，往往把各种方法综合起来使用。

2.2 基本物理实验仪器

物理学中有七个基本物理量，其中力学量和热学量有四个：长度、质量、时间、温度。在很多物理实验中都需要测量这些基本物理量，这四个基本物理量都有依据上节的实验方法制作的相应测量仪器，下面分别给予介绍。

① 长度测量　长度测量的主要仪器有根据游标原理设计的游标卡尺、根据螺旋测微原理设计的千分尺、根据光学反射定律和比例放大法设计的光杠杆等，它们分别适用于不同的测量对象。

② 质量测量　测量物体质量的主要仪器是天平，常用的天平有物理天平、托盘天平和分析天平。上述天平都是运用杠杆平衡的原理制成的。

③ 时间测量　任何稳定的周期性运动都可以用来计时。机械秒表就属于这类计时仪器，而数字毫秒计则是利用标准脉冲信号来计时的。

④ 温度测量　温度测量的常用仪器是水银温度计，它多用于常温的测量。温差电偶使用范围很广，从低温到高温都可以应用。在四个基本物理量当中，温度的测量误差最大，如果实验的准确度要求很高，则必须做校准修正。

2.2.1 力学、热学实验常用仪器

1. 长度测量基本仪器

物理实验中常用的长度测量仪器是米尺、游标卡尺、螺旋测微器、读数显微镜等。这些仪器的主要参数通常用量程和分度值来表示。

(1) 米　尺

米尺是一种最简单的长度测量仪器，一般其最小分度值为 1 mm，所以毫米以下的一位数只能估读。米尺的仪器误差一般取最小分度值的一半，即 0.5 mm。

使用米尺测量长度时应该注意以下问题：

① 避免视差。应使米尺刻度贴近被测物体，读数时，视线应垂直于所读刻度，以避免因视线方向改变而产生的误差。

② 避免因米尺端点磨损带来误差，因此测量时起点可以不从端点开始。

③ 避免因米尺刻度不均匀带来的误差。可取米尺不同位置作起点进行多次测量。

(2) 游标卡尺

游标卡尺的结构如图 2.2.1 所示，由一最小分度为毫米的主尺和套在其上可以滑动的游标 E 组成。主尺一端有两个垂直于主尺长度固定的量爪 A′和 A。游标左端也有两个垂直于主尺长度的活动量爪 B′和 B，且有一测量深度的尾尺 C，B′、B 和 C 都跟随游标一起移动。游标上方有一个止动螺丝 F，松开 F 可使游标沿主尺滑动。当量爪 A 和 B 密切接触时(此时，A′和 B′也密切接触，且尾尺 C 的尾端恰与主尺的

尾端对齐)，主尺上的“0”刻线和游标上的“0”刻线也正好对齐。外量爪 A、B 用于测量物体长度和外径，内量爪 A′、B′用于测量空心物体的内径。

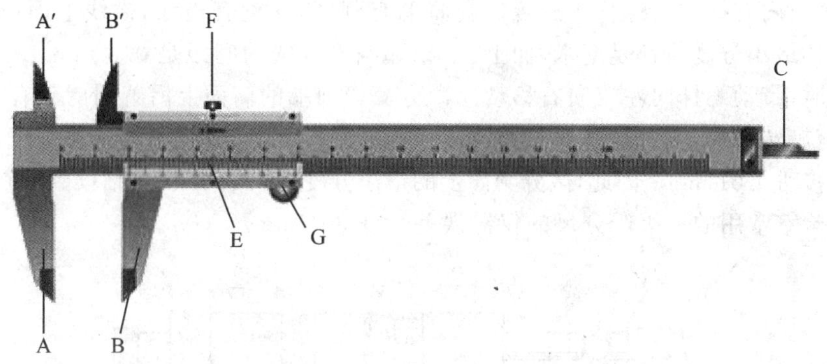

图 2.2.1　游标卡尺

游标卡尺读数原理如图 2.2.2 所示，游标上 N(50)个分度格的长度和主尺($N-1$)(49)个分格的长度相同。主尺上最小分度值为 a(1 mm)，游标上最小分度值 b，显然 $Nb=(N-1)a$。主尺上分度值 a 与游标上分度值 b 的差值称为游标最小分度值，用 Δ 表示，即

$$\Delta = a - b = a - \frac{N-1}{N}a = \frac{a}{N} \tag{2.2.1}$$

图 2.2.2 中，$N=50$，$a=1$ mm，则游标最小分度值 $\Delta=\frac{1}{50}=0.02$ mm。

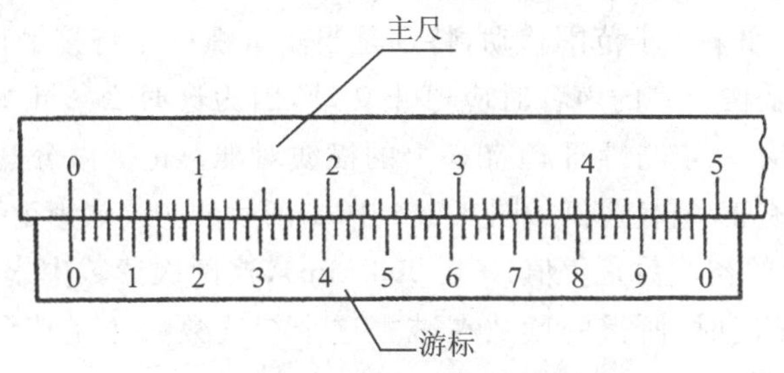

图 2.2.2　游标卡尺读数原理

使用游标卡尺时应该左手拿待测物、右手握尺，用拇指按游标上凸起部位 G，或推或拉，把物体轻轻卡住即可读数。不要把被夹紧的待测物在量爪间挪动，以免磨损量爪。游标测量长度时，读数方法为：先从主尺上读得游标“0”刻线所在的整数分度值 l(毫米数)，再看游标上与主尺对齐的直线的序数(即格数)K，则待测物长度为

$$L = l + K\Delta \tag{2.2.2}$$

游标卡尺的仪器误差一般为游标的最小分度值。

(3) 螺旋测微器

螺旋测微器也叫千分尺，结构如图 2.2.3 所示。它由尺架 1、固定测砧 2、测微螺

杆 4、螺母套筒 5、固定套管 6、微分套筒(转动套筒)7、棘轮 8、锁紧手柄 9(止动器)等部件组成。测量螺杆 4 的右边连着一个螺距为 0.5 mm 的螺杆,螺母套筒 5 与尺架 1 相连,套筒内有螺纹与螺杆 4 配合。套筒上有刻度,并刻有横线,横线上面(或下面)刻度线的最小分度值都是毫米,而上、下相邻两刻度线的间距是 0.5 mm。当微分套筒旋转时,带动螺杆向左或向右移动。微分套筒前端的筒面上沿着圆周刻有 50 格分度,套筒旋转一周,测量螺杆 B 即移动 0.5 mm。所以微分套筒每转一格分度,测量螺杆 4 即移动 0.01 mm。因此,微分套筒上的最小分度为 0.01 mm,可估读到 0.001 mm。一般实验室常用的一级千分尺的仪器误差为 0.004 mm。

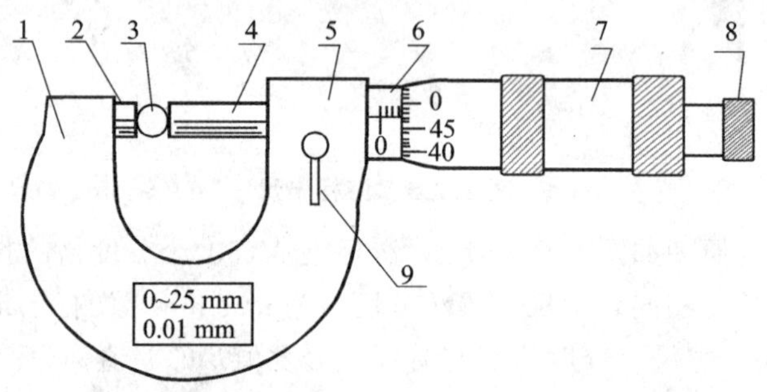

1—尺架;2—固定测砧;3—待测物体;4—测微螺杆;5—螺母套管;
6—固定套管;7—微分套筒;8—棘轮;9—锁紧手柄

图 2.2.3　螺旋测微器

使用螺旋测微器时应先校正零点(或记下初读数)。旋动棘轮 8(如果作大范围的移动,则转动 7;如果作小范围移动,特别是当测量螺杆 4 将接触待测物体时,应转动 8)。当听到"格、格、格"的声音时应停止转动,因为这时 2、4 正好接触,但此时微分套筒上"0"刻线不一定与螺母套筒 C 上的横线对准。记下微分套筒上的这个初读数,应注意初读数有正、有负。例如图 2.2.4 中(a)所示的初读数为正值(+0.010 mm),图 2.2.4 (b)所示的初读数是负值(−0.006 mm),这两次读数中末位数"0"和"6"均是估读数。测量长度时,所得的读数在减去这个初读数后才是待测物体的长度,即 L=末读数−初读数。

测量长度时,倒转棘轮,将待测物体放入两测杆 2、4 之间,然后再转动棘轮,听到"格、格、格"声音时即停止转动。读数时,先将套筒 C 上没有被微分筒 D 挡住的前端刻度读出,如图 2.2.4(c)所示情况。主读数为 6.5 mm,再读套管 6 的横线所对准的微分套筒 7 的读数,须估读,最后读数为 6.5 mm+0.267 mm=6.767 mm。

2. 质量测量基本仪器

测量物体质量的常用仪器是天平,包括物理天平、托盘天平和分析天平。这里只介绍物理天平。

如图 2.2.5 所示为物理实验室常用的物理天平示意图。物理天平主要部分是横

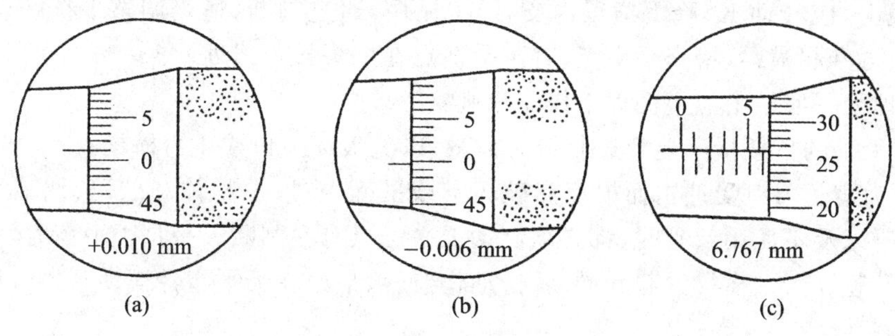

图 2.2.4　螺旋测微器读数示意图

梁 B,在横梁中央固定一个三角钢质刀口 A,刀刃向下,置于支柱 H 的刀承上,横梁两边装有两个刀口 b、b′,刀刃向上。用此悬挂吊耳,两个托盘 P、P′分别挂在吊耳上。天平横梁是一个等臂杠杆,在支柱 H 的下端有一个制动旋钮 K,用来升降天平的横梁。横梁下降时,由支柱 H 将它托住,这时中间刀口 A 和刀承分离,两侧刀口 b、b′也由于托盘落在底座上而减去负担,以避免刀口磨损。在横梁两端装有调平螺丝 E、E′,当天平空载时用它们来调节天平平衡。横梁下有一根指针 J,下端 S 为标尺,用来观察和确定横梁的水平状态。当横梁水平时,指针 J 应指在标尺 S 中央刻度线上。在支柱左侧有一托板 Q,可以托住未被称衡的物体。在天平的底座上或支柱上装有圆形气泡水准器 L 或铅锤体,用来判断支柱是否铅直,调节 F、F′两个螺丝可使支柱铅直。

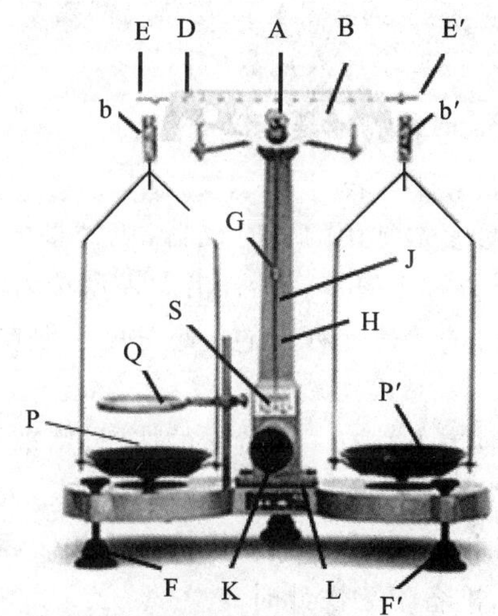

图 2.2.5　物理天平

天平横梁上有游码标尺和游码 D,用来称衡 100 mg 以下的物体。在调节天平平衡时,先将游码置于“0”刻度处。

天平有两个重要的技术指标:

① 称量:允许称衡的最大质量。

② 感量或灵敏度:天平指针偏转标尺上 1 个分度格时增加(或减少)的砝码值称为感量,感量的倒数称为天平的灵敏度。

物理天平使用前应作必要的调整:

① 调节水平。调节底脚螺旋 F、F′,使 L 中的气泡居中。

② 调节平衡(或调零)。将游码移至零线,吊耳连同托盘架于刀口 b、b′上,慢慢转动 K,升起横梁,指针将左右摆动;观察摆动的平衡点,若平衡点不在标尺的中央

“0”刻线上，应转动K，降下横梁由支柱H托住，通过判断，适当调整平衡螺丝E或E′，然后再升起横梁，检查平衡点，直至平衡点在中央0刻线处。

物理天平使用中应遵循以下操作规则：

① 天平的负载量不能超过其最大称量，以免破坏刀口或压弯横梁。

② 为避免刀口受冲击而损坏和破坏空载平衡，在取放物体和砝码、调节平衡螺丝和游码以及不使用天平时，都必须制动天平。只有在判断天平是否平衡时，才将天平横梁升起。天平横梁升起和制动时，动作要轻，最好在天平指针摆动到接近刻度尺中间时制动。

③ 砝码只许用镊子夹取，从托盘上取下的砝码应立即放入砝码盒。

④ 天平的各部分以及砝码都要防锈、防蚀。高温物体、液体及带腐蚀性的化学药品不得直接放入托盘内称量。

3. 时间测量基本仪器

(1) 秒　表

秒表是常用的计时仪器，机械型的秒表如图2.2.6(a)所示。正面是一个大表盘，上方有小表盘。秒针沿大表盘转动，分针沿小表盘转动。表面上的数字分别表示秒和分的数值。秒表的最小分度一般在0.1～0.2 s，计时误差主要是启、停表不准造成的。

秒表上端有一可旋转的按钮，用来到旋紧发条及控制秒表的走动和停止。使用前旋紧发条，测量时用手掌握住秒表，大拇指按在按钮上用力按下，秒表立即开始走动计时，当需要停止时，再按一下按钮，秒表停止走动，进行读数；再按第三次时，秒表回零，准备下一次计时。

使用秒表时要注意以下几点：

① 检查零点是否准确，如不准，应记下初读数，然后对测量读数进行修正。

② 实验中切勿摔碰，以免损坏。

③ 实验完毕，应让秒表继续走动，使发条完全放松。

除机械秒表外，现在还常用电子秒表。电子秒表一般都利用石英振荡器的振荡频率作为时间基准，采用6位液晶数字显示时间。电子秒表的使用功能比机械秒表要多，它不仅能显示分、秒，还能显示时、日、月及星期，并且有(1/100) s的功能。一般的电子秒表连续累计时间最长为59 min 59.99 s，可读到(1/100) s，平均日差±0.5 s。

电子秒表配有三个按钮，外形结构如图2.2.6(b)所示。其中S_1按钮为启动/停止；S_2按钮为复零；S_3按钮为状态选择，可作计时、闹时、秒表三种状态(实验时处于秒表状态)。一般在实验中只用S_1、S_2两个按钮的启动、停止、复零三种功能。按钮均有一定的机械寿命，使用时不要随意乱按。

(2) 数字毫秒计

数字毫秒计的基本原理是利用一个频率很高的石英振荡器作为时间信号发生器，不断地产生标准时基信号。在实验中，它是通过光电元件(称为传感器)和一系列

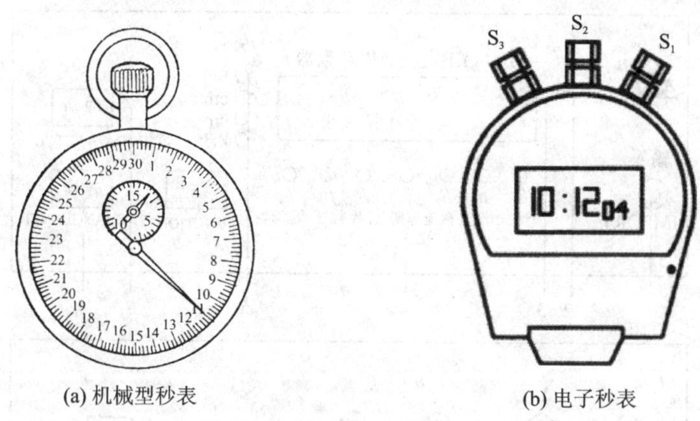

(a) 机械型秒表　　(b) 电子秒表

图 2.2.6　两种秒表

电子元件所组成的控制电路来控制时基信号进行计时的,每一个标准时基信号的周期就代表一个最小的"单位"时间。在测量的时间间隔内,计数装置记录了多少个时基信号,就有多少个"单位"时间,这些时间的累加和就是要测量的时间间隔,并在数码管中显示出来。数字毫秒计准确度可达万分之一秒(0.1 ms),一般最大量程为99.99 s。为了实验方便,仪器还装有自动清"零"的装置(即自动复"零")。图 2.2.7是数字毫秒计电路的基本原理方框图。

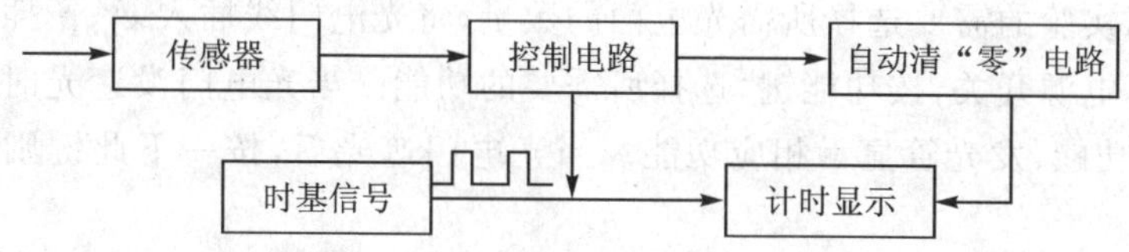

图 2.2.7　数字毫秒计原理框图

(3) 电脑通用计数器

电脑通用计数器是一种智能化仪器,可广泛应用于各种计时、计频、测速实验。在与气垫导轨配套使用时,还可以将所测时间直接转换为速度、加速度。它有记忆存储功能,因而能在较短的时间内完成气垫导轨上的多组实验。电脑通用计数设置了功能、转换和取数三个操作键,并设置了计时、加速度、碰撞、周期、计数、测频和周期测量 7 种功能,能自动判定有几只光电门,采集数据均为挡光片前沿触发。电脑通用计数器的前、后面板如图 2.2.8 所示。

电脑通用计数器正面三个按键的功能如下:

① 功能键:功能选择复位键,用于 7 种功能的选择及取消显示数据、复位。

② 转换键:数值转换键,用于挡光片宽度的设定、简谐运动周期值的设定、测量单位的转换。

③ 取数键:数值提取键,用于提取已存入的实验数据。

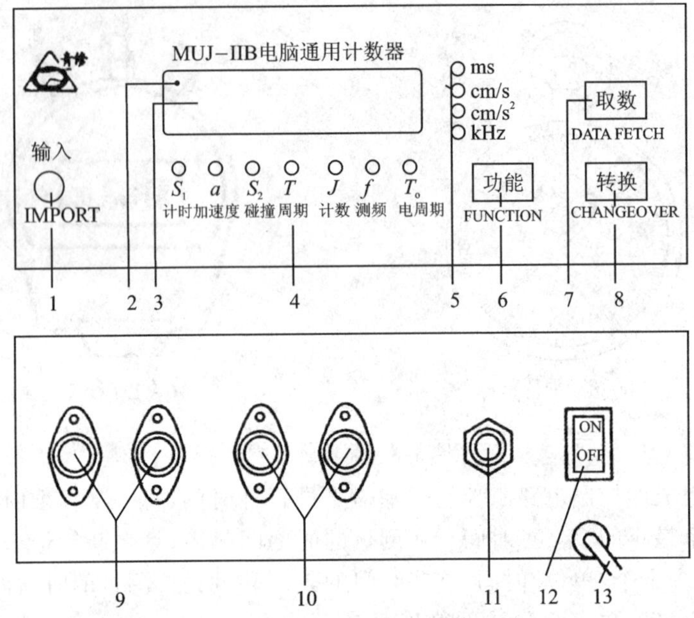

图 2.2.8 电脑通用计数器面板图

电脑通用计数器使用方法如下：

① 根据实验的需要选择所需光电门的数量，将光电门线插入 p_1、p_2 插口。

② 按下电源开关，按功能键，选择所需要的功能。当光电门没遮光时，每按键一次转换一种功能，发光管显示相应功能。当光电门遮光后，按一下此键则复位，但清零功能不变。

③ 每次开机时，挡光片宽度会自动设定为 1.0 cm，周期自动设定 10 次。如重新设置，其设置值会保留到关闭电源，下次开机时又回到自动设置的值。

④ 当选择计时、加速度或碰撞功能时，按下数值转换键的时间小于 1.5 s 时，测量数值自动在 ms、cm/s、cm/s^2 之间改变显示供选择。

⑤ 按下数值转换键的时间大于 1.5 s 时，将提示已设定挡光片的宽度（1.0 cm 显示 1.0，3.0 cm 显示 3.0），此时如有已完成的实验数据，则可以保存。按住数值转换键不放，则可重新选择所需要的挡光片宽度，前面所保存的实验数据将被消除。确认到所选用的挡光片宽度，则放开此键即可。使用挡光片的宽度应与选定挡光片的宽度数值相符，否则只在显示 ms 时正确，而转换到 cm/s、cm/s^2 时将是错误的。

⑥ 当功能选择周期（T）时，按上述方法设定所需要的周期数值。

⑦ 数值提取键：做完实验后数据自动存入，当存储器存满后实验数据不再存入，可取出前几次实验数据值，具体方法在实验操作中再作介绍。取完数据后，若还要做实验，则需按一下功能选择复位键。

⑧ 清除记忆值可用下列方法进行：改变实验功能；改变挡光片设定的宽度；在

按数值取键后，数据未被全部取出时，按动功能选择复位键。

4. 温度计

利用物质的某一物理属性随温度的变化来标志温度的仪器，就是温度计。当温度改变时，物体的许多物理属性如压强、体积、导体的电阻、两种导体组成的热电偶的电动势等都要发生变化。一般说来，任何物质的任一物理属性，只要它随温度的改变而发生单调的、显著的变化，都可以用来标志温度，做成温度计。常用的温度计有定容气体温度计、定压气体温度计、液体温度计、铝电阻温度计、热电偶温度计、辐射高温计及光测高温计等。

利用气体的体积或压强随温度变化的属性制成的温度计，称为气体温度计。气体温度计有两种：定容气体温度计和定压气体温度计。定压气体温度计在结构、操作等方面都很复杂，所以，除在高温范围，实际工作中一般都使用定容气体温度计。

图 2.2.9 所示为定容气体温度计的示意图。测温泡 B 内贮有一定质量的气体，经毛细管与水银压强计的左臂 M 相连。测量时，将测温泡放入待测系统内，上下移动压强计的右臂 M′，使左臂中的水银面在不同的温度下始终固定在同一位置 O 处，以保持气体的体积不变。当待测温度不同时，B 内气体的压强不同，这个压强可由压强计两臂水银泡的高度差 h 和右臂上端的大气压强求得。这样，就可由压强随温度的改变来确定温度。

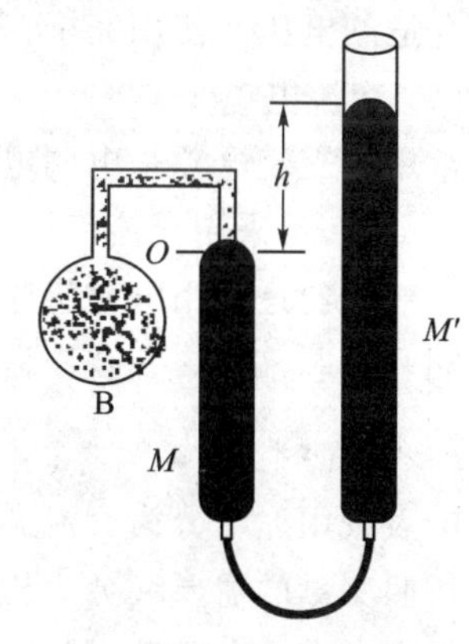

图 2.2.9　气体温度计

利用液体的体积随温度变化的属性制成的温度计称为液体温度计。常用的液体温度计有水银温度计、酒精温度计等。

2.2.2　电磁学实验常用仪器

1. 电　源

电源是把其他形式的能量转变为电能的装置。电源分为直流电源和交流电源两类。

(1) 直流电源

常用的直流电源有干电池、铅蓄电池和晶体管直流稳压电源。干电池是电磁学实验及便携式仪器常用的工作电源。它以其内部化学反应过程中产生的电能作为工作的能量来源。显然，当它的电极物质在化学反应中消耗完毕，化学反应即停止，其作为电源的功能随之消失。因此，干电池的电动势随其使用时间而不断减小，并不是恒定的电压源。在实验中不注意这一点，有时会产生较大的系统误差。当干电池工作电流小于 100 mA 且一定时，在较短的时间内仍可视为较好的恒压源。根据实际需要，干电池可以串联或并联使用。

干电池在使用时，注意正、负极性不能接错，不允许短路。

铅蓄电池的电动势为 2 V，额定放电电流为 2 A，容量较大，输出电压稳定，结构坚固而耐用。因为需要经常充电，维护比较麻烦。使用时，一定要注意切勿超过额定容量，避免过载。

晶体管稳压电源是将交流电转变为直流电的装置。它通过整流、滤波、自动稳压后输出直流电。它的特点是输出电压高，可调范围大，带负载能力强，因而在实验中越来越多地取代了化学电池。

晶体管稳压电源的输出总带有一定的纹波，在对电源稳定性要求高的实验中，一定要注意这一点，以便选择符合要求的晶体管稳压电源，否则会给实验带来系统误差。使用稳压电源时应注意：接通电源前，先将“电压输出”调节到最小，根据需要，选择合适的电压。使用完毕，先将“电压输出”调到最小，再切断电源。

(2) 交流电源

常用的交流电源是电网电源，电压为 220 V，频率为 50 Hz。为了防止电网电压波动的影响，可采用交流稳压器。在需要高于或低于 220 V 的交流电源时，可采用变压器。变压器是利用电磁感应原理来改变交流电压的装置，主要构件是初级线圈、次级线圈和铁芯(磁芯)。变压器在使用时注意不要超过额定功率。

2. 电　表

电表按用途可分为交流和直流两种。按工作原理可分为磁电型、电磁型、电动型等。按照测量的需要又分为检流计、电流表和电压表等。

电表内由永久磁铁、转动线圈和指针等组成的基本部分叫电流计(表头)。它是利用通电流的线圈在永久磁铁中受到力矩作用发生偏转的原理制成的。在线圈上附一指针可在刻度盘上指出读数。线圈面积和线圈匝数一定时，偏转的读数与线圈中流过的电流强度成正比，因此电表面板的分度呈线性。这种仪表适用于直流测量，具有灵敏度高、刻度均匀、便于读数等优点。如果附加上相应的变换器，还能用来测量交流电学量或各种非电量(如温度、压力等)。

(1) 电流计(表头)

电流计结构如图 2.2.10 所示。图中 1 为强磁场的永久磁铁；2 是接在永久磁铁两端的半圆筒形的“极掌”；3 是圆柱形铁芯，它与两极掌间形成气隙，气隙内的磁场呈均匀的辐射状分布；4 是处在气隙磁场中的活动线圈(称为动圈)，它是在一个矩形铝制方框上用很细的绝缘铜线绕成的；5 是固定在动圈两端的“半轴”，它的轴尖支持在宝石轴承 6 里，动圈可在半轴的支持下绕铁芯轴线自由转动；7 是装在转轴上的指针，线圈偏转角的大小由指针在刻度盘 9 上的方位读出；8 是产生反作用力矩的两个螺旋方向相反的“游丝”，丝的一端固定在仪表内部的支架上，另一端固定在转轴上，这两个游丝还兼作把电流引入线圈的引线。

当线圈通以恒定电流 I 之后，在气隙磁场中受到磁力矩 M_I 的作用。由于磁场 B 是均匀的沿半径方向的辐射状磁场，故 M_I 是一定的且由式(2.2.3)决定：

$$M_I = BNIS \qquad (2.2.3)$$

式(2.2.3)中：S 是线圈面积；N 是线圈的总匝数。线圈在此力矩的作用下带动指针一起转动，与此同时，游丝随着发生扭转变形，因而产生一个反作用力矩：

$$M_D = -K\alpha \qquad (2.2.4)$$

式(2.2.4)中：α 是指针偏转的角度；K 是游丝弹性系数，负号表示力矩方向与转动方向相反。当反作用力矩和磁力矩相互平衡时，线圈停止转动，指针停在一定位置。此时有：

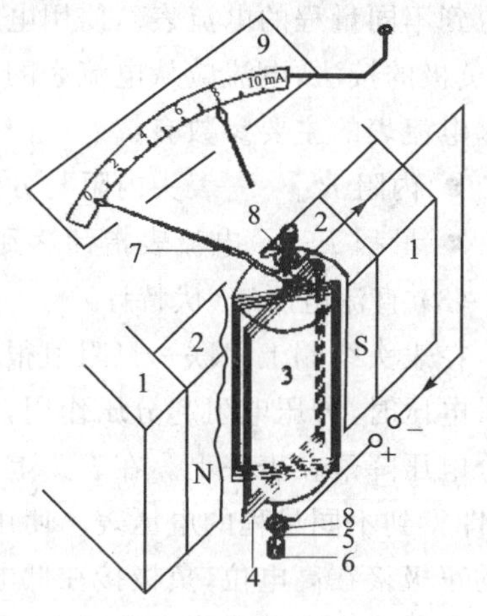

图 2.2.10　电流计

$$\alpha = \frac{BNIS}{K} = S_I I \qquad (2.2.5)$$

式(2.2.5)中：$S_I = BNS/K$，称为表头的电流常数。当表头结构一定时，S_I 是一个常数。

由公式(2.2.5)可以看出，平衡时指针偏转的角度 α 与待测电流 I 成正比，所以在刻度盘上刻上了与偏转角度相应的电流值，从而实现了电流的测量，并且刻度是均匀的。

为了使仪表指针开始在零的位置，通常还设有一个“调零器”，它的一端与游丝相连。如果使用前仪表的指针不指零位，则可用小螺丝刀轻轻调节露在表壳外面的调零螺丝，使仪表指针趋近于零位。

电流计(表头)可以用来检验电路中有无电流通过。因为线圈的导线很细，所能允许通过的电流往往是很微小的，能直接测量的电流在几十微安到几十毫安之间。如果用它来测量较大的电流，则必须加上分流器来扩大量程。电流计(表头)的主要参数有：

- 内阻 R_g——线圈直流电阻。
- 电流常数 S_I——指针偏离一格所需要的电流值。
- 满度电流 I_g——指针偏转满度时线圈中通过的电流值，即 $I_g = S_I d$（d 为满度格数）。

(2) 直流电流表(安培表)

在表头线圈上并联一只阻值很小的分流电阻 R_s，就构成了电流表。分流电组 R_s 的作用是使线路中的电流大部分通过它，只有少量的电流通过表头的线圈，这样就扩大了电流的量限。表头上并联不同的分流电阻 R_s，可以测量的最大电流也就不同，即得到不同量程的电流表。使用电流表时应把它串联在待测电流的电路中，并注意正、负极的接法，电流应从电流表的正极流入，负极流出。

电流表的主要参数有：

- 内阻 R_{Ai}——表头内阻与分流电阻并联的电阻值。
- 量程 I_i——电流表指针达到满度时的电流值。

(3) 直流电压表(伏特计)

在表头线圈上串联一只阻值很大的分压电阻 R_x，就构成了一只直流电压表。当测量电压时，分压电阻起分压作用，并使绝大部分电压落在分压电阻上，只有很小一部分电压降落在表头上。在表头上串联不同的分压电阻，可以测量的最大电压就不同，即得到不同量程的电压表。使用时应把电压表并联在待测电压的两端，并将电压表的正极接在高电位，负极接在低电位。

电压表的主要参数有：

- 内阻 R_{Vi}——表头内阻与分压电阻串联的电阻值。
- 量程 U_i——电压表指针达满度时的电压值。
- 电压灵敏度 S——表头满度电流的倒数，即 I_g^{-1}，其单位是 Ω/V，由它可算出量程为 U_i 时电压表的内阻：

$$R_{Vi} = S \cdot U_i \tag{2.2.6}$$

使用电流表和电压表时应注意以下几点：

① 量程的选择。应先估计被测量的大小，选择合适的量程。对于多量程的电表，在不知道被测量的范围时，为了安全起见，可先用大量程测试一下，再选更合适的量程。

② 接法要正确。电压表与电路中被测负载的两端相并联；电流表与电路相串联。直流电表均有表明"＋"、"－"的接线柱，分别表示电流的流入端和流出端，不能接反；否则电表指针将反向偏转。

③ 读数要规范。读数时视线必须垂直于刻度盘。若电表指针下面附有镜子，则必须在指针与镜中的像重合时读数。这样可以减少由于视差引入的误差。

④ 电表的准确度与级别的表示。

仪表的绝对误差在刻度盘上各点处基本相同，但相对误差由于测量值变化而存在较大的差异，所以用相对误差来表示仪表的准确程度并不方便。为此引入引用误差的概念，引用误差是绝对误差与仪表量程 x_{max} 之比的百分数，即

$$E_\eta = \frac{\Delta_i}{x_{max}} \times 100\% \tag{2.2.7}$$

由于仪表刻度盘上各点处的绝对误差稍有不同，因而各点的引用误差也有些差异，但是其差异较小，所以用最大引用误差来表示电表的准确度，即

$$E_{\eta max} = \frac{\Delta_{max}}{x_{max}} \times 100\% \tag{2.2.8}$$

按照国家标准，各种电表根据基本误差的大小分为七个等级，即 0.1、0.2、0.5、1.0、1.5、2.5、5.0。它们表示电表的准确度。电表的等级 α 与电表的最大引用误差 $E_{\eta\max}$ 的关系是 $\alpha\% \geqslant E_{\eta\max}$ 即

$$\alpha\% \geqslant \frac{\Delta_{\max}}{x_{\max}} \times 100\% \tag{2.2.9}$$

即电表等级的百分数表示在规定条件下使用时所允许的最大引用误差。例如，有一只 0.5 级量程为 0～1 A 的电流计，按式(2.2.9)$\Delta_{\max} \geqslant 5$ mA。这表示这种电表其基本误差在±5 mA 以内。在实验中用该电表测量电流时，可以认为最大绝对误差不超过 5 mA。

⑤ 电表量程的选择。电表的准确度等级越小，表示基本误差越小，即电表的准确度越高。在极限情况下，电表可能的最大绝对误差 $\Delta_{\max}$ 为

$$\Delta_{\max} = x_{\max} \times \alpha\% \tag{2.2.10}$$

如果电表的示值为 x_i，则可能出现的最大相对误差 $E_{\max}$ 为

$$E_{\max} = \frac{\Delta_{\max}}{x_i} \times 100\% = \frac{x_{\max} \times \alpha\%}{x_i} \times 100\% \tag{2.2.11}$$

由此可看出，实验测量的相对误差既与电表的准确度等级 α、测量值的大小 x_i 有关，还与量程 $x_{\max}$ 有关。测量值 x_i 越接近于量程 $x_{\max}$，则相对误差越小。在一般情况下，使 $x_i \geqslant 2x_{\max}/3$，即使测量值处在满量程的 2/3 以上为宜。

⑥ 仪表读数的有效位数问题。如果已知电表的级别 α 和量程 $x_{\max}$，则电表的最大绝对误差由式(2.2.10)求得，测量结果的有效位数由最大绝对误差确定。

(4) 万用电表

万用电表是实验室中最常见的一种仪表。它的突出持点是测量对象多，测量范围广，使用方便。可以用来测量电压、电流、电阻、交流电压和电流，还可以用来检查电路和排除电路故障。万用电表主要由测量机构和测量电路两部分组成。它的测量机构是一个磁电型电流计(亦称表头)。实际上，它是根据电表改装的原理，将一个表头分别连接各种测量电路而改成多量程的电压表、电流表和欧姆表，是既能测量直流也能测量交流的复合电表。

万用电表的直流电压、直流电流挡的测量原理和使用方法基本上与磁电型电压表和电流表相同。万用电表的交流电压挡，则是利用整流元件将交流电流变成单向脉动电流，再通过磁电型表头进行测量，此种情况表头的偏转力矩与整流后的单向脉动电流的平均值成正比。

下面介绍欧姆表测量电阻的简单原理。如图 2.2.11 所示，表头 R_s、干电池 E、可变电阻 R_0 以及待测电阻 R_x 构成串联回路。电流 I 通过表头即可使指针偏转，其值为

$$I = \frac{E}{R_g + R_0 + R_x} \tag{2.2.12}$$

由上式可以看出，当电池电压一定时，指针的偏转与回路的总电阻成反比。当被

测电阻 R_x 改变时，电流就变化，表头的指针位置也有相应的变化，即表头的指针位置与被测电阻的大小一一对应。如果表头的标度尺按电阻刻度，这样就可以直接用来测量电阻了。被测电阻 R_x 越大，回路电流 I 就越小，指针偏转角就小，因此欧姆表的标尺刻度与电流表、电压表的标尺刻度相反。又因为工作电流 I 和被测电阻 R_x 不成正比关系，所以欧姆表的刻度是不均匀的。

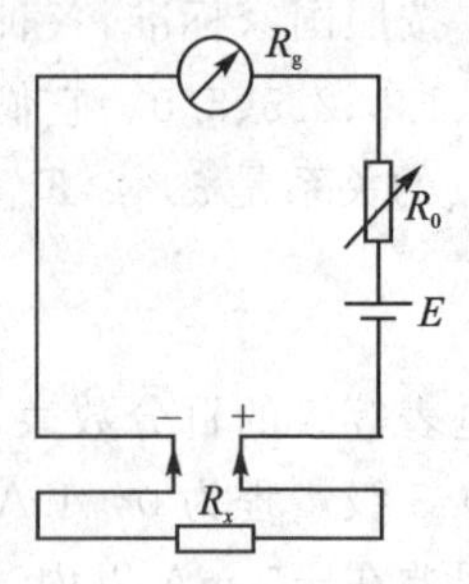

图 2.2.11　欧姆表原理

当电池的电动势 E 下降时，会造成比较大的测量误差，所以欧姆表设有“零点”调整电路。使用时先将两表笔短接，调节调零电位器，使指针恰好指在电阻刻度标尺的零点处。每当改变欧姆表的量程后，都必须重新调零。如果调节调零电位器，指针无法指零，则应该更换电池。

使用万用电表测量时，应注意以下几点：

① 根据被测对象，选择对应的测量挡。切勿用电流挡、电阻挡测量电压。

② 根据被测量的大小，正确选择量程。如果被测量的大小事先无法估计，应选择量程最大的一挡，用表笔点测一下，若偏转过小，则将量程变小，直到量程合适。

③ 测量电阻时，应将被测量电路的电源断开，并且要把零点校准好。

④ 用电压挡检测电路中某两点间电压时，要特别注意所用挡的内阻与被测两点间电阻的相对关系，只有当该挡内阻远大于被测两点间电阻时，测量结果才是可信的。

⑤ 万用电表使用完毕后，应置于交流电压最高挡或空挡。

(5) 直流复射式检流计

直流复射式检流计的工作原理是基于通电线圈与永久磁铁磁场间的相互作用。活动线圈由拉丝悬挂放置在软铁制成的铁芯及永久磁铁之间。当电流通过拉丝流经线圈时，检流计活动部分产生转动力矩而转动，其偏转的角度由流过线圈的电流和拉丝的反作用力矩所决定。

为了提高检流计的灵敏度，检流计活动部分上装有一小平面镜，利用光线多次反射的光学系统，把具有准丝的光斑反射到标度尺上，这样就使检流计线圈偏转读数得到光学放大。因为可以在较小的表壳内制成高灵敏度的检流计，这种光点检流计每个分度值的电流小到 5×10^{-9} A。

AC15/4 型检流计的面板图如图 2.2.12 所示，下面介绍各部分的功能。

① 电源选择开关“220 V，6 V”：当“220 V”电源插座接上 220 V 交流电时，开关置于“220 V”处，电源接通，照明器的小灯泡亮；当“6 V”电源插座接上 6 V 电压时，开关置于“6 V”处，照明器接通 6 V 电源。

② “零点调节”旋钮：该旋钮作为光斑零点的粗调。标度尺上还配有活动调零器，用作光斑零点的细调。

③ “+”和“−”接线柱：用来接通测量电路。电流若从“+”端流入，从“−”端流

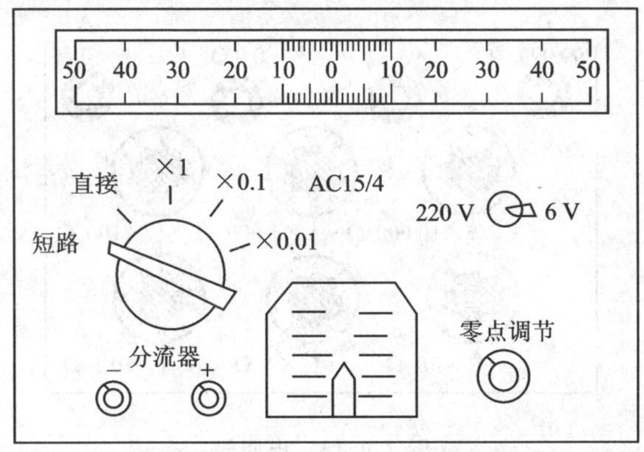

图 2.2.12　复射式检流计的面板图

出检流计，则光斑向右偏转；反之，光斑向左偏转。

④ 分流器选择开关：测量时应从灵敏度最低挡“×0.01”开始。“×0.01”表示输入的电流只有1%流入检流计线圈，其余的99%从分流电阻流出。当偏转不大时，方可转到高灵敏度挡(×0.1 或 1)进行测量。

⑤“短路”挡：选择开关置于此挡，使检流计线圈短路，以防止检流计拉丝因振动而损坏。在测量中当光斑摇晃不停时，可用此“短路”挡，使检流计线圈受到阻尼而停下来。在改变电路、移动检流计或测量完毕时，均应将检流计置于“短路”挡。

⑥“直接”挡：当标尺找不到光斑时，可将分流器选择开关置于“直接”挡，并将检流计轻微摆动，如有光斑扫掠，则可调节“零点调节”旋钮，将光斑调至标尺内。如果轻微摇动时无光斑扫掠，则应检查照明灯泡是否烧坏或对光不准。

3. 电阻器

电磁学实验中常用的电阻器有电阻箱和滑线式变阻器两种。

(1) 电阻箱

电阻箱是由多个标准电阻元件按一定组合形式连接在一起的。它相当于一个阻值在一定范围内可以改变的标准电阻。电阻箱的正面外形图如图 2.2.13 所示。内部结构是由若干个高稳定锰铜合金丝绕制而成的，通过调节 6 个转盘可获得 0.1～99 999.9 Ω 范围内各挡电阻值。

实验中常用的 ZX21 型电阻箱，其准确度为 0.1 级，电阻箱指示的阻值是各旋钮指示值之和。电阻箱的基本误差常用如下公式来计算：

$$E=\left(\frac{a+bm}{R}\right)\times 100\% \tag{2.2.13}$$

式(2.2.13)中：a 为电阻箱准确度等级；R 为电阻箱的示值；m 为二引线端钮间实际使用的总转盘数；b 为电阻箱结构常数。准确度为 0.1 级的电阻箱，其 b 值为 0.2。公式中第二项误差是由于电阻箱转盘的接触电阻引入的。例如取 $R=100.0\ \Omega$ 时，

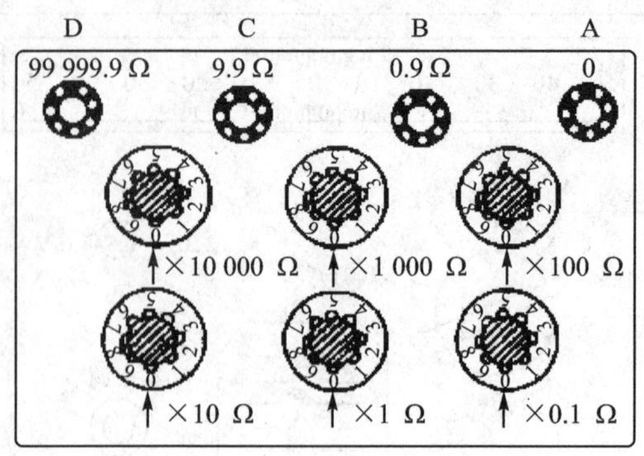

图 2.2.13　电阻箱

$E=(0.1+0.2\times6/100.0)=1.3\%$，$\Delta R=100\ \Omega\times1.3\%=1.3\approx2\ \Omega$，所以 $R=(100\pm2)\Omega$。另外，电阻箱还存在着零值误差，此项误差是当电阻箱各盘均置零时所具有的误差。零值误差主要来源于各接点的接触电阻及内部连线电阻。当被测电阻 R_x 很大时，零值电阻及修正项 bm/R 均可略去不计。$\Delta R=R\times a\%$ 即为电阻箱的误差。

使用电阻箱时应注意以下几点：

① 对于小于 10 Ω 的待测电阻，为减小接触电阻对结果的影响，应利用小电阻接头 B 或 C。

② 工作电流不能超过最大允许电流，负载功率不得超过电阻箱额定功率。由于电阻箱有额定的最大功率，使用不同挡的电阻时，所允许通过的电流是不同的。一般来说，高电阻挡允许通过的电流较小。ZX21 型电阻箱各挡电阻允许通过的电流值如表 2.2.1 所列。

③ 转动转盘时必须调节到位，使盘内弹簧触点接触良好。

④ 读取电阻箱示值时，其有效位数由最大误差确定。

表 2.2.1　ZX21 电阻箱各个旋钮的额定电流

旋钮倍率	×0.1	×1	×10	×100	×1 000	×10 000
允许负载电流/A	1.5	0.5	0.15	0.05	0.015	0.005

(2) 滑线变阻器

电磁学实验中对电源提供的电压要求是各种各样的，即使是可变电源，有时也不能很好地适应这种要求，更不用说固定电源了。通常是在电源回路中接入滑线变阻器，以满足实验要求的工作电压。

滑线变阻器的外形结构以及在电路图中的表示符号如图 2.2.14 所示。粗细均匀的金属电阻丝密绕在瓷管上，两端分别与接线柱 A、B 相连。电阻丝的表面涂有绝缘层，各圈电阻丝之间彼此绝缘。在瓷管的上方装有一根与之平行的钢棒，其中一端与接线柱 C 点相连。在钢棒上套有一个金属滑动接触器，它被紧压在铜棒与电阻圈之间。在滑动范围内，接触器与电阻丝之间的绝缘层被刮掉，以使接触器在滑动过程中始终与电阻丝保持良好的导电性，并可以改变 A、C 之间或 B、C 之间的阻值，但 A、B 两点之间的电阻值是固定不变的，称为全电阻 R_0。

滑线变阻器有多种规格，选用时应考虑它的全电阻、额定电流和额定功率的大小等因素。滑线变阻器在实验电路中主要有两种接法：

① 分压接法。如图 2.2.15 所示，滑线变阻器的两个固定端 A、B 分别与电源的两极相连，滑动端 C 和任一固定端(图中为 A)上引出两根线接于负载 R_L。当滑动端 C 移动时，加在负载 R_L 上的电压 U_{AC} 将在 0～U_{AB} 值之间变化。在设计分压电路时，需要考虑滑线变阻器的全电阻和额定电流的大小，要特别注意变阻器的全电阻 R_0 和负载电阻 R_L 之间的比例关系，使分压值 U_{AC} 随电阻变化时具有良好的线性关系。

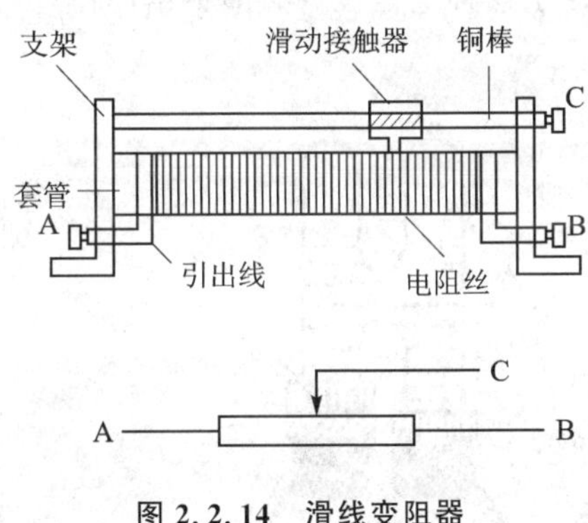

图 2.2.14　滑线变阻器

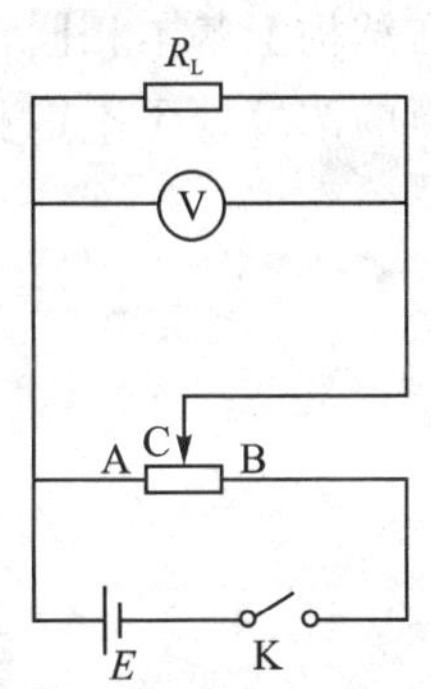

图 2.2.15　分压接法

② 限流接法。如图 2.2.16 所示，将滑动变阻器的 A、B 两端串联在回路中，而滑动端可以与 A 相连，也可以与 B 相连。当移动 C 端位置时，可以改变回路中的总电阻，达到改变和控制回路电流的目的。

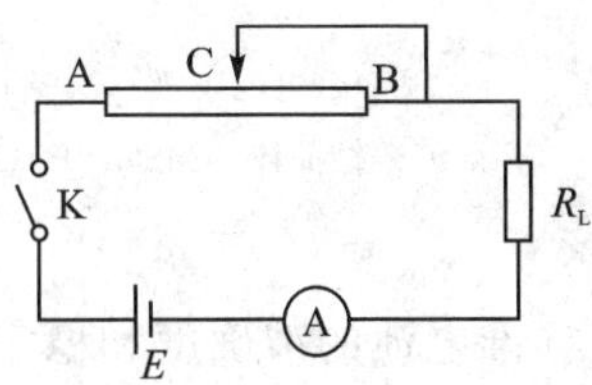

图 2.2.16　限流接法

应当注意的是，滑线变阻器的两种接法其作用是不相同的，一定不能混淆。同时还应记住，开始实验之前，在限流接法中，变阻器的滑动端应放在电阻最大的位置；在分压接法中，变阻器的滑动端应放在分出电压最小的位置。

4. 标准器具

电磁学实验中使用的标准器具主要包括标准电池、标准电阻、标准电容和标准电感，它们都属于工作量度器。

(1) 标准电池

标准电池是从电池中派生出来的一种电池。它是复制电压或电动势单位 1 伏特的量具。标准电池产生的电动势并非恰好为 1 伏特，而是稍微大于 1 伏特，但这个数值准确、稳定，受外界影响小，也容易校正。

标准电池是一种化学电池，分为饱和式和不饱和式两种。饱和式标准电池一年中电动势的允许变化为几微伏至几十微伏，级别较高；不饱和标准电池在一年中电动势的允许变化为上百微伏，级别较低。

这两种标准电池的原理结构图如图 2.2.17 所示。各种化学物质都放在严密封闭的 H 形玻璃管内。饱和式标准电池的正极是纯汞(Hg)，负极是镉汞合金(CdHg)；上面放着硫酸亚汞($HgSO_4$)作为去极化剂，再上面放着硫酸镉晶体($3CdSO_4 8H_2O$)；负电极上面也放着硫酸镉结晶体；在硫酸镉结晶体上面灌以硫酸镉饱和溶液($CdSO_4$)作为电解液；正、负极的引出线均用铂丝做成。由于电池内有硫酸镉结晶体，所以在任何温度下硫酸镉溶液均呈饱和状态。不饱和标准电池与饱和标准电池在结构上基本相同，不同之处仅在于这种电池没有硫酸镉结晶体，因而其中硫酸镉溶液的浓度处于不饱和状态。

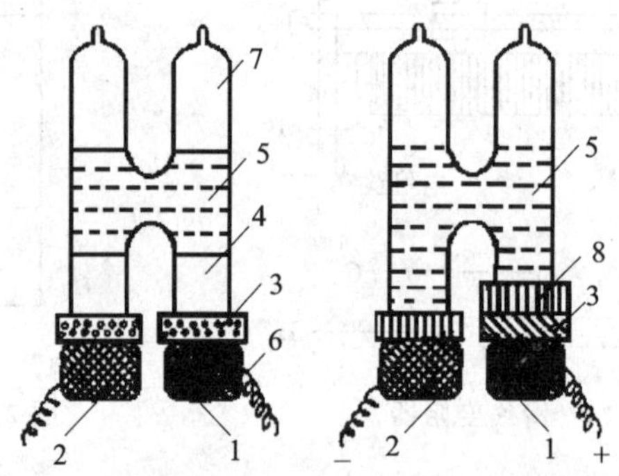

1—汞 Hg(电池正极)；2—镉汞合金 CdHg(电池负极)；3—硫酸亚汞 Hg_2SO_4(去极化剂)；
4—硫酸镉结晶体 $3CdSO_4 8H_2O$；5—硫酸镉溶液 $CdSO_4$；6—铂引线；7—玻璃容器；8—微孔塞片

图 2.2.17 标准电池

标准电池的准确度和稳定度与使用、维护的情况有很大关系，使用时应注意以下几点：

① 标准电池绝不能当作电池使用，只能作为电动势的比较标准。标准电池按准确度可分为Ⅰ、Ⅱ、Ⅲ级。Ⅰ、Ⅱ级的最大允许电流为 1 μA，内阻不大于 1 000 Ω；Ⅲ级的最大允许电流为 10 μA，内阻不大于 600 Ω。严禁用伏特表或万用表测量标准电池电压。

② 标准电池的电动势是随环境温度变化而变化的。使用时，应根据实验环境温度对其电动势值加以修正。标准电池上标定的数值是指 20 ℃时的电动势值($E_{20}=1.018\,6$ V)，温度为 t 时的电动势值为

$$E_t = E_{20} - [39.94(t-20) + 0.929\,(t-20)^2 - 0.009\,0\,(t-20)^3] \times 10^{-6}\,\mathrm{V} \tag{2.2.14}$$

③ 对标准电池不应摇晃和振动，更不允许倒置。存放地点的温度和湿度应符合

要求，温度的波动应尽量小。注意防止阳光照射及其他冷源、热源的直接作用。

（2）标准电阻

标准电阻是电阻单位“欧姆”的度量器。它通常是由锰铜导线或锰铜带绕制而成的。因为锰铜具有很高的电阻系数和较低的电阻温度系数，而且与铜相接触时热电势小，所以标准电阻具有准确度高、稳定性好、可靠性高的优点。固定标准电阻一套 9 个，分 10^{-3}，10^{-2}，10^{-1}，10^{0}，10^{1}，10^{2}，10^{3}，10^{4}，10^{5} Ω 几种。

标准电阻的结构及其在电路中的接法示意图如图 2.2.18 所示。它有四个接线钮，这是标准电阻与一般电阻的不同之处。当把电阻接入电路时，接线端钮处的接触电阻就会影响到该支路的电阻。接触电阻的数值不稳定，为 $10^{-3}\sim10^{-5}$ Ω，这个接触电阻对于低值标准电阻来说是一个不确定因素，难以进行精确测量，所以标准电阻常采用四端钮结构和接线法。比较粗大的一对接线柱 A、D 称为电流端钮，相对细小的一对端钮 B、C 称为电压端钮。A、D 端的接触电阻是串联在电源回路中的，对 B、C 端没有影响。由于电阻两端的电压取自于 B、C 端，而 A、D 端的接触电阻相对于电压测量仪器或电压表的内阻通常小到可以忽略，这就是四端钮接法用来消除接触电阻的基本原理。

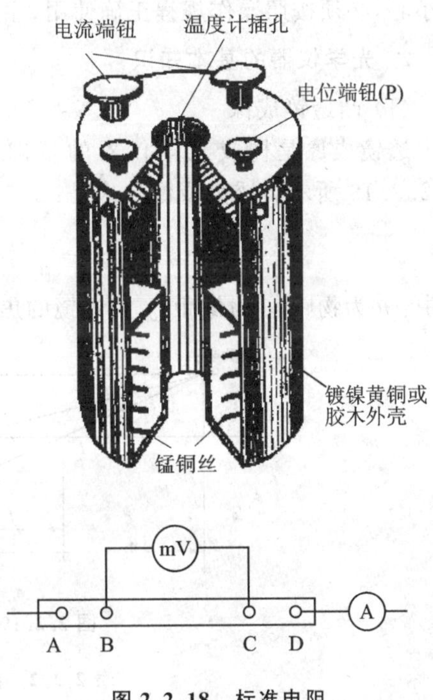

图 2.2.18　标准电阻

使用标准电阻时应注意：

① 标准电阻的铭牌上给出的标称值，是在 20 ℃条件下的标准值。当使用温度变化时，要进行修正，计算公式为

$$R_t = R_{20}\left[1+\alpha(t-20\ ℃)+\beta(t-20\ ℃)^2\right] \tag{2.2.15}$$

式(2.2.15)中：R_t是温度 t 时的电阻值；R_{20}是温度为 20 ℃时的电阻值（标准值）；α、β 是该标准电阻的一次和二次项电阻温度系数，皆为常数，其数值在出厂说明书中均已给出。

② 使用标准电阻应避免过载，不能超过其额定功率，并应存放在温度变化小的环境中。

2.2.3　光学实验常用仪器

1. 概　述

光学仪器是用来弥补人眼的不足、帮助观察实验现象的设备，它可使实物的像放大、缩小或将像记录下来。光学仪器实现的非接触式观察和高准确度测量，在生产、科研和国防及人们生产、生活的各个领域都有着广泛的应用。

光学仪器种类很多，但就其光学系统而言，主要是成像（摄影或投影）、显微（或放大）、望远和色散分光（复色光分解成单色光）等四类基本光路及其组合。

组成光学仪器的主要光学元件有透镜（各类目镜、物镜）、棱镜、反射镜（平面、球面）、光栅等。光学元件一般由玻璃构成，是光学仪器中最易损坏的部分，使用时要特别小心，必须按照操作规程正确使用，注意维护。

2. 光学仪器的基本知识

（1）凸透镜成像

透镜成像是构成光学仪器的基础。对于薄透镜和近轴光线，凸透镜成像如图 2.2.19 所示。透镜成像公式是：

$$\frac{1}{u}+\frac{1}{v}=\frac{1}{f} \tag{2.2.16}$$

式中：u 为物距；v 为像距；f 为透镜的焦距。其成像规律见表 2.2.2。

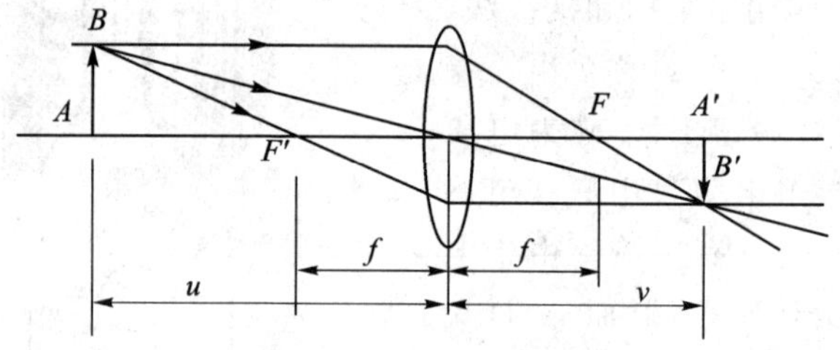

图 2.2.19　凸透镜成像

表 2.2.2　凸透镜成像规律

物的位置	像的位置	像的性质	应　用
$u\to\infty$（远处）	$v=f$，在透镜另侧焦点处	实像	透镜聚焦
$u>2f$	$f<v<2f$，在透镜另侧	倒立、缩小、实像	照相机
$u=2f$	$v=2f$，在透镜另侧	倒立、大小相同、实像	翻拍
$f<u<2f$	$v>2f$，在透镜另侧	倒立、放大、实像	投影仪
$u=f$	$v\to\infty$，在透镜另侧	—	平行光管
$u<f$	$\|v\|>f$，在透镜的同侧	正立、放大、虚像	放大镜

（2）眼睛观察物体的简单原理

人眼是一个精密的光学成像仪器。在光学实验中，人们往往要用眼睛来观察许多光学现象，因此，我们有必要了解眼睛的结构及眼睛成像的规律。眼睛的结构是非常复杂的，但从光学原理上来说，眼球里的晶状体相当于一个凸透镜，视网膜相当于一个成像屏幕。如果要看清物体，则必须使物体发出的光射入眼睛，经晶状体会聚后在视网膜上成一实像，再通过视觉神经引起视觉。晶状体到视网膜之间的距离可以近似地看作不变(即像距 v 不变)，人眼之所以能够看清远近不同的物体(物距 u 不同)，是靠肌肉的松弛或紧张来调节晶状体的曲率的，相当于改变透镜的焦距 f，使之满足透镜成像公式，从而在视网膜上成一实像，如图 2.2.20 所示。

眼睛的晶状体曲率改变的过程与光学仪器使用中的“调焦”相似。眼睛的“调焦”有一定的限度，较长时间观察而不感到疲倦的最佳距离是离眼睛 25 cm 处，称为“明视距离”，如图 2.2.21 所示。眼睛可分辨清楚的最小视角约为 $1'$，称为“最小分辨角”，相当于在明视距离处相距为 0.07 mm 的两点对眼睛所张的角。正常的眼睛能看到无限远处的物体，但是对很远的物体实际上不能分辨清楚，这是因为用眼睛直接观察时，眼睛要能区分开两个点，就必须使它们的像落在两个不同的感光细胞上，因此它们所张的视角必须大于最小分辨角。所以能否分辨清楚细小的物体，取决于物体对眼睛所张的角。借助光学仪器来观察细小物体，就是为了增大被观察物体的视角。

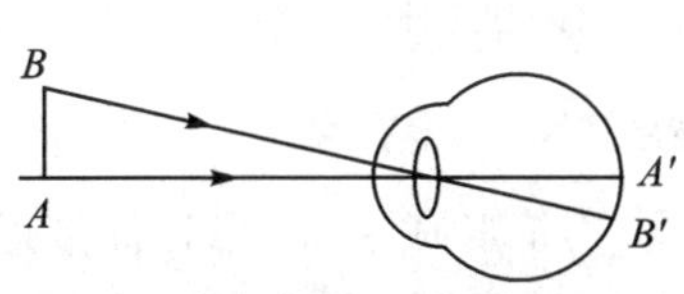

图 2.2.20　眼睛成像过程示意图

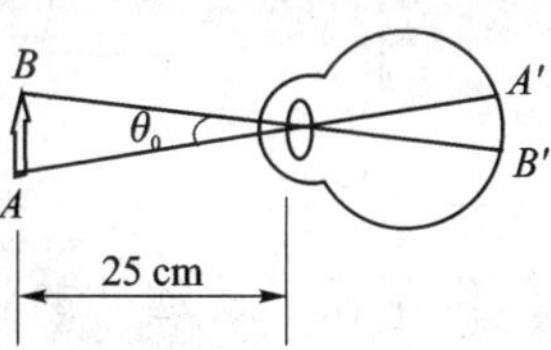

图 2.2.21　明视距离

3. 常用目视光学仪器

(1) 放大镜和视角放大率

放大镜是最简单的光学仪器，短焦距的凸透镜就可利用作为放大镜，放大镜的作用就是增大视角。设原物体长度为 AB，放在明视距离处，眼睛的视角为 θ_0，通过放大镜观察，成像仍在明视距离处，此时眼睛的视角为 θ，如图 2.2.22 所示，θ 与 θ_0 之比称为角放大率 M。

$$M \approx \frac{\theta}{\theta_0} \tag{2.2.17}$$

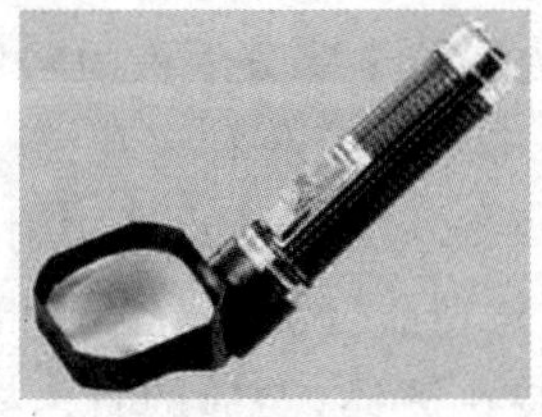

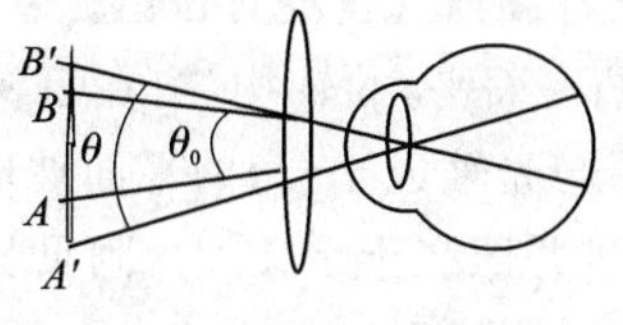

图 2.2.22　放大镜实物及成像光路原理

因为
$$\theta_0 \approx \frac{AB}{25}, \quad \theta \approx \frac{A'B'}{25} \approx \frac{AB}{f} \tag{2.2.18}$$

所以
$$M = \frac{\theta}{\theta_0} = \frac{AB/f}{A'B'/25} = \frac{25}{f} \tag{2.2.19}$$

式(2.2.19)中：f 为放大镜焦距(以 cm 为单位)，f 越小，放大率越高。

(2) 望远镜

望远镜是用来观察远距离物体的仪器，或者用来作为测量和对准的工具。它是由长焦距($f_{物}$)的物镜和短焦距($f_{目}$)的目镜组成的。望远镜物镜焦点与目镜焦点重合在一起，在它们的共同焦平面上安装叉丝或分划板，以供观察或读数之用。其光路如图 2.2.23 所示。

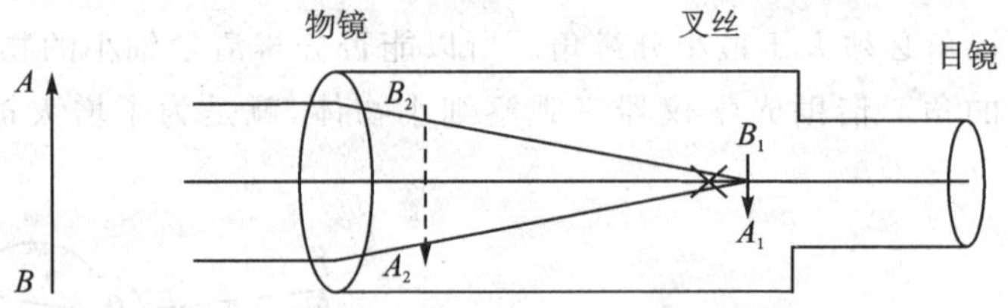

图 2.2.23 望远镜原理图

物镜的作用在于使远处的物体 AB 在其焦平面形成一个缩小而移近的实像 A_1B_1，然后再用眼睛通过目镜去观察这个由物镜形成的像，从而看到一个放大、倒立的虚像 A_2B_2。目镜作用与放大镜相同，望远镜的放大率(放大倍数)为

$$M = f_{物} / f_{目} \tag{2.2.20}$$

图 2.2.24 和图 2.2.25 所示分别为高斯目镜结构的测量望远镜和阿贝目镜结构的测量望远镜的示意图。

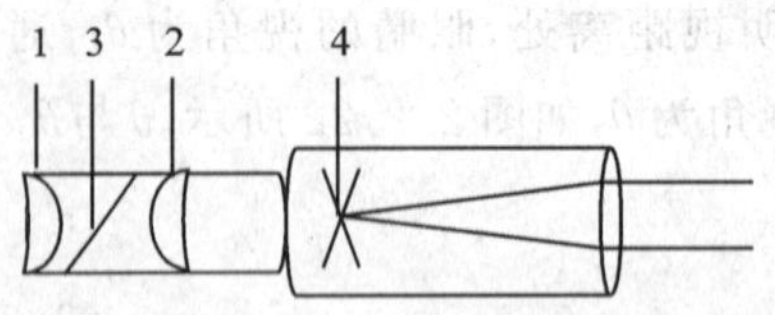

图 2.2.24 高斯目镜结构的望远镜

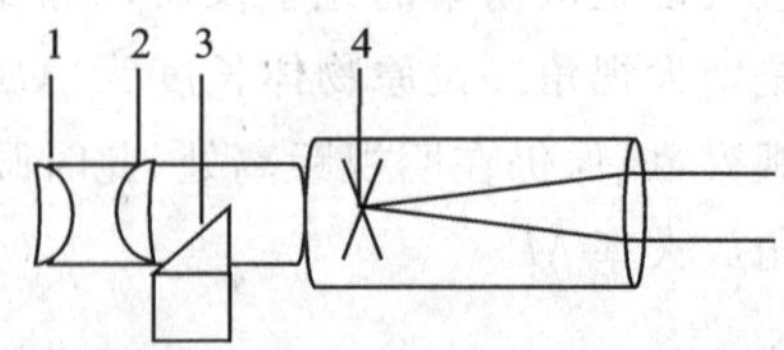

图 2.2.25 阿贝目镜结构的望远镜

高斯目镜又称高斯式自准直目镜。套筒内安装十字分划板(4)，目镜由两个平凸透镜(1、2 一面凸一面平)共轴构成，在目镜套筒的侧面开有窗孔，外装照明小灯，两透镜之间装有一与光轴成 45°角的平面玻璃片(3)。光线从小孔中射入，经玻璃片反射后，沿光轴前进并照亮十字叉丝。阿贝目镜与高斯目镜结构大致相同，所不同的是阿贝目镜内用来改变小孔入射光线方向的是装在透镜(2)后的直角棱镜。分光计中的目镜就是这种阿贝目镜。

(3) 显微镜

显微镜用来观察细小物体，它也是由目镜和物镜组成的。物体放在物镜焦点外不远处，使物体成一放大的实像落在目镜焦点内靠近焦点处，目镜相当于一个放大镜，将物镜形成的中间像再放大成一虚像，使之位于眼睛的明视距离处。显微镜的放大倍数为

$$M = 25d/(f_{物}/f_{目})$$

式中：d 是显微镜的光学筒长，即物镜后焦点到目镜前焦点之间的距离；$f_{物}$、$f_{目}$ 以 cm 为单位。

图 2.2.26 是实验室中常用的读数显微镜的实物图。读数显微镜是用来测量微小距离或微小距离变化的。其构造分为机械部分和光学部分。读数显微镜的机械部分是根据螺旋测微器原理制造的。一个与螺距为 1 mm 的丝杆联动的测微鼓轮的刻度圆盘上有 100 个等分格，因此，它的分度值是 0.001 cm。光学部分是一个长焦显微镜，装在一个由丝杆带动的滑动台上，滑动台安装在一个大底座上。这个滑动台连同显微镜可以按不同的方向安装。可以对准前方左右移动；或对准下方，左右移动。

目镜

物镜

测微鼓轮

图 2.2.26　读数显微镜

4. 常用光源

实验室常用的光源有白炽灯、钠灯、汞灯、氢放电灯(氢灯)、氦氖激光器等。下面分别对它们进行简单介绍。

(1) 白炽灯

白炽灯一般用于照明，它是由钨电阻丝装在充有惰性气体的玻璃泡内构成的。电流通过钨电阻丝时作功，使钨丝炽热发光，电能转变为光能。由于钨丝发光在本质上属于热辐射，因此它的光谱是连续光谱。使用时，由于各种类型的灯泡正常发光所需的工作电压不尽相同，因此供电电压必须与灯泡上标明的额定电压相符，否则会发生亮度不足，或烧毁灯泡，甚至发生爆炸等事故。

(2) 钠灯与汞灯

图 2.2.27 所示是实验室中常用的单色光源，它们的工作原理都是以金属(Na 或 Hg)蒸气在强电场中发生的电离放电现象为基础的弧光放电。

在额定供电电压(220 V)下的钠光灯，发出波长为 589.0 nm 和 589.6 nm 的两种单色黄光，这两种波长常称为钠双线。钠光灯作一般性应用时，以它们的平均值 589.3 nm 作为钠灯发光的波长值。

低压汞灯电源电压为 220 V，管端工作电压为 20 V。正常发光时发出青紫色光，

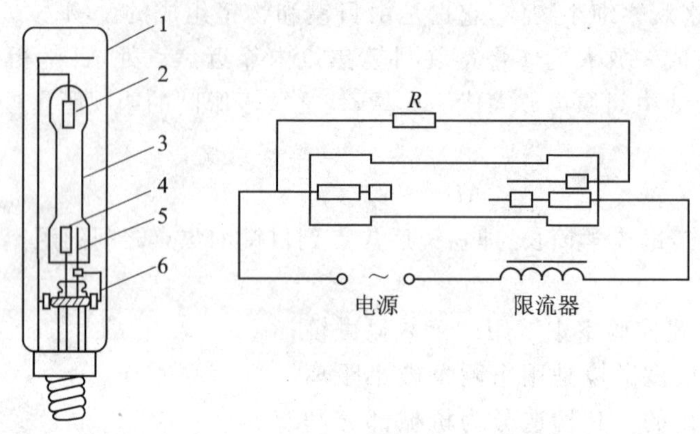

图 2.2.27　高压汞灯及其工作电路

其中主要包括 5 种单色光，它们的波长分别是 579.0 nm(黄)、577.0 nm(黄)、546.0 nm(绿)、435.8 nm(蓝)、404.7 nm(紫)。使用时，灯管必须与一定规格的镇流器(限流器)串联后才能接到电源上去，接通电源后一般要等待 3～4 min 灯管发光才能稳定。

表 2.2.3 给出了几种实验室常用光源的技术参数。

表 2.2.3　常用光源的技术参数

名　称	电源电压/V	管端电压/V	工作电流/A	功率/W	光谱特性/nm
钠灯	220	15+5	1～1.3	20	589.0、589.6
汞灯	220	20	1.3	20	404.7、435.8、546.0、577.0、579.0

(3) He-Ne 激光器

这是 1961 年美国科学家发明的一种气体激光器。He-Ne 激光器具有单色性好、亮度高和方向性好等优点。常用的 He-Ne 激光器发出的光波波长为 632.8 nm，输出激光功率在几毫瓦到十几毫瓦。图 2.2.28 为实验室常用的内腔式 He-Ne 激光器的结构图。激光放电管内的气体在一定高的电压及电流作用下，放电管中的电子就会由负极以高速向正极运动。电子在运动中与工作物质内的氦原子进行碰撞，将能量传给氦原子，使基态氦原子跃迁到亚稳态的高能级。氦原子再与基态氖原子相碰撞，将能量传递给氖原子，使氖原子从基态跃迁到激发的能级状态，而氦原子回到了基态上。因为放电管上所加的电压，电流连续不断地供给，原子不断地发生碰撞。产生了激光必须具备的基本条件——氖原子高激发态能级与低激发态能级的粒子数反转分布，氖原子受激辐射产生激光。在发生受激辐射时，可分别发出 3.39 μm、0.632 8 μm、1.53 μm 三种波长的激光。在激光器的两端有两个平面镜构成的“光学谐振腔”，用来实现选择激光频率、控制传播方向及光放大的功能，最终输

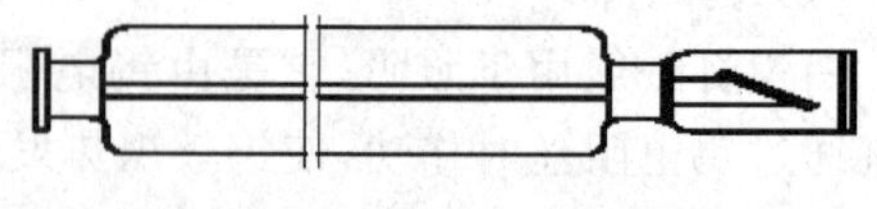

图 2.2.28　He-Ne 激光器

出波长为 632.8 nm 的激光。由于激光管两端加有高压，在操作时应严防触电。由激光管射出的激光束，光波能量集中，故切勿迎着激光束直接观看，以免对视网膜造成损伤。

2.3　基本操作技术

在物理实验中，实验仪器的调整和操作技术是十分重要的，正确的调整和操作不仅可将系统误差减小到最低限度，而且对提高实验结果的准确度有直接的影响。有关实验调整和操作技术的内容相当广泛，需要通过一个个具体的实验训练逐渐积累起来，每一个实验的内容和方法仅具有启发性的意义，而没有绝对普遍性的意义，熟练的实验技术和实验能力只能来源于具体的实验实践中。

下面介绍一些最基本的、具有一定普遍意义的实验操作技术，其他的调整、操作技术将在各有关的实验中介绍。

2.3.1　零位调整

当待测物理量为零时，仪器的示读数称为零读数，示数的位置称零位。仪器或量具的零位是否为零，对于测量数据的准确性具有很大的影响。有人以为仪器或量具的零位在出厂时都已校准为零了，但实际情况不是如此。由于环境的变化或经常使用而引起磨损等原因，仪器的零位往往会发生变化，因此在实验前必须检查和校准仪器的零位，否则将人为地引入系统误差。

根据仪器的结构不同，零位调整的方法一般有以下两种：

① 测量仪器有零位校准器的，如电压、电流表，万用表等，则应调整校准器，使仪器在测量前测量值为零时处于零位。如在测量前通过调零螺丝的调整，将电压表的指示值调到零；用万用表测电阻前将两个测量表针短接（电阻为零），通过调节零位调节器将指示值调到零等。

② 对没有进行零位校正装置的仪器，如端点磨损的米尺或螺旋测微器、游标卡尺等，则应在测量前先记下初读数，然后在测量结果中加以修正。

2.3.2　水平、铅直调整

实验中，经常要对使用的仪器进行水平和铅直的调整。如调平台的水平或支柱的铅直，这种调整可借助悬锤或水平仪。几乎所有需要调整水平或铅直状态的实验装置都在底座上装有三个调节螺丝，三个螺丝的连线是成等边三角形或等腰三角形的，如图 2.3.1 所示，分光计载物台和牛顿环的调平螺丝。用气泡水平仪调整时，要调整到气泡居中。.

用悬锤调整铅直时，只要下悬的锤尖与底座上的座尖对准即可。一般水平与铅直调整可相互转化，互为补充。

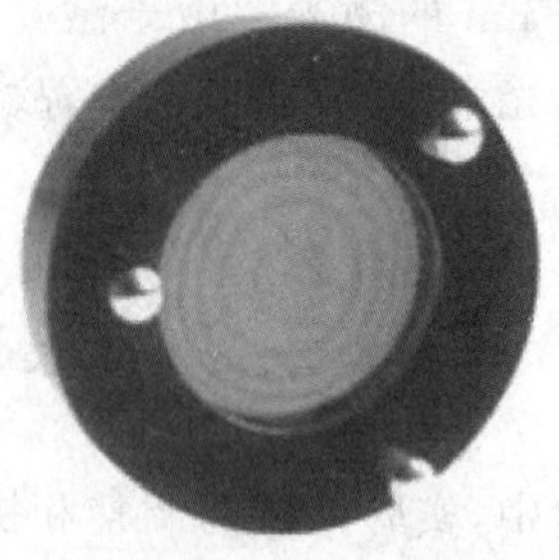

图 2.3.1 分光计载物台和牛顿环的三个调整螺丝

2.3.3 共轴调整

几乎所有的光学仪器，都要求仪器内部的各个光学元件的主光轴相互重合。为此，在实验测量前要对各光学元件进行共轴调整。共轴调整一般分成粗调和细调两步。

① 粗调：用目测法判断，使各元件所在平面基本上相互平行，将各光学元件和光源的中心调到基本上垂直于自己所在平面的同一直线上。这样，各光学元件的光轴就大致接近重合，然后进行细调。

② 细调：依据光学的基本规律来调整，通常利用光学系统自身或者借助其他光学仪器来进行调整。例如：依据透镜成像规律，用自准直法和二次成像法调整。具体操作方法是移动光学元件，使像没有上下左右的移动，这时细调就算完成。

2.3.4 消视差

在实验测量中，经常会遇到读数标线（指针、叉丝）和标尺平面不重合的情况。例如电表的指针和标度面总是离开一定距离的，因此当移动眼睛在不同位置观察时，读得的指示值会有差异，这就是视差。有无视差可根据观测时人眼睛相对观察基线左右稍稍移动，标线与标尺刻度是否有相对运动来判断。下面用人眼直接观察物体为例来作说明。设 A 点和 B 点代表两个不重合的物点，如图 2.3.2(a)所示，人眼（假定用一只眼）在左、中、右三个不同的位置观察时，就会得出不同的结论：在中间观察时，A 与 B 重合；在左面观察时，认为 A 在左，B 在右；在右面观察时，则认为 B 在左、A 在右。所以人眼左右稍稍移动时，就会观察到 A、B 有相对运动，即存在视差。若 A、B 两点重合在一起，如图 2.3.2(b)所示，那么无论人眼在什么位置上进行观测，都不会出现视差。

为了消除测量读数时的视差，应做到正面垂直观测。例如用米尺测量物体长度时，应该在如图 2.3.3 所示的正确位置从上向下看的读数才是正确的。又如对电表读数，应垂直于表面正视，使指针与刻度槽下面平面镜中的像重叠时，读出标尺上无视差的读数才是正确的。

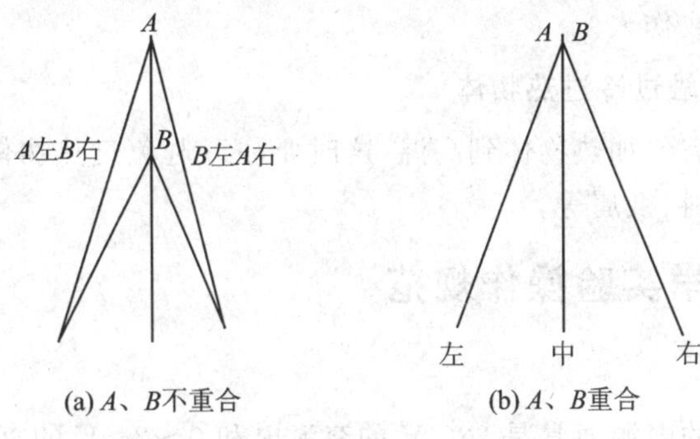

(a) A、B不重合　　(b) A、B重合

图 2.3.2 视差与消视差

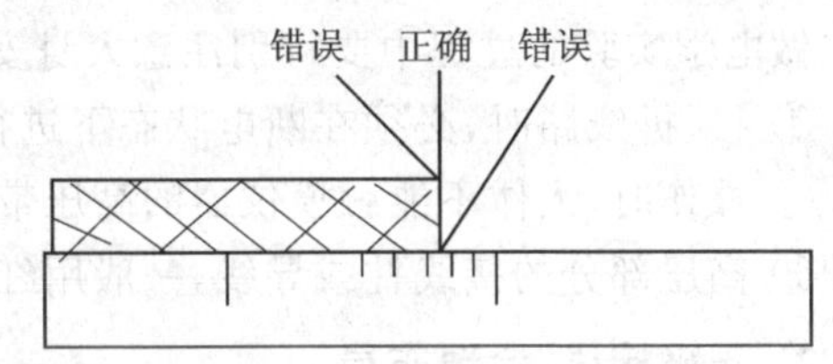

图 2.3.3 用米尺测长度,眼睛向下看时的方向

下面再来分析一下光学仪器测读时的视差问题。在用光学仪器进行非接触式测量时,常用到带有叉丝的测微目镜、望远镜或读数显微镜。望远镜和读数显微镜的共同特点是在目镜焦平面内侧附近装有一个十字叉丝(或带刻度的玻璃分划板)。若被观察物经物镜后成的像落在叉丝位置处,人眼经目镜看到叉丝与物体的最后虚像都在明视距离处的同一平面上,这样便无视差。

要消除视差,需要仔细调节目镜(连同叉丝)与物镜之间的距离,使被观察物体经物镜后成像在叉丝所在的平面内。一般是一边仔细调节一边稍稍移动人眼,看看两者是否有相对运动,直至基本上无相对运动为止。

2.3.5 逐次逼近调整

任何仪器的调整几乎都不是一次就能完成的,而要经过反复的仔细调节。调节过程中经常用到简便而有效的技巧就是“逐次逼近”调整。例如:在分光计调整实验中,就要通过“逐次逼近”调整法来调整载物台的转轴与望远镜主轴相互垂直。

物理实验中仪器的正确调整是测量结果准确、可靠的前提。实验过程一般采取“先定性,后定量”的原则进行实验。在定量测定前,先定性地观察实验变化的全过程,了解实验规律,然后再着手进行定量测量。

2.4 物理实验操作规范

2.4.1 力学、热学实验操作规范

1. 用力适度

力学实验仪器通常要进行仪器初调,取、放物体或旋转螺丝时要注意用力适度,

避免重物砸坏仪器或伤人。

2. 避免直接接触过冷过热物体

热学实验很多需要加热物体到高温，这时要注意避免过热物体直接接触不耐热物体，包括皮肤、塑料、纸屑等。

2.4.2 电学实验操作规范

1. 注意安全

电学实验使用的电源通常是220 V的交流电和0～24 V的直流电，但有的实验电压高达几万伏以上。一般情况下，人体接触36 V以上的电压时，就会有危险。所以在做电学实验的过程中要特别注意人身安全，谨防触电事故发生。

① 接、拆线路时，必须在断电状态下进行，以免损坏仪器或造成人身伤害事故。

② 操作时，人体不能触摸仪器的高压带电部位。

③ 高压部分的接线柱或导线，一般用红色标志，以示危险。

2. 正确接线，合理布局

① 仪器布局要合理。根据正确的线路图，使经常要操作的仪器放在近处，如开关一定要放在最易操作的地方。要读数的仪器放在眼前，方便读数。

② 按回路接线法接线和查线。先分析电路图中共有几个回路，一般从电源的正极开始，按从高电势到低电势的顺序接线。如果有支路，则应把第一个回路完全接好后，再接另一个回路，查线也用同样的方法。

③ 预置安全位置。接通电源前，电源输出电压和分压器输出电压均应置于最小值处，限流器的接入电路部分阻值置于最大值处，电表要选择合理的量程，电阻箱阻值不能为零，等等。

3. 接通电源做瞬态实验

电路接完后，要仔细自查，确保无误后，经教师复查同意，方能接通电源进行操作。合上电源开关时，要密切注意各仪表是否正常工作，若有反常，则立即切断电源，排除出现的故障后，正常进行实验。

4. 拆　线

拆线时，应先切断电源再拆线，严防电源短路。最后将仪器还原、导线扎齐。

2.4.3 光学实验操作规范

1. 光学元器件的保护

光学实验是“清洁的实验”，对光学仪器和元件，应注意防尘，保持干燥以防发霉，不能用手或其他硬物碰、擦光学元件的光学表面；也不能对着它呼气；必要时可用蘸有酒精或乙醚溶液的脱脂棉或擦镜纸轻擦。方法是：蘸有酒精或乙醚溶液的脱脂棉或擦镜纸以全湿但挤不出液体为宜，对光学平面，可从左至右单方向擦，不可来回擦。对圆形透镜，从中心开始螺旋线向外擦。如一次未擦干净，可再取新的纸擦第二遍。擦试时不能太用力，以免擦除了镜片表面的镀膜层。光学元器件一般都是玻璃制品，是易碎品，因此在使用过程中必须注意轻拿轻放，防止打碎。

2. 对机械部分操作要轻、稳

光学仪器的机械可动部分很精密，操作时动作要轻，不能超过其行程范围，否则将会大大降低其准确度。使用完毕，必须松开所有的定位螺丝。

3. 先粗调后细调

光学仪器调焦原则上先粗调后细调，一般先将待测物置于物镜中心，再在目镜中仔细调节找到物体的像。

4. 注意眼睛安全

在光学实验中，我们一方面要通过了解光学仪器的性能，保证正确、安全地使用仪器；另一方面，光学实验中用眼的机会很多，因此要注意对眼睛的保护，不使其过分疲劳。特别是对激光光源，更应注意，绝对不允许用眼睛直接观看激光束，以免灼伤视网膜。

第 3 章 基础物理实验

基础物理实验泛指实验内容主要为基本物理量的测量、基本实验仪器的使用、基本实验技能和基本测量方法、误差与不确定度及数据处理的理论与方法等,此类实验为适应各专业的普及性实验。基础物理实验涵盖的知识领域包括力学、热学、电磁学、光学等理论基础和实验基础,其实验方法的技术广泛应用于物理实验及工程技术的各个方面,又是后续物理实验经常会涉及的基础。

本章选编了力学、热学、电磁学和光学四大知识模块中较典型的 15 个实验项目,内容包括杨氏模量、转动惯量、电阻、电势差(电压)、磁场、电场、折射率、光波长、透镜焦距等的测量。相关的实验方法有比较法、转换法、放大法、模拟法、补偿法、平衡法和干涉、衍射法等。基础物理实验涉及包括长度测量仪器、计时仪器、测温仪器、变阻器、电表、交/直流电桥、通用示波器、低频信号发生器、分光仪、常用电源和光源等常用仪器。进行的实验基本训练主要有零位调整、水平/铅直调整、光路的共轴调整、消视差调整、逐次逼近调整、根据给定的电路图正确接线、简单的电路故障检查与排除等。

3.1 拉伸法测量杨氏模量

杨氏模量(也称弹性模量)是描述金属材料抗形变能力的重要物理量,它是选定机械构件材料的依据之一,是工程技术中常用的参数。

本实验采用光杆杠测量钢丝的杨氏模量,光杠杆装置是一种用光放大原理测量被测微小长度变化的装置,它的特点是直观、简便、精度高。目前光杠杆原理已被广泛应用于其他测量技术中,光杠杆装置也被许多高灵敏度的测量仪器(如光点检流计和冲击电流计等)用来显示小角度的变化。

3.1.1 实验目的

① 掌握用光杠杆装置测量微小长度变化的原理和方法。

② 学会一种测量金属杨氏模量的方法。

③ 初步了解掌握简单望远镜的调节方法。

④ 学会用逐差法处理数据。

3.1.2 实验仪器

杨氏模量仪、光杠杆、望远镜及标尺、螺旋测微计、游标卡尺、钢卷尺、砝码、待测钢丝。

1. 杨氏模量仪

图 3.1.1 为杨氏模量仪的示意图，3、7 为钢丝两端的螺栓夹，在 7 的下端挂有重物托盘 9，调节底座螺栓 11 可使钢丝架垂直，即钢丝与平台 6 相垂直，并使 7 螺栓夹刚好在平台 6 的圆孔中央。

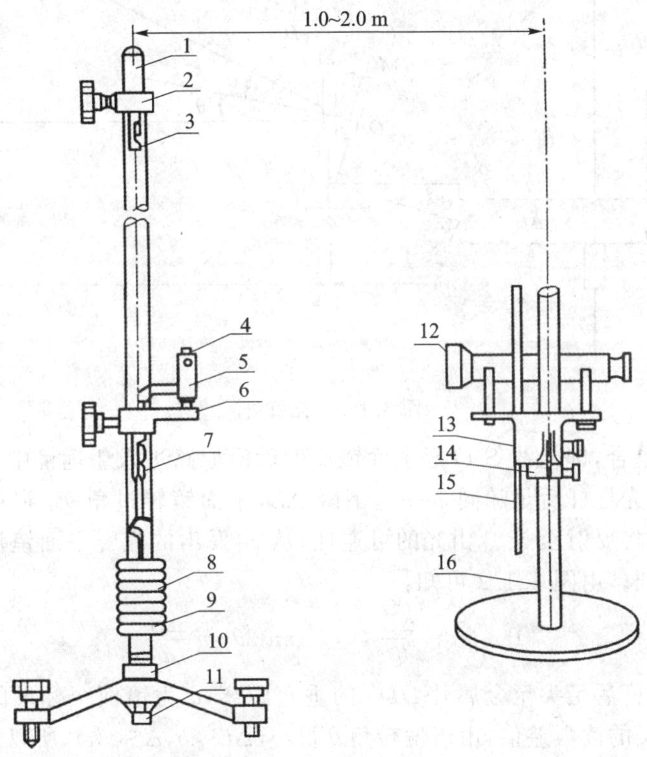

图 3.1.1　杨氏模量仪

2. 光杠杆

光杠杆是测量微小长度变化的装置。如图 3.1.2 所示，将平面镜 M 固定在丁字型的支架上，在支架的下部安置 DD' 金属片和足尖 C，金属片 DD' 与镜面平行，这一组合称为光杠杆。测量时将金属片 DD' 放在固定平台 6 前沿的槽内，足尖 C 放在 7 螺栓夹上端面上，用望远镜及标尺 15 测量平面镜的角偏移就能求出钢丝的伸长量。

3.1.3　实验原理

将光杠杆和望远镜按图 3.1.1 放置好(平面镜至标尺的距离为 1.0～2.0 m)，按仪器调节顺序调好全部装置后，就会在望远镜中看到经由 M 反射的标尺像。设开始时平面镜 M 的法线 OS_0 在水平位置，标尺上与望远镜同一高度的刻度 S_0 的像与望远

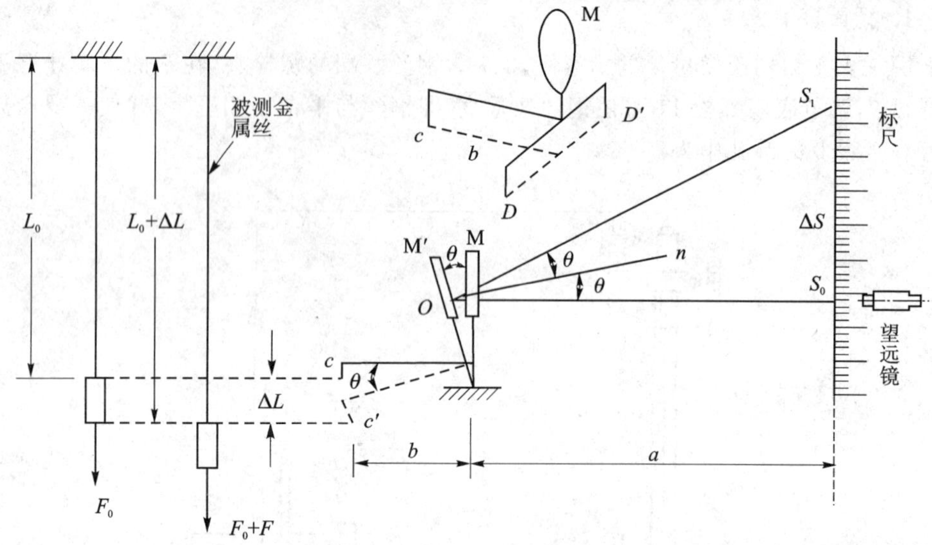

图 3.1.2　光杠杆

镜叉丝横线相重合，即光线 S_0O 经平面镜反射后沿原路进入望远镜中。当挂上重物使钢丝伸长后，光杠杆后足随同 7 一起下降 ΔL，平面镜转过角 θ。根据光的反射定律，S_0 发出的光将反射至 S_1。由光的可逆性，从 S_1 发出的光经平面镜反射后进入望远镜中被观察到。由图 3.1.2 可知：

$$\tan\theta = \frac{\Delta L}{b},\qquad \tan 2\theta = \frac{\Delta S}{a}$$

式中：b 为光杠杆后足尖至金属片 DD' 的垂直距离；a 为镜面至标尺的距离；ΔS 为挂重物前后标尺的读数差值，由于偏转角 θ 很小（$\Delta L \ll b, \Delta S \ll a$），所以近似地有

$$\theta \approx \frac{\Delta L}{b};\qquad 2\theta \approx \frac{\Delta S}{a}$$

两式合并后，可得挂重物后钢丝伸长量为

$$\Delta L = \frac{b\Delta S}{2a} \tag{3.1.1}$$

式(3.1.1)表明，ΔL 原是难测量的微小长度变化，但取 $a \gg b$ 后，经过光杠杆转换的量 ΔS 却是较大的量，可以用望远镜从标尺上直接读得。若以 $\Delta S/\Delta L$ 为放大率，则光杠杆系统的放大倍数即为 $2a/b$。在实验中通常 b 为 4～8 cm，a 为 1.0～2.0 m，放大倍数可达 25～100 倍，可见光杠杆装置确为本实验提供了测量微小长度变化的可能和便利。

在外力作用下，固体所发生的形状变化，称为形变。它可以分为弹性形变和范性形变两类。外力撤除后物体能完全恢复原状的形变称为弹性形变。如果加在物体上的外力过大，以致外力撤除后，物体不能完全恢复原状而留下剩余形变，称之为范性形变。在本实验中，只研究弹性形变，因此，应当控制外力的大小，以保证外力去除后

物体能恢复原状。

设一金属丝长为 L，截面积为 A，在受到沿长度方向的外力 F 作用下伸长 ΔL，根据胡克定律：在弹性限度内，弹性体内的相对伸长(胁变) $\Delta L/L$ 与外施胁强 F/A 成正比，可表示为

$$\frac{F}{A} = Y\frac{\Delta L}{L} \tag{3.1.2}$$

式(3.1.2)中：Y 称为该金属的杨氏模量，单位为 $\mathrm{N \cdot m^{-2}}$，它在数值上等于产生单位胁变($\Delta L/L$)的胁强(F/A)。

设金属丝的直径为 D，则 $A=\frac{1}{4}\pi D^2$，代入式(3.1.2)整理后得

$$Y = \frac{4FL}{\pi D^2 \Delta L} \tag{3.1.3}$$

式(3.1.3)表明：在长度为 L，直径为 D 和外力 F 相同的情况下，杨氏模量大的伸长量 ΔL 小，而杨氏模量小的伸长量 ΔL 大，所以杨氏模量描述了材料抵抗外力产生拉伸(或压缩)形变的能力。

根据式(3.1.3)测杨氏模量时，F、D 和 L 都比较容易测量，而 ΔL 是一个微小的变化，很难用一般测量长度的仪器测准。因此，本实验测定杨氏模量的仪器装置主要是为能方便又准确地测量微小伸长量 ΔL 而设计的。

将式(3.1.1)代入式(3.1.3)中，得

$$Y = \frac{8FLa}{\pi D^2 b \Delta S} \tag{3.1.4}$$

这就是本实验所依据的原理公式。

3.1.4　实验内容与步骤

1. 仪器的调整

按图 3.1.1 放好光杠杆，将光杠杆金属片 DD' 置于平台 6 前沿的槽内，后足尖置于螺栓夹 7 端面上，使平面镜与钢丝平行，将望远镜置于光杠杆前 1.0～2.0 m 处。

① 为了使待测金属丝处于铅直位置，观察钢丝螺栓夹 7，当挂上 5 kg 砝码的情况下，是否在平台 6 的圆孔中央，并自由上下滑动而不产生转动；否则调节杨氏模量仪器底脚螺丝 11 使其两支柱铅直。

② 在金属丝下端的砝码钩上先挂一定(5 kg)的初负载(此砝码不计入所加作用力 F 之内)使金属丝拉直。

③ 使标尺与钢丝平行，望远镜调至与平面镜 M 位于同一高度，并对着镜面，平面镜应大致与平台垂直。

④ 将望远镜瞄准镜面，从望远镜正上方沿镜筒轴线方向观察平面镜中标尺的像。若未看到，则应向左或右移动望远镜支架，直到在平面镜中看到标尺的像。

⑤ 调节望远镜：

(a) 调节目镜使叉丝最清晰。

(b) 调节目镜直到能清楚看到标尺刻度的像。

(c) 消除视差。观察者眼睛上下移动时,从望远镜中观察标尺度线与水平叉丝间是否有相对位置移动:若无移动,表示无视差;若有移动,表示有视差,则要仔细调节物镜与目镜的相对距离,直到视差被消除为止。

2. 数据测量

① 记录开始时望远镜与水平叉丝重合的标尺刻度为初读数 S_0(S_0 应在标尺"0"刻度附近,否则转动平面镜角度直到 S_0 在标尺"0"刻度附近)。

② 每次增加相同质量的砝码(1 kg 或 2 kg),依次记录相应的读数 S_1、S_2、…、S_5,共 5 次,然后又逐次减去相同质量的砝码(1 kg 或 2 kg),依次记录 S_4'、S_3'、…、S_0'。每减一次砝码,要等待半分钟以上才能读数。

③ 将光杠杆取下,用游标卡尺测出 C 到 DD' 连线的垂直距离 b。

④ 用米尺测量标尺到平面(即平台 6 槽沟)的距离 a 和钢丝的原长 L。

⑤ 用螺旋测微计测量钢丝的直径 D,选不同的位置测 3 次取平均值 $\bar{D}$。

3. 注意事项

① 在开始读数之前,应加上初负载(5 kg)。

② 开始正式读数后,不得碰撞实验装置,加、减砝码要轻放轻取。

③ 每加减一次砝码,要等待一段时间(30~60 s)才能读数。

④ 采用逐差法处理数据。用标准差传递公式计算标准差。

3.1.5 数据处理

① 计算杨氏模量:

$$Y_{测} = \frac{8FLa}{\pi \bar{D}^2 b \overline{\Delta S}} \qquad (\mathrm{N \cdot m^{-2}})$$

② 误差计算:

相对标准差

$$E_Y = \sqrt{\left(\frac{\sigma_L}{L}\right)^2 + \left(\frac{\sigma_a}{a}\right)^2 + \left(\frac{2\sigma_{\bar{D}}}{\bar{D}}\right)^2 + \left(\frac{\sigma_b}{b}\right)^2 + \left(\frac{\sigma_{\overline{\Delta S}}}{\overline{\Delta S}}\right)^2} \quad (F\ 不计误差,即\ \sigma_F = 0)$$

标准误差

$$\sigma_Y = Y_{测} \cdot E_Y \qquad (\mathrm{N \cdot m^{-2}})$$

③ 实验结果的表达:

$$Y = (Y_{测} \pm \sigma_Y) \qquad (\mathrm{N \cdot m^{-2}})$$

3.1.6 思考题

① 利用光杠杆测量微小伸长量有什么优点?

② 用逐差法处理数据的优点是什么？

③ 实验中，哪几个量的测量误差对测量结果的影响最大？如何减小它们的测量误差？

④ 本实验是否可用作图法求杨氏模量？如果可以，则应该怎样处理？

3.2 冷却法测量金属的比热容

3.2.1 实验目的

① 通过实验了解金属的冷却速率与环境之间的温差关系以及进行测量的实验条件。

② 掌握测定金属比热容的一种方法。

3.2.2 实验仪器

本实验装置对加热装置、金属样品室及金属样品的温度的测量和安放进行改进和提高。测量试样温度采用常用的铜-康铜做成的热电偶，当冷端为冰点时，测量热电偶热电势差的二次仪表由高灵敏、高精度、低漂移的放大器放大加上三位半数字电压表组成，由数字电压表显示的 mV 数即对应待测温度值。本仪器的数字电压表包括放大电路的满量程为 20 mV。加热装置可自由升降和左右移动。被测样品安放在有较大容量的防风圆筒内即样品室，其作用是保持高于室温的样品自然冷却。这样结果重复性好，可以减少测量误差，提高实验准确度。本实验可测量金属从室温到 200 ℃温度范围内各种温度的比热容。其实验装置如图 3.2.1 所示。

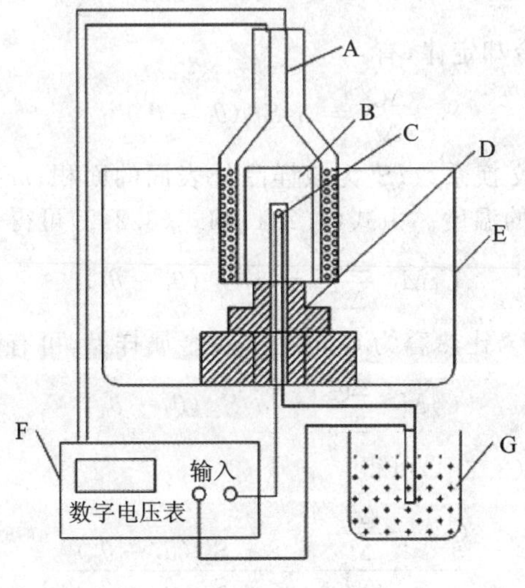

图 3.2.1 实验装置

图 3.2.1 中：

A 为热源，采用 70 W 隔离低压加热，加热块利用底盘和支撑杆固定并可上下移动；

B 为实验样品，是直径 6 mm、长 30 mm 的小圆柱，其底部钻一深孔便于安放热电偶，而热电偶的冷端则安放在冰水混合物内；

C 为铜-康铜热电偶；

D 为热电偶支架；

E 为防风容器；

F 为三位半数字电压表，显示用三位半面板表；

G 为冰水混合物。

3.2.3 实验原理

根据牛顿冷却定律，用冷却法测定金属的比热容是量热学常用的方法之一。若已知标准样品在不同温度的比热容，则通过作冷却曲线可测量各种金属在不同温度时的比热容。本实验以铜为标准样品，测定铁、铝样品在 100 ℃或 200 ℃时的比热容。通过实验了解金属的冷却速率和它与环境之间的温差关系以及进行测量的实验条件。单位质量的物质，其温度升高 1 K(1 ℃)所需的热量叫做该物质的比热容，其值随温度而变化。将质量为 M_1 的金属样品加热后，放到较低温度的介质(例如室温的空气)中，样品将会逐渐冷却。其单位时间的热量损失($\Delta Q/\Delta t$)与温度下降的速率成正比，于是得到下述关系式：

$$\frac{\Delta Q}{\Delta t} = C_1 M_1 \frac{\Delta \theta_1}{\Delta t} \tag{3.2.1}$$

式(3.2.1)中：C_1 为该金属样品在温度 θ_1 时的比热容；$\frac{\Delta \theta_1}{\Delta t}$ 为金属样品在温度 θ_1 时的温度下降速率。根据冷却定律，有：

$$\frac{\Delta Q}{\Delta t} = a_1 S_1 (\theta_1 - \theta_0)^m \tag{3.2.2}$$

式(3.2.2)中：a_1 为热交换系数；S_1 为该样品外表面的面积；m 为常数；θ_1 为金属样品的温度；θ_0 为周围介质的温度。由式(3.2.1)和式(3.2.2)可得

$$C_1 M_1 \frac{\Delta \theta_1}{\Delta t_1} = a_1 S_1 (\theta_1 - \theta_0)^m \tag{3.2.3}$$

同理，对质量为 M_2，比热容为 C_2 的另一种金属样品，可有同样的表达式：

$$C_2 M_2 \frac{\Delta \theta_2}{\Delta t_2} = a_2 S_2 (\theta_2 - \theta_0)^m \tag{3.2.4}$$

由式(3.2.3)和式(3.2.4)可得

$$\frac{C_2 M_2 \frac{\Delta \theta_2}{\Delta t_2}}{C_1 M_1 \frac{\Delta \theta_1}{\Delta t_1}} = \frac{a_2 S_2 (\theta_2 - \theta_0)^m}{a_1 S_1 (\theta_1 - \theta_0)^m} \tag{3.2.5}$$

所以
$$C_2 = C_1 \frac{M_1 \dfrac{\Delta\theta_1}{\Delta t_1} a_2 S_2 \left(\theta_2 - \theta_0\right)^m}{M_2 \dfrac{\Delta\theta_2}{\Delta t_2} a_1 S_1 \left(\theta_1 - \theta_0\right)^m} \tag{3.2.6}$$

如果两样品的形状尺寸都相同，即 $S_1 = S_2$，两样品的表面状况也相同（如涂层、色泽等），而周围介质（空气）的性质当然也不变，则有 $a_1 = a_2$。于是，当周围介质温度不变（即室温 θ_0 恒定而样品又处于相同温度 $\theta_1 - \theta_2 = 0$）时，式(3.2.6)可以简化为

$$C_2 = C_1 \frac{M_1 \dfrac{\Delta\theta_1}{\Delta t_1}}{M_2 \dfrac{\Delta\theta_2}{\Delta t_2}} \tag{3.2.7}$$

如果已知标准金属样品的比热容 C_1、质量 M_1、待测样品的质量 M_2 及两样品在温度 θ 时的冷却速率之比，则可以求出待测金属材料的比热容 C_2。

3.2.4　实验内容与步骤

① 用铜-康铜热电偶测量温度，而热电偶的热电势采用温漂极小的放大器和三位半数字电压表，经信号放大后输入数字电压表显示的满量程为 20 mV，读出的 mV 数查表即可换算成温度（3.99 mV ⇒98.0 ℃，4.16 mV ⇒102.0 ℃）。

② 选取长度、直径、表面光洁度尽可能相同的三种金属样品（铜、铁、铝），用物理天平或电子天平秤出它们的质量 M，再根据 $M_{Cu} > M_{Fe} > M_{Al}$ 这一特点，把它们区别开来。

③ 使热电偶端的铜导线与数字表的正端相连；冷端铜导线与数字表的负端相连。当数字电压表读数为某一定值时，切断电源移去加热源，样品继续安放在与外界基本隔绝的有机玻璃圆筒内自然冷却（筒口须盖上盖子）。当温度降到 102 ℃时开始记录，测量样品 102 ℃下降到 98 ℃所需要时间 Δt，分别测量其温度下降速度，每一样品重复测量 5 次。因为各样品的温度下降范围相同（$\Delta\theta = 102\ ℃ - 98℃ = 4\ ℃$），所以式(3.2.7)可以简化为

$$C_2 = C_1 \frac{M_1 \Delta t_2}{M_2 \Delta t_1} \tag{3.2.8}$$

3.2.5　实验数据及处理

① 以铜为标准，$C_1 = C_{cu} = 0.0940$ Cal/(g・℃)，根据数据计算 C_2、C_3：

铁　$C_2 = C_1 \dfrac{M_1 \Delta t_2}{M_2 \Delta t_1} =$　　Cal/(g・℃)

铝　$C_3 = C_1 \dfrac{M_1 \Delta t_3}{M_3 \Delta t_1} =$　　Cal/(g・℃)

② 写出 C_2、C_3 的误差传递公式，计算它们的标准偏差，并正确、规范地表达测量结果。

3.2.6 思考题

① 如果热电偶的冷端(冰水混合物)温度变化(冰融化),对测量结果是否会有影响?为什么?

② 为什么实验应该在防风筒(即样品室)中进行?

3.3 扭摆法测量转动惯量

转动惯量是表征物体在转动中惯性大小的物理量,其数值决定于物体的质量、质量分布和转轴位置。物体对于某定轴的转动惯量,是该物体中每一单元质量的大小乘以它到该定轴的距离平方后所得的总和。复合物体的转动惯量等于该物体各部分的转动惯量之和。如果物体形状简单,且质量分布均匀,可以直接计算出它绕特定转轴的转动惯量。对于形状复杂,质量分布不均匀的物体,通常采用实验方法来测量其转动惯量。测量特定物体的转动惯量对某些研究工作具有重要意义,如飞轮设计、发动机叶片设计、炮弹及卫星外形设计等。

转动惯量的测量,一般都是使物体以一定的形式运动,通过表征这种运动特征的物理量与转动惯量的关系进行转换测量。测定物体绕某定轴的转动惯量有多种方法,如动力法、扭摆法和复摆法等。本实验用扭摆法使刚体作扭转摆动,由摆动周期及其他参数的测定计算出刚体绕定轴转动的转动惯量。

3.3.1 实验目的

① 理解扭摆法测量转动惯量的原理。

② 掌握扭摆的调整和使用,掌握利用光电门测量周期的方法。

③ 用两种方法测定几种不同形状物体的转动惯量,并进行比较。

④ 验证转动惯量的平行轴定理。

3.3.2 实验仪器

扭摆、转动惯量测试仪、数字天平、游标卡尺、待测物体(金属圆筒、实心圆柱体、球体、金属细杆,金属滑块等)。

3.3.3 实验原理

1. 测量原理

扭摆的构造如图 3.3.1 所示,在垂直轴 1 上装有一根薄片状的螺旋弹簧 2,用来产生恢复力矩。在轴的上方可以装上各种待测物体。垂直轴与支座间装有轴承,使摩擦力矩尽可能降低。3 为水平仪,可通过底座调节螺丝使气泡居中。

扭转弹簧将物体在水平面内转过一角度 θ 后,在弹簧的恢复力矩作用下,物体就开始绕垂直轴作往复扭转运动。根据胡克定律，弹簧受扭转而产生的恢复力矩 M 与所转过的角度 θ 成正比，即

$$M = -K\theta \qquad (3.3.1)$$

式中：K 为弹簧的扭转常数。根据转动定律

$$M = I\beta \qquad (3.3.2)$$

式中：I 为物体绕转轴的转动惯量；β 为角加速度。

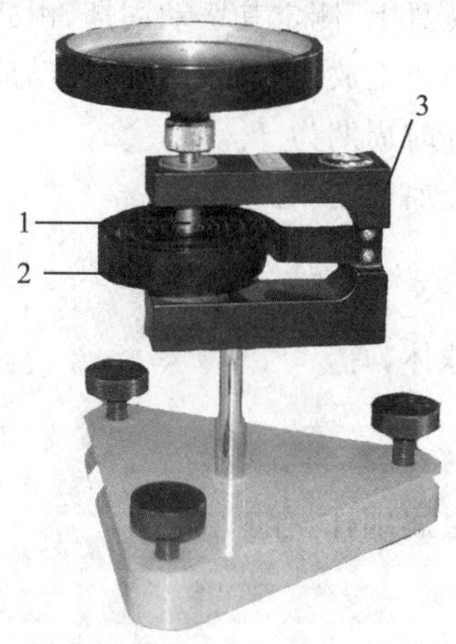

图 3.3.1　扭摆构造图

令 $\omega^2 = \frac{K}{I}$，忽略轴承的摩擦阻力矩，由式(3.3.1)和式(3.3.2)得

$$\beta = \frac{d^2\theta}{dt^2} = -\frac{K}{I}\theta = -\omega^2\theta$$

上述方程表示扭摆运动具有角谐振动的特性，角加速度和角位移成正比，且方向相反。此方程的解为

$$\theta = \theta_0\cos(\omega t + \varphi)$$

式中：θ_0 为谐振动的角振幅；ω 为振动的圆频率；φ 为初相位。此谐振动的周期为

$$T = \frac{2\pi}{\omega} = 2\pi\sqrt{\frac{I}{K}} \qquad (3.3.3)$$

由式(3.3.3)可知，只要实验测得摆动周期 T，并在 I 和 K 中任何一个量已知时即可计算出另一个量。若已知 K，则可得转动惯量 I

$$I = \frac{KT^2}{4\pi^2} \qquad (3.3.4)$$

本实验先在转轴上装上金属载物圆盘，设此系统的初始转动惯量为 I_0，测出其摆动周期为 T_0，再在载物圆盘上放置转动惯量为 I_1 的塑料圆柱体(转动惯量 I_1 数值可由圆柱体的质量 m_1 和外径 D_1 算出，即 $I_1 = \frac{m_1 D_1^2}{8}$)，则载物系统总的转动惯量为 $(I_1 + I_0)$，摆动周期为 T_1。由式(3.3.3)可得出

$$\frac{T_0}{T_1} = \frac{\sqrt{I_0}}{\sqrt{I_0 + I_1}}$$

$$I_0 = \frac{m_1 D_1^2}{8}\frac{T_0^2}{T_1^2 - T_0^2}$$

则弹簧的扭转常数为

$$K = 4\pi^2\frac{I_0}{T_0^2} = \frac{\pi^2}{2}\frac{m_1 D_1^2}{T_1^2 - T_0^2} \qquad (3.3.5)$$

在 SI 制中扭转常数 K 的单位为 $kg \cdot m^2 \cdot s^{-2}$。

若要测定其他形状物体的转动惯量，则只需将待测物体安放在本仪器顶部的各

种夹具上，测定其摆动周期，由式(3.3.4)即可算出该物体绕转动轴的转动惯量。设载物盘上放置金属圆筒时摆动周期为 T_2，转轴直接套上球体时摆动周期为 T_3，套上细杆时周期为 T_4，则

对金属圆筒，有

$$I_2 = \frac{m_1 D_1^2}{8} \frac{T_2^2 - T_0^2}{T_1^2 - T_0^2}$$

对球体，有

$$I_3 = \frac{m_1 D_1^2}{8} \frac{T_3^2}{T_1^2 - T_0^2}$$

对金属细杆，有

$$I_4 = \frac{m_1 D_1^2}{8} \frac{T_4^2}{T_1^2 - T_0^2}$$

理论分析证明，若质量为 m_0 的物体绕通过质心轴的转动惯量为 I_{0C}，当转轴平行移动距离 x 时，则此物体对新转轴的转动惯量变为 I，由转动惯量的平行轴定理，有

$$I = I_{0C} + m_0 x^2 \tag{3.3.6}$$

由式(3.3.3)可知转动惯量与摆动周期的平方成正比，$I \propto T^2$，因而有

$$I \propto T^2 \propto x^2$$

只要在直角坐标纸上作 $T^2 - x^2$ 图，如果是一直线，则可验证平行轴定理。

2. 仪器工作原理

转动惯量测试仪由主机和光电传感器两部分组成。

主机采用新型的单片机作控制系统，用于测量物体转动和摆动的周期以及旋转体的转速，能自动记录、存储多组实验数据并能够精确地计算多组实验数据的平均值。

光电传感器主要由红外发射管和红外接收管组成，将光信号转换为脉冲电信号，送入主机工作。因人眼无法直接观察仪器工作是否正常，但可用遮光物体往返遮挡光电探头发射光束通路，检查计时器是否开始计数以及到预定周期数时是否停止计数。为防止过强光线对光探头的影响，光电探头不能放置在强光下，实验时采用窗帘遮光，确保计时准确。

仪器使用方法如下：

① 调节光电传感器在固定支架上的高度，使被测物体上的挡光杆能自由往返地通过光电门，再将光电传感器的信号传输线插入主机输入端(位于测试仪背面)。

② 转动惯量测试仪主机面板如图 3.3.2 所示。开机后，摆动指示灯亮，参量指示为“P1”、数据显示为“----”。若情况异常(死机)，按“复位”键可恢复正常。

按“功能”键，可以选择扭摆、转动两种功能(开机及复位默认为扭摆)。

本机默认扭摆的周期数为 10，按“置数”键，显示“$n=10$”。如要更改，可按“下调”键或“上调”键，在 1～20 范围内重新设置，再按“置数”键后确认，显示“F1 end”或

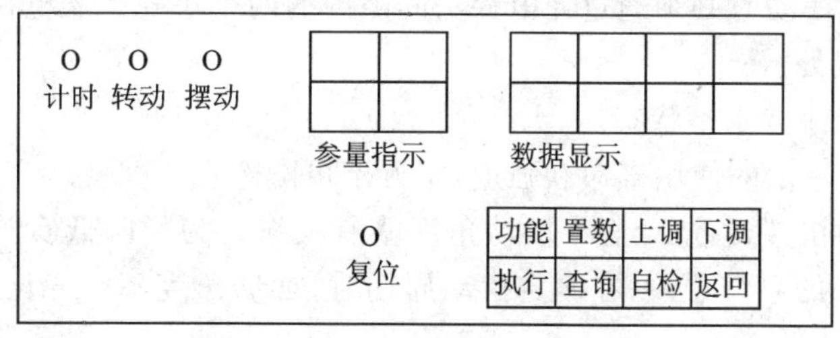

图 3.3.2　转动惯量测试仪面板图

“F2 end”。更改后的周期数不具有记忆功能，切断电源或按“复位”键，便恢复原来的默认周期数。

按“执行”键，仪器显示“P1 000.0”，表示仪器已处在等待测量状态，此时，当被测的往复摆动物体上的挡光杆第一次通过光电门时，由“数据显示”给出累计的时间，同时仪器自行计算周期 C_1 予以存储，以供查询和作多次测量求平均值，至此，P1（第一次测量）测量完毕。

再按“执行”键，仪器显示“P2 000.0”，仪器处在第二次待测状态，本机设定重复测量的最多次数为 5 次，即（P1，P2，…，P5）。

按“查询”键，可知各次测量的周期值 C_I（$I=1,2,\cdots,5$）以及它们的平均值 C_A。

按“返回”键，可清除当前状态所有执行的数据，回到最初状态，但不改变预置周期数。

按“自检”键，仪器依次显示“$n=N-1$”，“$2n=N-1$”，“SC GOOD”，并自动复位到“P1 000.0”，表示单片机工作正常。

3.3.4　实验内容与步骤

① 测出塑料圆柱体的外径、金属圆筒的内径和外径、球体直径、细杆长度及各物体的质量（各测 3 次）。

② 测定扭摆弹簧的扭转常数 K。

(a) 调整扭摆基座底脚螺丝，使水平仪的气泡位于中心。

(b) 在转轴上装上对此轴的转动惯量为 I_0 的金属载物圆盘，调整光电探头的位置，使载物盘上的挡光杆处于其缺口中央且能遮住发射、接收红外光线的小孔。测量 10 个摆动周期所需的时间 3 次。

(c) 将塑料圆柱体放于载物圆盘上，测出摆动 10 个周期所需时间 3 次。

③ 分别将金属圆筒、球体、细杆放于装置上，测量摆动 10 个周期所需的时间。

④ 验证转动惯量平行轴定理。

将金属滑块对称放置在细杆两边的凹槽内，此时滑块质心离转抽的距离 x 分别为 5.00、10.00、15.00、20.00、25.00 cm，测定对应的摆动 10 个周期的时间各 3 次。

⑤ 注意事项如下：

(a) 挡光杆摆动时必须通过光电探头间隙内的两个小孔。光电探头应放置在挡光杆的平衡位置处。

(b) 机座应保持水平状态。

(c) 弹簧有一定的使用寿命和强度,千万不可随意玩弄弹簧。

(d) 弹簧的扭转常数 K 值与摆动角度略有关系。为了降低实验时由于摆动角度变化过大带来的系统误差,在测定摆动周期时,摆动角度不宜变化过大,摆动角度为±90°左右即可。

(e) 载物圆盘必插入转轴,并将螺丝旋紧,使它与弹簧组成牢固的体系。如果发现转动数次之后便停下,原因即在于螺丝未旋紧。

(f) 塑料圆柱体和金属圆筒放在载物圆盘上时,必须放正,不能倾斜。

(g) 在称量金属细杆与木球的质量时,必须将木球下面的支架和细杆的夹具取下,否则会带来较大误差。

3.3.5 数据处理

① 利用式(3.3.5)计算弹簧扭转常数 K。

② 根据式(3.3.4)分别计算金属圆筒、球体和细杆对转轴的转动惯量(在计算球体的转动惯量时,应扣除支架的转动惯量),并与理论值比较求出百分误差。

③ 在坐标纸上作 T^2-x^2 图,验证转动惯量的平行轴定理。

3.3.6 思考题

① 数字计时仪的仪器误差为 0.01 s,实验中为什么要测量 10 个周期?

② 如何用本装置测定任意形状物体绕特定转轴转动的转动惯量?

3.4 电子束实验

带电粒子在电场和磁场中运动是在近代科学技术应用的许多领域中经常遇到的一种物理现象。本实验要研究电场对电子的加速及电子束在均匀横向电场作用下的偏转,并测定其相应的偏转灵敏度,清晰地理解电子在电场和磁场中的运动规律。同时研究电子束的磁聚焦现象,加深对电子运动规律的理解,并获得一种测定电子荷质比的方法。

3.4.1 实验目的

① 掌握用外加电场、磁场使电子束聚焦与偏转的原理和方法,加深对电子的电场、磁场中运动规律的理解。

② 了解电子束磁聚焦的基本原理。

③ 用磁聚焦法测量电子的荷质比$\frac{e}{m}$。

3.4.2　实验仪器

电子束实验仪。

3.4.3　实验原理

测量原理

(1) 示波管结构

示波管是电子示波器的主要部件，在近代科学技术中有广泛的应用，通过研究示波管中电子的运动，不仅可以进一步了解电子在电场、磁场中的运动规律，而且有助于了解示波器的工作原理。

电子示波管由电子枪、偏转系统和荧光屏三部分组成：

① 电子枪的作用是发射电子，把它加速到一定速度并聚焦成一细束。

② 偏转系统由两对互相垂直的平板电极构成。一对上下放置的叫 Y 轴偏转板或垂直偏转板，另一对左右放置的是 X 轴偏转板或水平偏转板。

③ 荧光屏用来显示电子束打在示波管端面的装置。

以上各部件都密封在一只玻璃外壳中，玻璃壳内抽成高度真空，以避免电子与空气分子发生碰撞引起电子束的散射。

电子枪的内部结构如图 3.4.1 所示，电子源是阴极板 K，它是一只金属圆筒，里面装有一根加热用的钨丝，两极之间用陶瓷套绝缘。当灯丝通电时(6.3 V 交流电)把阴极加热到很高温度，在圆筒端部涂有钡和锶的氧化物，这种材料中的电子由于加热得到足够的能量会逸出表面，并能在阴极周围空间自由运动，这种过程叫热电子发射。与阴极共轴布置着 4 个筒状电极，其中间是带有小孔的隔板，截面如图 3.4.1 所示。电极 G 称为控制栅，正常工作时有相对于阴极 K 5～20 V 的负电压。它产生一个电场是要把阴极发射出来的电子推回到阴极去，改变控制栅极的电位可以限制穿过 G 上小孔出去的电子数目，从而控制电子束的强度(即辉度调节)。示波管的电极 A_2'与 A_2''(图中以括号标记)连在一起，统称为加速电极 A_2，两者相对于 K 加有同一电压 V_2，一般有几百伏到几千伏的正电压。它产生一个很强的电场使电子沿电子枪轴线方向加速。电极 A_1 记作 A_1' 称为聚焦电极，它相对于阴极 K 之间的电压为 V_1，介于 K 和 A_2 的电位之间，在 A_2' 和 A_1' 之间以及在 A_1' 和 A_2'' 之间形成的电场用来把电子束聚成一束很细的电子流，使它打在荧光屏上形成很小一个光斑，聚焦程度的好坏主要取决于 V_1 或 V_2 的大小(聚焦调节)。

(2) 电子束的电偏转

图 3.4.1 表示了阴极共轴布置的 4 个圆筒状电极，建立一个直角坐标系来研究电子的运动，令 z 轴沿阴极射线管的管轴方向，从荧光屏看 x 轴为水平方向，y 轴为

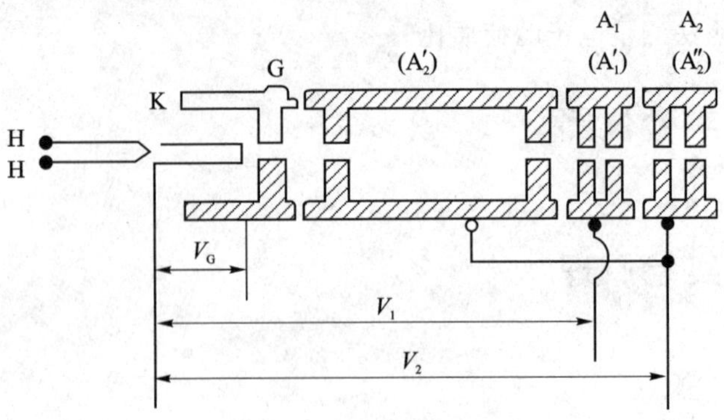

图 3.4.1　电子枪结构图

竖直方向。

电子是带负电荷的粒子，电子从阴极发射出来认为它的初速为 0，管中阳极 A_2 相对于阴极 K 具有几百到几千伏的正电位 V_2，它产生的电场使得从阴极 K 发射出来的电子沿轴向加速。忽略电子离开阴极时有限的初动能，电子的速度从 0 加速到 v_z，电子从 A_2 射出来的动能由式(3.4.1)决定

$$\frac{1}{2}mv_z^2 = eV_2 \tag{3.4.1}$$

现在来看另一种情况：如果电场方向和电子的运动方向垂直，电子在该电场作用下将要发生横向偏移。图 3.4.2 表示电子在横向电场作用下的偏转情况。

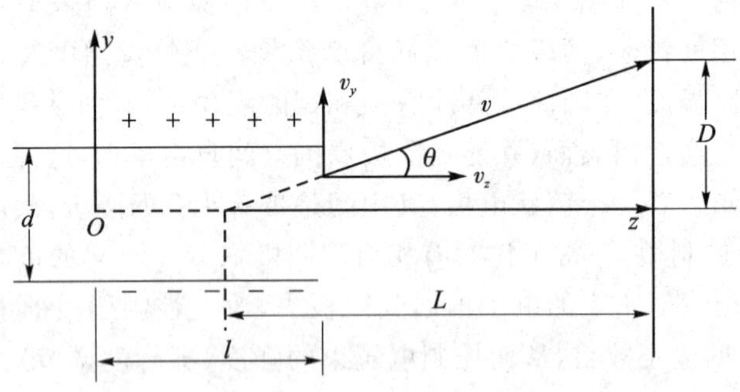

图 3.4.2　电子束的电偏转

电子在偏转板之间穿过后，如果两偏转板之间电位差为 0，则电子笔直穿过偏转板打在荧光屏中央形成一个亮斑。若偏转板长度为 l，两电极相距为 d，在垂直偏转板(或水平偏转板)电极上加有偏转电压 V_d，则电子通过偏转板时将受到一个横向力 f_y(或 f_x)的作用，$f_y = eE = e\dfrac{V_d}{d}$；在该力作用下，电子得到一横向速度 v_y，但不改变轴向速度 v_z，当电子从偏转板穿出来时，它的运动方向与 z 轴成 θ 角度，应满足下面的关系式：

$$\tan\theta=\frac{v_y}{v_z}$$

若电子从电极之间穿过所需时间 Δt 内电子受横向力 f_y 的作用,则横向动量增加为 mv_y,应等于 f_y 的冲量

$$mv_y=f_y\Delta t=e\frac{V_d}{d}\Delta t$$

则

$$v_y=\frac{e}{m}\cdot\frac{V_d}{d}\Delta t$$

又因为

$$\Delta t=\frac{l}{v_z}$$

所以

$$v_y=\frac{e}{m}\cdot\frac{V_d}{d}\cdot\frac{l}{v_z}$$

因此

$$\tan\theta=\frac{v_y}{v_z}=\frac{eV_dl}{mdv_z^2}$$

以式(3.4.1)代入得

$$\tan\theta=\frac{V_d}{V_2}\cdot\frac{l}{2d}$$

当电子从偏转板出来后,就沿着直线运动,直线的倾斜角方向就是电子穿出偏转区后的速度方向,若电子打在荧光屏上 y 轴偏离的距离为 D,则 $D=L\cdot\tan\theta$。L 为该直线与 y 轴交点至荧光屏的距离,应从偏转板中间算起到荧光屏为止。因此有

$$D=L\frac{V_d}{V_2}\frac{l}{2d}\tag{3.4.2}$$

式(3.4.2)表明,偏转量 D 与 L、V_d、l 成正比,而与 V_2、d 成反比。这是因为 L 增大,电子通过 L 的时间延长,使偏转量增大;V_d 增大,使偏转电场加强;l 加长,就使偏转电场作用时间延长,引起偏转量增大。但 d 增大,就使给定的电位差所产生的偏转电场减小;V_2 增大时,v_z 就增大,偏转电场作用时间减少,引起电子的偏转量减少。

对于一具体的示波管来说,L、l 与 d 都是固定的,在实验中我们就是要研究偏转量 D 与偏转电压 V_d 及加速电压 V_2 的关系,并测量出示波管的电偏转灵敏度 S_V,即

$$S_V=\frac{D}{V_d}=\frac{Ll}{2dV_2}\tag{3.4.3}$$

(3) 电子束的磁偏转

电子束通过磁场时,在洛伦兹力的作用下发生偏转。如图 3.4.3 所示,设虚线方框内有均匀的磁场,磁感应强度为 $\vec{B}$,方向与纸面垂直,由纸面指向外,在方框外 $B=$

0。电子以速度 v_z 垂直射入磁场,受洛伦兹力 ev_zB 的作用,在磁场区域内作匀速圆周运动,轨道半径为 R。电子沿 AC 弧穿出磁场后变为作匀速直线运动,最后打在荧光屏的一点 P 上,光点的位移为 y。由牛顿第二定律有

$f=ev_zB=m\dfrac{v_z^2}{R}$,得

$$R=\frac{mv_z}{eB} \qquad (3.4.4)$$

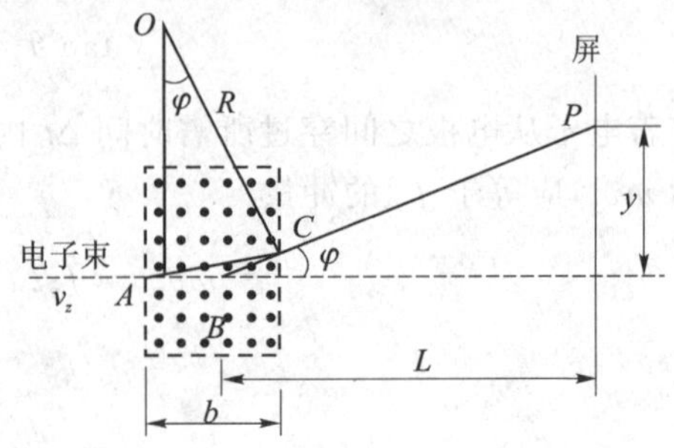

图 3.4.3 电子束的磁偏转

假设偏转角不大,近似地有 $\tan\varphi\approx\dfrac{b}{R}=\dfrac{y}{L}$,由此可得磁偏转位移 $y=\dfrac{ebL}{mv_z}B$。再由式(3.4.4)消去 v_z 得

$$y=\sqrt{\frac{e}{2mV_2}}bLB \qquad (3.4.5)$$

式(3.4.5)表明,光点的偏转位移 y 与磁感应强度 B 成线性关系,与加速电压 V_2 的平方根成反比。这一点与电偏转的情况不同,这是因为磁场本身又与速度有关的缘故。

偏转磁场 B 如何获得呢?可以由紧贴示波管管颈两侧的两个螺线管线圈串联后通过电流而得到,如图 3.4.4(a)所示。虽然螺线管端面磁力线有些发散,但中间磁场 B 是较均匀的,只要线圈位置固定不动,则所产生的磁感强度 B 与电流强度 I_S 及线圈的匝数 N 成正比,可用 $B=KNI_S$ 来表示,常数 K 由线圈的结构参数及磁环物质的磁性常数来决定。将 $B=KNI_S$ 代入式(3.4.5)可得到磁偏转灵敏度

$$S_B=\frac{y}{I_S}=\sqrt{\frac{e}{2mV_2}}KbLN$$

对特定的示波管和偏转线圈,若加速电压 V_2 固定,则 S_B 为常数;若改变加速电压 V_2,则 S_B 则与 $\sqrt{V_2}$ 成反比。

(4) 电子束的磁聚焦(测定电子荷质比)

在一个通电螺旋管内平行地放置一示波管,沿示波管轴线方向有一均匀分布的磁场,其磁感应强度为 B。在示波管的阴极 K 及阳极 A 之间加有直流高压 V_2,经阳极小孔射出的细电子束流将沿轴线作匀速直线运动。电子运动方向与磁场平行,故磁场对电子运动不产生影响。电子流的轴向速率为

$$V_{/\!/}=\sqrt{2eV_2/m} \qquad (3.4.6)$$

式中:e、m 分别为电子的电荷量和质量。若在一对偏转极板 D 上加一个幅值不大的交变电压,则电子流通过 D 后就获得一个与管轴垂直的速度分量 $V_\perp$。若暂不考虑电子轴向速度分量 $V_{/\!/}$ 的影响,则电子在磁场的洛伦兹力的作用下(该力与 $V_\perp$ 垂直),在垂直于轴线的平面上作圆周运动,即该力起着向心力的作用,$F=eV_\perp B=$

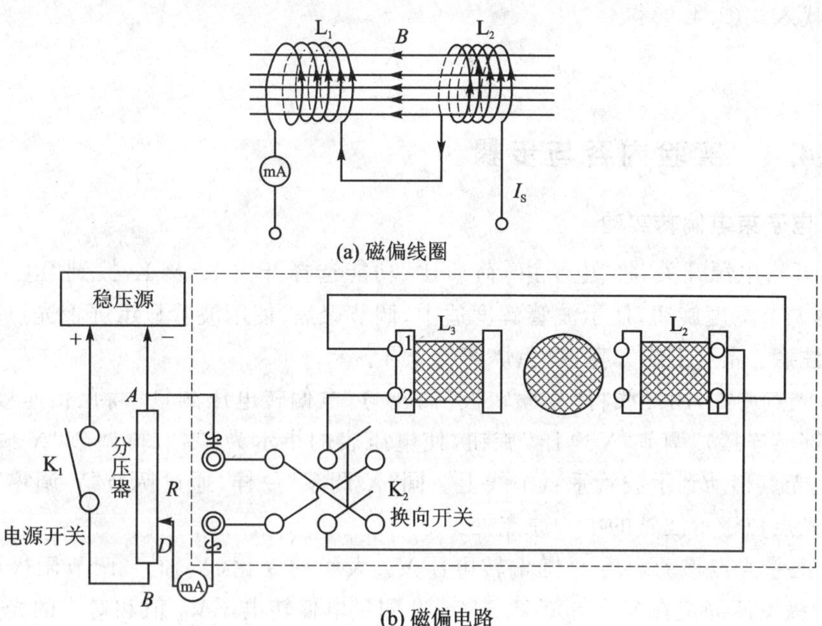

(a) 磁偏线圈

(b) 磁偏电路

图 3.4.4　磁偏线圈和磁偏电路

$mV_{\perp}^2/R$，由此可得到电子运动的轨道半径 $R=mV_{\perp}/eB$，$V_{\perp}$ 越大，轨道半径亦越大，电子运动一周所需要的时间(即周期)为

$$T=\frac{2\pi R}{V_{\perp}}=\frac{2\pi m}{eB} \tag{3.4.7}$$

这说明电子的旋转周期与轨道半径及速率 $V_{\perp}$ 无关，若再考虑 $V_{/\!/}$ 的存在，则电子的运动轨迹应为一螺旋线。

在一个周期内，电子前进距离(称螺距)为

$$h=V_{/\!/}\ T \tag{3.4.8}$$

由于不同时刻电子速度的垂直分量 $V_{\perp}$ 不同，故在磁场的作用下，各电子将沿不同半径的螺线前进。然而，由于它们速度的平行分量 $V_{/\!/}$ 均相同，所以经过距离 h，它们又重新相交，适当地改变 B 的大小，当 $B=B_C$ 时，可使电子束的焦点刚巧落在荧光屏 S 上(这称为一次聚焦)，这时，螺距 h 等于电子束交点 C 到 S 的距离 L，则式(3.4.7)、式(3.4.8)、式(3.4.9)消去 $V_{/\!/}$，即得

$$\frac{e}{m}=\frac{8\pi^2}{L_0^2B_C^2} \tag{3.4.9}$$

式(3.4.9)中的 B_C、V 及 I 均可测量，于是可算得电子的荷质比。示波管在聚焦线圈(长直线圈)中间部位，故有

$$B=\frac{4\pi NI_0\times10^{-7}}{\sqrt{D^2+L^2}}$$

将上式代入式(3.4.9)得

$$\frac{e}{m}=\frac{KV_2}{I_0{}^2} \tag{3.4.10}$$

3.4.4 实验内容与步骤

1. 电子束电偏转实验

① 开启电源开关,将“电子束-荷质比”功能选择开关 K_1 及 K_2 拨到“电子束”位置,适当调节亮度旋钮,使示波管辉度适中,调节聚焦,使示波管显示屏上光点聚成一细点。**注意:** 光点不能太亮,以免烧坏荧光屏。

② 光点调零,用导线将“X 偏转板”插孔与“电偏转电压测量”插孔相连接(电源负极内部已连接),调节“X 电压”旋钮,使电压表的指示为“零”,再调节“X 调零”的旋钮,把光点移动到示波管垂直中线上。同“X 调零”一样,通过调节“Y 调零”旋钮,可以使光点位于示波管的中心原点处。

③ 测量光点移动距离 D 随偏转电压 V_{dx} 大小的变化(X 轴):调节阳极电压旋钮,使阳极电压固定在 $V_2=600$ V。改变并测量电偏转电压 V_{dx} 值和对应的光点的位移量 D 值,每隔一大格 D 值记录一个 V_{dx} 于自拟表格中。然后调节到 $V_2=1\ 000$ V,重复以上实验步骤。

④ 同 X 轴一样,只要把“电偏转电压测量”插孔改接到“Y 偏转板”插孔,即可测量 Y 轴方向光点的位移量与电偏转电压的关系即 $D-V_{dy}$ 的变化规律。把数据记录到自拟表格中。

2. 磁偏转实验

① 开启电源开关,将“电子束-荷质比”功能选择开关拨至电子束位置,辉度适当调节,并调节聚焦,使屏上光点聚焦成一细点,应注意光点不能太亮,以免烧坏荧光屏。

② 光点调零,在磁偏转输出电流为零时,通过调节“X 调零”和“Y 调零”旋钮,使光点位于 Y 轴的中心(坐标原点)。

③ 测量偏转量 y 随磁偏电流 I 的变化,给定 $V_2=600$ V,连接励磁电流到磁偏转电流输入线,按下电流选择按钮开关,调节磁偏电流调节旋钮(改变磁偏电流的大小),每增加一格 y 值,记录下磁偏电流 I_S 于自拟表格中,改变 $V_2=800$ V,$V_2=1\ 000$ V,重复以上步骤。

3. 电子的螺旋运动及电子荷质比测定

① 将励磁电流接入励磁电流的接线柱上,励磁电流调节旋钮逆时针旋到底(即为零)。

② 开启电子束测试仪电源开关,“电子束-荷质比”转换开关 K_1 向上置于“荷质比”位置,此时荧光屏上出现一条直线,把阳极电压调到 $V_2=700$ V。

③ 开启励磁电流电源，释放电流选择按钮开关，逐渐加大电流，使荧光屏上的直线一边旋转一边缩短，直到变成一个小光点，立即读取该电流值 $I_{正向}$。然后将电流调为零。将聚焦电流换向开关(在励磁线圈下面)扳到另一方，再从零开始增加电流，使屏上的直线反方向旋转并缩短，直到再一次得到一个小光点，读取电流值 $I_{反向}$。

④ 调节阳极电压为 $V_2=900$ V，重复步骤②，记录该阳极电压下的 $I_{正向}$、$I_{反向}$。

⑤ 实验结束，请先把励磁电流调节旋钮逆时针旋到底。

4. 注意事项

① 接通电源，打开开关，如果电源指示不亮，请检查电源连接线是否有电，是否连接好。如果发现异常，请立即断电。

② 螺线管不要长时间通以大电流，以免线圈过热。

③ 示波管接有高压电源，实验时要谨防触电。

④ 改变加速电压后，亮点的亮度会改变，应重新调节亮度，勿使亮点过亮，否则容易损坏荧光屏；另外，亮点过亮，聚焦好坏也不易判断，调节亮度后，加速电压值也可能有了变化，再调到规定的电压值即可。

⑤ 正式测量前，需将光点调整到坐标原点，此时偏转电压应为 0.00 V。

5. 仪器的相关常数

$$K=\frac{(D^2+L^2)\times 10^{14}}{2{L_0}^2N^2}$$

式中：D——螺线管线圈平均直径，为 0.090 m；

L——螺线管线圈长度，为 0.234 m；

N——螺线管线圈匝数，为 526；

L_0——电子束从栅极 G 交叉至荧光屏的距离，即电子束在均匀磁场中聚焦的焦距为 0.145 m。

3.4.5　数据处理

① 分别在不同的坐标纸上作 $D-V_{dx}$、$D-V_{dy}$、$Y-I_S$ 图，求出不同的 V_2 时 S_{vx}、S_{vy}、S_B 的大小，分别比较并分析说明。

② 实验时要求 V_2 分别取两个不同值，记录每个 V_2 值实现一次聚焦的正反向电流，求出平均值，计算出测量的荷质比 e/m，并与公认值 $e/m=1.757\times 10^{11}$ C/kg 比较，求出百分误差。

3.4.6　思考题

① 若在示波管的 Y 轴偏转板上加交变电压，则光点将如何运动？

② 接通电源后，若找不到光点，则可能有哪些原因？如何处理？

③ 假如电子不带负电荷而是带正电荷，则示波管中必须作哪些改善？这时的正

电子束在磁场中应如何偏转？

④ 为什么速度各不相同的电子，经过一个螺距后却能聚焦在一点呢？

3.5 单臂电桥测量中值电阻

电桥测量法是常用的电阻测量方法之一。平衡电桥是用比较法进行测量的，即在平衡条件下，将待测电阻与标准电阻进行比较以确定其阻值。由于标准电阻误差小，所以电桥测量法具有精确、灵敏和使用方便的特点，因而被广泛地用于电工技术和非电量的测试中。

直流电桥分为单臂电桥和双臂电桥。单臂电桥又称为惠斯通电桥，主要用于精确测量中值电阻。本实验使用 QJ36 型单双臂两用直流电桥，作单臂电桥使用时可测 $10^2 \sim 10^6\ \Omega$ 的电阻。

3.5.1 实验目的

① 掌握单臂电桥测量电阻的原理和方法。

② 理解检流计和电桥灵敏度的概念。

3.5.2 实验仪器

QJ36 型单双臂两用直流电桥、电源、复射式光点检流计、被测电阻盒。

3.5.3 实验原理

要测量未知电阻 R_x 值可采用伏安法，即测出流过电阻的电流 I 和两端电压 V，如图 3.5.1 所示。

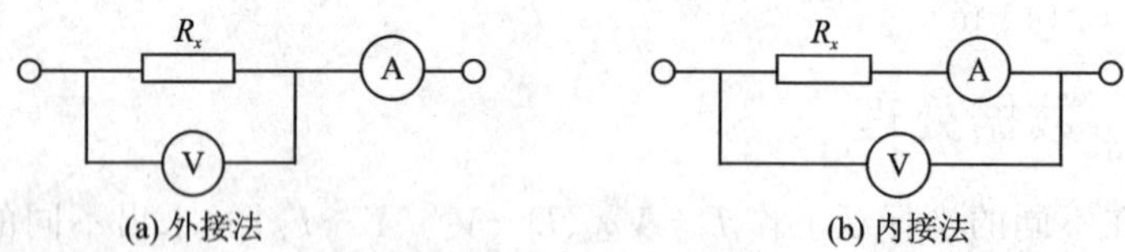

图 3.5.1 伏安法

利用欧姆定律 $R_x = V/I$ 得出 R_x 值。但用这种方法测量，由于电表内阻的影响，不能同时准确地测得 I 和 V 值，即有系统误差存在。要使表内无电流通过，保证 R_x 值的准确性，只有采用平衡电桥电路。

单臂电桥电路如图 3.5.2(a)所示。当电阻箱的电阻 R_s 改变时，可使 C、D 两点间的电流改变。R_s 为某值 R_{s1} 时，恰使 $V_C > V_D$，电流由 C 流向 D，检流计 G(复射式检流计)光斑左(右)偏，R_s 为 R_{s2} 时，可使 $V_C < V_D$，电流由 D 流向 C，检流计 G 光斑右(左)偏。若 $R_{s1} < R_2 < R_{s2}$ 时，恰使 $V_C = V_D$，则检流计 G 中无电流通过，检流计 G 光斑指零，即电桥平衡。此时：

$$V_{AC} = V_{AD}, \qquad V_{CB} = V_{DB}$$

即

$$I_1 R_1 = I_2 R_2, \qquad I_x R_x = I_s R_s$$

因为检流计 G 中无电流，所以 $I_1 = I_x$，$I_2 = I_s$。上式相除得

$$\frac{R_1}{R_x} = \frac{R_2}{R_s} \tag{3.5.1}$$

$$R_x = \frac{R_1}{R_2} \cdot R_s \tag{3.5.2}$$

式(3.5.1)为电桥平衡条件；式(3.5.2)中 R_1/R_2 为电桥比率臂电阻；R_s 为电桥比较臂电阻。若 R_1/R_2 为已知，要改变 R_s 值，使 G 表中无电流时，记下 R_s 值，即可用式(3.5.2)算得 R_x。QJ36 型单双臂直流电桥作单臂电桥使用时，其工作电路如图 3.5.2(b)所示。

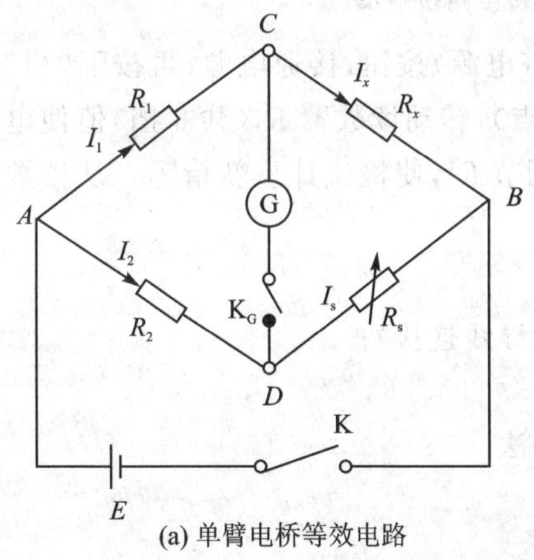

(a) 单臂电桥等效电路

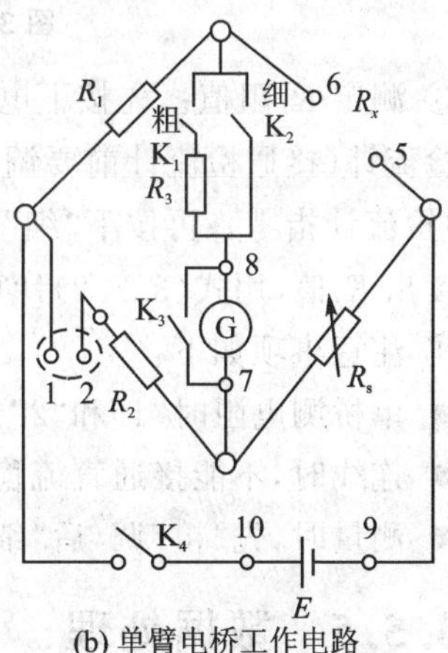

(b) 单臂电桥工作电路

图 3.5.2　QJ36 型单双臂直流电桥作单臂电桥时的电路原理图

3.5.4　实验内容与步骤

① 如图 3.5.3 所示，用短路片将端钮 1、2 短路；未知电阻 R_x 接 5、6 端钮；检流计接 7、8 端钮；电源接 9、10 端钮（实验前须先对检流计调零）。

② 根据 R_x 的估计值，按表 3.5.1 选择比率臂 R_1、R_2 和电源电压。

表 3.5.1　单臂电桥参数选择表

R_x/Ω		比率臂电阻/Ω		电池电压/V
从	到	R_1	R_2	
10^2	10^3	100	1 000	6
10^3	10^4	1 000	1 000	8
10^4	10^5	1 000	100	10
10^5	10^6	10 000	100	20

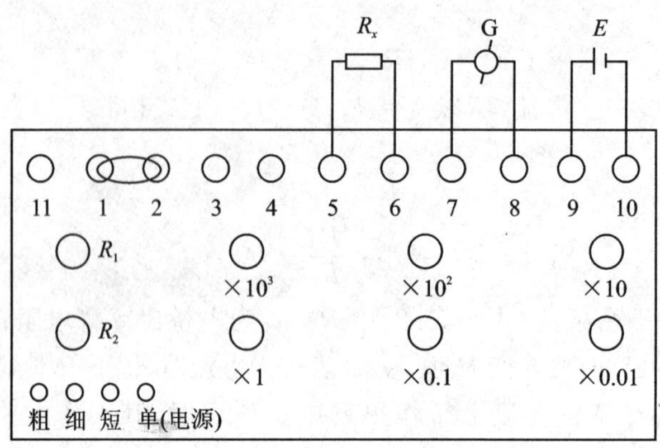

图 3.5.3 单臂电桥电路接线图

③ 测定 R_x 阻值。先按下电桥面板上的(电源)按钮,接通电源;再按下"粗"按钮接通检流计(接通检流计前要调节检流计零点),转动读数臂 R_s(共 6 挡)值使电桥平衡(即检流计指零);再按下"细"按钮,再次调节 R_s,使检流计重新指零。从读数臂窗孔中读出 R_s 值,用式(3.5.2)计算 R_x 阻值。

④ 注意事项如下:

- 单桥测电阻时"1"和"2"端短路(可用导线连接);
- 连线时,不能接通直流稳压电源;
- 测量时,先"粗"调,后"细"调,用跃接法。

3.5.5 数据处理

将单臂电桥测定中值电阻,阻值填入表 3.5.2 中。

表 3.5.2 测定中值电阻阻值

被测电阻 R_x	比率臂电阻			R_s/Ω	R_x/Ω (测量值)	电源电压/V
	R_1/Ω	R_2/Ω	R_1/R_2			
R_{x1}						
R_{x2}						
R_{x3}						
$R_{x1}+R_{x3}$						
$R_{x1}/\!/R_{x3}$						

3.5.6 思考题

① 电桥有哪几个组成部分?电桥平衡的条件是什么?

② 当电桥达到平衡时,若互换电源与检流计的位置,电桥是否仍保持平衡?试证明。

3.6　双臂电桥测量低值电阻

电桥测量法是常用的电阻测量方法之一。平衡电桥是用比较法进行测量的，即在平衡条件下，将待测电阻与标准电阻进行比较以确定其阻值。由于标准电阻误差小，所以电桥测量法具有精确、灵敏和使用方便的特点，因而被广泛地用于电工技术和非电量的测试中。

直流电桥分为单臂电桥和双臂电桥。双臂电桥又称为开尔文电桥，适用于测量低值电阻。本实验使用 QJ36 型单双臂两用直流电桥，作双臂电桥使用时可测 0.000 1～0.001 Ω 的电阻。

3.6.1　实验目的

① 掌握用双臂电桥测低电阻的原理。

② 了解单臂电桥和双臂电桥的关系与区别。

③ 掌握箱式双臂电桥测金属导体电阻的方法。

④ 测量金属导体的电阻率。

3.6.2　实验仪器

QJ36 型单双臂两用直流电桥、电源、复射式光点检流计、标准电阻、滑线变阻器、被测导体等。

3.6.3　实验原理

用单臂电桥测电阻时，未考虑各桥臂之间的连线电阻和各接线端钮的接触电阻，这是因为被测电阻和各臂的电阻都比较大，导线电阻和接触电阻（以下称附加电阻）很小，对测量结果的影响可忽略不计。附加电阻约 10^{-2} Ω 量级，在测低电阻时就不能忽略了。

直流双臂电桥是用一种特殊线路，消除接线和不良接触引入的电阻，使低电阻的测量结果更精确。

直流双臂电桥电路原理如图 3.6.1(a)所示，电路中 R_x 为待测电阻，R_N为比较用的标准电阻。R_1、R_2、R_3、R_4组成电桥双臂电阻，阻值较大（≥10 Ω）。与图 3.5.1(a)单臂电桥电路相比较，不同点在于：

① 桥的一端 B 接到附加电路 $C_2R_2BR_4C_3$，R_1、R_2 和 R_3、R_4 并列，故称双臂电桥。

② C_1、C_2间为标准电阻 R_N，C_3、C_4间为待测低电阻 R_x，连接时均要用四个接头 C_1、C_2、C_3、C_4，称为电流接头，在桥路外；P_1、P_2、P_3、P_4称为电压接头，在桥路内。测量的是 P_3、P_4两点间的电阻 R_x。

调节电桥平衡过程，就是调整 R_1、R_2、R_3、R_4和 R_N使检流计 G 中的电流 I_g=0 的过程。此时，通过 R_1 和 R_3 的电流 I_1 相等，R_2 与 R_4 内流过的电流 I_2 相等，通过 R_N 和 R_x 的电流 I_N 也相等。分析电流、电压关系可得

$$\left.\begin{aligned} I_1R_1 &= I_NR_N + I_2R_2 \\ I_1R_3 &= I_NR_x + I_2R_4 \\ (I_N - I_2)r &= I_2(R_2 + R_4) \end{aligned}\right\} \tag{3.6.1}$$

解方程组得到

$$R_x = \frac{R_3}{R_1} \cdot R_N + \frac{r \cdot R_3}{r + R_2 + R_4}\left(\frac{R_2}{R_1} - \frac{R_4}{R_3}\right) \tag{3.6.2}$$

在制造电桥时，常采用机械联动转换开关，使得电桥在调节平衡的过程中总保持 $R_2/R_1 = R_4/R_3$，取 $R_2 = R_1$，则 $R_4 = R_3$，式(3.6.2)包含有电阻 r 的部分总是为 0。所以被测电阻 R_x 就由式(3.6.2)等号右边第 1 项决定。

$$R_x = \frac{R_3}{R_1} \cdot R_N = \frac{R_4}{R_2} \cdot R_N \tag{3.6.3}$$

R_4 为调节电桥平衡时转动读数臂测量值。QJ36 型单双臂直流电桥作双臂电桥使用时，其工作电路如图 3.6.1(b)所示。

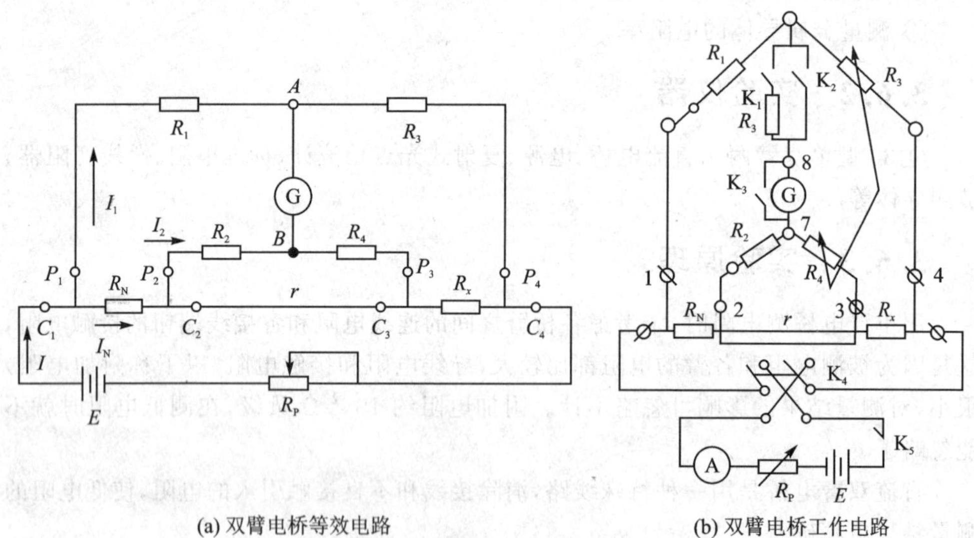

(a) 双臂电桥等效电路

(b) 双臂电桥工作电路

图 3.6.1 QJ36 型单双臂直流电桥作双臂电桥时的电路原理图

双臂电桥线路为什么能测定低值电阻呢？

① R_N、R_x 与电源连线的接线电阻以及 C_1、C_4 的接触电阻，只对总工作电流 I 有影响，与电桥平衡无关，对测量结果无影响。

② 电压接头 P_1、P_2、P_3、P_4 的接触，接线电阻都包括在相应桥臂支路，而桥臂电阻 R_1、R_2、R_3、R_4 均在 10 Ω 以上，接触、接线电阻带来的影响可忽略不计。

③ R_N 与 R_x 间的接线电阻，电流接头 C_3、C_2 的接触电阻包含在电阻 r 支路。只要

保证 $R_2/R_1=R_4/R_3$，无论 r 阻值如何，式(3.6.2)等号右边第 2 项为 0，不影响 R_x 的测量值。但实际中，因受检流计灵敏度限制，不可能绝对保证 $R_2/R_1=R_4/R_3$，故 r 应尽可能用阻值小的粗导线($r\leqslant 0.001\ \Omega$)，以减少对测量结果的影响。

一段导体的电阻与该导体材料的物理性质及其几何形状有关。实验指出，导体的电阻 R 与其长度 L 成正比，与其横截面积 S 成反比，即

$$\rho = R\cdot\frac{\pi d^2}{4L} \tag{3.6.4}$$

式中：ρ 为导体的电阻率，表示导电材料的导电性质。用双臂电桥测出导体的阻值 R，并测定导体的长度 L、直径 d；可按式(3.6.4)计算出 ρ 值。

3.6.4　实验内容与步骤

① 按图 3.6.2 连接好线路(端钮 1、2 处的短路片应拆除)。将 R_P 置于最大电阻位置。经检查后合上开关，调节电源电压约 20 V，调节 R_P，使电路中电流约 2 A。

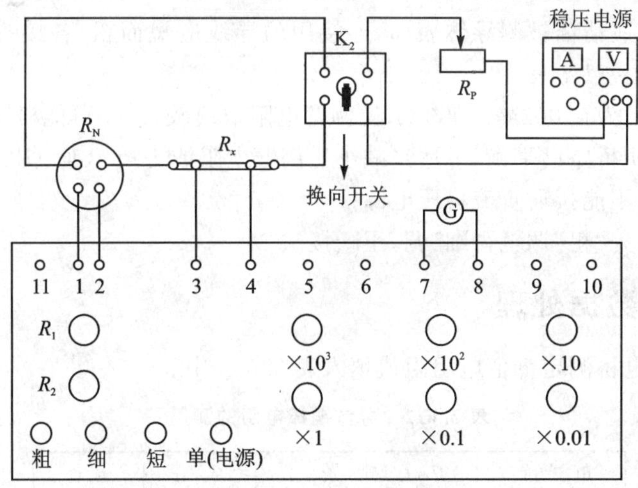

图 3.6.2　双臂电桥接线图

② 按表 3.6.1 所列选择 R_1、R_2 和 R_N 值。根据铜棒或铁棒电阻为 0.002～0.006 Ω，选择 $R_1=R_2=1\ 000\ \Omega$，$R_N=0.001\ \Omega$。

③ 按下“粗”按钮，调节转动臂读数 R_4 阻值，使检流计 G 指零。再按下“细”按钮，调节 R_4 使 G 重新指零。记录 R_4 数值。

④ 改变电流方向(即 K_2 开关扳到另一侧)，重复步骤③，测出 R_4' 值。

⑤ 用式(3.6.4)计算待测电阻 R_x 值，并用钢卷尺测量钢棒长度 L；用游标卡尺测量铜棒或钢棒直径 d(在不同位置测 5 次)。

⑥ 计算铜棒或钢棒电阻率 ρ、标准差 σ_ρ、相对标准差 E。

注： 当被测电阻 $R_x<R_N$ 时，应调换 R_N 和 R_x 的位置，即 3、4 端钮接 R_N，1、2 端钮

接 R_x，并按公式 $R_x=\frac{R_2}{R_4}\cdot R_N$ 计算。

表 3.6.1 双臂电桥参数选择表

R_x		R_N	$R_1=R_2$	当调换 R_x 和 R_N 的位置时			
				R_x		R_N	$R_1=R_2$
从	到			从	到		
10	100	10	1 000	10^{-4}	10^{-3}	10^{-3}	1 000
1	10	1	1 000	10^{-5}	10^{-4}	10^{-3}	100
0.1	1	0.1	1 000	10^{-6}	10^{-5}	10^{-3}	10
0.01	0.1	0.01	1 000				
0.001	0.01	0.001	1 000				

⑦ 注意事项如下：

- 接线前，应清洁被测导体表面，连接用的导线应短而粗，各接头必须干净、接牢，避免接触不良。
- 铁棒电阻为 0.002～0.006 Ω，比例臂电阻取值较大时，可能检测不到电流，但不能证明桥路已平衡，可适当减小比例臂电阻或更换标准电阻。
- 连线时，不能接通直流稳压电源；
- 测量时，先"粗"调，后"细"调，用跃接法。

3.6.5 数据处理

① 将双臂电桥测定低值电阻阻值填入表 3.6.2 中。

表 3.6.2 导体铜棒电阻的测量

电流方向	R_4/Ω	R_2/Ω	R_N/Ω	R/Ω
正 向				
反 向				

(a) $\overline{R_4}=\frac{R_{4正}+R_{4反}}{2}$，$\Delta_{R_4}=$____，$\sigma_{R_4}=\Delta_{R_4}/\sqrt{3}=$____。

电桥准确度等级 $a=0.02$，Δ_{R_4} 为 R_4 的最小步进值，如为×1 Ω 挡，则 $\Delta_{R_4}=1\ \Omega$，测量结果为

$$R_4=\overline{R_4}\pm\sigma_{R_4}=\_\_\_\_,\ R_x=\frac{\bar{R}_4}{R_2}R_N=\_\_\_\_,\ \sigma_{R_x}=\frac{R_N}{R_2}\sigma_{R_4}=\_\_\_\_。$$

(b) 测量结果：$R_x=R_x\pm\sigma_{R_x}=$____。

② 将导体直径的测量值填入表 3.6.3 中。

表 3.6.3　导体棒直径的测量

cm

d_1	d_2	d_3	d_4	d_5	$\bar{d}$

(a) $\Delta_{d_仪}=$____，$\sigma_{d_仪}=\Delta_{d_仪}/\sqrt{3}=$____，$\sigma_{\bar{d}}=\sqrt{\dfrac{\sum v_{di}^2}{n(n-1)}}=$____。

(b) 测量结果 $d=\bar{d}\pm\sigma_{\bar{d}}=$____。

③ 导体棒长 $L=$____±____ cm，$\Delta_{L_仪}=$____ cm，$\sigma_{L_仪}=$____ cm。

④ 计算导体的电阻率：

$$\rho_测=R\times\frac{\pi\overline{d^2}}{4L}=\_\_\_\_$$

⑤ 计算导体电阻率的相对标准差：

$$E_\rho=\sqrt{\left(\frac{\sigma_{R_x}}{R_x}+a\%\right)^2+\left(\frac{2\sigma_{\bar{d}}}{d}\right)^2+\left(\frac{\sigma_L}{L}\right)^2}=\_\_\_\_$$

⑥ 计算导体电阻率的标准差：

$$\sigma_\rho=\rho_测\cdot E_\rho=\_\_\_\_$$

⑦ 实验结果：

$$\rho=\rho_测\pm\sigma_\rho=\_\_\_\_$$

3.6.6　思考题

① 双臂电桥平衡的条件是什么？

② 双臂电桥是怎样消除连线电阻、接触电阻的影响的？

③ 四端电阻的电流端和电压端是如何区分的？

④ 用图 3.6.2 所示的双电桥测量时，如果被测低值电阻的两个电压端引线电阻较大（例如被测电阻远离双电桥，所用引线过细和过长），对测量的准确度有无影响？

3.7　静电场的模拟

在工程技术上，常常需要知道由电极系决定的电场分布情况。例如，为了研究电子束在示波管中的聚焦和偏转，就需要知道示波管中的电场分布情况。一般来说，静电场的分布情况，可用解析法、数值求解法或模拟实验法求得。

对于具有对称性的规则带电体的电场分布，可由高斯定理（即解析法）求得，但在实际工作中，这种由规则带电体构成的电场往往是很少的。对于电极边界可用数学方式描述，但难于用解析法求得的电场分布，原则上可依据一定的计算程序，用计算机求近似解。

对于复杂带电体的电场分布，可用模拟法进行方便而有效的研究。利用电压表直接测定静电场的电势是不可能的，这是因为电表或其他探测器置于电场中，由于静电感应的存在，必然会使原场源电荷分布发生变化，使电场发生严重畸变。尽管静电场的直接测量是难于进行的，但可借助于测量电流场中的电位分布模拟静电场中的电位分布，虽然模拟法的精度尚不是很高，但对一般的工程设计来说已基本满足要求。

3.7.1 实验目的

① 学习用稳恒电流场模拟法测绘静电场的原理和方法。

② 加深对电场强度和电位概念的理解。

③ 测绘点状电极、同心圆电极、平行板电极的电场分布情况。

3.7.2 实验仪器

静电场描绘电源、点状水槽电极、同心圆水槽电极、平行板电极等。

3.7.3 实验原理

由于带电体的形状比较复杂，其周围静电场的分布情况很难用理论方法进行计算。同时仪表(或其探测头)放入静电场，总要使被测场原有分布状态发生畸变，不可能用实验手段直接测绘真实的静电场。本实验采用模拟法，通过点状电极、同心圆电极、平行板电极产生的稳恒电流场分别模拟两点电荷、同轴柱面带电体、聚焦电极形状的带电体产生的静电场。

1. 模拟的理论依据

为了克服直接测量静电场的困难，可以仿造一个与待测静电场分布完全一样的电流场，用容易直接测量的电流场去模拟静电场。

静电场与稳恒电流场本是两种不同的场，但是两者之间在一定条件下具有相似的空间分布，即两种场遵守的规律在数学形式上相似。对于静电场，电场强度在无源区域内满足以下积分关系：

$$\oint_s \boldsymbol{E} \cdot \mathrm{d}\boldsymbol{S} = 0 \qquad \oint_l \boldsymbol{E} \cdot \mathrm{d}\boldsymbol{l} = 0$$

对于稳恒电流场，电流密度矢量 $\boldsymbol{J}$ 在无源区域内也满足类似的积分关系：

$$\oint_s \boldsymbol{J} \cdot \mathrm{d}\boldsymbol{S} = 0 \qquad \oint_l \boldsymbol{J} \cdot \mathrm{d}\boldsymbol{l} = 0$$

由此可见，$\boldsymbol{E}$ 和 $\boldsymbol{J}$ 在各自区域中所遵从的物理规律有同样的数学表达形式。若稳恒电流场空间均匀充满了电导率为 σ 的不良导体，不良导体内的电场强度 $\boldsymbol{E}'$ 与电流密度矢量 $\boldsymbol{J}$ 之间遵循欧姆定律：

$$\boldsymbol{J} = \sigma \boldsymbol{E}'$$

因而，$\boldsymbol{E}$ 和 $\boldsymbol{E}'$ 在各自的区域中也满足同样的数学规律。在相同的边界条件下，由电动力学的理论可以严格证明：具有相同边界条件的相同方程，解的形式也相同。因此，可以用稳恒电流场来模拟静电场。

2. 模拟长同轴圆柱形电缆的静电场

利用稳恒电流场与相应的静电场在空间形式上的一致性，只要保证电极形状一定，电极电位不变，空间介质均匀，则在任何一个考察点，均应有“$U_{稳恒}=U_{静电}$”或“$E_{稳恒}=E_{静电}$”。下面以同轴圆柱形电缆的静电场和相应的模拟场——稳恒电流场来讨论这种等效性。

如图 3.7.1(a)所示，在真空中有一半径为 r_a 的长圆柱形导体 A 和一个内径为 r_b 的长圆筒形导体 B，它们同轴放置，分别带等量异号电荷。由对称性可知，在垂直于轴线的任一个截面 S 内，都有均匀分布的辐射状电力线，这是一个与轴向坐标无关而与径向坐标有关的二维场。取二维场中电场强度 $\boldsymbol{E}$ 平行于 xy 平面，则其等位面为一簇同轴圆柱面。因此，只需研究任一垂直横截面上的电场分布即可。距轴心 O 半径为 r 处(见图 3.7.1(b))的各点电场强度为

$$\boldsymbol{E}=\frac{\lambda}{2\pi\varepsilon_0 r}\boldsymbol{r}_0$$

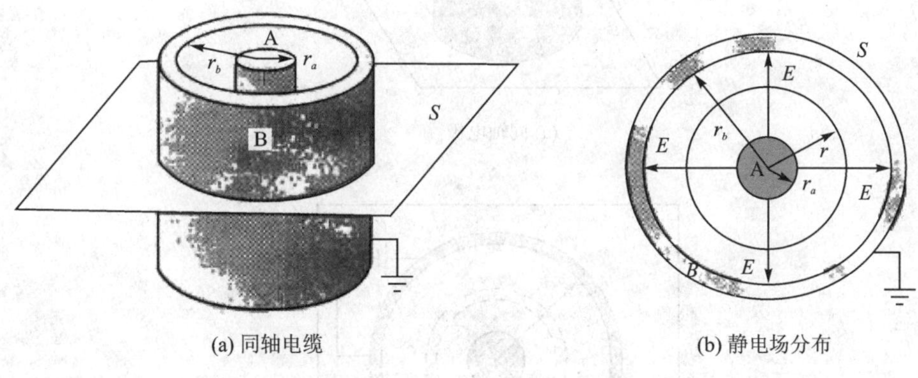

(a) 同轴电缆　　(b) 静电场分布

图 3.7.1　同轴电缆及静电场分布

式中：λ 为 A(或 B)的电荷线密度。其电位为

$$\begin{aligned}U_r&=U_a-\int_{r_a}^{r}\boldsymbol{E}\cdot\mathrm{d}\boldsymbol{r}\\&=U_a-\frac{\lambda}{2\pi\varepsilon_0}\ln\frac{r}{r_a}\end{aligned}\tag{3.7.1}$$

若 $r=r_b$ 时 $U_r=U_b=0$，则有

$$\frac{\lambda}{2\pi\varepsilon_0}=\frac{U_a}{\ln(r_b/r_a)}$$

代入式(3.7.1)得

$$U_r = U_a \frac{\ln(r_b/r)}{\ln(r_b/r_a)} \tag{3.7.2}$$

距中心 r 处电场强度为

$$E_r = -\frac{\mathrm{d}U_r}{\mathrm{d}r} = \frac{U_a}{\ln \dfrac{r_b}{r_a}} \frac{1}{r} \tag{3.7.3}$$

若上述圆柱形导体 A 与圆筒形导体 B 之间不是真空,而是均匀地充满了一种电导率为 σ 的不良导体,且 A 和 B 分别与直流电源的正负极相连(见图 3.7.2),则在 A、B 间将形成径向电流,建立起一个稳恒电流场 E'_r。可以证明:不良导体中的稳恒电流场 E'_r 与原真空中的静电场 E_r 是相同的。

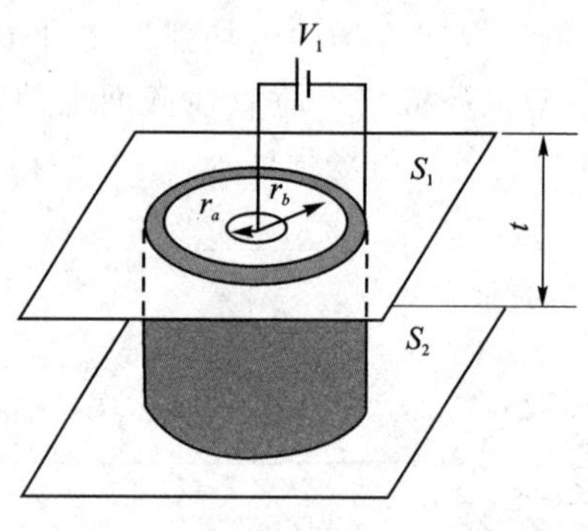

(a) 同轴电极

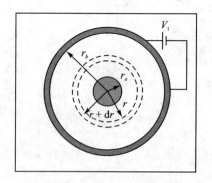

(b) 电势分布

图 3.7.2　同轴电缆的模拟模型

取高度为 t 的圆柱形同轴不良导体片来研究。设材料的电阻率为 $\rho(\rho=1/\sigma)$,则从半径为 r 的圆周到半径为 $r+\mathrm{d}r$ 的圆周之间的不良导体薄块的电阻为

$$dR = \frac{\rho}{2\pi t}\frac{dr}{r}$$

半径 r 到 r_b 之间的圆柱片电阻为

$$R_{rr_b} = \frac{\rho}{2\pi t}\int_r^{r_b}\frac{dr}{r} = \frac{\rho}{2\pi t}\ln\frac{r_b}{r}$$

由此可知，半径 r_a 到 r_b 之间圆柱片的电阻为

$$R_{r_ar_b} = \frac{\rho}{2\pi t}\ln\frac{r_b}{r_a}$$

若设 $U_b=0$，则径向电流为

$$I = \frac{U_a}{R_{r_ar_b}} = \frac{2\pi t U_a}{\rho\ln\frac{r_b}{r_a}}$$

距中心 r 处的电位为

$$U_r = IR_{rr_b} = U_a\frac{\ln(r_b/r)}{\ln(r_b/r_a)} \tag{3.7.4}$$

则稳恒电流场 E'_r 为

$$E'_r = -\frac{dU'_r}{dr} = \frac{U_a}{\ln\frac{r_b}{r_a}}\frac{1}{r} \tag{3.7.5}$$

可见式(3.7.4)与式(3.7.2)具有相同的形式，说明稳恒电流场与静电场的电位分布函数完全相同，即柱面之间的电位 U_r 与 $\ln r$ 均为直线关系，并且 U_r/U_a 即相对电位仅是坐标的函数，与电场电位的绝对值无关。显而易见，稳恒电流场 $\boldsymbol{E}'$ 与静电场 $\boldsymbol{E}$ 的分布也是相同的。

3. 模拟条件

用稳恒电流场模拟静电场的条件可以归纳为下列三点：

① 稳恒电流场中的电极形状应与被模拟的静电场中的带电体几何形状相同。

② 稳恒电流场中的导电介质应是不良导体且电导率分布均匀，并满足电极的 σ 远大于导电介质的 σ，才能保证电流场中的电极（良导体）的表面也近似是一个等位面。

③ 模拟所用电极系统与被模拟静电场的边界条件相同。

4. 仪器工作原理

(1) 描绘仪电源

描绘仪电源可提供交流 0～20 V 连续可调电压。

(2) 水槽电极

水槽电极是将不同形状的金属电极固定在有机玻璃制成的水槽内，金属电极上

有一对接线孔可与电源的两极相连。有机玻璃水槽底部贴有坐标纸。本实验用点状电极、平行板电极、同心圆电极。

5. 仪器使用方法

① 在水槽中装适量的自来水，将其放在实验台上(要求放正、放平)。然后接好电源与电极、电源与探针之间的连线。**注意**：其中电源输出电压两个接线端分别与两个电极接线孔相接、输入接线端与探针接线柱相接。

② 打开描绘仪电源前，测量选择开关选到输出电压端，然后打开电源开关调节电压调节旋钮，使电压表达到所需电压值 12 V。**注意**：转动电压调节旋钮时，不要用力过大，应缓慢均匀调节。

3.7.4 实验内容与步骤

1. 熟悉仪器

熟悉电极、FB407 型静电场描绘电源的使用方法。

2. 测　量

① 选取待测电场分布的电极板，为了减小因介质不均匀所造成的误差，要求在放置电极板时要水平。可在电极板槽中先加入少量水，将电极板垫平后，加水至电极高度的 1/2。

② 将静电场电源输出"＋"(红色)接电极一，"－"(黑色)接电极二，探针接入输入"＋"(红色)插孔。

③ 打开静电场电源开关，调节电压调节旋钮，使输出为 12.0 V，此时导电介质中就建立起了模拟电场。

④ 在记录坐标纸上依据电极板内电极的坐标位置画出待测电极等比例的平面图。(自带制图工具)

⑤ 用探针测量电位为 2、4、6、8、10 V 时的等位线。对于每 1 条等位线，用探针在电极板内选取 8 个电位相同的点。测量时，探针要与水垂直，读数时，视线要与探针重合。读出探针所指的坐标，在记录纸上记录对应的点，通过这 8 个点的线就是该电位的等位线轨迹。作等位线时，不必通过每一个点，要兼顾曲线光滑，作完等位线后，应标注该等位线的电位值。然后移动探针，找出其他电位的等位线轨迹。利用所绘出的等位线绘出电力线，就可得到电场分布图。

⑥ 关闭电源，拆除连接线，整理实验台。

3. 注意事项

① 两电极间的电压调为 12.0 V 后，测量过程中要保持不变。

② 水槽电极放置时位置要端正、水平，避免等位线失真。

③ 使用探针时，应轻移轻放，避免变形，以致使探测点与描绘点不对应。

④ 实验结束后,将水槽中的水倒掉并将其倒扣放置,避免电极氧化生锈。

3.7.5　数据处理

① 对于同心圆电极坐标纸上绘出的等位线,在理想情况下,该等位线应是以轴线为中心的同心圆,但由于电极与介质的接触电阻各处不可能完全相等,使圆心偏离真正值。因此只能找出实验得到的圆心和半径,可用下述方法寻找:先根据测量点的分布,用几何方法寻找一个位置合适的点为圆心,然后用米尺测量圆心到各点的距离,并对相同电位的各测量点求出距离的平均值和标准偏差(均方根偏差)。如果测量到的标准偏差不大于实验室给出的偏差上限,则平均值就是该等位线的半径。否则,重新找圆心,直到满意为止。以 $X=U_r$ 为横坐标,$Y=\ln r$ 为纵坐标作图,得到的是一条直线,并求出直线的截距和斜率,从中求出 r_a、r_b 再与实际电极的半径相比较,并分析误差来源。

② 根据电场线与等位线正交的关系,画出点状电极、同心圆电极、平行板电极电场线。

3.7.6　思考题

① 实验中为什么要选用水介质?理想状态应选择怎样的水介质(自来水、纯净水、蒸馏水等)?

② 为减少作图上的误差,操作测量时应注意什么?

③ 同轴柱面两电极间电压增大时,等势线与电场线的形状是否会发生变化?电场强度和电势是否改变?为什么?

④ 影响测量结果的因素有哪些?

3.8　用直流电位差计测热电偶温差电动势

直流电位差计是依据补偿原理设计制造的精密测量仪器。它不仅用来精确测量电动势、电压、电流、电阻等,还可用来校准精密的(例如 0.2 级和 0.1 级)电表和直流电桥等直读式仪表,在非电参量(如温度、压力、位移和速度等)的电测法中也占有重要地位。

用直流电位差计进行测量,就是将一个未知电压(电动势)与电位差计上(经过校准)的已知电压比较,使被测未知电压回路无电流通过,即可测出未知电压。测量结果仅依赖于精度极高的标准电池、标准电阻和高灵敏度的检流计。测量精度可达 0.01%以上,故电位差计在精密测量中得到广泛的应用。

3.8.1　实验目的

① 掌握直流电位差计的工作原理(补偿原理)。

② 学会直流电位差计的调节与使用方法。

③ 了解热电偶原理及热电偶温度计的应用，并测定出不同温差的电动势。

④ 掌握用作图法求物理参量的方法。

3.8.2 实验仪器

UJ-31型电位差计、FB204A型标准电势与被测电势、指针式直流检流计、DHT-2型多档恒流控温实验仪等。

3.8.3 实验原理

1. 热电偶原理

把两种不同的金属（导体）连接成闭合回路（点焊接或熔接），即构成一热电偶，如图3.8.1所示。如果将它们的两接点分别置于温度为 T_2 及 T_1（$T_2>T_1$），则回路内就会产生热电动势。这种现象称之为热电效应或温差电效应。热电偶就是基于这种效应来测量温度的。

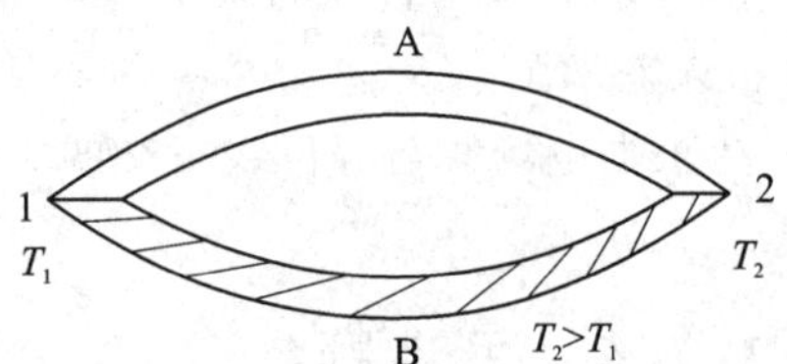

图3.8.1 热电偶

当两种不同的金属A、B接触时，由于它们的电子逸出电势 u_A、u_B 和自由电子数密度 n_A、n_B 不同，电子发生相向迁移，结果在一金属中电子过剩，另一金属中电子不足，使得接触面两边出现电位差，按理论计算，接触电位差 V_{AB}（假定 $u_B>u_A$、$n_A>n_B$）应为

$$V_{AB}=u_B-u_A+\frac{kT}{e}\ln\frac{n_A}{n_B} \tag{3.8.1}$$

式中：k 为玻耳兹曼常数；e 为电子电量；T 为接触点的绝对温度。

若将热电偶两接触点置于相同的温度，则这两个接触面（点）之间的接触电位差等值而反向，因而闭合回路中的电位差总和（代数和）等于0。若两个接触点的温度不同，则两接触面（点）的电位差虽然反向，但不等值，于是闭合回路中总的电位差不等于0。由式(3.8.1)可知

$$V_{AB}^{(1)}=u_B-u_A+\frac{kT_1}{e}\ln\frac{n_A}{n_B}$$

$$V_{AB}^{(2)}=u_B-u_A+\frac{kT_2}{e}\ln\frac{n_A}{n_B}$$

则回路中温差电动势 ε_T 为

$$\varepsilon_T=V_{AB}^{(2)}-V_{AB}^{(1)}=u_B-u_A+\frac{kT_2}{e}\ln\frac{n_A}{n_B}+u_A-u_B-\frac{kT_1}{e}\ln\frac{n_A}{n_B}=$$

$$\frac{kT_2}{e}\ln\frac{n_A}{n_B}-\frac{kT_1}{e}\ln\frac{n_A}{n_B}=$$

$$\frac{k}{e}\ln\frac{n_A}{n_B}(T_2 - T_1)$$

令 $C=\frac{k}{e}\ln\frac{n_A}{n_B}$，则

$$\varepsilon_T = C(T_2 - T_1) \tag{3.8.2}$$

由此可见，在温差变化不大的情况下（不同的热电偶有不同的变化范围）温差电动势 ε_T 与两接触点温度差（T_2-T_1）成正比。C 称为温差电系数（或电偶常数）。它只与两种金属的性质有关。在数值上等于两接触点温度差为 1 ℃时所产生的温差电动势，单位一般为毫伏/度（mV/℃）。热电偶是一种传感器，它可以把非电量参数温度转换为电量参数电动势。它是自动检测温度（热电偶温度计）的重要仪器。用热电偶检测温度的前提是，热电偶产生的温差电动势 ε_T 与温度差（T_2-T_1）的关系已确定。这时只要使一个接触点的温度 T_1 为定值（0 ℃或室温），另一接触点放在待测温度处，测出相应的温差电动势 ε_T，即可根据 $\varepsilon_T-\Delta T$ 曲线查出相应的待测温度 T_2，或者利用电子毫伏表直接显示 ε_T 值，并在仪表上直接读出相应待测温度值；也可以将 ε_T 直接输入计算机进行温度自动控制。

2. 补偿原理

用电压表测量电源电动势，测量结果只是端电压，不是电动势。因为将电压表并联到电源两端，就有电流 I 通过电源内部。由于电源有内阻 r，在电源内部存在电位降落 Ir，因而电压表的指示值只是电源端压（$u=E_x-Ir$）的大小，它小于电动势。显然，只有当 $I=0$ 时，电源的端电压 u 才等于电动势 E_x。

怎样才能使电源内部没有电流通过而又能测定电源的电动势呢？

我们设想有个电动势可连续调节的标准（已知）电源 E_0，将它与待测电源 E_x 正极和正极相接，负极和负极相接，在回路中串联一个高灵敏度检流计 G，如图 3.8.2 所示。检流计 G 用来检测电源回路是否有电流通过（或判别电流方向），在任意状态下可出现三种情况：

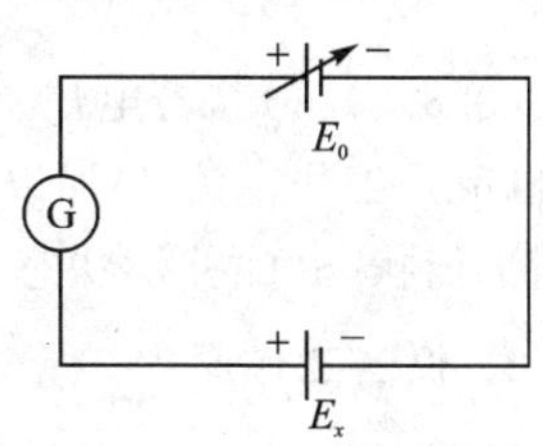

图 3.8.2　补偿原理

① 当 $E_0>E_x$ 时，G 中有自上向下流动的电流（光点向一侧偏转）。

② 当 $E_0<E_x$ 时，G 中有自下向上流动的电流（光点向另一侧偏转）。

③ 当 $E_0=E_x$ 时，两个电源的电动势大小相等，互为补偿。电路中无电流通过，即检流计光点不偏转，电路达到平衡，则待测电源的电动势 E_x 已经被可调的标准电源的电动势 E_0 所“补偿”。在这种“补偿”状态下，若已知 E_0 的大小，就可确定 E_x 的大小。这种测定电源电动势的方法，叫做补偿法（其原理叫补偿原理）。

在实际的电位差计中，是通过如图 3.8.3 所示电路获得连续可调节的（已知）标准电源 E_0。将稳定的电源 E 与变阻器 R_P、电阻丝 AB 连成一个回路，叫辅助回路。

当有电流 I 通过回路时，就在电阻丝 AB 上产生一个均匀而稳定的电位差。调节变阻器 R_P 可改变回路中电流 I 的大小，从而改变电阻丝 AB 两端的电位差。现在的关键是要准确标定 AB 线上的电位差值。

先将开关 K_2 拨向 1，于是标准电池 E_s，通过检流计 G 及 C、D 接触点与工作回路连接成为补偿回路。C、D 两点是可以在电阻 AB 上任意滑动的接触点。调节 C、D 两触点，使检流计指示值为 0，则有 $u_{CD}=E_s$。设这时 C、D 间电阻为 R_s，就得出 C、D 间每单位电阻上的电位差为 E_s/R_s（即为电位差计的工作电流 I）。

再将开关 K_2 拨向 2，接入待测电池 E_x，又调节触点 C、D 位置（这时切不可调电阻器 R_P，否则电位差计的工作电流就不等于 E_s/R_s 了！）。假设触点在 C'、D'（设 C'、D' 间的电阻为 R_x）时，检流计指示值为零，则待测电池的电动势 E_x 等于

$$E_x = IR_x = \frac{E_s}{R_s} \cdot R_x \tag{3.8.3}$$

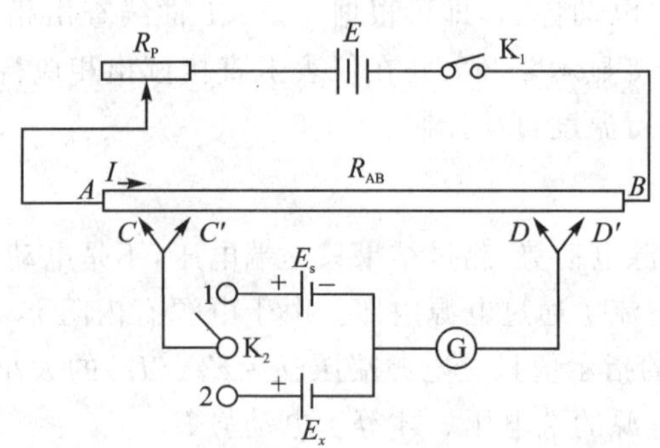

图 3.8.3　电位差计原理

从式(3.8.3)可知，若电位差计中的电阻 R_s 与 R_x 都以 E_s/R_x（即单位电阻值的电压降，也就是工作电流 I）加以标定，标定值刻在电位差计相应的旋钮上，则测量时只要调到平衡状态（即补偿状态）就可直接从电位差计上的相应旋钮读出 E_x 值。

3. 仪器工作原理

UJ31 型电位差计是一种箱式的低电位、双量程的电位差计，它是根据补偿原理设计制造的，专门用来测量电位差或电动势的精密仪器。其测量范围为 0～171 mV。若配用直流标准电阻，则可测量电流和电阻；若配用各种换能器，则还可进行非电量测量。它使用 5.7～6.4 V 直流稳压电源，总工作电流为 10 mA（即 10 mA/Ω），测量准确度等级为 0.05 级。其原理电路如图 3.8.4 所示。

图中：E_s 为标准电池；E_x 为被测电动势，R_P 为工作电流调节（盘）电阻；R_{NP} 为调定电阻（标准电阻）；R_x 为读数盘电阻；E 为工作电源；K_1 为电源及量程转换开关；K_2 为检流计转换开关；I 为工作电流；G 为检流计。

它主要由三部分组成：

① 工作电流调节回路，主要由 E、K_1、R_P、R、R_1 组成；

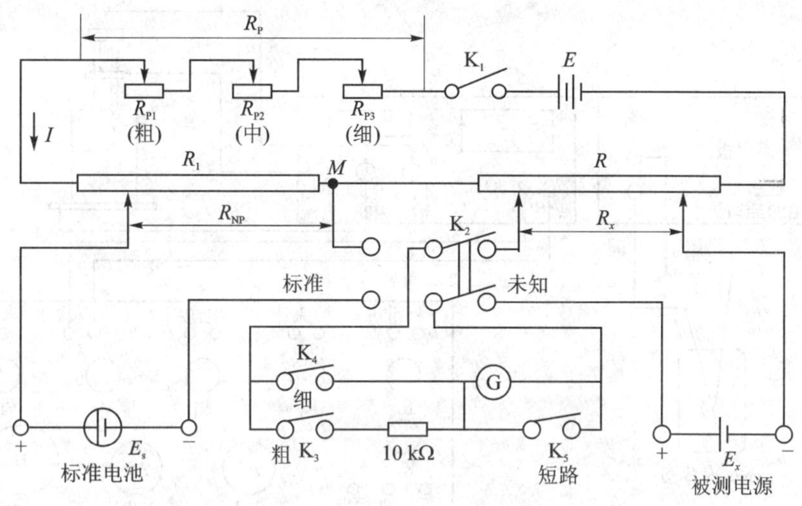

图 3.8.4　UJ31 型电位差计原理图

② 校正工作电流回路，主要由 E_s、R_{NP}、G、K_2～K_5 组成；

③ 待测回路，主要由 E_x、G、R_x、K_2～K_5 组成。

这三部分是一个有机的整体，缺少任何一部分都不能完成测量电动势或电压等的功能。

为了能直接从电位差计上读出待测电动势 E_x 或电压 U_x，需要事先用标准电池的电动势来校准电位差计的工作电流，其实质是校准电位差计内部电压降与外部旋钮标值电压要一致。例如测量时的室温为 t，经温度修正后得标准电池的电动势为 1.018 3 V，则在标准电阻 R_1 上选取 R_{NP} 为 101.83 Ω（即选取 R_{NP} 旋钮标值读数为 1.018 3 V），接通开关 K_1，然后 K_2 拨在校准位置，并分别按下粗、细，再仔细调节 R_P（粗、中、细）直至检流计不偏转为止。显然，这时工作电流回路中的电流大小为

$$I_0 = \frac{E_s}{R_s} = \frac{1.018\ 3}{101.83}\ \text{A} = 0.010\ 000\ \text{A}$$

并保持不变（即工作电流标准化）。因而在待测回路中的精密电阻箱 R 上的电压降 $U=0.010\ 000\times R$(V)，则每一欧姆上的压降为 0.010 000 V(10.000 mV/Ω)，待测回路调节 R_x 的测量盘 A_1、A_2、B 上的读数就是根据 10.000 mV/Ω 刻度标出来的，因此当待测回路处于完全被补偿状态时，可以直接从测量旋钮电压标值读出欲测的电动势或电压。

3.8.4　实验内容与步骤

① 按图 3.8.5 连接电路，记得将热电偶冷端放入冰水混合物中，记录热电偶冷端水温 T_1（冰水混合物为 0 ℃）。

② 标准电势和电源用“FB204A 标准电势和被测电动势仪”，标准电势的值一般

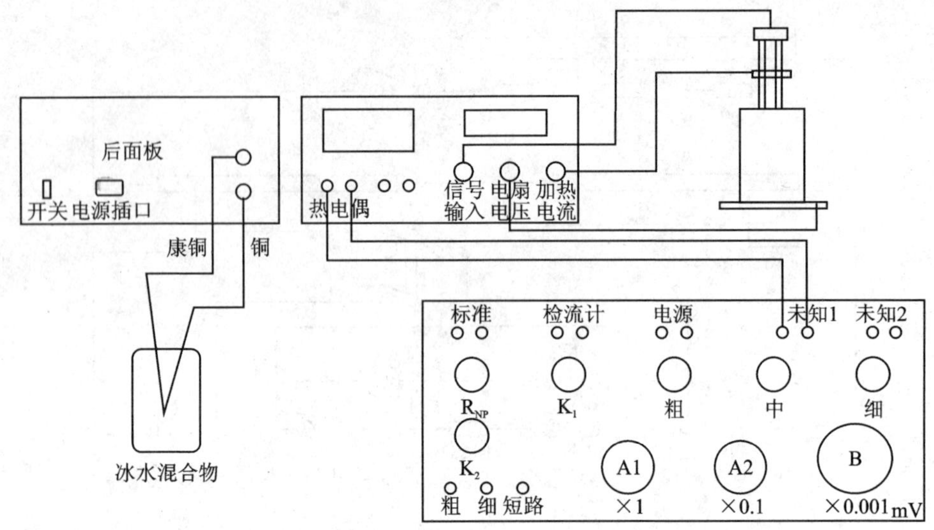

图 3.8.5 实验装置实物图

选择为 1.018 6 V(在仪器上标准电势值对 60 这个位置),电源选择 6 V。

③ 用标准电池校正电位差计:开关 K_2 旋至"标准"挡,开关 K_1 置于"×1"挡,把旋钮 R_{NP} 旋到 E_t 值(即 1.0186 V)位置。用"跃试法"按下 K_3"粗"开关,接通检流计(即接通校正回路),根据指针偏转方向与速度,适当调 R_{P1}(粗)、R_{P2}(中)电阻值,使检流计指针指示为 0,再按下"细"开关,调节 R_{P3}(细),使检流计再次指零。此时,电路达到平衡状态(即补偿状态),回路中工作电流标准化,电位差计内部电路的电压降与外部旋钮的刻度就完全一致了。因此,就完全可以用旋钮的示度值来测量未知电动势(电压)。

④ 将开关 K_2 置于"未知"挡。接通 DHT－2 型多挡恒流控温实验仪,开始加温。此时按下"粗"开关,调节测量盘 A_1、A_2,使检流计再次指零,再按下"细"开关,仔细调节测量盘 A_2、B,使检流计再次指零。此时,测量盘 A_1、A_2、B 读数总和为 T_2 时的温差电动势 ε_T 值。

⑤ 分别测出不同温度时的温差电动势。每隔 5 ℃左右测量 1 次,每次测量时要记录 T_2 及对应的 ε_T 值,一直测量到 100 ℃左右,要求不低于 95 ℃和不超过 100 ℃。

⑥ 注意事项如下:

- 热学仪开机后,打开"加热电流"开关,调节"加热电流"电位器,就可正常进行实验,不要更改参数设置。
- 连线时注意正负极性不能接反。
- 带"电计"开关的检流计,实验时须将此开关按下。

3.8.5 数据处理

① 以 ε_T 为纵坐标,$(T_2—T_1)$为横坐标在坐标纸上作出定标曲线。

② 用作图法求出温差电系数 C 值。

3.8.6　思考题

① 使用电位差计时，为什么要用标准电池来校准工作电流？若标准电池的电动势不准确（偏大或偏小），对测量结果有什么影响？

② 电位差计可以实现高精度测量的依据是什么？

③ 简述电位差计中控制检流计工作的开关“粗”、“细”及“短路”的作用与操作方法。

3.9　示波器的调节及应用

电子示波器是一种应用十分广泛的电子仪器，它可以形象地显示各种电信号波形图，也可以通过变换器（或传感器）把各种非电学量（温度、压力、位移、湿度、光强或磁场等）转换成电学量在示波器中显示出来。由于电子射线的惯性极小，示波器扫描发生器的频率较高（最高可达几百兆赫），y 轴和 x 轴放大器的的增益很大，输入阻抗高，所以示波器最适宜观察与测量短时间内发生的现象（信号）的细微过程，对被测试系统影响小。它显示的图形具有很好的直观性、真实性与瞬时性。本实验通过对示波器的调节，观察信号波形、测量信号幅度值及信号频率等内容，以便对示波器的构造、原理、调节及使用方法有一个初步了解。

3.9.1　实验目的

① 初步了解示波器的构造及其原理。

② 初步掌握示波器的调节和使用，学会使用函数信号发生器的基本方法。

③ 掌握用示波器观察交变电压信号的波形、测量幅值、频率及用李萨如图形测频率的方法。

④ 掌握用示波器测量两个相同频率的简谐信号相位差的原理与方法。

3.9.2　实验仪器

双踪示波器、信号发生器、移相器等。

3.9.3　实验原理

电子示波器的种类繁多，从示波器的性能和结构的不同，可分为通用示波器、多束示波器、取样示波器、记忆存储示波器等，其中通用示波器应用最为广泛。下面将简述示波器显示波形的基本原理。

1. 电子射线示波管的结构

电子射线示波管是示波器显示图形的重要器件。它是一个抽成高真空的玻璃泡，如图 3.9.1 所示。泡内各部件按它们的功能可分为三个组成部分：

① 电子枪：它由灯丝(H)、阴极(K)、栅极(G)、第一阳极(A_1)和第二阳极(A_2)组成。它的主要功能是发射一束强度可以调节、经过聚焦的高速电流。

② 偏转板：在电子枪的正前方安置两对互相垂直的偏转板，当在偏转板上加电压 U 时，极板建立的电场就会使电子束偏转，在荧光屏上的光点位置就发生偏移。

③ 荧光屏：它是示波管的显示部分，当高速电子流打在荧光屏上时，屏上涂覆的荧光物质就会发亮，显示光点的轨迹。

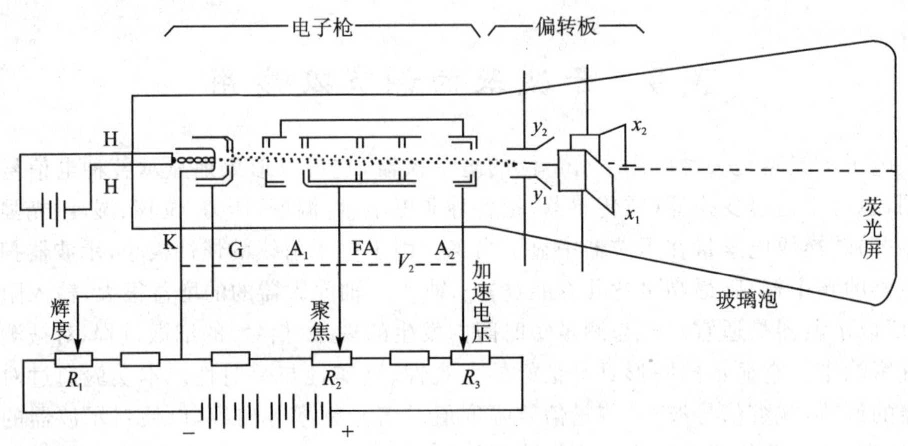

图 3.9.1 示波管的结构图

2. 图形显示的基本原理

用示波器显示图像，基本上有两种类型：一种是显示随时间变化的信号；另一种是显示任意两个变量 x 与 y 的关系图。

下面介绍显示随时间变化的图形(时域分析)及扫描作用和整步作用。

(1) 扫描的概念

如果在示波管垂直偏转板 y_1-y_2 加上一个交变电压 $U_y=U_0\sin\omega t$，则电子只在荧光屏垂直方向获得一条竖直的亮线，这显然不能反映 U_y 的变化规律。如果在水平偏转板 x_1-x_2 上加上一个扫描电压 $U_x=K\cdot t$，K 为常数，即 U_x 为一个随时间线性增加(或减少)的电压，那么电子束同时在水平方向又获得与时间成正比的偏转，这样，光点在荧光屏上位置变由 U_x 与 U_y 的大小及相位关系来决定(即为它们的合成图形)。

如图 3.9.2 所示，与线性电压 U_x 的 $0\to8'$ 各点相对应，在荧光屏上就显示出 $0\to8''$ 的图形。由于 U_x 线性电压的作用，把 U_y 电压随时间变化的规律展现在荧光屏上。我们把该线性电压称为“扫描”电压。扫描电压的作用和特点是：当扫描电压从起点(开始)线性增大时，荧光屏的光点从左端开始线性向右端扫描(叫正扫描)，当扫描电压达到最大值时(光点到达最右端)，光点又从右端迅速回左端(叫回扫描)，这就完成一次扫描过程,以后不断重复同样的过程。扫描电压波形如图 3.9.3 所示,其形状像锯齿,所以也叫锯齿波电压。

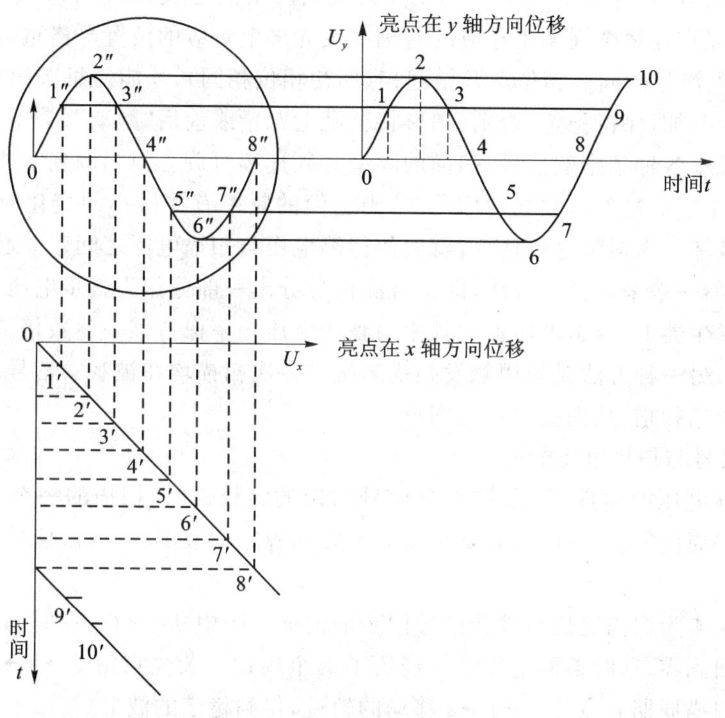

图 3.9.2　用扫描观察正弦波图形

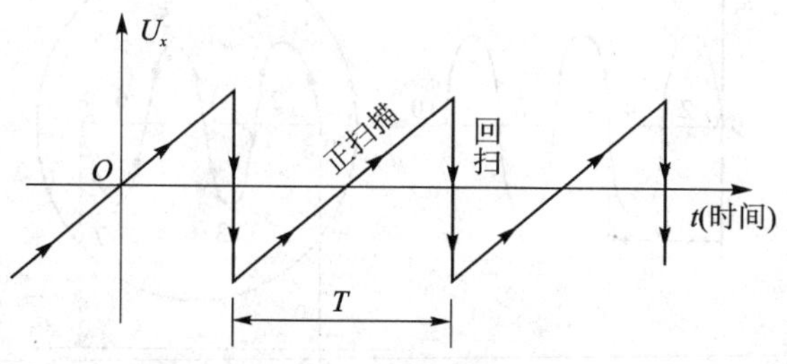

图 3.9.3　理想锯齿波

我们要观察与分析一个图形,首先要获得一个稳定的图形,但如何获得稳定的图形呢?从上面的分析我们知道,如果正弦电压 U_y 的周期 T_y 和扫描电压的周期 T_x 相同,则光点在扫描完一个完整的正弦之后,光点立即返回到初始位置,又沿着原来轨迹重新描绘。这样,在荧光屏上将看到一条稳定的正弦曲线。如果 $T_x=2T_y$,不难看出,这时荧光屏上将呈现两个完整的正弦波。若

$$T_x = n \cdot T_y \tag{3.9.1}$$

则在荧光屏上将呈现 n 个完整稳定的正弦波。若用频率来表示式(3.9.1),则可记为

$$f_y = n \cdot f_x \tag{3.9.2}$$

显然,只有当 T_x 与 T_y(或 f_x 与 f_y)的关系严格满足式(3.9.1)(或式(3.9.2))时,才能使光点在每个周期中相应的时刻在荧光屏上对应的位置严格重合,即每次扫描都能从 U_y 波形的同一相位点开始起扫(即初相位相同),才能使每次扫描出现的图形完全重合叠加,保持稳定;否则,图形将会乱七八糟或前后“跑动”。

为了观察各种频率的信号,扫描的频率必须连续可调。但当调到 f_y 与 f_x 成整数倍之后,由于它们是各自独立的信号源,当它们的频率有些微小的变化时,图形的稳定性就会破坏。为消除这种现象,就要使待测电压与扫描电压之间建立起某种联系。为此,示波器一般采取整步方法,即把待测信号分出一部分作为整步电压(即内整步)加到扫描发生器上,强迫电压振动频率与整步电压频率保持某一整数倍关系,以便使图形稳定。另一种方法是采用触发扫描来确保每次扫描均在被观察信号波形的同一相位点上开始扫描,从而获得稳定图形。

(2) 信号与扫描电压的同步

当扫描电压的周期 T_n 是被观察信号周期的整数倍时,扫描的一个周期描绘的波形与前一周期完全一样,荧光屏上得到清晰而稳定的波形,这叫做信号与扫描电压同步。

图 3.9.4 为扫描电压与被测信号同步的情况。图中 $T=2T_n$,在时间 8 扫描电压由最大值回到零,这时被测电压恰好经历了两个周期。荧光点沿 8→9→10 移动时,重复上一扫描周期光点沿 0→1→2 移动的轨迹,得到稳定的波形。

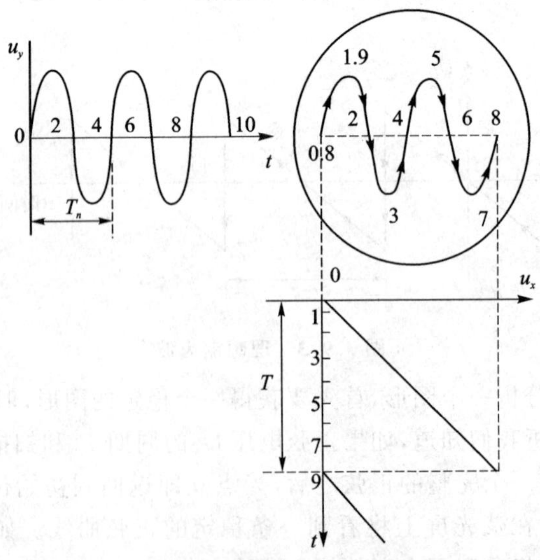

图 3.9.4 扫描电压与被测信号同步

如果没有这种稳定的同步关系，则后一扫描周期描绘的图形与前一扫描周期所描绘的图形不重合，如图 3.9.5 所示。在图 3.9.5 中，$T=\frac{5}{4}T_n$，第一个扫描周期开始，光点沿 0→1→2→3→4→5 轨迹移动，当扫描结束时，光点迅速从 5 回到 0′，接着第二个扫描周期开始，这时光点沿 0′→6→7→8→9→10 轨迹移动，即不能与第一次扫描轨迹重合。这样，我们每一次看到的波形为图中实线所示，而第二次看到的则为虚线所示波形，使我们感到波形在从右向左移动，也就是说，显示的波形不再是稳定的了。可见保证扫描电压周期是被观察信号周期的整数倍，即保证同步关系非常重要。

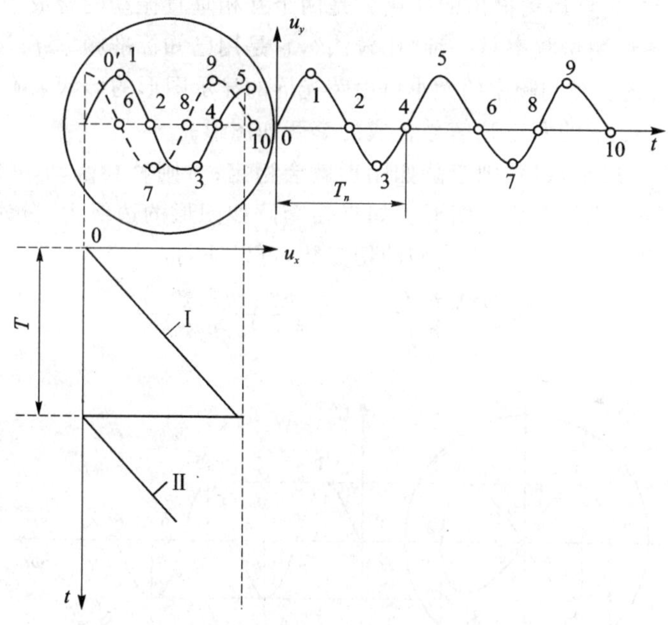

图 3.9.5 扫描电压与被测电压不同步

但实际上，扫描电压由示波器本身的时基电路产生，它与被测信号是不相关的。为此常利用被测信号产生一个同步触发信号，去控制示波器时基电路中的扫描发生器，迫使它同步，也可用外加信号去产生同步触发信号，但这个外加信号的周期应与被测信号有一定的关系。

(3) 连续扫描和触发扫描

以上所述为观察连续信号的情况，这时扫描电压也是连续的。所谓连续扫描，就是扫描电压是周期性的锯齿波电压，其重复周期为 T_n。连续扫描的特点是，产生锯齿波电压的扫描发生器是连续工作的。在这个扫描电压作用下，光点在屏幕上作连续扫描，也就是说，即使没有外加信号，在屏幕上能显示一条时间基线。

在时域测量中，连续扫描主要用来观察连续信号波形(要获得稳定图形的条件是扫描电压周期 T_n 等于信号电压周期 T_n 的整数倍)。当要观察脉冲过程时，往往感到连续扫描不再适应特别是研究脉冲持续时间与重复周期之比，即占空比 τ/T_s，在很小的脉冲过程中，问题就更加突出。

利用触发扫描可解决脉冲波形示波测量的困难。触发扫描的特点是，只有在被测脉冲到来时才扫描一次。所以工作在触发扫描方式下的扫描发生器平时处于等待工作状态，只有送入触发脉冲时才产生一个扫描电压，而且二次起始扫描点都在被测信号的同一相位点上。

3. 用李萨如图形测频率

若 x 轴与 y 轴输入的电压 U_x 与 U_y 都是正弦波，则光点在水平与垂直方向的运动都是简谐振动，光点运动描出的轨迹就是两个互相垂直振动的合成图形，叫李萨如图形。李萨如图形测量频率是一种“比较法”，它是用已知标准频率 f_x 与被测频率 f_y 比较而进行测量的。被测频率的大小可由荧光屏的显示图形的形状来确定。图 3.9.6 所示描绘出 $f_y=2f_x$ 的两正弦信号合成的李萨如图形。

如果 f_y 与 f_x 成整数倍，则李萨如图形就会稳定；否则就会翻动。图 3.9.7 所示描绘出了几种频率比的李萨如图形。如果在李萨如图形的边缘上，分别作一条水平线和一条垂直切线，并分别读出它们的切点数，可以证明：

$$\frac{\text{被测频率 } f_y}{\text{标准频率 } f_x}=\frac{\text{水平线切点数 } m}{\text{垂直切点数 } n}$$

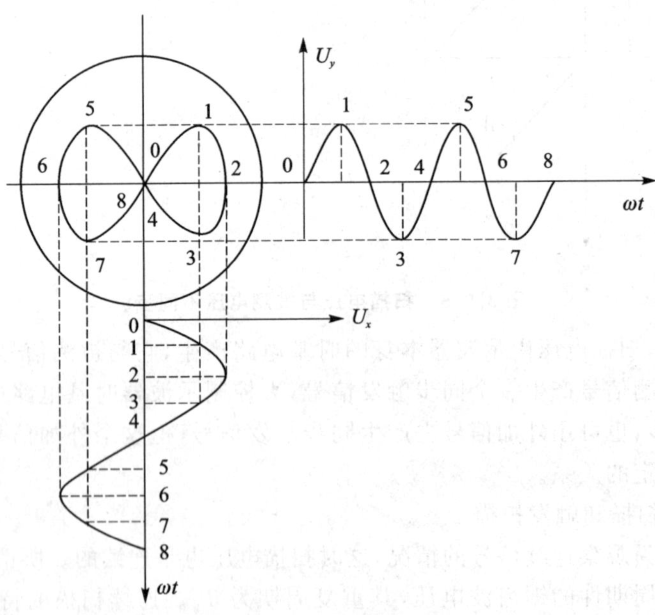

图 3.9.6 $f_y=2f_x$ 图形

切点的求法如图 3.9.7 所示。在这里特别要注意的一点是，当直线只与图形一个端点（不是图形的弯曲极点）相切时，只能算半个切点。

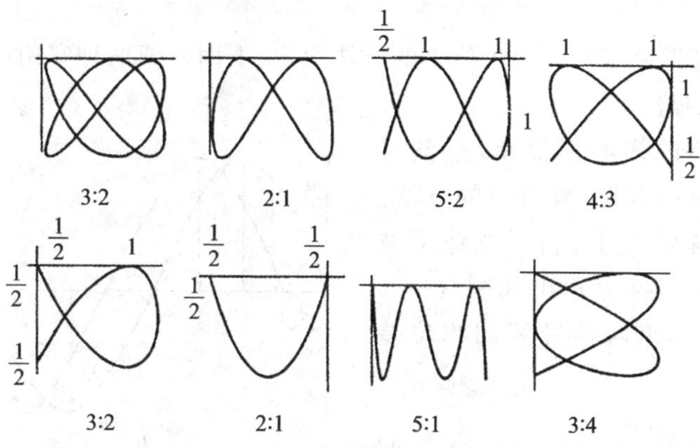

图 3.9.7　各种频率比的李萨如图形

4. 相位测量

在示波器测量中,常常需要同时观测几个信号。例如,需要比较电路中若干点间信号的幅度、相位和时间关系,观察信号通过网络后的相移和失真,等等。这些都需要在一个荧光屏上能同时显示几个波形。为实现这一目的,常见的方法有多线显示及双扫描显示等。本实验用线性扫描法测量相位差就是多踪显示的应用。

多踪示波器与多线示波器不同,它的组成与普通示波器类似,只不过在电路中多了一个电子开关并具有两个垂直通道。电子开关在不同的时间里,分别把两个垂直通道的信号轮流接至 y 轴转板,则在荧光屏上可显示多路波形。

以双踪示波器为例,它的通道工作原理如图 3.9.8 所示,电子开关轮流接通 A 门和 B 门,A 通道和 B 通道的输入信号 u_A 和 u_B 按一定的时间分别轮流接到垂直转板上,其图形在荧光屏显示出来。

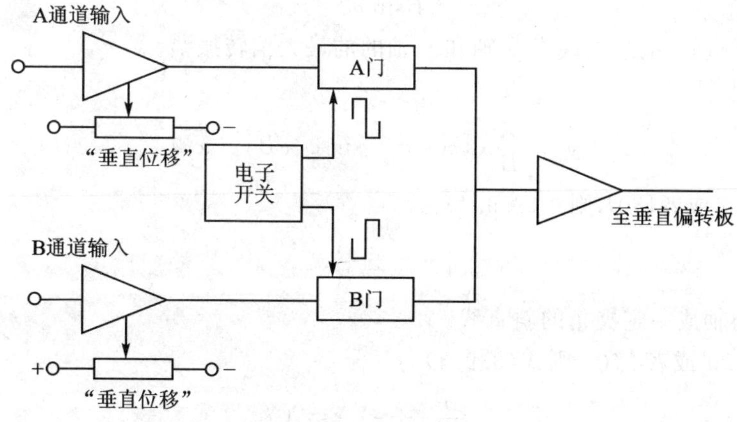

图 3.9.8　双踪示波器 y 通道方框图

根据开关信号的转换速率不同,有两种不同的时间分割方式,即"交替"方式和

“断续”方式。

利用示波器测量信号之间相位差的方法很多，下面介绍两种实用而简单的方法。

(1) 线性扫描法

利用示波器的多波形显示，是测量信号间相位差的最直观、最简单的方法。例如在线性扫描情况下，利用双踪示波器可以在荧光屏直接显示出如图 3.9.9 的波形，并比较得出两信号间的相位差 θ，则

$$\theta = \frac{A}{B} \times 360^\circ \tag{3.9.3}$$

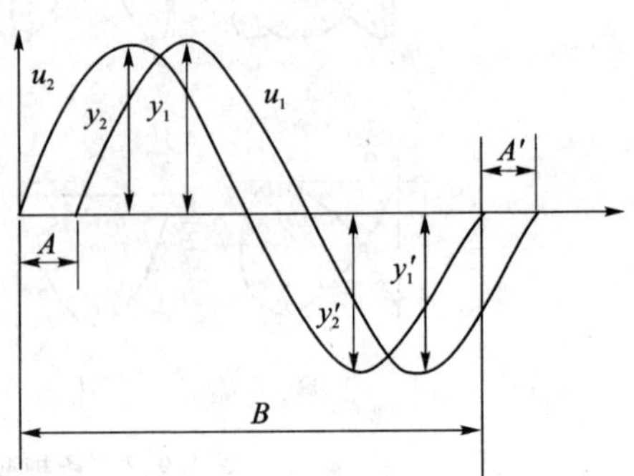

图 3.9.9　两信号间相位差

用此法测相位差时应注意，只能用其中一个波形去触发各路信号，而不能用多个信号分别去触发，以便提供一个统一的参考点进行比较。并且调节 y 轴位置，使 $y_1 = y_1'$，$y_2 = y_2'$。此外，考虑扫描可能产生的非线性，也可取 A 与 A' 的平均值代入式(3.9.3)。

(2) 李萨如图测相位

设两个相同频率、相位不同的正弦波电压为

$$u_y = u_{ym}\sin(\omega t + \varphi)$$

$$u_x = u_{xm}\sin \omega t$$

把 u_x、u_y 分别接至本示波器 y_1、y_2 输入端，利用仪器的 y-x 特性，调节相应的控制件，可得到如图 3.9.10 所示的合成图形，则电子射线的坐标为

$$y = A\sin(\omega t + \varphi)$$

$$x = B\sin \omega t$$

其中 A、B 分别为电子射线在 y 轴和 x 轴的的最大偏转振幅。

经变换得到

$$y = \frac{A}{B}(x\cos\varphi + \sin\varphi\sqrt{B^2 - x^2}) \tag{3.9.4}$$

若 $\varphi=0^\circ$或者180°，则式(3.9.4)为

$$y = \pm\frac{A}{B}x \tag{3.9.5}$$

其图形是与轴成一定夹角的斜直线。

若 $\varphi=90^\circ$或者 270°，则式(3.9.4)为

$$\frac{x^2}{B^2} + \frac{y^2}{A^2} = 1 \tag{3.9.6}$$

这就是椭圆方程，若 $A=B$，则得到半径为 A(或 B)的圆的方程，即

$$x^2 + y^2 = A^2 \tag{3.9.7}$$

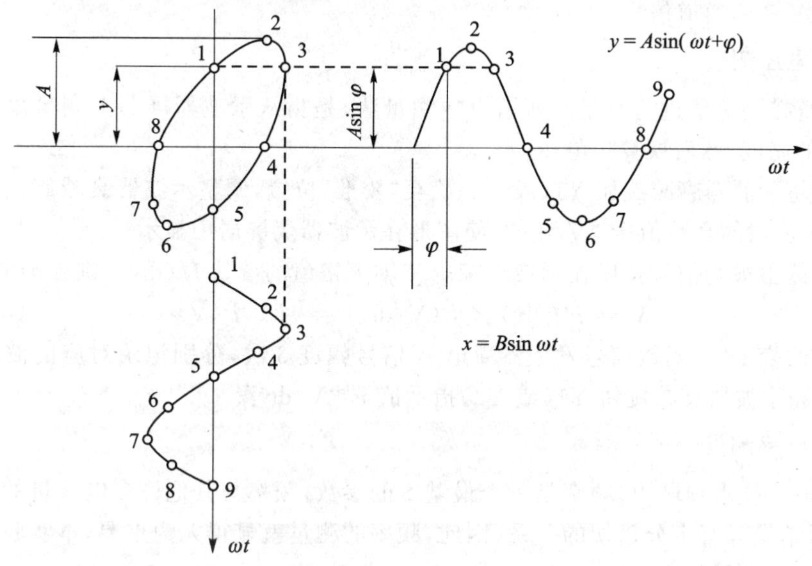

图 3.9.10　图形的构成

在任意相位差的情况下，其椭圆的两个半轴是不与坐标轴重合的，而是倾斜的椭圆，如图 3.9.10 所示。

如果求出椭圆与纵轴(或横轴)的交点时，则相位差为

$$\varphi = \arcsin \frac{y}{A} \tag{3.9.8}$$

或

$$\varphi = \arcsin \frac{x}{B} \tag{3.9.9}$$

应该指出，$\frac{y}{A}\left(或\frac{x}{B}\right)$具有一个数值时，将有 4 个不同的相差，这主要看椭圆主轴在哪一个象限。若主轴在 1、3 象限，则 φ 在 $0 \sim \frac{\pi}{2}$(或$\frac{3}{2}\pi \sim 2\pi$)之间；若主轴在 2、4 象限，则 φ 在$\frac{\pi}{2} \sim \pi\left(或\ \pi \sim \frac{3\pi}{2}\right)$之间。然后再根据示波器光束的旋转方向来确定所求相位差的数值。若光束顺时针旋转，则相位差 φ 在 $\pi \sim 2\pi$ 之间(本实验无法确定光束旋转方向，但可用本实验的线性扫描法来确定相位关系)。

3.9.4　实验内容与步骤

1. 示波器调节

打开示波器电源，调节辉度、聚焦，使示波器各旋钮状态置于适当位置。连接同轴 Q9 馈线，使 DDS 函数信号发生器通道 A 信号输入双踪示波器 Y1 通道，DDS 函数信号发生器通道 B 信号输入 Y2 通道。打开 DDS 函数信号发生器电源，同时正确

设置好 A、B 两通道信号。

2. 电压测量

用直接测量法进行测量。所谓直接测量法，是指从示波器屏幕上测量出被测电压波形的高度，然后换算出电压。

① 将示波器衰减旋钮 Y1(或 Y2)旋至“校准”位置，调整示波器衰减旋钮 Y1(或 Y2)旋至适当的衰减值 P“V/div”，使图形在示波器荧屏居中显示。

② 读出被测信号幅度在示波器荧屏 y 轴上格值的读数 H(div)，则被测电压为

$$V = H(\mathrm{div}) \times P(\mathrm{V/div}) = H \times P(\mathrm{V}) \tag{3.9.10}$$

③ 改变 DDS 函数信号发生器通道 A 信号幅度 3 次，分别记录对应的波形幅度 H(div)和示波器衰减旋钮 Y1(或 Y2)指示值 P“V/div”。

3. 频率测量

在电子技术领域内，频率是一个最基本的参数，频率与其他许多电参量的测量方案、测量结果都有十分密切的关系，因此，频率的测量就显得尤为重要，本实验用两种方法测定电信号频率。

(1) 周期测频法

周期测频法就是利用示波器测出一个稳定交变信号的周期 T，便可求出待测频率 f。

$$f = 1/T \tag{3.9.11}$$

方法如下：

① 将被测信号(DDS 函数信号发生器提供)接至 y 轴输入端，调节示波器有关调节部件，可在该信号获得稳定同步后，测定信号一个周期的水平方向距离(格数)，乘以“Time/div”旋钮指示值得到周期 T。

② 若被测信号频率较高，在屏幕中显示波形较密，为了提高测量精度，可求出该信号多个波形(例如取 10 个波)的总长度，然后求出周期的平均值 T，再求出频率 f，记录所测数据。

(2) 李萨如图形测频法

将示波器的 y_1 和 y_2 输入接口分别接入 DDS 函数信号发生器 A、B 两个信号输出接口(或两个信号发生器的电压输出端)，调节信号源的频率(一般固定 f_y，调节 f_x)及输出幅度、调节示波器的有关旋钮，使荧光屏上出现稳定的(大小适宜的)李萨如图形，记录图形的形状并求出切点数 m、n，记下标准频率 f_x，求出 f_y：

$$f_y = \frac{m}{n} f_x \tag{3.9.12}$$

不改变未知频率，按上述方法再分别获取 3 个不同频率比的李萨如图形，并记录相应的已知频率 f 和对应的李萨如图形。

4. 相位测量

图 3.9.11 所示是简单的移相器电路，接上交变信号(正弦电压)后，由于电容器

C 的位移电流要超前它两端交变电压一个相位角(因为电容两端的电压不能跃变)，但位移电流在电阻器 R 上的压降又是同相位的，所以移相器中的“2”、“3”两点就有相位角 φ，而且 φ 的大小与电路的阻抗和信号源频率 f 有关。分别用线性扫描法和李莎如图形法测量出相应的相位差。

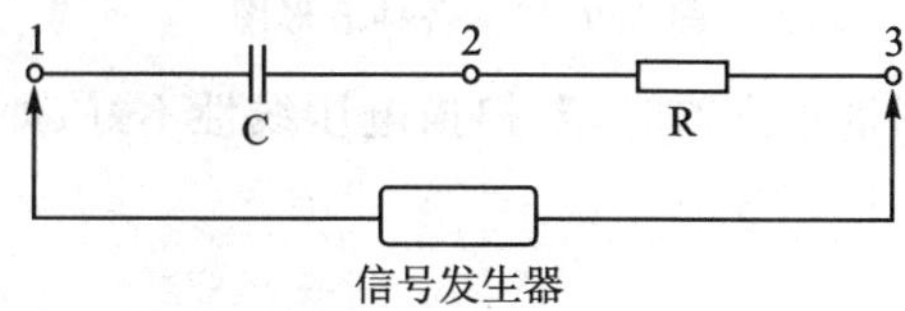

图 3.9.11　相位测量连接图

将信号源输出的正弦波信号接入移相器的“1”、“3”端，示波器 Y1 和 Y2 输入端接入“1”、“ 2”和“1”、“3”端。

5. 注意事项

① 示波器测幅度、频率过程中，扫描时间、衰减旋钮的“非校正”红灯应处在关闭状态；否则，实验数据错误。

② 利用李萨如图形法测量相位差时，将示波器的扫描时间“Time/div”旋钮调到“X - Y”挡。

③ 相位测量中注意黑接线夹接入“1”端共地，红、黑接线夹不得接在一起，以免短路烧毁信号源。

3.9.5　数据处理

① 利用式(3.9.10)计算所测的的信号电压幅度。

② 利用式(3.9.11)、式(3.9.12)计算测得的周期 T 和对应的频率 f。

③ 利用多次测量公式计算李萨如图形测频率 f 的平均值及其标准偏差。

④ 利用式(3.9.3)、式(3.9.8)计算测得的相位差 φ。

3.9.6　思考题

① 用示波器观察波形时，要获得稳定图形的条件是什么？如何实现这个条件？

② 扫描电压是一种线性电压，若它的线性变坏，则会给观察图形带来什么影响？请画图举例说明。

③ 用示波器观察某正弦电压时，在荧光屏上看到的波形如图 3.9.12 中的(a)、(b)、(c)、(d)所示，则形成它们的原因分别是什么？

④ 若示波器扫描频率为 1 000 Hz，将扫描长度调整为 5 cm，则每厘米代表的时间为____，扫描频率的周期为____，若此时输入周期为 0.2 ms 的三角波，在荧光屏上可看到____个波形，每周期的长度为____。

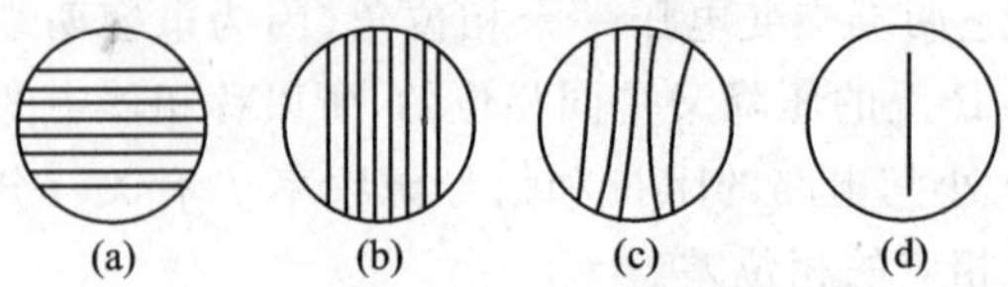

图 3.9.12 各种波形图

⑤ 用线性扫描法测量相位差时,若扫描电压线性不好(即扫描为非线性),对测量结果是否有影响?为什么?

3.10 整流滤波电路的特性

电网提供的交流电的电压(或电流)随时间作周期性的变化,而各种电学装置都需要直流电。整流、滤波电路就是将交流电转变成直流电的电学基本电路之一。整流电路是将工频交流电转为具有直流成分的脉动直流电,由整流器件组成。滤波电路是将脉动直流中的交流成分滤除。滤波电路直接连接在整流电路后面,通常由电容器、电感器及电阻等按照一定的方式组合而成,作用是把脉动直流电变为单一频率的直流电供给负载。实际应用中,往往根据电路的功能及具体要求应在设计整流、滤波电路时充分考虑各元件的电学参数。本实验就是要通过对不同元件、测量电路、实验仪器的合理选择,分析整流、滤波电路的特性设计最佳的实验方案。

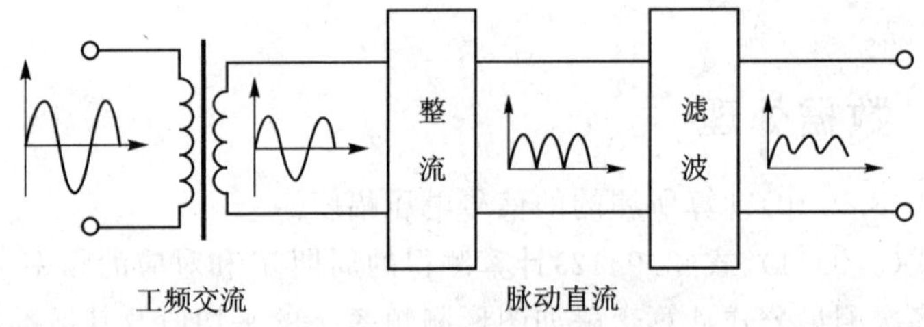

图 3.10.1 整流滤波电路框图

3.10.1 实验目的

① 熟悉整流、滤波电路的连接方法。

② 学习整流、滤波电路的测试方法。

③ 加深理解整流、滤波电路的作用和特性。

3.10.2 实验仪器

AC 电源、示波器、实验用 9 孔插件方板、二极管 4 只、1 kΩ 电阻、10 kΩ 电位器、10 μF 和 470 μF 电容器各一只、短接桥和连接导线若干。

3.10.3　实验原理

1. 交流电的描述及整流电压的平均值

一般市电为正弦交流电，如图 3.10.2 所示。

$$u(t)=U_P\sin(\omega t+\varphi)$$

它的电压幅值或最大值记为 U_P。

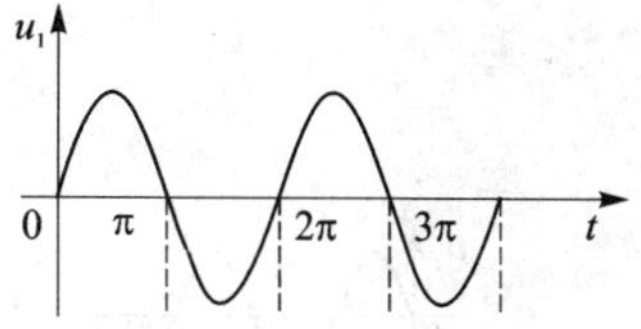

图 3.10.2　正弦交流电

(1) 平均值

$u(t)$表示随时间变化的交流电压，则它的平均值为

$$\bar{u}(t)=\frac{1}{T}\int_0^T U_P\sin(\omega t+\varphi)\mathrm{d}t=0$$

这里 T 是周期，平均值实际上就是交流信号中直流分量的大小，所以图 3.10.2 所示的正弦交流电的平均值为 0。

(2) 有效值

在实际应用中，交流电路中的电流或电压往往是用有效值而不是用幅值来表示其大小的。许多交流电流或电压测量设备的读数均为有效值。在相同的电阻上分别通以直流电流和交流电流，经过一个交流周期的时间，如果它们在电阻上所损失的电能相等，则把该直流电压（电流）的大小作为交流电压（电流）的有效值。有效值采用如下定义：

$$u=\left[\frac{1}{T}\int_0^T U_P^2\sin(\omega t+\varphi)\mathrm{d}t\right]^{\frac{1}{2}}=\frac{U_P}{\sqrt{2}} \tag{3.10.1}$$

一般所说的交流电压值都是指有效值。

(3) 整流电压的平均值

对如图 3.10.3 所示正弦输入信号电压 u_2 经半波整流后的输出电压平均值可计算如下：

$$u_O=\frac{1}{T}\int_0^{T/2} U_P\sin(\omega t+\varphi)\mathrm{d}t=\frac{U_P}{\pi}=\frac{\sqrt{2}}{\pi}V_2\approx 0.45V_2 \tag{3.10.2}$$

其中 u_2 为原正弦电压的有效值。

对于图 3.10.4 所示的全波整流后的输出电压平均值为

$$u_O=2\frac{1}{T}\int_0^{T/2} U_P\sin(\omega t+\varphi)\mathrm{d}t=\frac{2U_P}{\pi}\approx 0.9u_2 \tag{3.10.3}$$

2. 整流电路设计

整流电路有半波、全波和桥式整流三种形式，分别如图 3.10.5(a)、(b)和(c)所示。

整流电路通常利用二极管的单向导电性，对于图 3.10.5(c)所示的桥式整流电路分析如下：u_2为变压器次级的交流电压，在 u_2 的正半周期间，变压器次级为“上正下负”，二极管 D_1、D_4 因正偏导通，电流由变压器上端流出，经 D_1、R_L 和 D_4 回到变压器下端，在负载上得到“上正下负”的电压；此时，D_2 和 D_3 因反向而截止，波形如图 3.10.4 所示。

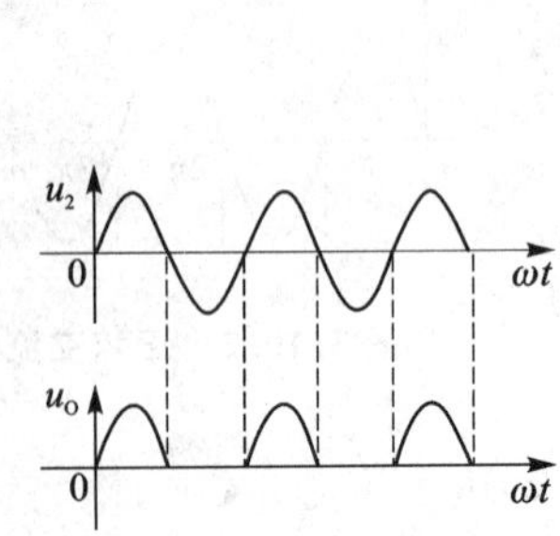

图 3.10.3　半波整流波形

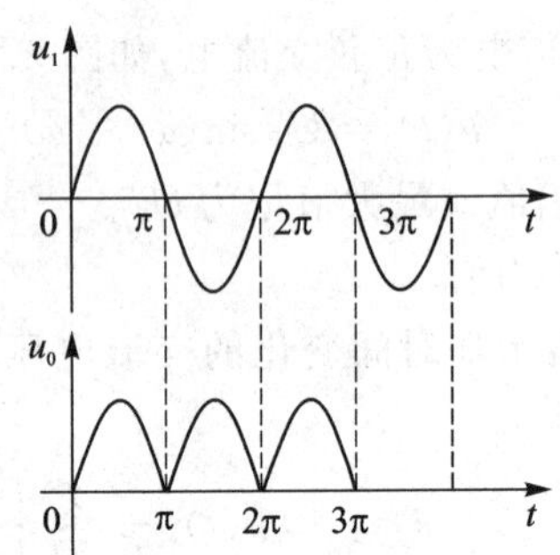

图 3.10.4　全波整流波形

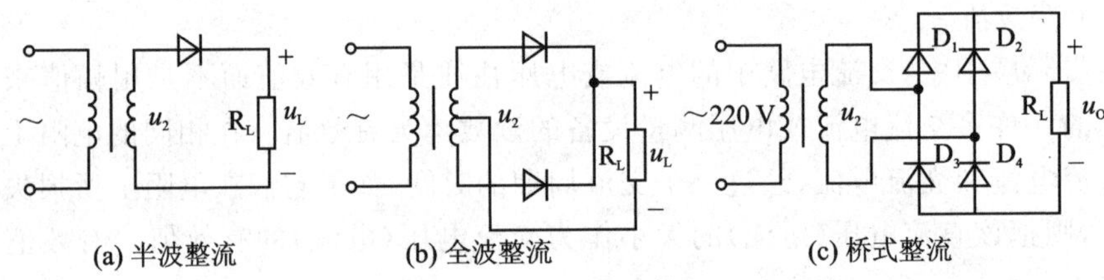

图 3.10.5　整流电路

在 u_2 的负半周期间，变压器次级为“上负下正”，二极管 D_3、D_2 导通，D_1、D_4 截止，电流由变压器下端流出，经 D_3、R_L 和 D_2 回到变压器上端，在负载上得到的还是“上正下负”的电压，可见在 u_2 的整个周期内 D_1、D_4 和 D_2、D_3 各工作半个周期，两组轮流导通，于是在负载上总是得到“上正下负”的单向脉动直流电压，其波形变化如图 3.10.4 所示。

3. 滤波电路设计

交流信号经整流后输出的直流电的脉动成分较大，故整流输出的电压必须采取一定的措施。尽量降低输出电压中的脉动成分，同时要尽量保存输出电压中的直流成分，使输出电压接近于较理想的直流电，这样的电路就是滤波电路。常用的滤波电路有无源滤波和有源滤波两大类。无源滤波的主要形式有电容滤波、电感滤波和复式滤波。有源滤波的主要形式是有源 RC 滤波，也称为电子滤波器。本实验使用的是 RC 滤波电路，如图 3.10.6 所示。

当 u_2 为正半周并且数值大于电容器两端电压 u_C 时，二极管 D_1 和 D_4 管导通，D_2 和 D_3 管截止，电流一路流经负载电阻器 R_L，另一路对电容器 C 充电。当 $u_C > u_2$ 时，导致 D_1 和 D_4 管反向偏置而截止，电容器通过负载电阻器 R_L 放电，u_C 按指数规律缓慢下降。

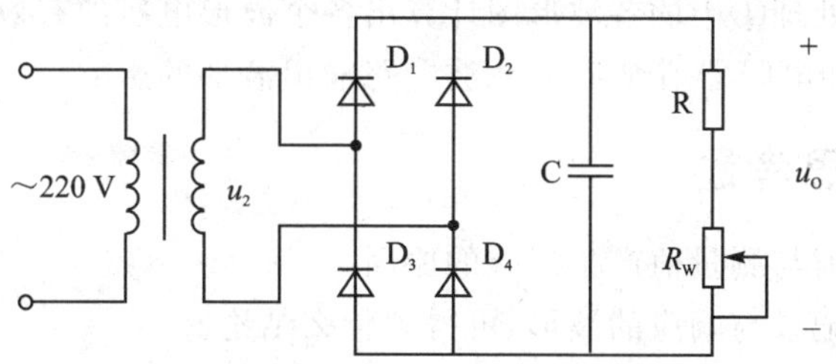

图 3.10.6　整流、电容滤波电路

当 u_2 为负半周幅值变化到恰好大于 u_C 时，D_2 和 D_3 因加正向电压变为导通状态，u_2 再次对电容器 C 充电，u_C 上升到 u_2 的峰值后又开始下降；下降到一定数值时 D_2 和 D_4 变为截止，C 对 R_L 放电，u_C 按指数规律下降；放电到一定数值时 D_1 和 D_3 变为导通，重复上述过程。如图 3.10.6 所示。当电容器的值 $C \geqslant (3\sim5)T/2R_L$ 时（其中 T 为电源周期，$R_L = R + R_W$），输出电压为 $u_O = (1.1\sim1.2)u_2$。

电容器放电的时间常数为 $\tau = R_L C$，因为电阻器的值 R_L 较大，放电时间常数远大于充电时间常数，因此，滤波效果取决于放电时间常数。

3.10.4　实验内容及步骤

1. 桥式整流电路

按图 3.10.5(c)所示接线，检查无误后进行通电测试。用示波器测出的变压器输出电压 u_2（用示波器直流挡位，但测量前应先调零）；整流级输出电压测量值 u_O。通过示波器观察到的变压器副边电压波形和整流级电压绘于图中。

注意：用示波器测量正弦波时有效值和最大值的关系。

2. 整流滤波电路

按图 3.10.5 所示连接整流、滤波电路，检查无误后进行通电测试。用示波器测出的变压器输出电压 u_2，将观察到的波形绘于图中。

3. 观察电容滤波特性

① 测量负载不变（$R_L = 1\ \text{k}\Omega$）时滤波级输出电压 u_O 随滤波电容器的值 $C = 10\ \mu\text{F}$、$C = 470\ \mu\text{F}$ 的改变而变化的数值。观察输出电压数值和波形变化情况，绘于图中。

② 测量滤波电容器的值不变（$C = 470\ \mu\text{F}$）时滤波级输出电压 u_O 随负载 $R_L = (1+10)\ \text{k}\Omega$、$R_L = \infty$ 的改变而变化的数值。观察输出电压数值和波形变化情况，并绘制图像。

3.10.5　数据处理

① 用坐标纸分别画出整流滤波的 6 个波形图，并标注相关的电压值。

② 通过数据处理①中的各波形图计算出各个波形电压的有效值或平均值,说明改变电容器值 C 和电阻器值 R 时对滤波电路输出波形的影响。

3.10.6 思考题

① 分析估算值与测量值产生误差的原因。

② 分析测试记录与响应的波形,可得到什么结论?

③ 在图 3.10.5(c)所示的整流电路中,若观察到输出电压波形为半波,则电路中可能存在什么故障?

④ 在图 3.10.6 所示的整流滤波电路中,若观察到输出电压波形为全波,则电路中可能存在什么故障?

3.11 铁磁材料的磁滞回线

在各类磁介质中,应用最广泛的是铁磁物质。在 20 世纪初期,铁磁材料主要用在电机制造业和通信器件中,如发电机、变压器和电表磁头。而自 20 世纪 50 年代以来,随着电子计算机和信息科学的发展,应用铁磁材料进行信息的存储和记录,例如现以成为家喻户晓的磁带、磁盘,不仅可存储数字信息,也可以存储随时间变化的信息;不仅可用作计算机的存储器,而且可用于录音和录像,已发展成为引人注目的系列新技术,预计新的应用还将不断得到发展。因此,对铁磁材料性能的研究,无论在理论上还是实用上都有很重要的意义。

磁滞回线和基本磁化曲线反映了铁磁材料磁特性的主要特征。本实验仪用交流电对铁磁材料样品进行磁化,测绘的 $B—H$ 曲线称为动态磁滞回线。测量铁磁材料动态磁滞回线的方法很多,用示波器测绘动态磁滞回线具有直观、方便、迅速及能在不同磁化状态下(交变磁化及脉冲磁化等)进行观察和测绘的独特优点。

3.11.1 实验目的

① 认识铁磁物质的磁化规律,比较两种典型的铁磁物质的动态磁化特性。

② 掌握铁磁材料磁滞回线的概念。

③ 学会用示波器测绘动态磁滞回线的原理和方法。

④ 测定样品的基本磁化曲线,作 $\mu-H$ 曲线。

⑤ 测定样品的 H_C、B_r、H_m 和 B_m 等参数。

⑥ 测绘样品的磁滞回线,估算其磁滞损耗。

3.11.2 实验仪器

智能磁滞回线测试仪、示波器等。

3.11.3 实验原理

1. 铁磁材料的磁滞特性

铁磁物质是一种性能特异、用途广泛的材料。铁、钴、镍及其众多合金以及含铁的氧化物(铁氧体)均属铁磁物质。其特性之一是在外磁场作用下能被强烈磁化，故磁导率 $\mu=B/H$ 很高。另一特征是磁滞，铁磁材料的磁滞现象是反复磁化过程中磁场强度 H 与磁感应强度 B 之间关系的特性。也就是说，磁场作用停止后，铁磁物质仍保留磁化状态，图 3.11.1 为铁磁物质的磁感应强度 B 与磁场强度 H 之间的关系曲线。

将一块未被磁化的铁磁材料放在磁场中进行磁化，图 3.11.1 中的原点 O 表示磁化之前铁磁物质处于磁中性状态，即 $B=H=0$。当磁场强度 H 从零开始增加时，磁感应强度 B 随之从零缓慢上升，如曲线 oa 所示。继之 B 随 H 迅速增长，如曲线 ab 所示。其后 B 的增长又趋缓慢，当 H 增至 H_S时，B 达到饱和值 B_S，这个过程的 $oabS$ 曲线称为起始磁化曲线。如果在达到饱和状态之后使磁场强度 H 减小，这时磁感应强度 B 的值也要减小。图 3.11.1 表明，当磁场从 H_S逐渐减小至零，磁感应强度 B 并不沿着起始磁化曲线恢复到"O"点，而是沿另一条新的曲线 SR 下降，对应的 B 值比原先的值大，说明铁磁材料的磁化过程是不可逆的过程。比较线段 OS 和 SR 可知，H 减小，B 相应也减小，但 B 的变化滞后于 H 的变化，这种现象称为磁滞。磁滞的明显特征是，当 $H=0$ 时，磁感应强度 B 值并不等于 0，而是保留一定大小的剩磁 B_r。

当磁场反向从 O 逐渐变至 $-H_D$时，磁感应强度 B 消失，说明要消除剩磁，可以施加反向磁场。当反向磁场强度等于某一定值 H_D时，磁感应强度 B 值才等于 0，H_D 称为矫顽力，它的大小反映铁磁材料保持剩磁状态的能力，曲线 RD 称为退磁曲线。如再增加反向磁场的磁场强度 H，铁磁材料又可被反向磁化达到反方向的饱和状态，逐渐减小反向磁场的磁场强度至 0 时，B 值减小为 $-B_r$。这时再施加正向磁场，B 值逐渐减小至 0 后又逐渐增大至饱和状态。

图 3.11.1 还表明，当磁场按 $H_S \to O \to -H_D \to -H_S \to O \to H_{D'} \to H_S$ 次序变化，相应的磁感应强度 B 则沿闭合曲线 $SRDS'R'D'S$ 变化，可以看出磁感应强度 B 值的变化总是滞后于磁场强度 H 的变化，这条闭合曲线称为磁滞回线。当铁磁材料处于交变磁场中时(如变压器中的铁芯)，将沿磁滞回线反复被磁化→去磁→反向磁化→反向去磁。磁滞是铁磁材料的重要特性之一，研究铁磁材料的磁性就必须知道它的磁滞回线。各种不同铁磁材料有不同的磁滞回线，主要是磁滞回线的宽、窄不同和矫顽力大小不同。

当铁磁材料在交变磁场作用下反复磁化时将会发热，要消耗额外的能量，因为反复磁化时磁体内分子的状态不断改变，所以分子振动加剧，温度升高。使分子振动加剧的能量是产生磁场的交流电源供给的，并以热的形式从铁磁材料中释放，这种在反复磁化过程中能量的损耗称为磁滞损耗，理论和实践证明，磁滞损耗与磁滞回线所围的面积成正比。

应该说明，当初始状态为 $H=B=0$ 的铁磁材料在交变磁场强度由弱到强依次进行磁化时，可以得到面积由小到大向外扩张的一簇磁滞回线，如图 3.11.2 所示，这些磁滞回线顶点的连线称为铁磁材料的基本磁化曲线。

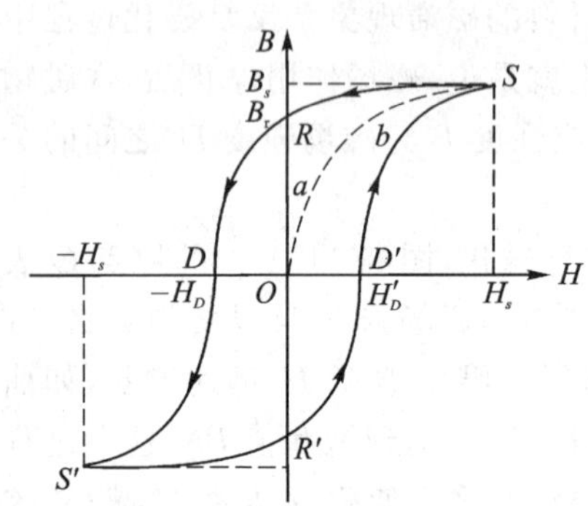

图 3.11.1　铁磁物质 B 与 H 的关系曲线

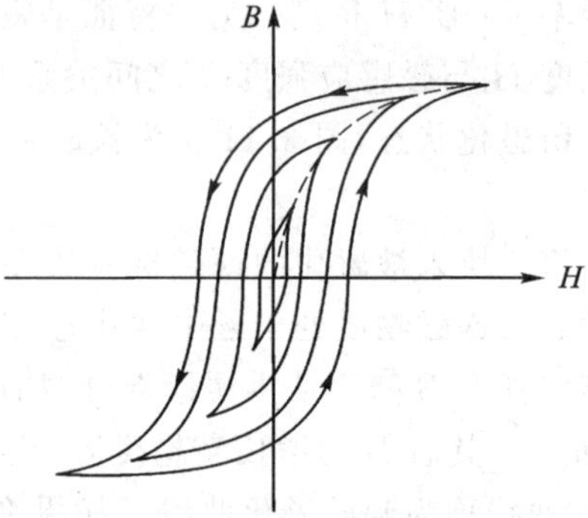

图 3.11.2　铁磁材料的基本磁化曲线

基本磁化曲线上点与原点连线的斜率称为磁导率，由此可近似确定铁磁材料的磁导率 $\mu=B/H$，它表征在给定磁场强度条件下单位 H 所激励出的磁感应强度 B，直接表示材料磁化性能的强弱。从磁化曲线上可以看出，因 B 与 H 非线性，铁磁材料的磁导率 μ 不是常数，而是随 H 而变化的，如图 3.11.3 所示。当铁磁材料处于磁饱和状态时，磁导率减小较快。曲线起始点对应的磁导率称为初始磁导率，磁导率的最大值称为最大磁导率，这两者反映 μ—H 曲线的特点。另外，铁磁材料的相对磁导率 $\mu_0=B/B_0$ 可高达数千乃至数万，这一特点是它用途广泛的主要原因之一。

可以说，磁化曲线和磁滞回线是铁磁材料分类和选用的主要依据。图 3.11.4 为常见的两种典型的磁滞回线，其中软磁材料的磁滞回线狭长，矫顽力小（$<10^2$ A/m），剩磁和磁滞损耗均较小，磁滞特性不显著，可以近似地用它的起始磁化曲线来表示其磁化特性。这种材料容易磁化，也容易退磁，是制造变压器、继电器、电机、交流磁铁和各

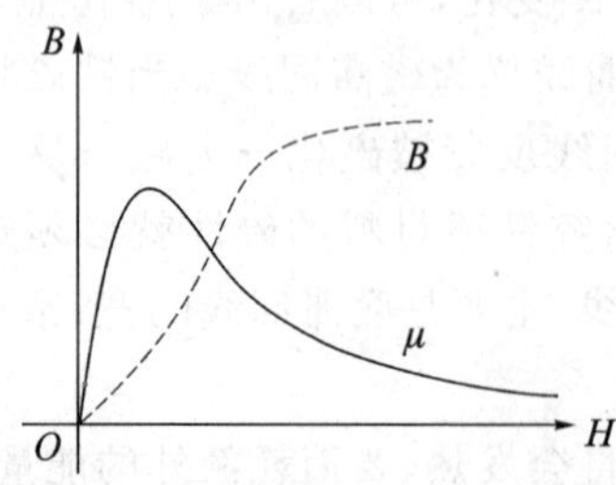

图 3.11.3　铁磁材料 μ 与 H 并系曲线

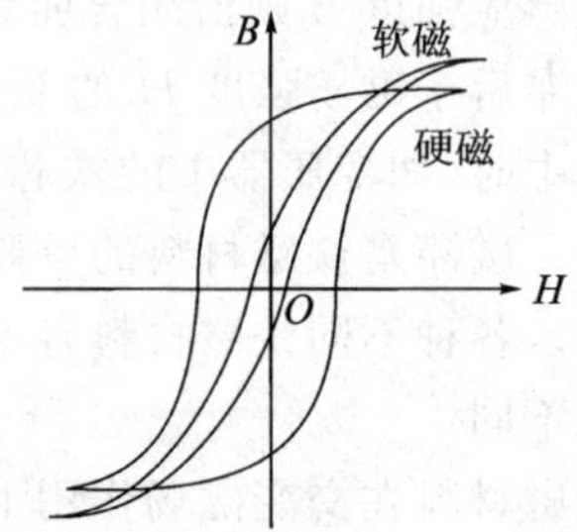

图 3.11.4　不同铁磁材料的磁滞回线

种高频电磁元件的主要材料。而硬磁材料的磁滞回线较宽，矫顽力大（$>10^2$ A/m），剩磁强，磁滞回线所包围的面积肥大，磁滞特性显著，因此硬磁材料经磁化后仍能保留很强的剩磁，并且这种剩磁不易消除，可用来制造永磁体。

2. 示波器测绘磁滞回线原理

待测样品为 EI 型矽钢片，N 为励磁绕组，n 为用来测量磁感应强度 B 而设置的绕组。R_1 为励磁电流取样电阻。设通过 N 的交流励磁电流为 i，根据安培环路定律，样品的磁场强度为

$$H = \frac{N_i}{L}$$

式中：L 为样品的平均磁路。

观察和测量磁滞回线及基本磁化曲线的线路如图 3.11.5 所示。

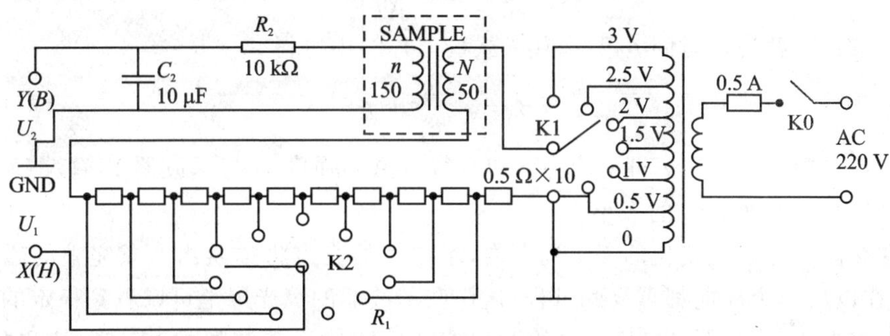

图 3.11.5　智能磁滞回线实验线路

式(3.11.1)中的 n、L、R_1 均为已知常数，磁场强度 H 与示波器 X 输入 U_1 成正比，所以由 U_1 可确定 H。

$$H = \frac{n}{L} \cdot \frac{U_1}{R_1} \tag{3.11.1}$$

在交变磁场下，样品的磁感应强度瞬时值 B 是由测量绕组 n 和 R_2C_2 电路确定的。根据法拉第电磁感应定律，由于样品中的磁通 φ 的变化，在测量线圈中产生的感应电动势的大小为

$$\varepsilon_2 = n\frac{\mathrm{d}\varphi}{\mathrm{d}t}$$

$$\varphi = \frac{1}{n}\int \varepsilon_2 \mathrm{d}t$$

$$B = \frac{\varphi}{S} = \frac{1}{nS}\int \varepsilon_2 \mathrm{d}t \tag{3.11.2}$$

式中：S 为样品的横截面积。

考虑到测量绕组 n 较小，如果忽略自感电动势和电路损耗，则回路方程为

$$U_n = i_2R_2 + U_2$$

式中：i_2为感生电流；U_2为积分电容C_2两端的电压。设在Δt时间内，i_2向电容C_2的充电电量为Q，则

$$U_2 = \frac{Q}{C_2}$$

$$\varepsilon_2 = i_2 R_2 + \frac{Q}{C_2}$$

如果选取足够大的R_2和C_2，使得$i_2R_2 \gg \frac{Q}{C_2}$，则上式可以近似改写为

$$\varepsilon_2 = i_2 R_2$$

$$i_2 = \frac{\mathrm{d}Q}{\mathrm{d}t} = C_2 \frac{\mathrm{d}U_2}{\mathrm{d}t}$$

$$\varepsilon_2 = C_2 R_2 \frac{\mathrm{d}U_2}{\mathrm{d}t} \tag{3.11.3}$$

将式(3.31.3)两边对时间t积分，代入式(3.11.2)中可得

$$B = \frac{C_2 R_2}{ns} U_2 \tag{3.11.4}$$

式(3.11.4)中：C_2、R_2、n和S均为已知常数。磁场强度B与示波器Y输入U_2成正比，所以由U_2可确定B的大小。

在交流磁化电流变化的一个周期内，示波器的光点将描绘出一条完整的磁滞回线，并在以后每个周期都重复此过程，这样在示波器的荧光屏上可以看到稳定的磁滞回线。综上所述，将图 3.11.5 中的U_1和U_2分别加到示波器的“X输入”和“Y输入”，便可观察样品的$B-H$曲线；若将U_1和U_2加到测试仪的信号输入端，则可测定样品的饱和磁感应强度B_S、剩磁B_r、矫顽力H_D、磁滞损耗BH以及磁导率μ等参数。

3. 仪器工作原理

磁滞回线实验组合仪分为实验仪和测试仪两部分。

(1) 实验仪

它由励磁电源、铁磁材料样品、电路板以及实验接线图等部分组成。

励磁电源：由 220 V、50 Hz 的市电经变压器隔离、降压后供试样磁化。电源输出电压共分 11 挡，各挡电压通过安置在电路板上的波段开关实现切换。

铁磁材料样品：为尺寸相同而磁性不同的两只 EI 型铁芯，励磁绕组匝数N和磁感应强度B的测量绕组匝数n亦相同，即$N=50$，$n=150$，$L=60$ mm，$S=80\ \mathrm{mm}^2$。

电路板：该印刷电路板上装有电源开关、样品 1 和样品 2、励磁电源“U选择”和测量励磁电流(即磁场强度H)的取样电阻“R_1选择”，以及为测量磁感应强度B所设定的积分电路元件R_2、C_2等。以上各元器件(除电源开关)均已通过电路板与其对应的锁紧插孔连接，只需采用专用导线，便可实现电路连接。此外，设有电压U_B(正比

于磁感应强度 B 的信号电压)和 U_H(正比于磁场强度 H 的信号电压)的输出插孔，用来连接示波器，观察磁滞回线波形和连接测试仪作定量测试用。实验接线示意图如图 3.11.6 所示。

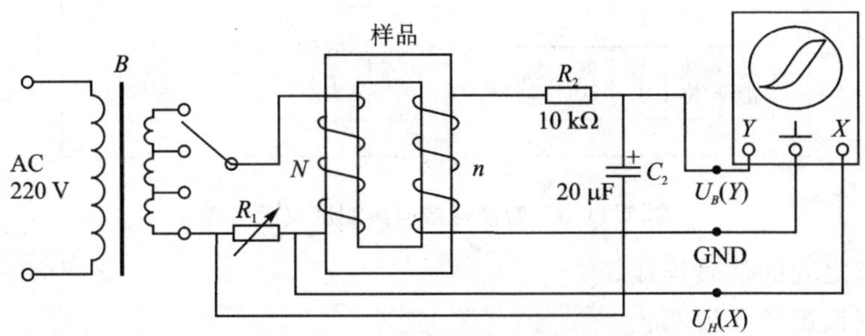

图 3.11.6　实验接线示意图

(2) 测试仪

图 3.11.7 所示为智能磁滞回线测试仪原理框图。测试仪与实验仪配合使用，能定量、快速地测定铁磁性材料在反复磁化过程中的 H 和 B 值，并能给出其剩磁、矫顽力、磁滞损耗等多种参数。

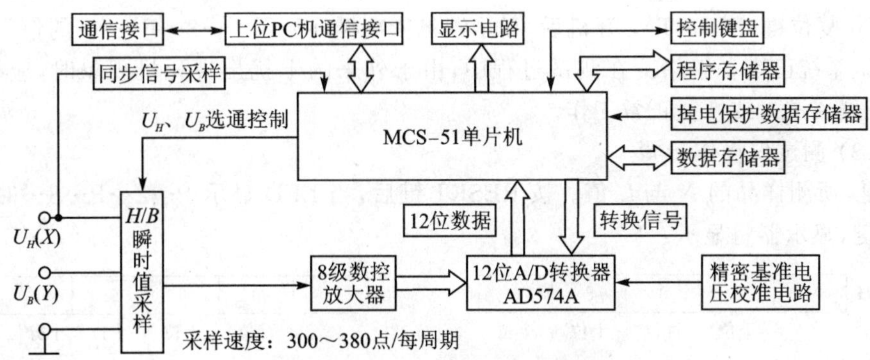

图 3.11.7　智能磁滞回线测试仪原理框图

智能磁滞回线测试仪面板如图 3.11.8 所示。其中：

R_1——励磁电流 i_H 取样电阻，阻值为 0.5～5 Ω。

U_{HC}——正比于 H 的有效值电压，供调试用。电压范围为 0～1 V。

U_{BC}——正比于 B 的有效值电压，供调试用。电压范围为 0～1 V。

瞬时值 H 与 B 的计算公式：

$$H=\frac{NU_H}{LR_1}$$

$$B=\frac{U_BR_2C_2}{nS}$$

测量准备：先在示波器上将磁滞回线显示出来，然后开启测试仪电源，连接测试

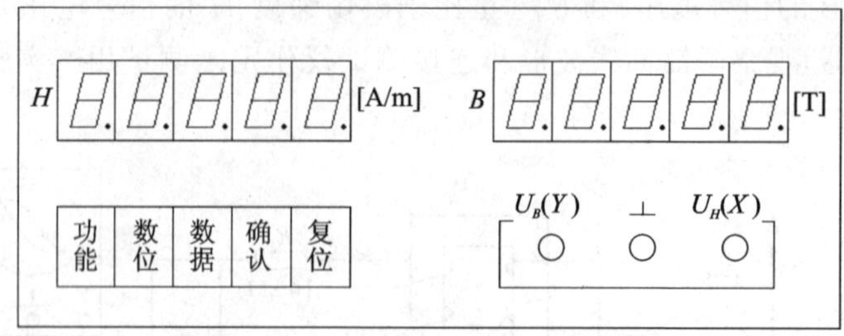

图 3.11.8　智能磁滞回线测试仪面板图

仪和实验仪之间的信号连线。

测试仪按键功能说明：

① 功能键：用于选取不同的功能，每按一次键，将在数码显示器上显示出相应的功能。

② 确认键：当选定某一功能后，按一下此键，即可进入此功能的执行程序。

③ 数位键：在选定某一位数码管为数据输入位后，连续按动此键，使小数点右移至所选定的数据输入位处，此时小数点呈闪动状。

④ 数据键：连续按动此键，可在有小数点闪动的数码管输入相应的数字。

⑤ 复位键(RESET)：开机后，显示器将依次循环显示 P…8…P…8…的信号，表明测试系统已准备就绪。在测试过程中，由于外来的干扰出现死机现象时，应按此键，使仪器进入或恢复正常工作。

(3) 测试仪操作步骤

① 所测样品的 N 与 L 值。按 RESET 键后，当 LED 显示 P…8…P…8…时，按功能键，显示器将显示：

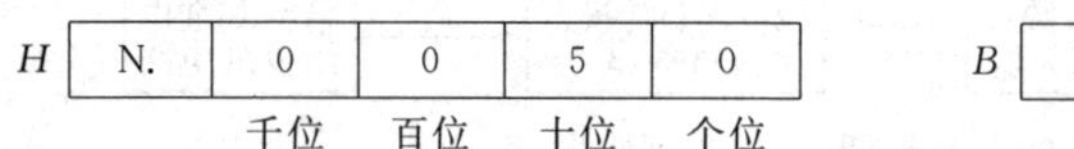

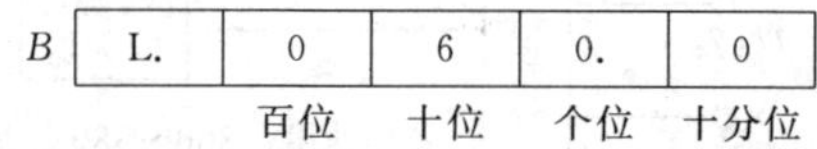

这里显示的 N=50 匝、L=60 mm 为仪器事先的设定值(如要改写上述参数，可参阅第(5)条)。

② 所测样品的 n 与 S 值。按功能键，将显示：

H	n.	0	1	5	0
		千位	百位	十位	个位

B	S.	0	8	0.	0
		百位	十位	个位	十分位

这里显示的 n=150 匝、S=80 mm² 为仪器事先的设定值(如要改写上述参数，可参阅第(5)条)。

③ 电阻 R_1 值和 H 与 B 值的倍数代号。按功能键，将显示：

H	r	1.	2.	5	0
			1 Ω	0.1 Ω	0.01 Ω

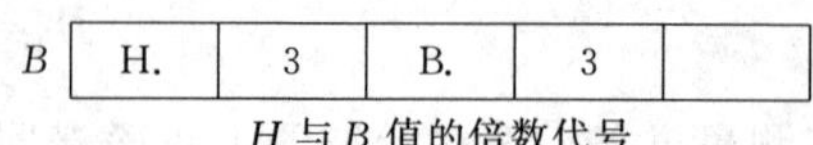

这里显示的 $R_1=2.5\ \Omega$、H 与 B 值的倍数代号 3 为仪器事先的设定值(如要改写上述参数,可参阅第(5)条)。

注: H 与 B 值的倍数是指其显示值需乘上的倍数。

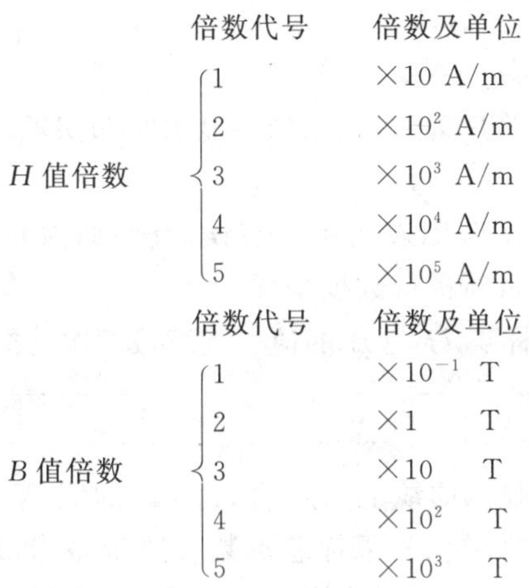

	倍数代号	倍数及单位
H 值倍数	1	$\times 10$ A/m
	2	$\times 10^2$ A/m
	3	$\times 10^3$ A/m
	4	$\times 10^4$ A/m
	5	$\times 10^5$ A/m

	倍数代号	倍数及单位
B 值倍数	1	$\times 10^{-1}$ T
	2	$\times 1$ T
	3	$\times 10$ T
	4	$\times 10^2$ T
	5	$\times 10^3$ T

④ 电阻 R_2、电容 C_2 值。按功能键,将显示:

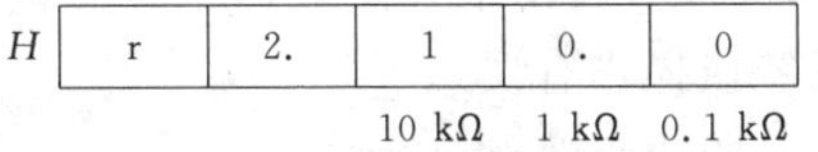

B	C	2.	2	0.	0
			10 μF	1 μF	0.1 μF

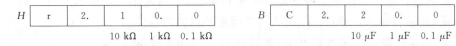

这里显示的 $R_2=10\ \mathrm{k\Omega}$、$C_2=20\mu\mathrm{F}$ 为仪器事先的设定值(如要改写上述参数,可参阅第(5)条)。

注:N、L、n、S、R_1、R_2、C_2、H 与 B 值的倍数代号等参数可根据不同的要求进行改写,并可通过 SEEP 操作存入串行 EEROM 中,掉电后数据仍可保存。

⑤ 定标参数显示(仅作调试用)。按功能键,将显示:

H		U.	H	C	

B		U.	B	C	

按确认键,将显示 U_{HC} 和 U_{BC} 电压值。

注:

- 无输入信号时,禁止操作此功能键。
- 显示值不能大于 1.000 0,否则必须减小输入信号。

⑥ 显示每周期采样的总点数和测试信号的频率。按功能键,将显示:

H		n.			

B		F.			

按确认键,将显示出每周期采样的总点数 n 和测试信号的频率 f。

⑦ 数据采样。按功能键,将显示:

H		H.		B.		*B*	t	e	s	t	

按确认键后，仪器将按步序⑥所确定的点数对磁滞回线进行自动采样，显示器显示：

H	.	.	.	.		*B*	.	.	.	.	.

若测试系统正常，稍等片刻后，显示器将显示“GOOD”，表明采样成功，即可进入下一步程序操作。

如果显示器显示“BAD”，则表明系统有误，查明原因并修复后，按功能键，程序将返回到数据采样状态，重新进行数据采样。

⑧ 显示磁滞回线采样点 H 与 B 的值。连续按两次功能键，将显示：

H	H.	S	H	O	W.	*B*	B.	S	H	O	W.

每按 2 次确认键，将显示曲线上一点的 H 与 B 的值(第一次显示采样点的序号，第二次显示出该点 H 和 B 的值)，采样总点数参照步序⑥，H 与 B 值的倍数参照步序③。显示点的顺序是依磁滞回线的第四、一、二和三象限的顺序进行的；否则，说明数据出错或采样信号出错。

若在进行第⑦步序中只按功能键而未按确认键(表明未完成数据采样就进入第⑧步序，此时将显示：“NO　DATA”，表明系统或操作有误)。

⑨ 显示磁滞回线的矫顽力 H_C 和剩磁 B_r。按功能键，将显示：

H		H	c.			*B*		B	r.		

按确认键，将按步序③所确定的倍数显示出 H_C 与 B_r 之值。

⑩ 显示样品的磁滞损耗。按功能键，将显示：

H			A.	=		*B*		H.	B.		

按确认键，将按步序③所确定的单位显示样品磁滞回线面积。

磁滞损耗的计算公式：

$$W = \int_S H\mathrm{d}B, \qquad \text{单位为 } H \times B \times 10^3\ \mathrm{J/m^3}(\text{单位参照步序 ③})$$

⑪ 显示 H 与 B 的最大值 H_m 与 B_m。

按确认键，将按步序③所确定的倍数显示出 H_m 与 B_m 之值。

⑫ 显示 H 与 B 的相位差。按功能键，将显示：

按确认键,若显示:

H		2	5.	5	0	B		H.	—	—	B.

则表示 H 与 B 的相位差是 25.5°,在相位上 U_H 超前 U_B。

⑬ 与 PC 联机测试操作。按功能键,将显示:

H		P.	C.	—	—	B	S	H	O	W.	

按确认键,进入联机状态。

⑭ U_{HC} 电压校准操作(调试时用)。按功能键,将显示:

⑮ U_{BC} 电压校准操作(调试时用)。按功能键,将显示:

H			B.			B	C	H	E	C.	

⑯ SEEP 操作(数据存入 EEPROM－93C46)。按功能键,将显示:

方法:在 H 显示器的最高两位上写入存入码"96";按确认键,片刻后,回显"85",说明数据已存入 EEPROM 中。

⑰ 程序结束。按功能键,将显示:

H		0				B					

(4) 注意事项

① 按仪器事先设定值输入 N、L、n、S、R_1、R_2、C_2、H 与 B 的倍数代号等参数,则不必按确认键;要改写上述参数,则改写后,务必按确认键,才能将数据输入。

② 按常规操作至步序⑫(显示 H 与 B 的相位差)后,磁滞回线采样数据将自动消失,必须重新进行数据采样。

③ 测试过程中如显示器显示"COU"字符,表示应继续按功能键。

(5) 数位键和数据键操作

若改写样品的某项参数,如将 $N=50$ 匝、$L=60$ mm 改写为 $N=100$ 匝、$L=80$ mm,则可按如下步骤进行。

按功能键,显示器将显示:

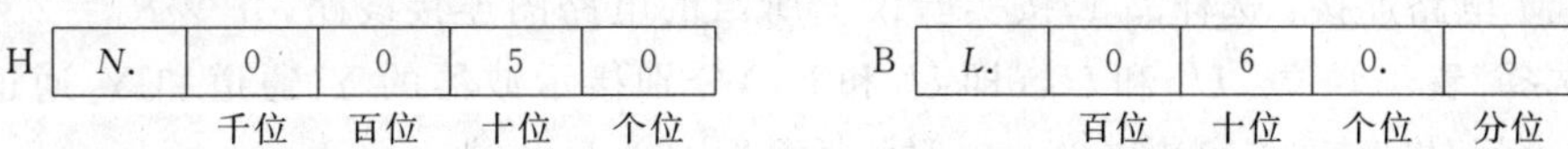

① 将 N 由 50 匝改写为 100 匝。

按动数位键,使位于 B 窗口数据框内"个毫米"处的小数点右移至"分毫米"处;

再按动数位键，使小数点渐次移入 H 窗口“百匝”（即数据输入位）处。

H	N	0	0.	5	0

按动数据键，将小数点位处数码管数字“0”改写为“1”。

H	N	0	1.	5	0

再按动数位键，使小数点右移一位至“十匝”处（数据输入位）。

H	N	0	1	5.	0

按动数据键，将小数点位处数码管数字“5”改写为“0”。

H	N	0	1	0.	0

再按动数位键，使小数点右移一位至“个匝”处。

H	N	0	1	0	0.

至此，样品匝数已由 50 改写为 100。

② 将 L 由 60 mm 改写为 80 mm。操作方法同上。

连续按动数位键，使小数点由 H 窗口的“个匝”处右移至 B 窗口“十毫米处”（数据输入位）。

B	L	0	6.	0	0

按动数据键，将小数点位处的数码管数字“6”改写为“8”。

B	L	0	8.	0	0

再按动数位键，使小数点右移一位至“个毫米”处。

B	L	0	8	0.	0

至此，样品平均磁路长度 L 已由 60 改写为 80。

③ 按确认键，当显示器显示“1”时，表明修改后的 N、L 值已输入。

④ 若要将改写后的数据存入 EEPROM 中，请参阅操作步序⑯。

3.11.4 实验内容与步骤

① 电路连接：选样品 1，按实验仪上所给的电路图连接线路，并令 $R_1=2.5\ \Omega$，“U 选择”置于 0 位。U_H 和 U_B（即 U_1 和 U_2）分别接示波器的 Y_1 通道和 Y_2 通道，此时，“时间/格”旋钮应该旋在“$x-y$”处，插孔“⊥”为公共端。

② 样品退磁：开启实验仪电源，对试样进行退磁，即顺时针方向转动“U 选择”旋钮，令 U 从 0 V 增至 3 V，然后逆时针方向转动旋钮，将 U 从最大值降为 0 V，其目

的是消除剩磁，确保样品处于磁中性状态，即 $B=H=0$，如图 3.11.9 所示。

③ 观察磁滞回线：开启示波器电源，调节示波器，令光点位于荧光屏坐标网格中心，令 $U=2.2$ V，并分别调节示波器 Y_1 和 Y_2 通道的信号衰减旋钮，使荧光屏上出现图形大小合适的磁滞回线（若图形顶部出现编织状的小环，如图 3.11.10 所示，这时可降低励磁电压 U 予以消除）。

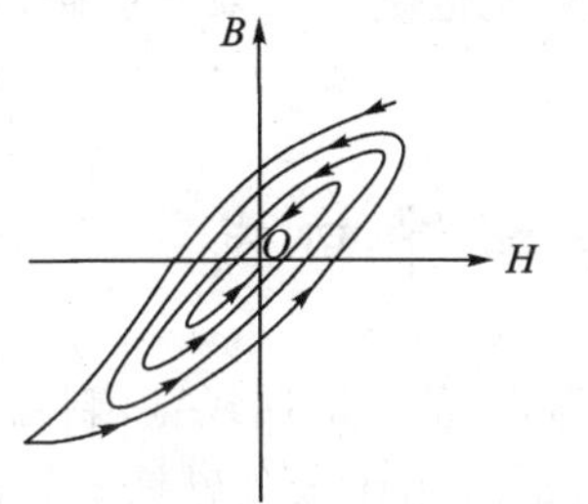

图 3.11.9　退磁示意图　　　**图 3.11.10　U_2 和 B 的相位差等因素引起的**

④ 观察基本磁化曲线，按步骤②对样品进行退磁，从 $U=0$ V 开始，逐挡提高励磁电压，将在荧光屏上得到面积由小到大一个套一个的一簇磁滞回线。这些磁滞回线顶点的连线就是样品的基本磁化曲线，借助长余辉示波器，便可观察到该曲线的轨迹。

⑤ 观察、比较样品 1 和样品 2 的磁化性能。

⑥ 注意事项如下：

- 按照实验原理连接实验装置导线并检查后，打开电源开关。
- 注意最大电流以及电压的设置方法。
- 实验时将示波器的水平与垂直轴调整到荧光屏的中心。

以上磁滞回线基本实验内容均可以由 TH－MHC 型智能磁滞回线实验组合仪完成，KH－MHC 型智能磁滞回线实验组合仪除可以完成磁滞回线基本实验内容外，还具有与 PC 机数据通信的功能。用配带的串行通信线将测试仪后面板上的 RS－232 串行输出口与 PC 机的一个串行口相连接，在 PC 机中运行 PCCOM.EXE 程序，计算机就可以读取测试仪采集的数据信号，将实验数据保存在硬盘里，并可以在计算机显示屏上显示磁滞回线和其他曲线。详细使用说明参见智能磁滞回线实验组合仪实验仪器工作原理。

3.11.5　数据处理

① 测绘 $\mu-H$ 曲线：仔细阅读测试仪的使用说明，连接实验仪和测试仪之间的信号连线。开启电源，对样品进行退磁后，依次测定 $U=0.5$、1.0、…、3.0 V 时的十组 H_m 和 B_m 值，作 $\mu-H$ 曲线。

② 令 $U=3.0$ V，$R_1=2.5\ \Omega$ 测定样品的 I、H_C、B_r、H_m、B_m 和 BH 等参数。

③ 取步骤②中的 H 及其相应的 B 值，用坐标纸绘制 $B-H$ 曲线（如何取数？取多少组数据？自行考虑），并估算曲线所围面积。

3.11.6 思考题

① 为什么有时磁滞回线图形顶部出现编织状的小环？如何消除？

② 在测绘磁滞回线和基本磁化曲线时，为什么要先退磁？如果不退磁，对测绘结果有什么影响？

3.12 冲击电流计测量磁滞回线

磁性材料分为硬磁、软磁两类。硬磁材料（如铸滞钢）的磁滞回线宽，剩磁和矫磁力较大（120～2 000 A/m），因而磁感应强度能保持，适宜制作永久磁铁。软磁材料（如硅钢片）的磁滞回线窄，矫顽力小（小于 120 A/m），但其导磁率和饱和磁感应强度大，容易磁化和去磁，常用作动态条件下工作的磁性器件，如变压器、电磁铁。可见，铁磁材料的磁化曲线、磁滞回线是该材料的重要特性，也是设计电磁机构或仪表的依据之一。

本实验介绍了用冲击法测磁感应强度的原理和方法。用数字冲击电流计测定铁磁介质的磁滞回线及其相关参数，具有直观、方便的特点。

3.12.1 实验目的

① 了解冲击电流计的使用方法。

② 掌握冲击法测磁感应强度的原理。

③ 测绘铁磁介质的磁滞回线。

3.12.2 实验仪器

磁滞回线实验仪、冲击电流计、直流电源、电阻箱、标准互感器等。

3.12.3 实验原理

1. 冲击电流计

冲击电流计用来测量短时间内脉冲电流所迁移的电量。它还可以用来测量与此有关的其他电磁学量，如磁感应强度、电阻、电容、互感系数等。本实验采用的冲击电流计。它是一种由大规模 MOS 集成电路设计的高性能运算放大器等电子元件组装成的数字式冲击电流计，面板设有电源开关、输入“＋”和“－”两端、调零旋钮和两挡量程选择开关。使用时接通电源开关，数码管亮，预热 10 min，选择量程调零后即可开始测量。若显示“±1”，仪器过载，应更换大挡量程重新调零测量。输入端不得加入大于 50 V 的电压和大于 40 mA 的电流。

2. 测绘铁磁介质磁滞回线

本实验取未磁化的铁磁材料钢圆环，在外面密绕线圈，如图 3.12.1，当流过线圈 L_1 的电流 I 从 0 逐渐增大时，钢圆环中的磁感应强度随磁场强度 H 的变化，如图 3.12.2 中 Oa 段所示。Oa 曲线称为起始磁化曲线。当 H 达 H_m 后逐渐减小（即减小磁化电流 I），则 B 也相应减小，但并不沿 Oa 线下降，而沿 ab 曲线下降；当 $H=0$ 时，$B=B_r$。B 随 H 变化的全过程为：$0\to B_m\to B_r\to 0\to -B_m\to -B_r\to 0\to B_m$ 的顺序变化。上述变化的封闭曲线 $abca'b'c'a$ 称为磁滞回线。

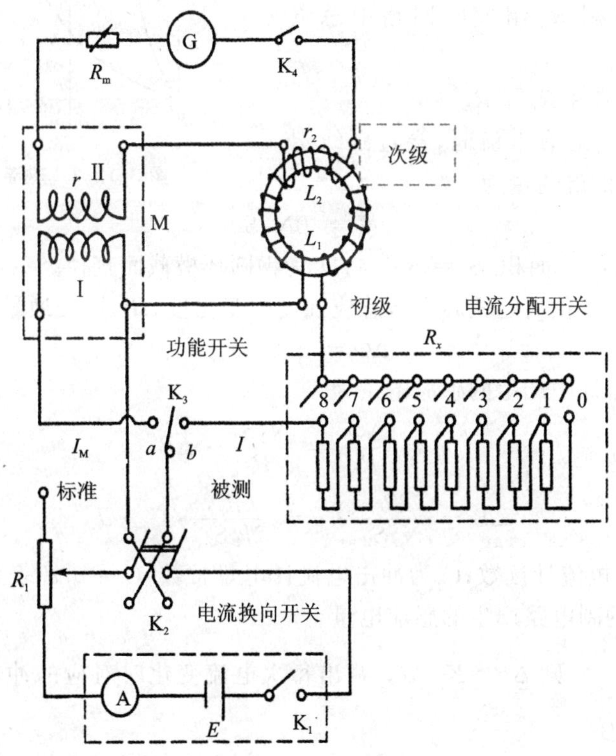

图 3.12.1　测量接线图

从图 3.12.2 中可看出：

① 当 $H=0$ 时，$B\neq 0$，铁磁材料还保留一定值的磁感应强度 B_r，称 B_r 为铁磁材料的剩磁。

② 要消除剩磁 B_r，须加一反向磁场 H_c，H_c 称为铁磁材料的矫顽力。

3. 磁场强度 H 和磁感应强度 B 的测定

如图 3.12.1 所示，铁芯上密绕线圈，匝数为 N_1，若通过的电流强度为 I，则线圈内部磁场强度为

$$H = \frac{N_1}{L_1} I \qquad (\text{A/m}) \qquad (3.12.1)$$

式中：$L_1 = \pi D_1$；L_1 为钢圆环轴线周长；D_1 为其直径。

在 H 的作用下，磁化后的铁芯中磁感应强度 B 可以通过副线圈 L_2 用冲击电流计测出。由副线圈 L_2（电阻 r_2）、冲击电流计 G（内阻 R_g）、标准互感器 M 副线圈（电阻 r）、临界阻尼电阻 R_m 组成的回路中总电阻为

$$R = r_2 + R_g + R_m + r$$

当原线圈 L_1 通有电流时，穿过副线圈 L_2（匝数为 N_2）的磁通量为

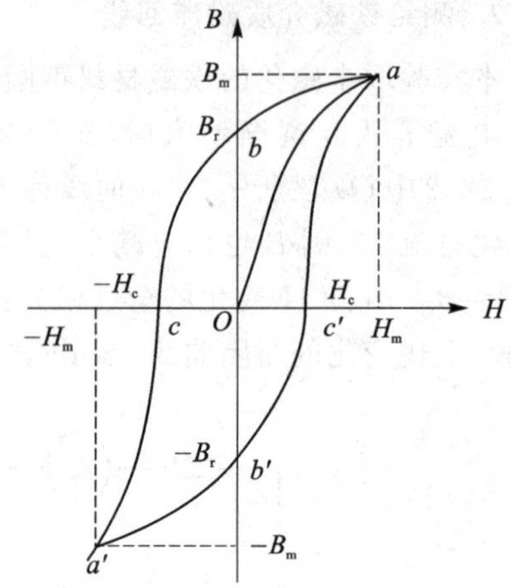

图 3.12.2　磁滞回线图

$$\Phi = BN_2S_2$$

式中：S_2 为铁芯横截面积，$S_2 = \pi D_2^2/4$；D_2 为钢圆环横截面直径。

原线圈电流变化引起铁芯中磁感应强度的变化量 ΔB，则磁通量的变化量为

$$\Delta\Phi = \Delta BN_2S_2$$

从而在冲击电流计中产生的感应电量为

$$q = \frac{\Delta\Phi}{R} = \frac{N_2S_2}{R} \cdot \Delta B$$

$$\Delta B = \frac{R}{N_2S_2} \cdot q = \frac{R}{N_2S_2} \cdot C_q \cdot d \qquad (3.12.2)$$

式中：d 为冲击电流计读数；C_q 为冲击电流计电量常数，$C_q = q/d$ 表示冲击电流计单位读数所对应的副电路产生的感应电量。

令 $K = \frac{RC_q}{N_2S_2}$，则 $\Delta B = K \cdot d$。测出每次电流变化时对应的冲击电流计读数 d 值，即可计算 ΔB。

$$\Delta B_1 = K \cdot d_1$$
$$\Delta B_2 = K \cdot d_2$$
$$\vdots$$
$$\Delta B_i = K \cdot d_i$$

则

$$B_1 = 0 + \Delta B_1 = K \cdot d_1$$
$$B_2 = B_1 + \Delta B_2 = K \cdot d_1 + K \cdot d_2 = K(d_1 + d_2)$$
$$B_3 = B_2 + \Delta B_3 = K(d_1 + d_2 + d_3)$$
$$\vdots$$
$$B_i = B_{i-1} + \Delta B_i = K(d_1 + d_2 + \cdots + d_i) = K\sum_{i=1}^{i} d_i \qquad (3.12.3)$$

4. 电量常数 C_q 的测定

从式(3.12.2)、式(3.12.3)可知，要测量 B，必须首先测出 C_q。C_q 通常用标准互感器来测定，其线路如图 3.12.1 所示。M 为标准互感器，它由两组线圈所组成。当初级线圈上有 $\mathrm{d}I$ 电流变化时，在次级线圈上产生感应电动势，其大小为

$$\varepsilon = -\frac{\mathrm{d}\Phi}{\mathrm{d}t} = -M\frac{\mathrm{d}I}{\mathrm{d}t}$$

因为次级回路中的总电阻为 $R(R=r_2+R_g+R_s+r)$，所以次级线圈回路中的感应电流为

$$i = \frac{\varepsilon}{R} = -\frac{M}{R}\frac{\mathrm{d}I}{\mathrm{d}t}$$

如果突然之间使电流反向(拨动电流换向开关 K_2)，初级回路中电流从 I_M 变为 $-I_M$，冲击电流计的读数为 d_M，则在次级回路中通过的总电量 q_M 为

$$q_M = C_q \cdot d_M = \int_0^{\tau} i\mathrm{d}t = \int_0^{\tau} -\frac{M}{R}\frac{\mathrm{d}I}{\mathrm{d}t}\cdot dt = \int_{I_M}^{-I_M} -\frac{M}{R}\cdot \mathrm{d}I = \frac{2M}{R}\cdot I_M$$

故电量常数 C_q 为

$$C_q = \frac{2MI_M}{Rd_M}$$

$$K = \frac{RC_q}{N_2S_2} = \frac{2MI_M}{d_MN_2S_2} \tag{3.12.4}$$

3.12.4　实验内容与步骤

1. 测量铁磁介质的磁滞回线

① 按图 3.12.1 连接线路，功能开关 K_3 指向 b(被测)。选择 R_m。

② 接通冲击电流计电源开关，预热 5 min，选择量程和调零后可等待测量。

③ 本实验直流电源采用可调式直流稳压流电源，其输出电压 0～30 V 连续可调，电流 0～3 A 连续可调，有电流限制保护功能。当输出发生短路时，应立即将电源关掉，将故障排除。如开机后电流显示 3.20 A，而电压显示为 0.00 V，则说明电源处于短路状态，应立刻关掉电源，否则为过载状态。

电源电压调到约为 28 V，滑线变阻器 R_1 接到最大值，接通电流分配的第 8 个开关，然后接通电源开关，调节 R_1 电阻，使通过原线圈电流强度大小不超过 3 A。

④ 按 $oa \to ab \to bca' \to a'b' \to b'c'a$ 顺序，分别接通 0→8 开关对应为 oa 段，分别断开 8→0 开关对应为 ab 段，电流换向开关 K_2 反向，再分别接通 0→8 开关对应为 bca' 段，分别断开 8→0 开关对应为 $a'b'$ 段，电流换向开关 K_2 再次反向，分别接通 0→8 开关对应为 $b'c'a$ 段。观察冲击电流计是否有读数变化，如无变化，可调整 R_m 的数值直至读数变化为止。

⑤ 按从 8→0 开关的顺序将电流分配的开关全部断开。取下环形螺线管到交流

线路处退磁。退磁线路如图 3.12.3 所示。退磁方法为：调压器从 0 V 开始逐渐升高，使电流表的读数为 3 A 为止。然后把电压再逐渐降低为 0 V，这样反复调节几次，最后要使电流为 0.00 A 结束，取下退磁后的螺线管接回原处，此时电流分配开关都应在断开的位置。

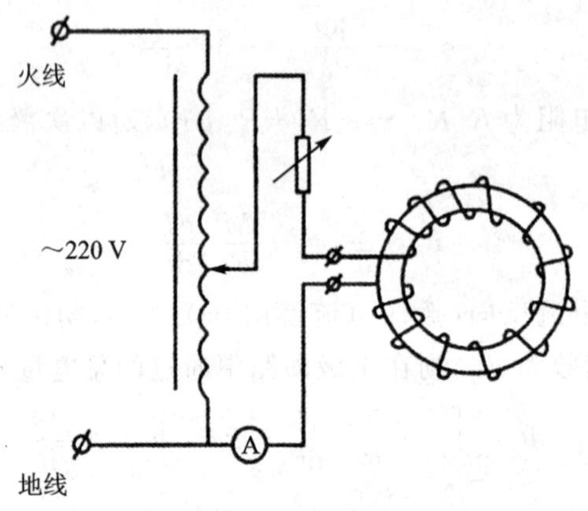

图 3.12.3　退磁线路

⑥ 对图 3.12.2 中 oa 段测量：合上磁滞回线实验仪“0”开关，此时有电流 I_0 通过 L_1，在 L_2 副线圈回路则有感应电流通过冲击电流计，冲击电流计读数为 d_0；依次合上 1、2、…、8 开关，L_1 中的电流依次改变为 I_1、I_2、…、I_8，此时冲击电流计读数为 d_1、d_2、…、d_8。

⑦ 测 ab 段：按逆序 8→0 顺序依次断开电流分配开关 R_x，记录电流 I_8、I_7、…、I_0 和对应冲击电流计感应电量的读数 d_8、d_7、…、d_0。

⑧ 测 bca' 段：将电流换向开关 K_2 反向，变 I 为 $-I$（即 H 为 $-H$），重复步骤⑥，记下相应的 I_i、d_i 值。

⑨ 测 $a'b'$ 段：重复步骤⑦，记下对应的 I_i、d_i 值。

⑩ 测 $b'c'a$ 段：电流换向开关 K_2 再反向，变 $-I$ 为 I（即 $-H$ 为 H），按步骤⑥测出对应的 I_i、d_i 值。

2. 电量常数 C_q 的测定

① 调节电源电压小于 10 V，将功能开关 K_3 指向 a（标准），R_m 保持原电阻值，调节 R_1 使互感器中通过的电流不超过其额定值（I_M 约 1.00 A）。

② 迅速将电流换向开关 K_2 换向，电流 I_M 变为 $-I_M$，通过互感器次级线圈的磁通变化，读出冲击电流计读数 d_M 值，电流换向开关 K_2 再次换向，读出冲击电流计读数 $-d_M$ 值，取 $d_M=\dfrac{d_M+|-d_M|}{2}$ 为最终的 d_M 值。

③ 记下 I_M、d_M、M 等量，由式(3.12.4)计算出常数 K。由式(3.12.1)计算 H，由式(3.12.3)计算 B。

3. 注意事项

① 按照实验原理图连接导线并检查后才能打开电源开关。

② 最大电流 I_m 设置在 2.8 A 左右，电源电压调整在 28 V 左右。

③ 次级限流电阻选择在 1 000 Ω 左右。

④ 使用冲击电流计测量前，应调零并了解测量电量与冲击电流计读数的关系。

⑤ 根据电流测量方向记录数据。

3.12.5　数据处理

① 按 $oa \to ab \to bca' \to a'b' \to b'c'a$ 的测量顺序，分别记录五段的 I_i 与 d_i 的值，计算出 $\sum d_i$，记录螺旋管初级匝数 N_1，次级匝数 N_2，钢圆环直径 D_1，钢圆环横截面直径 D_2，互感系数 M，电量常数测量时的 I_M 和 d_M。

注：

- oa 段、ab 段、$b'c'a$ 段的电流 I_i 取正值；bca' 段、$a'b'$ 段的电流 I_i 为负值。oa 段、$a'b'$ 段、$b'c'a$ 段的 d_i 取正值；ab 段、bca' 段 d_i 取负值。
- $\sum d_i$ 应按测试方向进行计算。

② 上述测试数据，根据式(3.12.1)～(3.12.4)分别计算出 H_i、B_i，以 H_i 为横坐标，B_i 为纵坐标，用坐标纸作出起始磁化曲线和磁滞回线，即 B—H 图，并计算出图中 a、b、c 三点的 H、B 值。

③ 测绘磁滞回线图形可用 MATLAB 或 VB 编程，学有余力的同学可以编写程序并执行程序，绘制磁滞回线图形。

3.12.6　思考题

① 冲击电流计读数 d 之和应沿着怎样的方向累加？

② 如果所作磁滞回线图不封闭，试分析产生的原因。

③ 冲击电流计读数如果不变或溢出对测试结果有什么影响？如何消除？

④ 如果计算出的 H_c 与 $-H_c$、B_r 与 $-B_r$ 数值不相等，为什么？

3.13　分光计的调节与使用

分光计是精确测定光线偏转角度的仪器，也称测角仪。它通过棱镜或光栅等分光元件把复色光分解为不同角度出射的单色光，并可精确测量出其偏转角度。光学中的许多基本量（如波长、折射率等）都可以直接或间接地表现为光线的偏转角，因而利用它可测量波长、折射率，还能精确地测量光学平面间的夹角等。分光计的基本部件和调节原理与其他更复杂的光学仪器（如棱镜光谱仪、光栅光谱仪、分光光度计、单色仪等）相比有许多相似之处。因此，分光计是光学实验中的基本仪器之一，学习和使用好分光计能为今后使用更为精密的光学仪器打下良好的基础。使用分光计时，必须经过一系列精细的调整才能得到准确的结果，它的调整技术是光学实验中的基本技术之一，必须正确地掌握。本实验的目的就在于着重训练分光计的调整技术和技巧，并用它来测量三棱镜顶角以及复色光通过三棱镜后的偏转角。

3.13.1 实验目的

① 了解分光计的结构，学会正确调节和使用分光计的方法。

② 掌握分光计读数装置的使用，学会读取和计算角度。

③ 掌握利用分光计测量三棱镜顶角的方法。

④ 掌握利用分光计测量三棱镜的最小偏转角。

3.13.2 实验仪器

JJY 型分光计、平面反射镜、三棱镜、双面镜、汞灯等。

3.13.3 实验原理

1. 分光计的结构

如图 3.13.1 所示，分光计主要由平行光管、望远镜、载物平台、读数度盘和三角底座等部分组成。各部分的详细结构与基本原理如下所述。

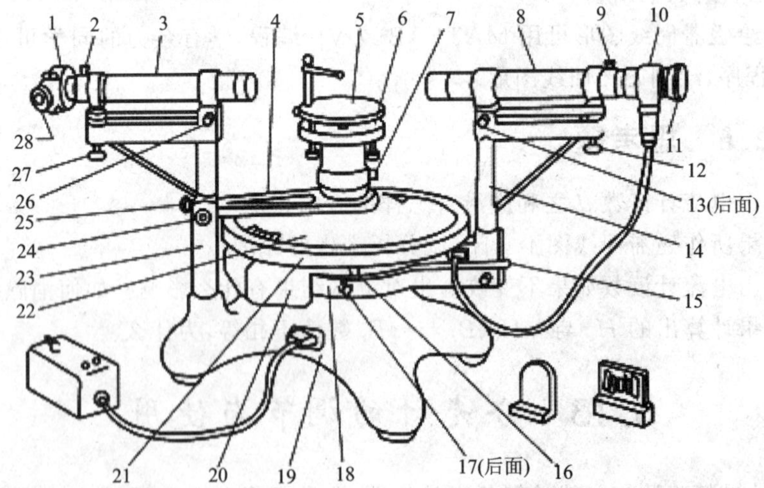

1—狭缝装置；2—狭缝装置锁紧螺钉；3—平行光管部件；4—制动架(一)；5—载物台；6—载物台调平螺钉(3 只)；7—载物台升降锁紧螺钉；8—望远镜部件；9—目镜锁紧螺钉；10—目镜；11—目镜视度调节手轮；12—望远镜光轴高低调节螺钉；13—望远镜光轴水平调节螺钉；14—支臂；15—望远镜微调螺钉；16—转座与度盘止动螺钉；17—望远镜止动螺钉；18—制动架(二)；19—底座；20—转座；21—度盘；22—游标盘；23—立柱；24—游标盘微调螺钉；25—游标盘止动螺钉；26—平行光管光轴水平调节螺钉；27—平行光管光轴高低调节螺钉；28—狭缝宽度调节手轮

图 3.13.1 分光计构造图

(1) 平行光管

平行光管的结构如图 3.13.2(a)所示。它是由金属圆筒、宽度可调节的狭缝和会聚透镜三部分组成的。狭缝装置固定在一个可伸缩的套筒上，松开狭缝锁紧螺钉 2(序号与图 3.13.1 对应)，就可以调节狭缝装置的位置；转动狭缝宽度手轮 28 就可以调节狭缝的宽度；27 是平行光管光轴的高低调节螺钉，用来调节平行光管的俯仰角；26 是水平调节螺钉，用来调节平行光管在水平方向左右的偏转程度。

平行光管的作用是产生平行光，其工作原理如图 3.13.2(b)所示：改变狭缝到透镜的距离，当狭缝恰好处于透镜的焦平面位置时，从狭缝中出射的光被透镜汇聚为平行光，所以这个装置被称为平行光管。

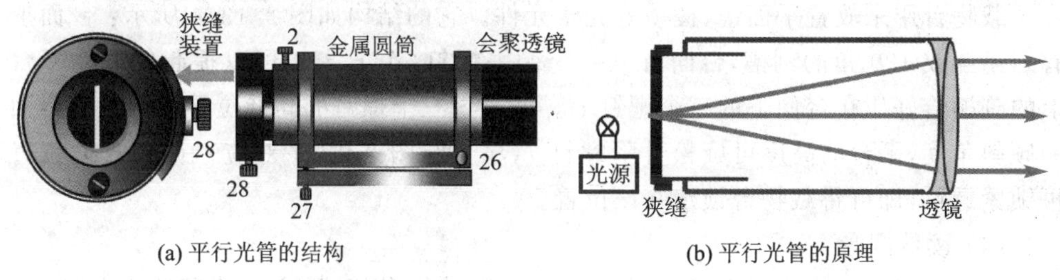

图 3.13.2　平行光管

(2) 阿贝式自准直望远镜

分光计中的望远镜结构如图 3.13.3(a)所示，由物镜、目镜及叉丝分划板组成。三者都安装在套筒内，它们之间的距离可以调节。叉丝分划板的套筒中装有照明小绿灯，松开目镜锁紧螺钉 9(序号与图 3.13.1 对应)，就可以调节目镜以及叉丝分划板的位置；12 为望远镜光轴高低调节螺钉，用来调节望远镜的俯仰角；13 为望远镜光轴水平调节螺钉，调节望远镜在水平方向左右的偏转程度。

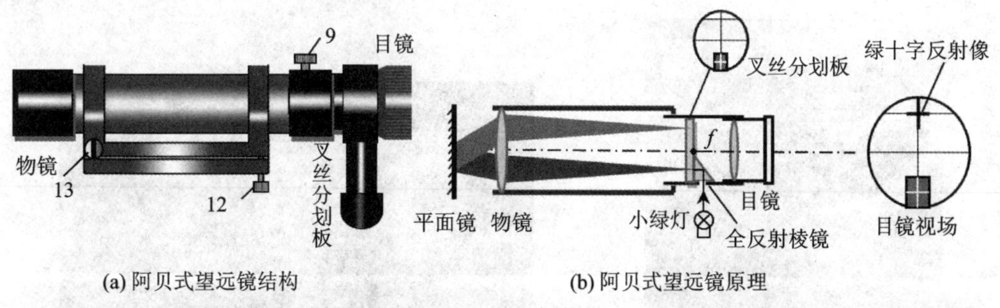

图 3.13.3　阿贝式自准直望远镜

分光计中的望远镜用来观测被散射的各个单色平行光。其物镜将接收到平行光会聚成像在其焦平面上。若叉丝分划板恰好处于物镜的焦点 f 处，则成像于分划板上，再由目镜放大成像，我们就可以观察到平行光管中狭缝清晰的像。为了保证分划板恰好在物镜的焦点 f 处，仪器做了如图 3.13.3(b)所示的设计。在分划板上刻有

“丰”形叉丝；下方放置一块等腰直角形全反射棱镜，棱镜与划分板相贴的直角面上涂有不透光薄膜，薄膜上划一个“十”字形透光窗口，在物镜前放置一平面镜。小绿灯发出的光经小棱镜反射到与分划板接触的直角面上，即照亮划分板上的“十”字形窗口，调节分划板的位置，若它恰好处于物镜的焦平面上，这部分光从分划板“十”字窗口发出的绿光经物镜折射为平行光，再由平面镜反射回物镜，最后由物镜会聚成像在分划板上。如果我们能够在目镜视场中观察到清晰的“丰”形叉丝和绿色“十”字像，说明叉丝分划板恰好处于物镜的焦平面上，此时望远镜已经调焦至无穷远处，适合观察平行光了。

(3) 载物台

载物台用来放置平面镜、棱镜等光学元件。它的结构如图 3.13.4 所示：台面上有三条互成 120°角的刻槽，台面有下三个调平螺钉(A、B、C)，可以提起使载物平台上的刻槽恰好压在台面下的三个螺钉上。调节这三个螺钉的高低位置即可调节台面的倾斜角度，平台的高度可旋松升降螺钉 7(序号与图 3.13.1 对应)，调到合适位置再锁紧螺钉，即可将载物台锁定在该位置。

(4) 读数圆盘

读数圆盘由可绕仪器公共轴转动的度盘和游标盘组成，它位于载物台的下方。转动游标盘，载物台也会随之转动。

度盘为外侧银色有刻度的圆盘，其上刻有 720 等分刻线，格值为 30 分。游标盘是内侧黑色圆盘，游标盘对称方向设有两个角游标。如图 3.13.5 是其中一个游标的示数情况。分光计的读数方法与游标卡尺相似，游标上的 30 格与刻度盘上的 29 格所对的角度相等。读数时，以游标零刻线为准，读出刻度盘上的度值，再找游标上与刻度盘上刚好重合的刻线为所求角度的分值。如果游标零线落在半度刻线之外，则读数应加上 30′。例如：图中所示位置应读作 242°53′。

图 3.13.4　载物台

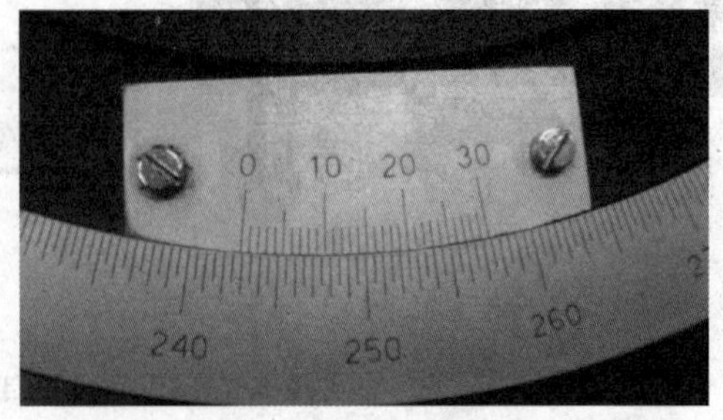

图 3.13.5　分光计刻度盘

分光计采用双游标读数，是为了消除刻度盘中心与仪器中心轴不重合而引起的偏心误差。测量时，要读出两个游标处的读数值，然后取平均值，这样可消除偏心差。

其原理如图 3.13.6 所示：刻度盘中心位置为 O_1，游标盘中心为 O_2，初始位置时两游标的读数分别为 $\theta_{左1}$ 和 $\theta_{右1}$。若刻度盘中心 O_1 与游标盘中心 O_2 不重合(为了方便说明和理解，图中夸大了这个偏离量)，当游标盘转过 α 角后，游标盘两游标的读数分别为 $\theta_{左2}$ 和 $\theta_{右2}$。所以我们从两游标读出的转动角度分别为：$\alpha_{左} = |\theta_{左1} - \theta_{左2}|$；$\alpha_{右} = |\theta_{右1} - \theta_{右2}|$。

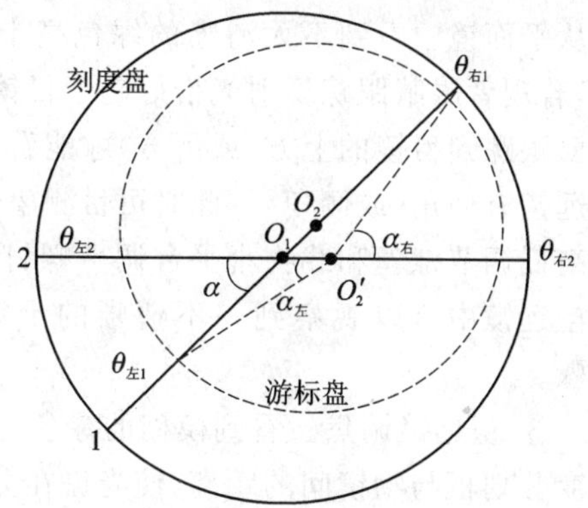

图 3.13.6　分光计偏心差

由平面几何知识很容易证明，实际转过的角度为

$$\alpha = \frac{1}{2}(\alpha_{左} + \alpha_{右}) = \frac{1}{2}\left(|\theta_{左1} - \theta_{左2}| + |\theta_{右1} - \theta_{右2}|\right)$$

2. 分光计的调整原理和方法

在进行分光计调节前，必须先明确对分光计的调节目标要求。分光计的调节内容包括：

- 调节平行光管发出平行光，且与分光计转轴垂直；
- 调节载物小平台平面与分光计的转轴垂直(保证光学元件的光学面和转轴平行，使得反射、折射光束和分光计转轴垂直)；
- 使望远镜适合于接收和观察平行光，并且与分光计转轴垂直。

调整的方法和步骤如下：

(1) 目测粗调

首先用眼睛直接粗略估计，调节望远镜和平行光管的光轴高低位置调节螺钉，使两者光轴大致水平；调节载物小平台下面的 3 个螺钉(即 a、b、c)，使载物台大致水平。这一粗调很重要，做好了可以减少后面细调的盲目性，才能比较顺利地进行下面的细调。

(2) 细致调节

分光计的细调比较复杂，通常首先调节望远镜，然后调节载物平台，最后调节平行光管。下面按照这个调节顺序进行详细描述。

1) 调节望远镜

这一步实际上就是用自准法将望远镜调焦于无穷远，其步骤如下：

① 调节目镜。适当旋转目镜调焦手轮，改变目镜至分划板的距离，直至看清分划板上的双十字叉丝(“丰”)为止。

② 接通小绿灯电源，把小双面镜按图 3.13.7 的位置(镜面平行于 c 螺钉所对应的刻槽)放置在载物平台上。轻缓地移动游标盘带动载物台，同时从望远镜外侧观察并跟踪从望远镜中射出而经平面镜反射的绿光。此光来源于阿贝目镜中的小灯，可

以从平面镜中看到不太清晰的绿色亮十字或光斑。当平面镜逐渐趋近正对望远镜时，若观者眼睛跟踪反射光恰好趋于目镜位置，则表明反射光能返回望远镜中；若眼睛要跟踪到目镜的上方（或下方）才能看见反射光，则表明粗调未调好，平面镜相对于望远镜有仰角（或倾角）。此时可目测望远镜和载物台的倾斜度并适当调节望远镜光轴高低调节螺丝和载物小平台调平螺钉中的 a、b，使反射光能进入望远镜内。这时从望远镜中可以观察到一不清晰的十字像或者光斑，若找不到，则重复上述操作步骤。

③ 望远镜调焦。看到模糊的绿色亮斑后，松开目镜锁紧螺钉，前后移动目镜可改变分划板与物镜间的距离，使光斑在分划板上变成一清晰的绿色小“十”字像。然后，眼睛在目镜前稍微左右晃动，若分划板上的“丰”形叉丝与绿色小“十”字像之间无相对位移，即说明无视差。若有相对位移，则说明有视差，这时稍微往复移动目镜，直至无视差为止。这样望远镜就适合于接收平行光，即望远镜调焦于无穷远处（此时分划板与成像平面重合于物镜焦平面）。此时在望远镜视场中看到的像如图 3.13.8 所示。

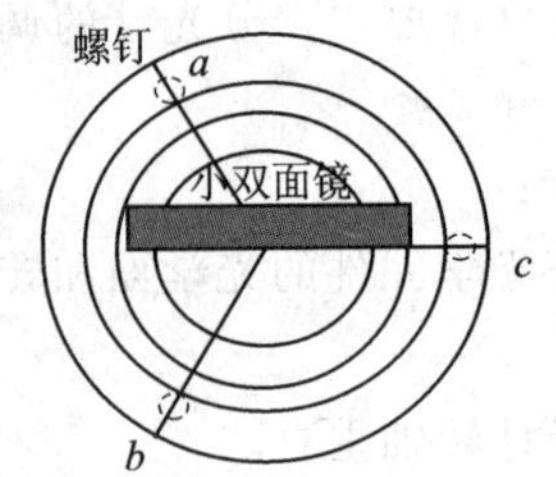

图 3.13.7　双面镜初始放置位置 I

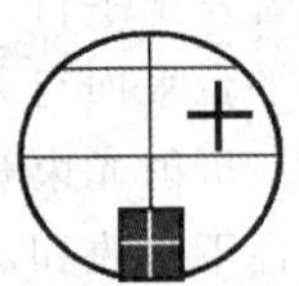

图 3.13.8　望远镜调焦完成后观察到的图像示例

④ 调节目镜中的竖叉丝与分光镜转轴平行。这一步是以后测量过程中的读数要求，读数的标准是竖叉丝和观察的某条光线重合。如果竖叉丝与转轴不平行，就不能保证叉丝与光线重合，那么读数就没有标准了。

要达到这一目的，具体的调节方法是：转动望远镜或载物台，看到“十”字像的轨迹不与水平叉丝平行，如图 3.13.9(a)所示，松开目镜锁紧螺钉，轻微转动目镜镜筒（且不可前后移动目镜镜筒位置），达到转动望远镜或载物台的过程中“十”字像的轨迹与水平叉丝平行，如图 3.13.9(b)所示。此时目镜的竖直叉丝就和分光计转轴平行了，最后锁紧望远镜目镜镜筒。

⑤ 调整平面镜与分光计转轴平行。在上述步骤基础上旋转载物台，使平面镜绕中心轴转过 180°，若从望远镜中仍看到亮“十”字像，但正反两面反射光先后成像位置高低不同，则表明平面镜与分光计中心轴不平行，但夹角不大，此时调节载物台面下前后两个螺钉（如前所述的 a、b），使亮“十”字像移至前后两次的高度不变，便可使平面镜与中心轴趋于平行（显然，只有二者平行时，载物台转过 180°后平面镜的法线和反射光的方向才不变，成像位置也就不变）。

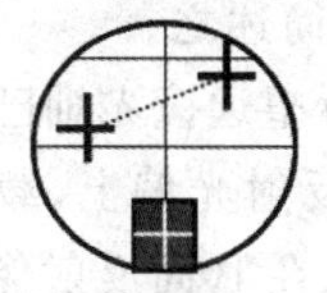
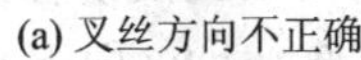
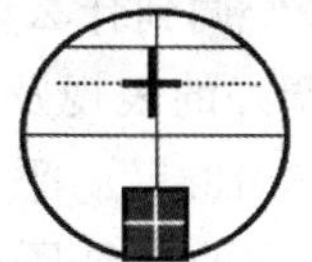

(a) 叉丝方向不正确　　(b) 叉丝方向正确

图 3.13.9 目镜叉丝方向调节

若平面镜随载物台旋转 180°后从望远镜中看不到亮"十"字像,则观察者可在望远镜外的上方或下方直接从平面镜中看到亮"十"字像,并判断镜面的倾斜程度,调节载物台调平螺钉 a、b 使反射光入望远镜;若估计正反两次"十"字像的平均位置仍在望远镜外,则宜适当改变望远镜的仰角(调节望远镜光轴水平调节螺钉),使正反两次亮"十"字像都进入望远镜视场,再按上法调整,使平面镜与分光计中心轴平行。

⑥ 使望远镜光轴与分光计中心轴垂直。当平面镜正反两面的反射光都能返回望远镜,且两次成像位置一样高时,表明平面镜已平行于中心轴。若亮"十"字像尚未与准直叉丝重合(**注意**:准直叉丝不是中心叉丝,而是上半部的黑"十"字线,它与下半部的透光小"十"字是以中心点对称的),则表明望远镜光轴尚未垂直于平面镜,此时应调节望远镜倾仰角螺丝,使亮"十"字像与准直叉丝重合,然后反复旋转平面镜正反面,并反复调节螺钉 a 或 b 及望远镜光轴水平调节螺钉,直到无论平面镜哪面正对着望远镜,反射回来的亮"十"字像都能如图 3.13.10 所示与准直叉丝重合,则望远镜光轴就与分光计中心轴垂直了。

2) 调节载物平台

这一步调整的目的是使载物台平面与分光计中心轴垂直,以上调节还不能决定载物台平面垂直于中心转轴,还需要将平面镜从原来垂直于 a、b 连线的位置Ⅰ改放为平行于 a、b 连线的位置Ⅱ(即转过 90°,如图 3.13.11 所示)。调节螺丝 c,使反射的亮"十"字像与分划板叉丝的水平准线重合(**注意**:此时不能再调螺钉 a、b 及望远镜光轴水平调节螺钉了)。这样,载物台平面就与分光计中心轴垂直了,此后可撤去平面镜。

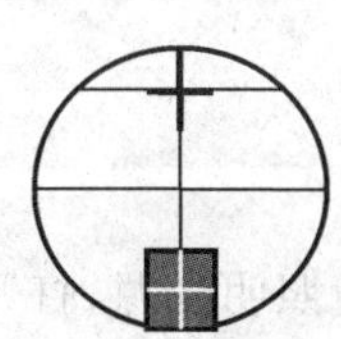

图 3.13.10 望远镜光轴与转轴垂直后观察到的图像

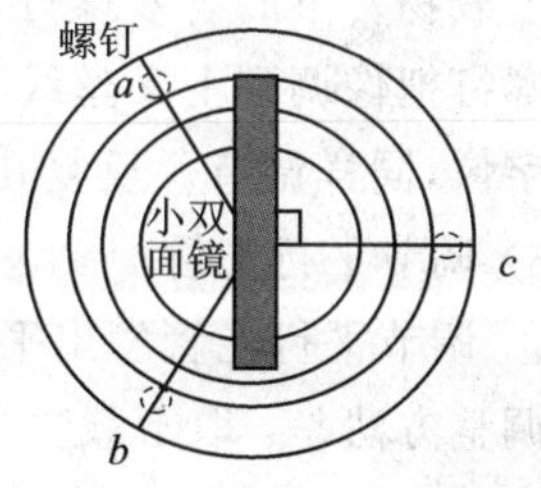

图 3.13.11 双面镜放置位置Ⅱ

关于调节望远镜和载物平台的技巧主要基于以下思考:在上述调整过程中出现的一些问题,其原因何在?调整什么?应如何调整?这是要分析清楚的。例如,是调载物台？还是调望远镜？调到什么程度？下面简述之。

① 载物台倾角没调好的表现及调整。假设望远镜光轴已垂直于仪器主轴，但载物台倾角没调好，见图 3.13.12。平面镜 A 面反射光偏上，载物台转 180°后，B 面反射光偏下。在目镜中看到的现象是 A 面反射像在 B 面反射像的上方。显然，调整方法是调节载物台螺钉 a 或 b，将 A 面像（或 B 面像）向上（向下）调到两像点距离的一半，使镜面 A 和 B 的像落在分划板上同一高度。

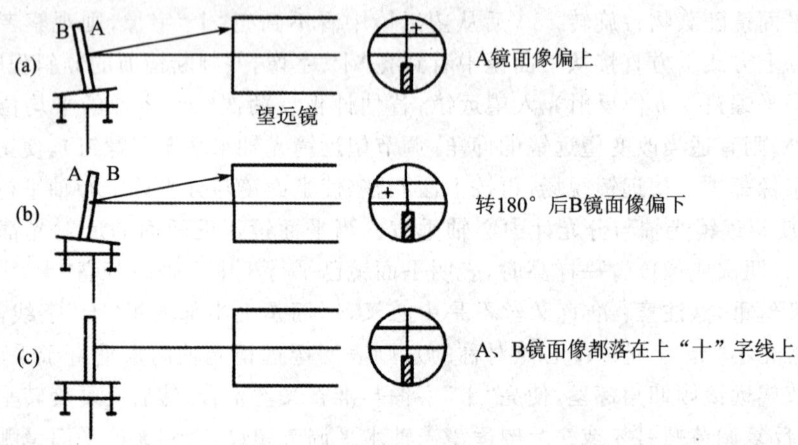

图 3.13.12　载物台没调好的表现及调整原理

② 望远镜光轴没调好的表现及调整。假设载物台已调好，但望远镜光轴不垂直于仪器主轴，见图 3.13.13。在图(a)中，无论平面镜 A 面还是 B 面，反射光都偏上，反射像落在分划板上“十”字线的上方。在图(b)中，镜面反射光都偏下，反射像都落在上“十”字线的下方。显然，调整方法是只要调整望远镜仰角调节螺钉，把像调到上“十”字线上即可。

③ 载物台和望远镜光轴都没调好的表现和调整方法。表现是两个镜面反射像一上一下，且离开上叉丝的距离不同。这时，采用各半调节法，对于一个放射面的像，先调节载物台下的有效螺钉，使反射像向上叉丝回归一半的距离，再调节望远镜仰角调节螺钉把像调到上叉丝线上，见图 3.13.13(c)；转动载物台找另一面反射回来的“十”字像，同样调节。反复几次后即可调节成功。

3）调节平行光管

① 调节平行光管发出平行光并与望远镜共轴。

调整方法是：取下载物台上平面镜和关闭目镜照明光源，打开汞灯，狭缝对准光源，使望远镜转向平行光管方向。松开狭缝锁紧螺丝，在目镜中观察狭缝像，沿轴向移动狭缝筒，直到狭缝的像最清晰。这表明光管已发出平行光。此时可以调节狭缝宽度手轮，改变狭缝像到 1 mm 左右的宽度（这个宽度并非指狭缝的实际宽度，而是狭缝像的宽度）。

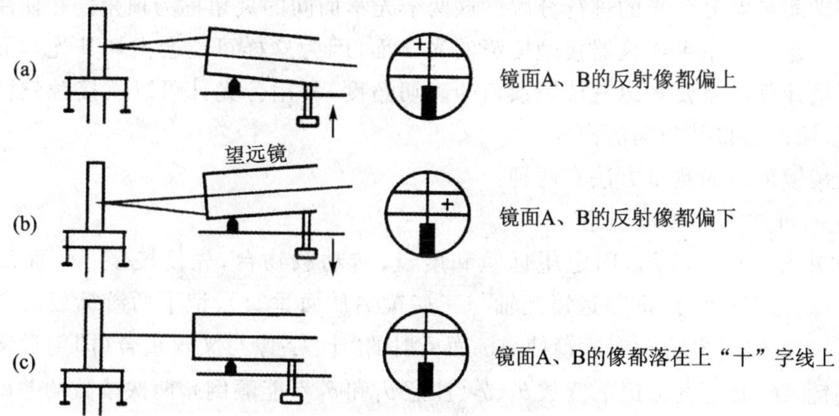

图 3.13.13　望远镜光轴没调好的表现及调整原理

② 调节平行光管与望远镜共轴。

要达到这一目的有两种方法：

方法一：调节平行光管光轴水平调节螺钉，使狭缝像的中点居中央水平叉丝处即可。这是因为狭缝的中点恰好位于平行光管的主轴上，但是由于对狭缝像中点的估计会引入人为误差，所以这是比较粗略的调节方式。

方法二：松开狭缝锁紧螺丝，在再将狭缝转向横向，调节平行光管的水平调节调节螺钉，将像调到中心横线上，如图 3.13.14(a)所示。这表明平行光管光轴已与望远镜光轴共线，所以也垂直于仪器主轴。再将狭缝调成垂直，见图 3.13.14(b)，锁紧镙钉，平行光管调节完毕。这种方法比第一种方法更为准确。

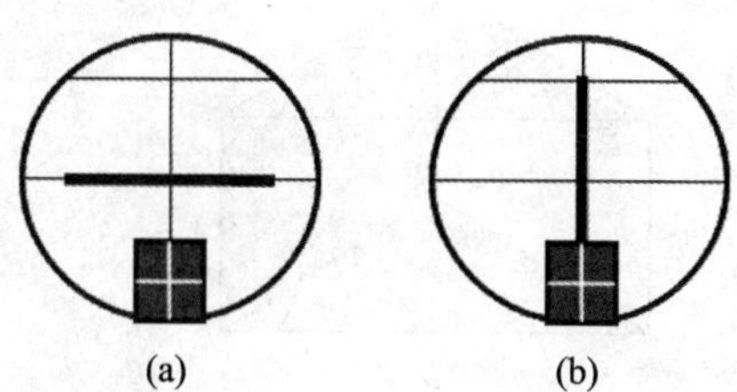

图 3.13.14　平行光管与望远镜共轴

4）测量角度

利用分光计测量角度时，必须将望远镜和度盘相对固定（锁紧图 3.13.1 中的 17 望远镜止动螺钉）；根据测量需要固定游标盘（锁紧图 3.13.1 中的 25 游标盘止动螺钉）或者度盘（16 转座与度盘止动螺钉）；然后根据游标的示数读取角度，否则读出的角度没有意义。

3. 测量原理和方法

(1) 三棱镜顶角的测量

三棱镜是光学棱镜中的一种形式，在外观上呈现几何三角形，是很常用的分光元件。实验室中常用的三棱镜是底面为等边三角形的三棱柱。如图 3.13.15 所示，上下两个底面制成毛面，侧面的一个面为毛面，另两个面表面光洁做为光学面。通过这两个光学面可对复色光的进行分解。这两个光学面间的夹角称为顶角。在使用测量的过程中是禁止用手或仪器接触棱镜的光学面,因为这样可能会损坏其光学面。在试验测量计算中需要知道三棱镜顶角的确切角度,利用分光计可以不接触三棱镜的光学面,而设法将其顶角测出。

三棱镜顶角的测量方法有两种:

1) 自准法测三棱镜顶角

如图 3.13.16 所示,固定望远镜和度盘,转动载物台,先使棱镜 AB 面反射绿“十”字像与叉丝重合(即望远镜光轴与三棱镜 AB 面垂直),记下两游标处的方位角读数 θ_1、θ_2。然后再转动望远镜使 AC 面反射的“十”字像与叉丝重合(即望远镜光轴与三棱镜 AC 面垂直),记下读数 θ_1'、θ_2'(注意 θ_1' 和 θ_2' 不能颠倒),两次读数的差就是三棱镜顶角$\angle A$ 的补角 ϕ。因此有

$$\angle A = 180° - \phi$$

即

$$\angle A = 180° - \frac{1}{2}(\varphi_1 + \varphi_2) = 180° - \frac{1}{2}\left(|\theta_1' - \theta_1| + |\theta_2' - \theta_2|\right) \tag{3.13.1}$$

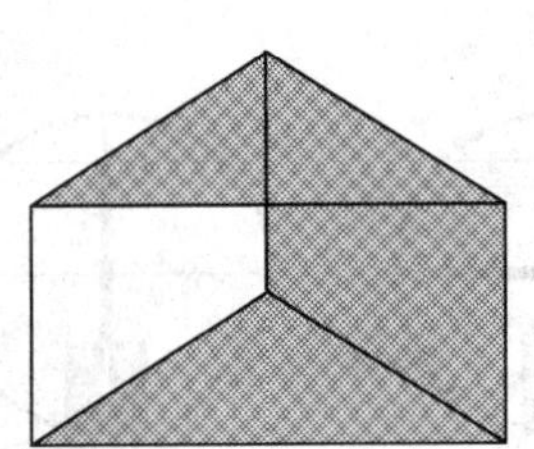

图 3.13.15　三棱镜

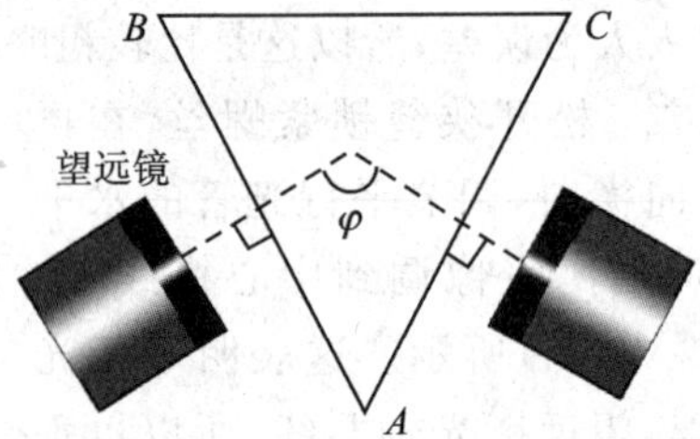

图 3.13.16　自准法测三棱镜顶角

2) 用平行光法(又叫反射法/分裂光束法)测三棱镜顶角

如图 3.13.17 所示,将平行光管射出的光束照射在三棱镜的一个光学面上,使望远镜转到一侧(如左边)的反射方向上观察,把望远镜叉丝对准狭缝像,此时读出两个游标的方位角 θ_1 与 θ_2;再将望远镜转到另一侧把叉丝对准狭缝像后读出 θ_1'、θ_2',则三棱镜顶角为

$$\angle A = \frac{1}{2}\varphi = \frac{1}{4}\left(|\theta_1' - \theta_1| + |\theta_2' - \theta_2|\right) \tag{3.13.2}$$

(2) 用最小偏向角法测三棱镜对不同谱线的折射率

如图 3.13.18 所示,一束单色光以 i_1 角入射到 AB 面上,经三棱镜两次折射后,从 AC 面射出来,出射角为 i_2'。入射光和出射光之间的夹角 δ 称为偏向角。当三棱镜顶角 A 一定时,偏向角 δ 的大小随入射角 i_1 的变化而变化。而当 $i_1 = i_2'$ 时,δ 为最小(证明略)。这时的偏向角称为最小偏向角,记为 $\delta_{\min}$。

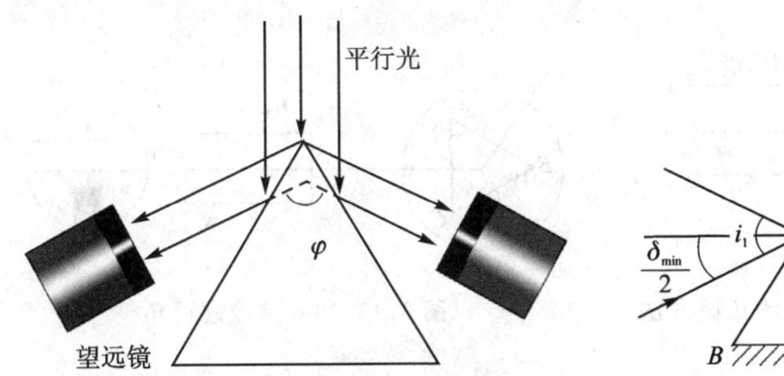

图 3.13.17　反射法测三棱镜顶角

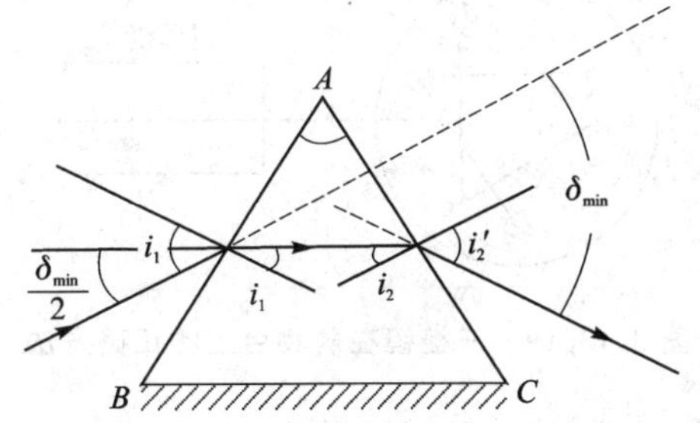

图 3.13.18　三棱镜最小偏向角原理

由图 3.13.18 中可以看出，这时

$$i_1' = \frac{A}{2}$$

$$\frac{\delta_{\min}}{2} = i_1 - i_1' - \frac{A}{2}$$

$$i_1 = \frac{1}{2}(\delta_{\min} + A)$$

设三棱镜材料折射率为 n，则

$$\sin i_1 = n\sin i_1' = n\sin\frac{A}{2}$$

故

$$n = \frac{\sin i_1}{\sin\frac{A}{2}} = \frac{\sin\frac{\delta_{\min}+A}{2}}{\sin\frac{A}{2}} \tag{3.13.3}$$

由此可知，要求得三棱镜对不同谱线的折射率 n，必须测出其顶角 A 和最小偏向角 $\delta_{\min}$。

3.13.4　实验步骤

1. 调整分光计(要求与调整方法见原理部分)

2. 使三棱镜光学侧面垂直望远镜光轴

① 调整载物台面与台面大致平行，将棱镜放到平台上，使棱镜三边与台下三螺钉的边线所成三边互相垂直，见图 3.13.19。试分析这样放置的好处。

② 接通目镜照明光源，遮住从平行光管来的光。转动载物台，在望远镜中观察从侧面 AC 和 AB 反射回来的十字像，只调台下三螺钉，使其反射像都落到上十字线处，见图 3.13.20。调节时，切莫动螺钉(12)(为什么?)。

注意：每个螺钉的调节要轻微，要同时观察它对各侧面反射像的影响。调好后

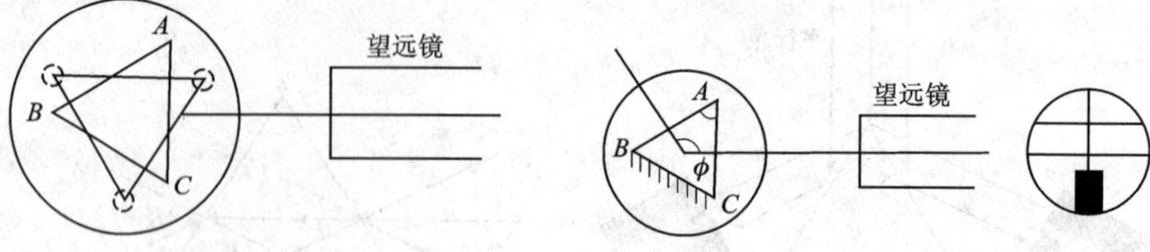

图 3.13.19　三棱镜在载物台上的正确方法　　图 3.13.20　测棱镜顶角

的棱镜，其位置不能再动。

3. 测棱镜顶角 A

对两游标作一适当标记，分别称游标 1 和游标 2，切记勿颠倒。两种方法任选一种测三棱镜顶角。

① 自准法。旋紧刻度盘下螺钉(16)、(17)，望远镜和刻度盘固定不动。转动游标盘，使棱镜 AB 面正对望远镜，见图 3.13.19。记下游标 1 的读数 θ_1 和游标 2 的读数 θ_2。再转动游标盘，再使 AC 面正对望远镜，记下游标 1 的读数 θ_1' 和游标 2 的读数 θ_2'。同一游标两次读数之差 $|\theta_1-\theta'_1|$ 或 $|\theta_2-\theta_2'|$，即是载物台转过的角度 ϕ，而 ϕ 是角 A 的补角，即

$$\angle A = \pi - \frac{1}{2}\left(|\theta_1'-\theta_1|+|\theta_2'-\theta_2|\right)$$

② 反射法。将三棱镜的顶角正对平行光管，锁紧螺钉 25 固定游标盘和载物台。锁紧螺钉 16 将望远镜与度盘相对固定，转动望远镜，找到 AB 面上的狭缝像，叉丝对准狭缝像，读出两个游标的方位角 θ_1 与 θ_2；再将望远镜转到 AC 面，叉丝对准狭缝像后读出 θ_1'、θ_2'，则三棱镜顶角为

$$\angle A = \frac{1}{4}\left(|\theta_1'-\theta_1|+|\theta_2'-\theta_2|\right)$$

4. 测三棱镜的最小偏向角

① 平行光管狭缝对准前方水银灯光源。

② 旋松望远镜止动螺钉 16 和游标盘止动螺钉 23，把载物台及望远镜转至如图 3.13.21中所示的位置(1)处，再左右微微转动望远镜，找出棱镜出射的各种颜色的水银灯光谱线(各种波长的狭缝像)。

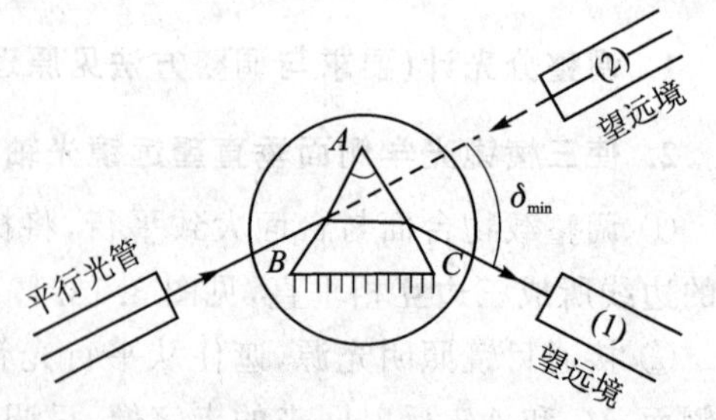

图 3.13.21　测最小偏向角的方法

③ 轻轻转动载物台(改变入射角 i_1)，在望远镜中将看到谱线跟着动。改变 i_1，应使谱线往 δ 减小的方向移

动(向顶角 A 方向移动)。望远镜要跟踪光谱线转动,直到棱镜继续转动,而谱线开始要反向移动(即偏向角反而变大)为止。这个反向移动的转折位置,就是光线以最小偏向角射出的方向。固定载物台(锁紧 25),再使望远镜微动,使其分划板上的中心竖线对准其中的一条谱线。

④ 测量数据。记下此时两游标处的读数 θ 和 θ',共 5 条谱线,分别读出各颜色谱线的 θ 和 θ'。取下三棱镜(载物台保持不动),转动望远镜对准平行光管,即图 3.13.21中(2)的位置,以确定入射光的方向,再记下两游标处的读数 θ_0 和 θ'_0。此时各谱线的最小偏向角为

$$\delta_{\min} = \frac{1}{2}(|\theta - \theta_0| + |\theta' - \theta'_0|)$$

将 $\delta_{\min}$ 值和测得的棱镜 A 角平均值代入式(3.13.3)计算 n。

⑤ 作图。以波长 λ 为横坐标,以折射率 n 为纵坐标,作出色散曲线,并作出分析。

3.13.5　注意事项

① 转动载物台都是指转动游标盘带动载物台一起转动。

② 狭缝宽度 1 mm 左右为宜,宽了测量误差大,窄了光通量小。狭缝易损坏,尽量少调,调节时要边看边调,动作要轻,切忌两缝太近。

③ 光学仪器螺钉的调节动作要轻柔,锁紧螺钉也是指锁住即可,不可用力过大,以免损坏器件。

3.13.6　思考题

① 已调好望远镜光轴垂直于主轴,若将平面镜取下后,又放到载物台上(放的位置与拿下前的位置不同),发现两镜面又不垂直望远镜光轴了,这是为什么?是否说明望远镜光轴还没调好?

② 使反射“十”字像水平线与分划板上部“十”字线的水平线重合使用的是什么方法?

③ 当已调节望远镜适合接收平行光,再调节平行光管时,如狭缝的像不清楚,应怎样调节?是否调节望远镜的目镜镜筒来看清狭缝像呢?

④ 棱镜使某一波长的谱线处于最小偏向角位置时,其他谱线是否也处于最小偏向角位置?

⑤ 是否对有任意顶角 A 的棱镜都可用测量小偏向角的方法来测它的材料的折射率?

3.14　等厚干涉

光干涉是指满足相干条件(频率相同、振动方向相同、位相差恒定)的两束光相互

叠加时所出现的光强按空间周期性重新分布的光学现象。由于原子、分子的自发辐射具有随机性，一般来说，来自于不同光源或同一光源不同部分的两束光是不相干的。在光的干涉实验中通常采用分波阵面法或分振幅法来获取相干光。

本实验采用分振幅法，即利用两光学玻璃表面之间形成的厚度不等的空气层的上、下两个界面对入射光的反射，将同一束光分解成若干束子光，子光束经过不同路径后再叠加。由于相互叠加的反射子光束之间的光程差与反射处空气层的厚度有关，干涉条纹的分布与空气层厚度的分布相对应，故称为等厚干涉。

干涉现象在科学研究和工业技术上有着广泛的应用，如测量光波波长，精确测量微小长度、厚度和角度，检验试件表面的光洁度，研究机械零件内应力的分布以及在半导体技术中测量硅片上氧化层的厚度等。

3.14.1 实验目的

① 学习读数显微镜的使用方法。

② 观察等厚干涉现象，加深对光的波动性的认识。

③ 掌握利用光的干涉原理检验光学元件表面几何特征的方法。

④ 学会利用逐差法处理数据。

3.14.2 实验仪器

读数显微镜、牛顿环装置、劈尖装置、钠光灯。

3.14.3 实验原理

1. 用牛顿环测平凸透镜的曲率半径

当曲率半径很大的平凸透镜的凸面放在一平面玻璃上时，如图 3.14.1 所示，在透镜的凸面与平面玻璃之间形成一个从中心 O 向四周逐渐增厚的空气层。当一束单色光垂直照射时，从空气层上下两个表面反射的光束 1 和光束 2 在上表面相遇时产生干涉。因为光程差相等的地方是以 O 点为中心的同心圆，因此等厚干涉条纹也是一组以 O 点为中心的明暗相间的同心圆环。当入射光是复色光时，干涉条纹将是一组同心彩色圆环。在同级多色干涉圆环中，波长越短者，条纹越靠近中心。这一干涉现象最早是英国科学家牛顿于 1675 年在制作天文望远镜时偶然将望远镜的物镜放在平板玻璃上发现的，因而又称牛顿环。由于从下表面反射的光多走了两倍空气层厚度的距离，此

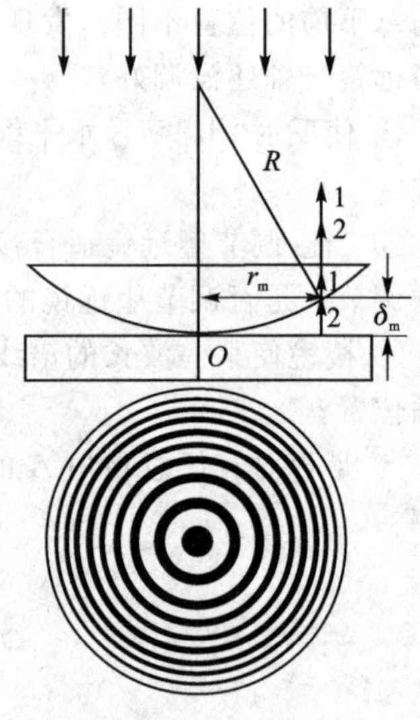

图 3.14.1 牛顿环干涉

外，在下表面光是由从光疏介质(空气)进入光密介质(玻璃)时发生的反射，存在半波损失。故 1、2 两束光的光程差为

$$\Delta = 2\delta + \frac{\lambda}{2} \tag{3.14.1}$$

式中：λ 为入射光的波长；δ 是空气层厚度；空气折射率 $n \approx 1$。

由光相干原理可知，当光程差 Δ 为半波长的奇数倍时形成暗环。若第 m 级暗环处的空气层厚度为 δ_m，则有

$$\Delta = 2\delta_m + \frac{\lambda}{2} = (2m+1)\frac{\lambda}{2}, \qquad m = 0,1,2,3,\cdots$$

$$\delta_m = m \cdot \frac{\lambda}{2} \tag{3.14.2}$$

由图 3.14.1 中的几何关系有

$$R^2 = r_m^2 + (R - \delta_m)^2 = r_m^2 + R^2 - 2R\delta_m + \delta_m^2$$

实际测量时空气层厚度远小于所使用的平凸透镜的曲率半径 R，即 $\delta_m \ll R$，因而可略去式中的二阶小量 δ_m^2，故

$$\delta_m = \frac{r_m^2}{2R} \tag{3.14.3}$$

式中：r_m 是第 m 级暗环的半径。联立式(3.14.2)和式(3.14.3)可得

$$r_m^2 = mR\lambda \tag{3.14.4}$$

式(3.14.4)表明，若测得第 m 级暗环的半径 r_m，便可根据已知的入射光波长 λ 计算待测透镜的曲率半径 R；反之，也可根据已知的透镜曲率半径 R 求入射光的波长 λ。但是，在实际测量中由于存在接触形变，使透镜凸面与平面玻璃并不是理想的点接触，这使得实际观测到的牛顿环中心不再是理论上的暗点，而是不规则的暗斑，所以圆心位置很难确定，环的半径 r_m 也就不易测准。同时，因玻璃表面附着的尘埃会引入的附加光程差，使实验中观测的干涉级数未必等于真实的干涉级数。为此，实验中通过测量距中心较远又较清晰的某两级干涉暗条纹的直径 D_m 和 D_{m+n} 来计算透镜曲率半径 R。对第 m 级暗纹

$$D_m^2 = 4mR\lambda \tag{3.14.5}$$

对第 $m+n$ 级暗环

$$D_{m+n}^2 = 4(m+n)R\lambda \tag{3.14.6}$$

将式(3.14.5)和式(3.14.6)两式相减，再展开整理后有

$$R = \frac{D_{m+n}^2 - D_m^2}{4n\lambda} \tag{3.14.7}$$

可见，如果我们测得第 m 级暗环及第$(m+n)$级暗环的直径，就可由式(3.14.7)计算透镜的曲率半径 R。经过上述的公式变换，避开了难以测量的 r_m 和 m，从而提高了测量的准确度，这是物理实验中常采用的方法。

2. 劈尖干涉测纸片厚度

将待测纸片放在两块平板玻璃之间的一端，则形成劈尖形空气薄膜，如图 3.14.2 所示。当用单色光垂直照射时，如前所述，在空气层的上表面形成干涉条纹，因为光程差相等的地方是平行于两玻璃片交线的直线，所以干涉条纹是一组平行于棱的明暗相间、等间距直条纹。

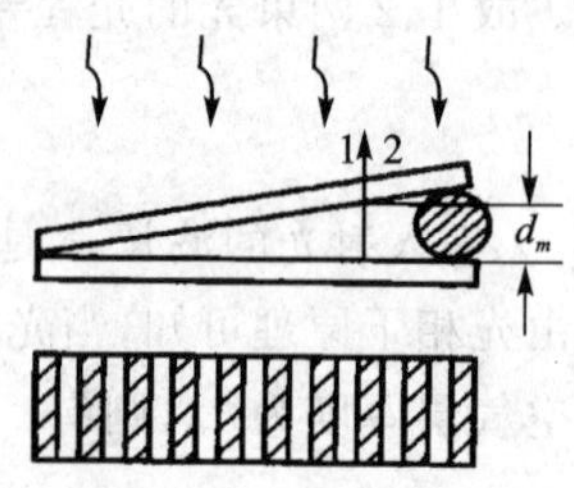

图 3.14.2 劈尖干涉

设入射光波长为 λ，则由式(3.14.2)得第 m 级暗纹处空气劈尖的厚度

$$d_m \approx m \frac{\lambda}{2} \tag{3.14.8}$$

由式(3.14.8)可知，$m=0$ 时，$d=0$，即在两玻璃片交线处，为零级暗条纹。如果在纸片处呈现 $m=N$ 级暗纹，则待测纸片厚度 $d=N\lambda/2$。

3. 利用干涉条纹检验光学表面面形

检查光学平面的方法通常是将光学样板(平面平晶)放在被测平面之上，在样板的标准平面与待测平面之间形成一个空气薄膜。当单色光垂直照射时，通过观测空气膜上的等厚干涉条纹，即可判断被测光学表面的面形。

(1) 待测表面是平面

两表面一端夹一极薄垫片，形成一楔形空气膜，如果干涉条纹是等距离的平行直条纹，则被测平面是精确的平面，见图 3.14.3(a)；如果干涉条纹如图 3.14.3(b)所示，则表明待测表面中心沿 AB 方向有一柱面形凹痕。因为凹痕处的空气膜的厚度较其两侧平面部分厚，所以干涉条纹在凹痕处弯向膜层较薄的 A 端。

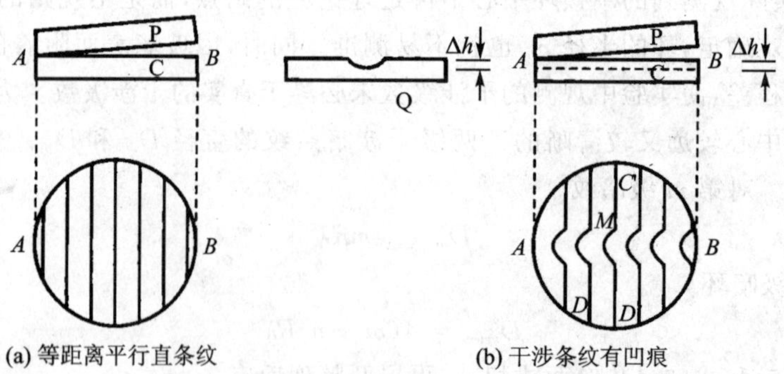

(a) 等距离平行直条纹　　(b) 干涉条纹有凹痕

图 3.14.3 平面面形的干涉条纹

(2) 待测表面呈微凸球面或微凹球面

将平面平晶放在待测表面上，可看到同心圆环状的干涉条纹，参看图 3.14.4。用手指在平晶上表面中心部位轻轻一按，如果干涉圆环向中心收缩，表明面形是凹面；如果干涉圆环从中心向边缘扩散，则面形是凸面。这种现象可解释为：当手指向

下按时，空气膜变薄，各级干涉条纹要发生移动，以满足式(3.14.2)。观测牛顿环实验装置图如图 3.14.5 所示。

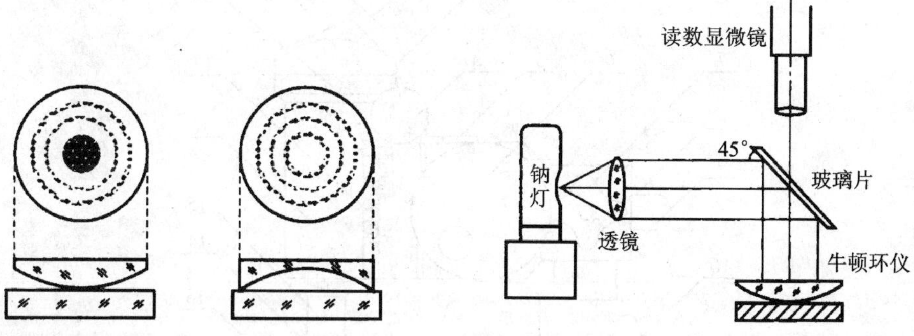

图 3.14.4　球面面形的干涉条纹　　**图 3.14.5　观测牛顿环实验装置图**

4. 读数显微镜工作说明

读数显微镜主要是用来测量微小距离或微小距离变化的仪器(见图 3.14.6)，它由两个主要部件组成：一部分是用来观看被测物体的放大像的显微镜；另一部分是用来读数的螺旋测微计。主要是用来精确测量微小的或不能用夹持仪器(游标卡尺、螺旋测微计等)测量的物体的尺度。转动读数显微镜测微鼓轮，显微镜镜筒可在水平方向上左右移动，移动的位置由标尺读出，目镜中装有带有十字叉丝，作为读数时对准待测物体的标线。使用时，先将待测物体置于毛玻璃片上，与处于垂直位置的显微镜筒大致正对(有时被测物体平面处于垂直平面内，则应调整镜筒使处于水平位置)。旋转目镜，调节目镜到叉丝分划板的距离，直到通过目镜能看到清晰的叉丝。转动调焦手轮，调节待测物体到物镜的距离，直到物镜所成物像与分划板完全重合，通过目镜能同时看到清晰且无视差的物像。所谓视差，是指在光学实验的测量过程中，随着眼睛的晃动(观察位置稍微改变)，标尺与被测物体之间产生相对移动，造成难以进行准确测量的一种现象。视差产生的原因在于度量标尺(分划板)与被测物体(像)不共面。消除的方法是：在显微镜目镜前左右晃动眼睛并观察，若叉丝与物像之间有相对移动，则调节目镜焦距并重复观察，反复多次调节，使物像恰好落在分划板上，叉丝与物像之间不再产生相对移动，即可完全消除视差。

显微镜读数方法和螺旋测微计相同，主尺上刻线是 0～50 mm，每小格数值为 1 mm，测微刻度轮圆周等分为 100 小格，刻度轮转一周，带动叉丝在主尺上移动 1 mm，如刻度轮转动一小格，由叉丝移动 0.01 mm。读数时，毫米以上整数根据指标在主尺上读出，毫米以下的小数从测微刻度轮上读取，精确到 0.01 mm，另需估计到 0.001 mm。具体测量时，先转动测微螺旋使叉丝刻线与待测物体相切于某点 A，记录读数 x_A，再沿同一方向转动测微螺旋使叉丝刻线与待测物体相切于另一点 B，记录读数 x_B，两次读数只差 $|x_A - x_B|$ 为 A、B 两点间的距离，实际测量中，每组数据必

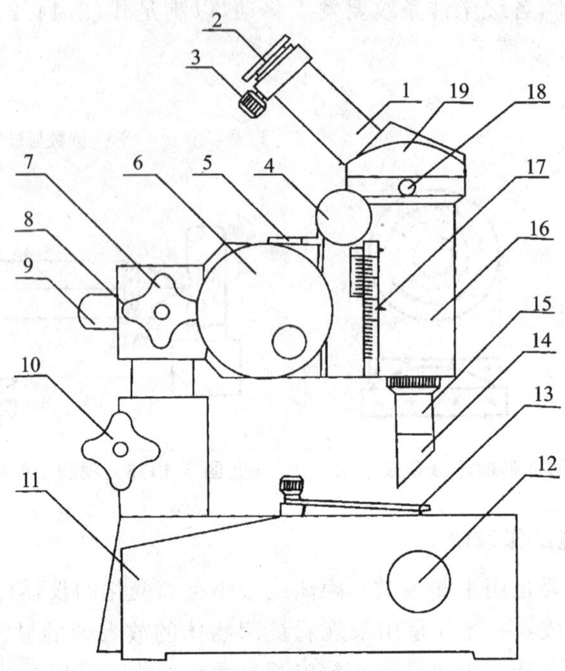

1—目镜接筒；2—目镜；3—锁紧螺钉；4—调焦手轮；5—标尺；6—测微鼓轮；7—锁紧手轮Ⅰ；8—接头轴；9—方轴；10—锁紧手轮Ⅱ；11—底座；12—反光镜旋轮；13—压片；14—半反射组；15—物镜组；16—镜筒；17—刻尺；18—锁紧螺钉；19—棱镜室

图 3.14.6 读数显微镜构造图

须在测微鼓轮往同一方向转动过程中逐个读出，以消除读数显微镜系统存在的空回误差（或称空程差）。读数显微镜的空回误差是指测微螺旋正转途中突然反转时滑动部件并不立即随之反向移动的现象。它是由连接测微螺旋的旋置螺杆和连接滑动部件的滑动螺母耦合时存在空气间隙所引起的，如图 3.14.7 所示。

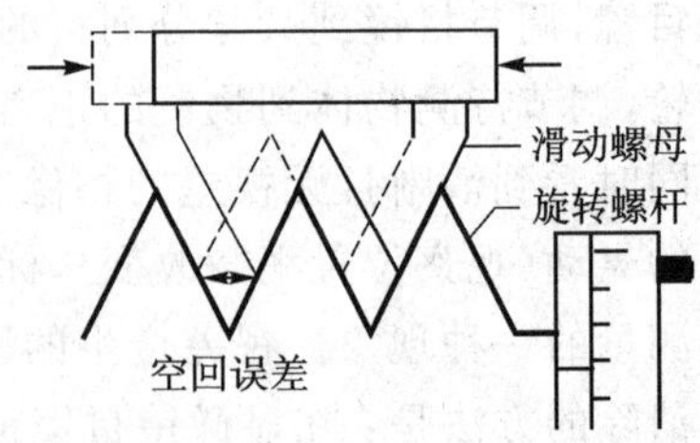

图 3.14.7 空程差示意图

3.14.4 实验内容与步骤

1. 测平凸透镜的曲率半径

① 点燃钠灯，将牛顿环装置按图 3.14.5 所示放置在读数显微镜镜筒和入射光调节支架的半反玻璃片的下方，支架上的透镜要正对着钠光灯窗口。

② 调节半反射玻片，使通过显微镜目镜观察时视场最亮，此时半反射玻片的倾斜角约为 45°。

③ 调节显微镜目镜,直到通过目镜能看到清晰的叉丝刻线。

④ 从显微镜外侧观察,旋转调焦螺旋使显微镜半反射玻片尽量靠近牛顿环装置(不可接触,以免损坏),然后缓慢上升镜筒并通过目镜观察,直至观察到干涉条纹,再微调半反玻片角度及显微镜,使条纹清楚且达到最佳观测效果。

⑤ 适当移动牛顿环装置,使显微镜的"十"字叉丝交点与牛顿环中心接近重合,并使水平方向的叉丝与标尺平行(与显微镜筒移动方向平行)。

⑥ 转动显微镜测微鼓轮,使显微镜筒沿一个方向移动,同时数出"十"字叉丝竖丝移过的暗环数(中央暗斑为零级暗纹),直到竖丝与第 35 级暗环相切为止。

⑦ 反向转动鼓轮,当竖丝与第 30 级暗环相切时,记录读数显微镜上的位置读数 d_{30},然后继续同向转动鼓轮,使竖丝依次与第 25、20、15、10、5 级暗环相切,顺次记下读数 d_{25}、d_{20}、d_{15}、d_{10}、d_{5}。

⑧ 继续转动鼓轮,越过中央暗斑中心,依次记录竖丝与另一测的第 5、10、15、20、25、30 级暗环相切时的读数 d'_5、d'_{10}、d'_{15}、d'_{20}、d'_{25}、d'_{30}。

2. 测纸片厚度

① 将劈尖盒放在曾放置牛顿环的位置,同上调节,观察到干涉条纹,使条纹最清晰。

② 调整显微镜及劈尖盒的位置,当转动测微鼓轮使镜筒移动时,"十"字叉丝的竖丝要保持与条纹平行。

③ 在劈尖玻璃面的三个不同部分,测出 20 条暗纹的总长度 Δl,测三次求其平均值及单位长度的干涉条纹数 $n=\dfrac{20}{\Delta l}$。

④ 测劈尖两玻璃片交线处到所夹纸片最临近一端的总长度 L,测三次并求平均值。

3. 检查玻璃表面面形并作定性分析

在标准表面和受检表面正式接触之前,必须先用酒精清洗,再用抗静电的小刷子把清洗之后残作的灰尘小粒刷去。待测玻璃放在黑绒上,受检表面要朝上,再轻轻放上平面平晶。在单色光或水银灯垂直照射下观察干涉条纹的形状,判断被检表面的面形。如果看不到干涉条纹,主要原因是两接触表面不清洁,还附有灰尘微粒所致,应再进行清洁处理。

4. 注意事项

① 读数显微镜的测微鼓轮在每一次测量过程中只可沿同一方向转动,避免空回误差。

② 实验观测时,镜筒要自下而上缓缓调节,需要下降时,应在从显微镜外侧观测,以免损伤物镜镜头或压坏 45°玻璃片。

③ 取拿牛顿环装置及劈尖时,切忌触摸光学平面,如有不洁,要用专门的揩镜纸

轻轻揩拭。

④ 钠光灯点亮后，直到测试结束再关闭，中途不应随意开关；否则会降低钠光灯的使用寿命。

3.14.5 数据处理

① 用逐差法处理数据。第 30 级暗环的直径 $D_{30}=|d_{30}-d'_{30}|$，同理，可求出 D_{25}、D_{20}、…、D_5，取 $n=15$，求出 $\overline{D_{n+15}^2-D_n^2}$，代入式(3.14.7)计算平凸透镜曲率半径 R 及其标准误差。

② 由式(3.14.8)求所夹纸片厚度：

$$d=N\cdot\frac{\lambda}{2}=L\cdot n\frac{\lambda}{2}=L\cdot\frac{20}{\Delta l}\cdot\frac{\lambda}{2} \tag{3.14.9}$$

3.14.6 思考题

① 参看图 3.14.8，从空气膜上下表面反射的光线相遇在 D 处发生相干，其光程差为

$$\Delta=AB+BC+CD-AD+\frac{\lambda}{2}$$

为什么式(3.14.1)写成 $\Delta=2\delta+\frac{\lambda}{2}$？

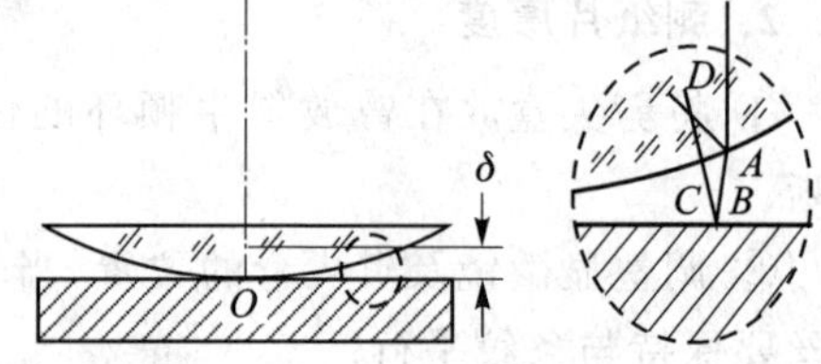

图 3.14.8 相干光的光程差

② 如果牛顿环中心不是暗斑而是亮斑，这是什么原因引起的？对测量有无影响？

③ 为什么测量读数时，鼓轮只能沿一个方向转动而不能倒转？

④ 怎样使用牛顿环来测量单色光波的波长？

3.15 用透射光栅测定光波波长

光波波长的测量方法很多，本实验是用衍射光栅来测量波长。衍射光栅是利用光的衍射现象制成的一种高分辨率的分光元件，它能将含有各种波长的复色光在空间展开成间隔较宽且按波长均匀排列的光谱，因此可以利用衍射光栅精确地测定光波的波长；制成光谱仪来研究复色光的组成(光谱分析)；用它制成的单色仪还可以在空间某一特定的位置处获得所需波长的单色光。

光栅按几何结构可分为平面光栅、阶梯光栅和凹面光栅；按光学性能可分为透射光栅、反射光栅和闪耀光栅。本实验用的是镀膜全息照相制成的平面透射光栅。

3.15.1 实验目的

① 观察光波通过光栅后的衍射现象，理解光栅衍射的基本规律。

② 进一步熟悉分光计的调节和使用，学会用分光计测光栅常数。

③ 测定汞灯在可见光范围内几条谱线的波长。

3.15.2　实验仪器

JJY 型分光计、平面透射光栅、光源（汞灯）。

3.15.3　实验原理

平面透射光栅相当于一组数目极多、平行等距、紧密排列等宽的狭缝，当一束平行光垂直照射到光栅平面上时，通过每条狭缝的光因衍射而向各个方向传播，经过透镜会聚，衍射角相同的光将会聚在同一处而互相干涉，形成一系列明暗条纹。因此，光栅的衍射条纹应看作是单缝衍射的光强分布对多光束干涉的光强分布的调制。

设光栅中每条狭缝的宽度用 a 表示，两缝间不透光部分的宽度为 b，则 $d=a+b$ 代表相邻两狭缝中心间距，称为光栅常数。若光栅每厘米的刻痕数为 n，则 $d=1/n$。当单色平行光垂直入射到衍射光栅上时，通过每条狭缝的光都将发生衍射，不同缝的光彼此干涉，当衍射角度满足光栅方程

$$d\sin\varphi_k = k\lambda,\qquad k = 0, \pm 1, \pm 2, \cdots$$

时，光波加强，产生主极大。式中，λ 是单色光的波长，k 为光谱线的级数，φ_k 为 k 级光谱线的衍射角。$k=0$ 的明条纹叫中央明条纹或零级明条纹；$k=\pm 1$ 的明条纹在中央明条纹左右对称分布，叫一级光谱；$k=\pm 2$ 的明条纹在离中央明条纹较远处左右对称分布，叫二级光谱；其余以此类推。若在光栅后加一会聚透镜，则在其焦平面上形成分隔开的对称分布的细锐条纹，如图 3.15.1 所示。

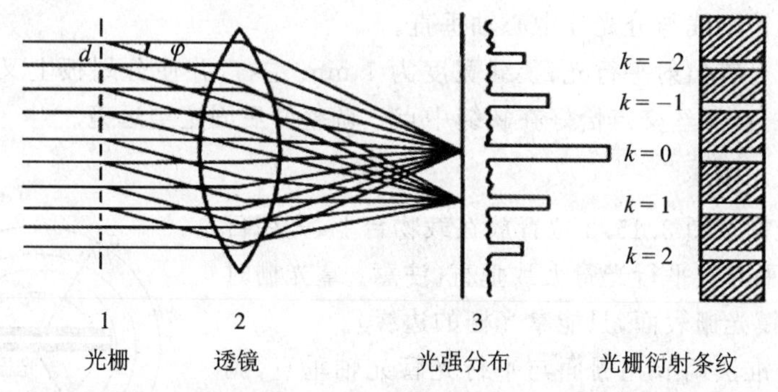

图 3.15.1　单色光经光栅衍射原理

如果光源是包含不同波长光波的复色光，经过光栅衍射后，对不同波长的光，除零级外，由于同一级主极大有不同的衍射角 φ_k，因此在零级主极大两边出现对称分布，按波长次序排列形成彩色光谱，如图 3.15.2 所示，称为光栅光谱。

根据以上讨论，若用已知光栅常数的光栅进行分光，通过分光计测定各条谱线的衍射角，就能确定各条谱线的波长。反之，若已知所用的单色光的波长，则可以确定

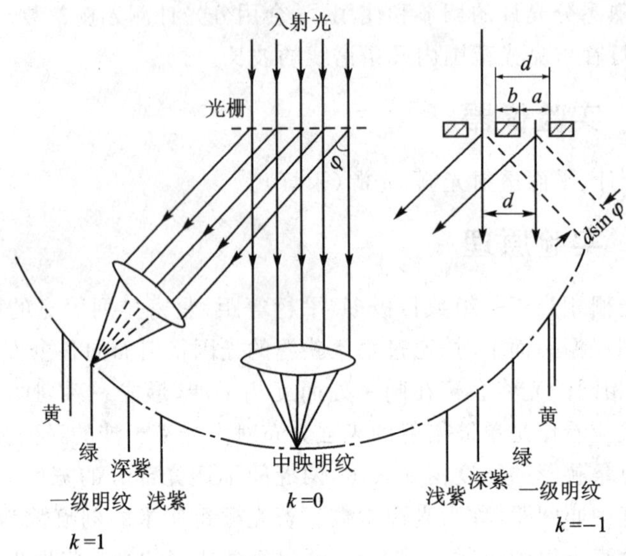

图 3.15.2　复色光经光栅衍射

所用光栅的光栅常数。

3.15.4　实验内容和步骤

1. 调整分光计

按 3.13 节所述的方法和步骤调整好分光计，使得：

- 望远镜聚集于无穷远(适合于接收平行光)。
- 望远镜轴线与分光计中心轴垂直。
- 平行光管出射平行光，狭缝宽度为 1 mm 左右，并使分划板上叉丝竖线与狭缝平行，叉丝交点恰好在狭缝中点。调整好后固定望远镜。

2. 放置光栅

① 将光栅按图 3.15.3 位置放在载物台上，先用目视法使光栅平面与平行光管大致垂直(**注意**：拿光栅时不要用手触摸光栅表面，只能拿光栅的边缘)。

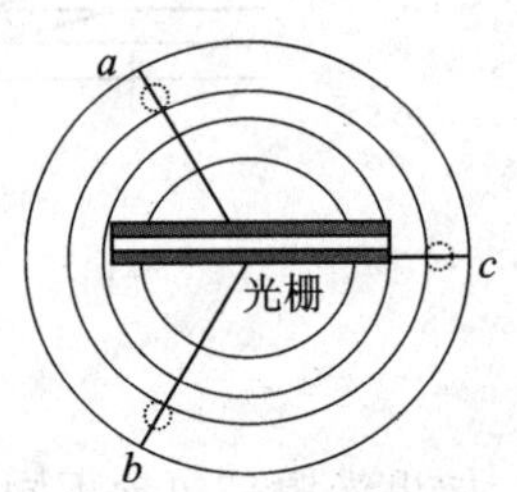

图 3.15.3　光栅放置位置

② 用自准法调节光栅面与平行光管光轴垂直，调节方法是：接上目镜照明器上的电源，从目镜中看光栅面反射回来的亮“十”字像是否与分划板上方的“十”字叉丝重合；如果不重合，则旋转游标度盘，先使其纵线重合(**注意**：此时狭缝的中心线与亮“十”字像的纵线、分划板的纵线三者重合)。再调节载物台调平螺钉 a 或 b 使横线重合(**注意**：望远镜已调好，不能再动)。然后旋紧游标盘止动螺钉 25，定住游标盘，从而定住载物台。

③ 关掉目镜照明小灯，放松望远镜止动螺钉 17，推动支臂旋转望远镜，从目镜观察各级衍射光谱的分布情况。中间最亮的就是零级明条纹，在其两旁对称地分布着各级明条纹（谱线），一般可清楚看到±3 级左右。每一级谱线由 5 根不同的颜色谱线组成，它们分别对应着不同的波长，离零级明条纹由近到远分别为浅紫线、深紫线、绿线和两根黄线，其中两根黄线互相靠得很近，注意中央明纹两侧的衍射光谱是否在同一水平线上，若有高低变化，说明狭缝与光栅刻痕不平行，可调节载物台下调平螺丝 c，直到中央明纹两侧的衍射光谱基本上在同一水平线上为止。

3. 测定一级光谱中各条谱线的衍射角

转动望远镜，依次从左向右，测量 $k=+1$、-1 级各谱线的衍射角，可以调节微动螺丝 15，为减小偏心度误差，应同时记下左右两角游标的读数 θ 和 θ'，将数据记录入表格。

4. 代入光栅方程，计算各谱线的波长 λ

光栅方程为

$$d\sin\varphi_k = k\lambda$$

5. 注意事项

① 光栅是精密光学元件，严禁用手触摸其光学表面，以免弄脏或损坏；

② 零级谱线很强，长时间观察会伤害眼睛，观察时在狭缝前加层白纸以减弱光强；

③ 汞灯的紫外线很强，不可直视；

④ 汞灯中使用时不要频繁启闭，否则会减损其寿命。

3.15.5　数据处理

① 按公式 $\varphi_k=1/4(|\theta_+-\theta_-|+|\theta'_+-\theta'_-|)$计算各条谱线的衍射角 $\varphi_k(k=1)$。

② 将上述各谱线的衍射角代入光栅方程 $d\sin\varphi_k=k\lambda$（本实验中所用光栅的光栅常数 $d=(1/300)$ mm），计算各条谱线的波长。

3.15.6　思考题

① 利用本实验如何测定光栅常数？

② 用光栅测定光波波长，对分光计的调节有什么要求？

第 4 章　综合性物理实验

综合性物理实验是泛指在同一个实验中涉及力学、热学、电磁学、光学、近代物理学等多个知识领域，综合应用多种方法和技术的实验。实验内容可以为基本物理量或材料特征物性参数的测量、多种基本实验仪器的联合使用、不同的基本实验技能和基本测量方法综合应用等。综合性物理实验的综合程度根据实验仪器特点可进行不同的组合，其涉及的科学实验方法也可应用于工程技术的其他方面，为后续设计性物理实验打下基础。

本章选编了迈克尔逊干涉仪、光电效应实验、夫兰克-赫兹实验、密立根油滴实验4 个诺贝尔物理学奖相关的实验和各种传感器相关实验共 16 个实验项目。测量内容包括激光波长、电子电量、普朗克常量、声速、霍尔电压、磁场等。相关的实验方法有比较法、转换法、放大法、模拟法、补偿法、平衡法和干涉、衍射法等。综合性物理实验涉及包括长度测量仪器、测温仪器、变阻器、电表、交/直流电桥、通用示波器、低频信号发生器、分光仪、常用电源和光源等常用仪器的组合应用。进行零位调整、水平/铅直调整、光路的共轴调整、消视差调整、逐次逼近调整、复杂电路图接线和故障检查与排除等综合实验能力训练。

4.1　迈克尔逊干涉仪

迈克尔逊干涉仪是 1883 年美国物理学家迈克尔逊和莫雷合作，为研究“以太”漂移而设计制造出来的精密光学仪器。它包含极为丰富的实验思想，设计精巧，测量精度极高，因其在物理学发展中重大意义而获 1907 年诺贝尔物理学奖。迈克尔逊干涉仪是利用分振幅法产生相干光的装置，可以观察各种不同几何形状、不同定域状态的干涉条纹；研究光源的时间相干性；测量气体、固体的折射率；进行微小长度测量等。在近代物理和近代计量技术中，如在光谱线精细结构的研究和用光波标定标准米尺等实验中都有着重要的应用。

4.1.1　实验目的

① 了解迈克尔逊干涉仪的结构，学习其调节方法。

② 观察等倾干涉条纹，测量 He - Ne 激光的波长。

③ 观察非定域干涉、定域等倾干涉、等厚干涉及白光干涉现象。

④ 练习用逐差法处理实验数据。

4.1.2　实验仪器

迈克尔逊干涉仪、He－Ne 激光器及仪器架、扩束镜。

4.1.3　实验原理

迈克尔逊干涉仪的典型光路如图 4.1.1 所示。图中 M_1 和 M_2 是两面平面反射镜，分别装在相互垂直的两臂上。M_1 位置固定而 M_2 可通过精密丝杆沿臂长方向移动。M_1 和 M_2 的倾角可通过背面螺丝调节。G_1 和 G_2 是两块完全相同的玻璃板，G_1 的后表面上镀有半透明的银反射膜，能使入射光分为振幅相等的反射光和透射光，称为分光板或半透半反镜。G_1 和 G_2 与 M_1 和 M_2 成 45°角倾斜安装。由光源发出的光束，被分光板 G_1 分成反射光束 1 和透射光束 2，分别射向 M_2 和 M_1，并各自被反射回到 G_1 后到达观察屏 E 产生干涉条纹。G_2 称为补偿板，是为了使光束 2 也同光束 1 一样二次通过相同厚度的玻璃板，以保证两光束间在几何路程相同时光程差相同。

由于 G_1 银膜的反射，在 M_2 附近形成 M_1 的一个虚象 M_1'，因此，光束 1 和光束 2 的干涉可等效为由 M_2 和 M_1' 之间形成的空气薄膜产生的干涉。

1. 等倾干涉(定域干涉)测光波波长

如图 4.1.2 所示，波长为 λ 的光束 y 经间隔为 d 的上下两平面 M_1' 和 M_2 反射，反射后的光束分别为 y_1 和 y_2。

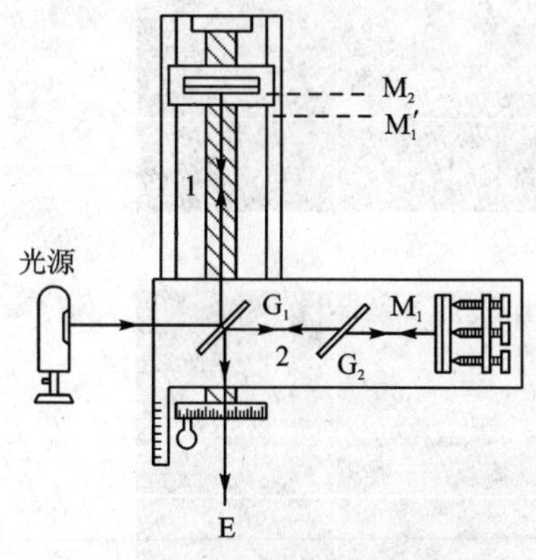

图 4.1.1　迈克尔逊干涉仪光路图

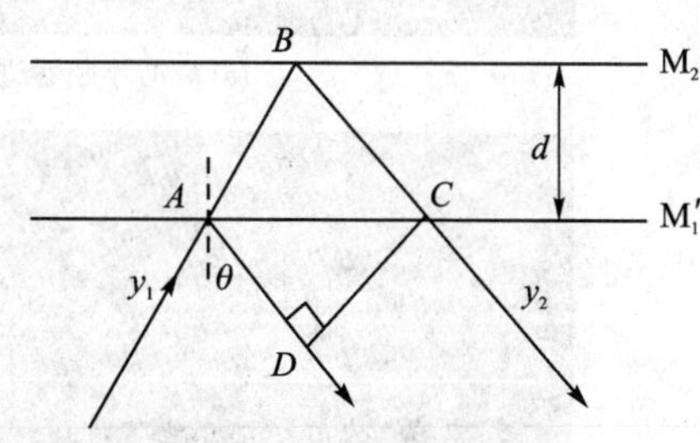

图 4.1.2　等倾干涉光路图

设 y_1 经过的光程为 l，y_2 经过的光程为 $l+\delta$，δ 即为这两束光的光程差

$$\delta = \overline{AB} + \overline{BC} - \overline{AD}$$

如果入射角为 θ，则可推出

$$\delta = 2d\cos\theta \tag{4.1.1}$$

可见当 d 一定时，光程差取决于入射角 θ，当用透镜将此二光线会聚时，则在透镜的焦平面上产生圆环形的等倾干涉条纹。

当 $\delta=2d\cos\theta=k\lambda$ 时，为干涉明纹；

当 $\delta=2d\cos\theta=(2k+1)\dfrac{\lambda}{2}$ 时，为干涉暗纹。

其中 k 为整数，称干涉级数，与相应干涉条纹对应。由式(4.1.1)可知，中心处 $\theta=0°$，光程差最大，因而干涉级数最高，但干涉环半径小。反之，越靠边缘，θ 越大，光程差越小，干涉级数越低，干涉环半径越大。

移动 M_2 镜每增加或减少 $\lambda/2$ 的距离，视场中心就涌出一个环纹或淹没(吞进)一个环纹，视场中心干涉条纹变化或移过的数目 ΔN 与 M_2 移动距离 Δd 间的关系如下：

$$\Delta d=\Delta N\cdot\frac{\lambda}{2} \tag{4.1.2}$$

因此，只要测量 M_2 镜移动距离 Δd 时中心处涌出或淹没的环纹数 ΔN，由式(4.1.2)就可确定入射光的波长。

观察干涉圆环的环心，如增大 d，k 也增大，环心的级次也增大，环心不断涌出环纹，环纹增多变密；如减小 d，环心不断吞进环纹，条纹减少变疏(见图 4.1.3(a))。

如果 M_2 和 M_1' 不严格平行，在 d 趋近于零时能观察到等厚直条纹(有时微有弯曲，见图 4.1.3(b))，这时若改用白光入射，则可观察到彩色的等厚干涉直条纹。

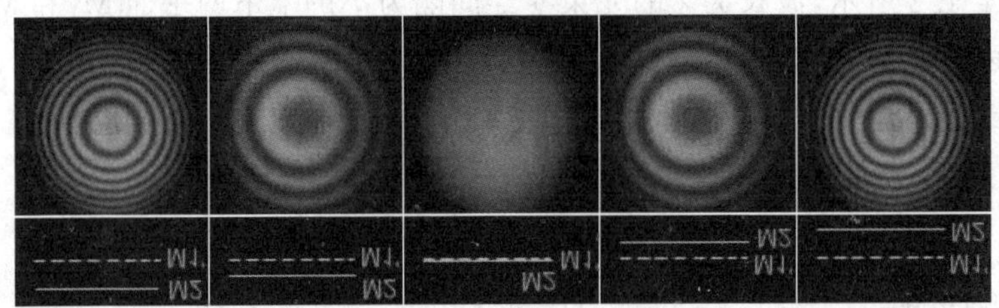

(a) 环心不断吞进环纹，条纹减少变疏

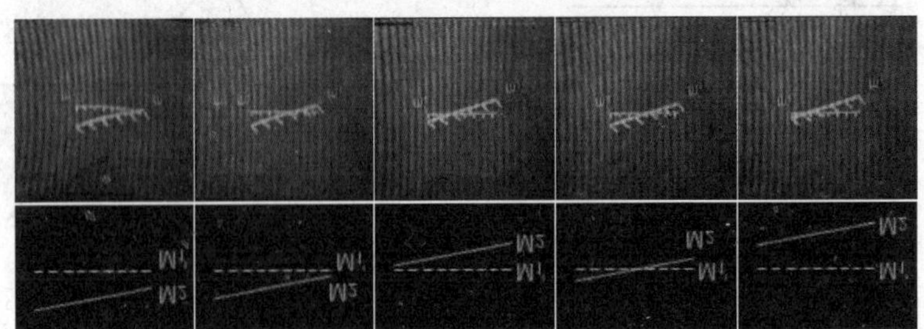

(b) 在d趋近于零时能观察到等厚直条纹

图 4.1.3　干涉条纹

2. 非定域干涉

如图 4.1.4 所示，激光束经扩束透镜会聚后形成一个线度非常小、强度足够大的点光源 S。此点光源 S 经平面反射镜 M_1' 和 M_2 反射后，相当于由两个虚光源 S_1 和 S_2

发出的干涉光束，S_1 与 S_2 间的距离为 M_1' 与 M_2 的距离 d 的两倍，即 S_1S_2 等于 $2d$。图中所示虚光源 S_1 和 S_2 发出的球面波在它们相遇的空间处处相干。因此，将观察屏放入光场叠加区的任何位置处，都可观察到干涉条纹，这种条纹称为非定域干涉条纹，相应的干涉现象属于非定域干涉。

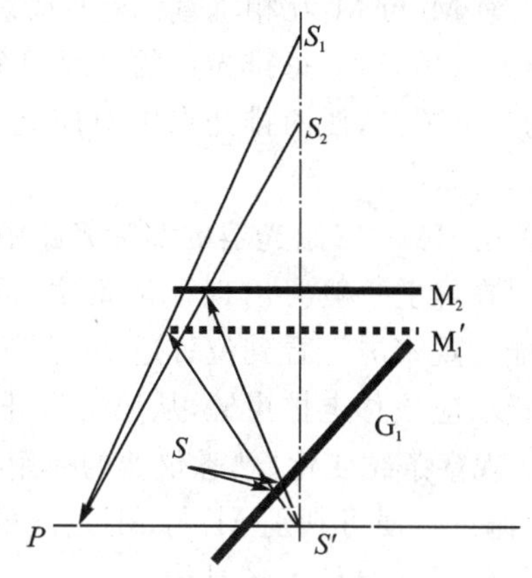

图 4.1.4　非定域干涉

3. 测量钠光双线的波长差 $\Delta\lambda$

钠光的两条强谱线的波长分别为 $\lambda_1 = 589.0\ \text{nm}$ 和 $\lambda_2 = 589.6\ \text{nm}$。当用钠黄光入射干涉仪时，得到的是两种波长干涉叠加的条纹。移动 M_2 镜，若满足对波长 λ_1 其光程差恰好为 λ_1 的整数倍，而同时对波长 λ_2 其光程差又为 λ_2 的半整数倍，即

$$k_1\lambda_1 = \left(k_2 + \frac{1}{2}\right)\lambda_2$$

这时对 λ_1 光波生成亮环的位置，恰好是 λ_2 光波生成暗环的位置。如果两列光波的强度相等，则在此处干涉条纹的视见度应为零（即条纹消失）。那么干涉场中相邻的两次视见度为零时对应的光程差变化为

$$\Delta\delta = k\lambda_1 = (k+1)\lambda_2$$

上式中 k 为一较大整数，由此得

$$\Delta\lambda = \lambda_1 - \lambda_2 = \frac{\lambda_1\lambda_2}{\Delta\delta} = \frac{\lambda^2}{\Delta\delta}$$

式中：λ 为 λ_1、λ_2 的平均波长。

对于视场中心来说，设 M_2 镜在相继两次视见度为零时移动距离为 Δd，则光程差的变化 $\Delta\delta$ 应等于 $2\Delta d$，所以

$$\Delta\lambda = \frac{\lambda^2}{2\Delta d} \tag{4.1.3}$$

对钠光 $\bar{\lambda} = 589.3\ \text{nm}$，如果测出在相继两次视见度最小时 M_2 镜移动的距离 Δd，就可以由式(4.1.3)求得钠光双线的波长差。

4.1.4　实验内容与步骤

1. 迈克尔逊干涉仪的调节

① 使 He-Ne 激光器大致垂直于 M_1：调节 He-Ne 激光器的高低左右位置，使被 M_1 反射回来的光束按原路返回（尽可能回到激光器的出光口）。

② 使 M_1 与 M_2 互相垂直：装上观察屏(见图 4.1.5)，可看到分别由 M_1 和 M_2 反射至屏的两排光点，每排光点的中间两个较亮，旁边的亮度依次减弱. 调节 M_1 和 M_2 背面的三个螺钉，使两排光点中对应亮度的光点一一重合，这时 M_1 与 M_2 就大致互相垂直。

③ 在 He－Ne 激光器的实际光路中加入扩束镜(短焦距透镜)，使扩束光照在 G_1 上，此时在屏上一般会出现干涉条纹，再缓慢、细心地调节 M_2 的水平和竖直微调螺栓，便能在观察屏上看到位置适中、清晰可辨的圆环状等倾干涉条纹。如果没有出现干涉条纹，应该移走扩束镜，从第①步开始重调。

④ 观察条纹变化，熟悉仪器的使用。转动干涉仪的粗动手轮，观察到条纹的"涌出"或"淹没"，便可判别 M_1' 与 M_2 之间的距离 d 是变大还是变小，观察条纹粗细、疏密情况，判断 d 是较大还是较小。

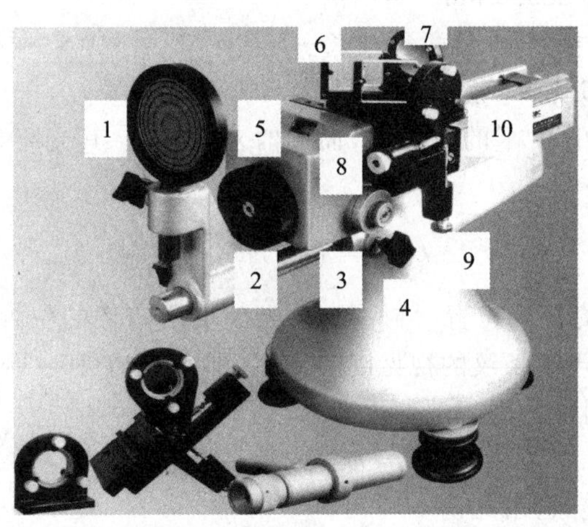

1—观察屏；2—粗调手轮；3—微调手轮；4—锁紧螺钉；5—刻度盘观察窗；6—分束镜；7—动镜 M_1；8—M_2 镜水平微调螺栓；9—M_2 镜竖直微调螺栓；10—M_2 镜及其调节螺丝

图 4.1.5 迈克尔逊干涉仪

2. 测量 He－Ne 激光的波长

① 读数刻度基准线的调整。转动微动手轮，使 0 刻度线对齐基准线，再仔细旋转粗调手轮，使刻度盘指示某一整数值。调整好读数刻度基准线后，粗调手轮不能再转动，这时只能旋转微调手轮，直至观察到干涉条纹一个一个地不断涌出或淹没，才能进行测量。

② 测量。读出 M_1 的初位置 d_0，继续沿同一方向缓慢转动微动手轮，可以清晰地看到条纹一个一个地"涌出"或"淹没"，每当"涌出"或"淹没"100 个完整的条纹时，读取一次 M_1 的位置 d_i，连续测量 10 个 d_i 值。每测一个 d_i，可以算出其与前一个位置的 $\Delta d_i = |d_{i+1} - d_i|$，并及时检查测量结果是否正确。

3. 观察等厚干涉条纹

① 转动粗调手轮，移动 M_2 使干涉条纹不断淹没，条纹变稀疏，直到 M_1' 与 M_2 大致重合，干涉条纹渐趋于直线。调节 M_1 镜的微调螺丝，使 M_1' 与 M_2 有一个很小的夹角，视场中出现干涉直条纹。直条纹的间距与 M_1'、M_2 之间夹角大小成反比，夹角越大，条纹越密，甚至观察不到条纹。调节 M_1 后的微调螺丝，使条纹间距为 1 mm 左右，再移动 M_2 镜，观察条纹由直变弯，再由弯变直。

② 在干涉条纹变直且条纹宽 2 mm 的位置时，换上白炽灯光源，缓慢地移动 M_2 镜，在某一位置可看到彩色的条纹。条纹中心是 M_1' 与 M_2 的交线，此时 M_2 镜的位置准确地与 M_1' 重合。由于白光的相干长度短，因此干涉条纹只有有限几条，所以必须细致耐心地调节才能观察到，如果 M_2 移动太快，就会一晃而过。

4. 测量纳双线的平均波长

① 点亮钠光灯，使之与分光板 G_1 等高并且位于沿分光板和 M_1 镜的中心线上，转动粗调手轮，使 M_1 镜距分光板 G_1 的中心与 M_1 镜距分光板 G_1 的中心大致相等（主尺上的标志线在 32.0 cm 位置）。

② 在光源与分光板 G_1 之间插入针孔板，用眼睛透过 G_1 直视 M_2 镜，可看到两组针孔像。细心地调节 M_1 镜后面的 3 个调节螺钉，使两组针孔像重合。如果难以重合，可略微调节一下 M_2 镜后的 3 个螺钉。当两组针孔像完全重合时，就可去掉针孔板，换上毛玻璃，将看到有明暗相间的干涉圆环。若干涉环模糊，可轻轻转动粗调手轮，使 M_2 镜移动一下位置，干涉环就会出现。

③ 再仔细调节 M_1 镜的拉簧螺丝，直到把干涉环中心调到视场中央，并且使干涉环中心随观察者的眼睛左右、上下移动而移动，但干涉环不发生“涌出”或“陷入”的现象，这时观察到的干涉条纹才是严格的等倾干涉条纹。

④ 测钠光 D 双线的平均波长 $\bar{\lambda}$。先调仪器零点，方法是：将微调手轮沿某一方向（如顺时针方向）旋至零，同时注意观察读数窗刻度轮旋转方向；保持刻度轮转动方向不变，转动粗调手轮，让读数窗口基准线对准某一刻度，使读数窗中的刻度轮与微调手轮的刻度轮相互配合。

⑤ 始终沿原调零方向，细心转动微调手轮，观察并记录每“涌出”或“陷入”50 个干涉环时 M_1 镜的位置，连续记录 6 次。

5. 测定钠双线的波长差

① 以钠光为光源调出等倾干涉条纹。

② 移动 M_2 镜，使视场中心的视见度最小，记录 M_2 镜的位置；沿原方向继续移动 M_2 镜，使视场中心的视见度由最小到最大直至又为最小，再记录 M_2 镜位置，连续测出 6 个视见度最小时的 M_2 镜位置。

6. 注意事项

① 激光器电源应平稳放置，由于激光器使用高压电源，要避免触及其输出电极，

因为激光光强很强。

② 不要用眼睛直接观看激光，以免损坏视网膜。迈克尔逊干涉仪是精密光学仪器，绝对不能用手直接触摸各光学部件的表面，以免弄脏或损坏光学部件表面。

③ 调节 M_1 和 M_2 的背部螺钉及微动拉簧螺钉时均应缓缓旋转，并且在调节之前应将各个螺钉置于适中的位置。

④ 转动读数手轮，待干涉条纹的变化稳定后才能进行测量。测量一旦开始，读数手轮的转动方向不能中途改变。微调手轮转动要缓慢、均匀。

⑤ 实验中，最好让 M_2 沿导轨向外移动，以免向内移动过多时被卡住。

4.1.5 数据处理

① 列表记录 d_0、d_1、…、d_{10}，将数据前后平分为两组，并用逐差法求出 $\overline{\Delta d}$。

② 按 $\overline{\Delta d}=\frac{1}{2}N\bar{\lambda}$，算出 $\bar{\lambda}$ 并与标准值比较计算测量误差。

He－Ne 激光波长公认值（或称标准值）为 632.8 nm。

$$\bar{\lambda}=\frac{1}{5}\sum\lambda_i$$

绝对误差 $\Delta=|公认值-测量值|$

相对误差 $E=\frac{|公认值-测量值|}{公认值}\times 100\%$

③ 根据式（4.1.2）用逐差法求出钠双线的平均波长，并与标准值进行比较。

④ 根据式（4.1.3）用逐差法求视场中心的视见度由最小到最大直至又为最小时动镜移动距离 Δd 的平均值，计算钠双线的波长差。

4.1.6 思考题

① 结合实验调节过程中出现的现象，总结迈克尔逊干涉仪调节要点及规律。

② 什么叫非定域干涉条纹？简述调出非定域干涉条纹的条件和程序。

③ 实验中如何利用干涉条纹测出单色光的波长？

4.2 光电效应——普朗克常数的测定

光电效应是指一定频率的光照射在金属表面时会有电子从金属表面逸出的现象。光电效应实验对于认识光的本质及早期量子理论的发展，具有里程碑式的意义。

光量子理论创立后，在固体比热、辐射理论、原子光谱等方面都获得成功，人们逐步认识到光具有波动和粒子二象属性。光子的能量 $E=h\nu$ 与频率有关，当光传播时，显示出光的波动性，产生干涉、衍射、偏振等现象；当光和物体发生作用时，它的粒子性又突显了出来。后来科学家发现波粒二象性是一切微观物体的固有属性，并发展了量子力学来描述和解释微观物体的运动规律，使人们对客观世界的认识前进了一大步。

4.2.1　实验目的

① 了解光电效应的规律，加深对光的量子性的理解。

② 测量普朗克常数 h。

③ 测量光电管的伏安特性。

4.2.2　实验仪器

ZKY－GD－4 智能光电效应实验仪。仪器由汞灯及电源、滤色片、光阑、光电管、智能实验仪构成，仪器结构如图 4.2.1 所示，实验仪的调节面板如图 4.2.2 所示。实验仪有手动和自动两种工作模式，具有数据自动采集、存储、实时显示采集数据、动态显示采集曲线（连接普通示波器，可同时显示 5 个存储区中存储的曲线）以及采集完成后查询数据的功能。

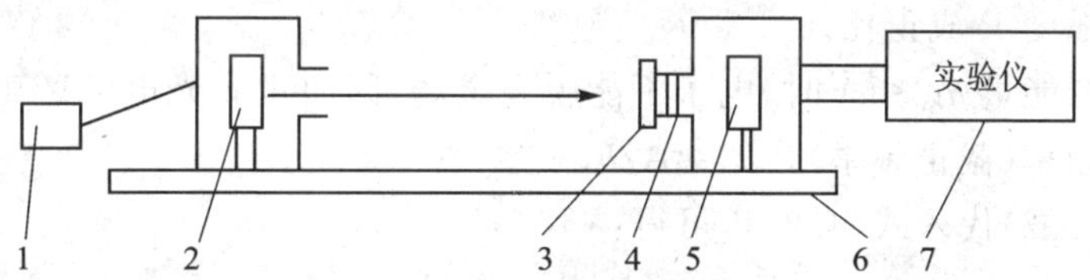

1—汞灯电源；2—汞灯；3—滤色片；4—光阑；5—光电管；6—基座；7—实验仪

图 4.2.1　仪器结构图

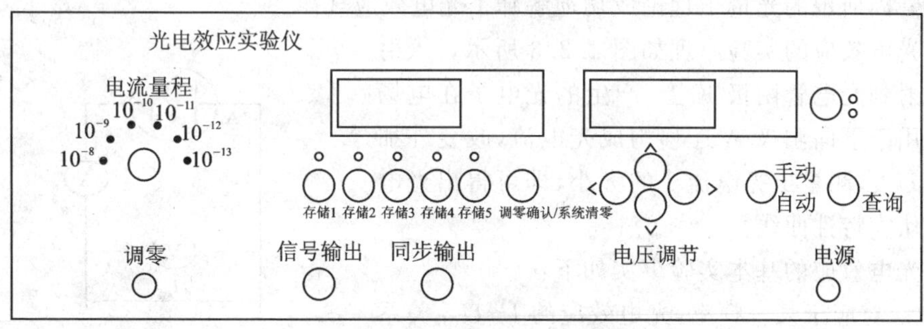

图 4.2.2　实验仪面板图

4.2.3　实验原理

按照爱因斯坦的光量子理论，光能并不像电磁波理论所想象的那样，分布在波阵面上，而是集中在被称之为光子的微粒上，但这种微粒仍然保持着频率（或波长）的概念，频率为 ν 的光子具有能量 $E=h\nu$，h 为普朗克常数。当光子照射到金属表面上时，一次为金属中的电子全部吸收，而无需积累能量的时间。电子把这能量的一部分用来克服金属表面对它的吸引力，余下的就变为电子离开金属表面后的动能，按照能量守恒原理，爱因斯坦提出了著名的光电效应方程：

$$h\nu = \frac{1}{2}mv_0^2 + A \tag{4.2.1}$$

式中：A 为金属的逸出功；$\frac{1}{2}mv_0^2$ 为光电子获得的初始动能。

由该式可见，入射到金属表面的光频率越高，逸出的电子动能越大，所以即使阳极电位比阴极电位低，也会有电子落入阳极形成光电流，直到阳极电位低于截止电压，光电流才为零，此时有关系：

$$eU_0 = \frac{1}{2}mv_0^2 \tag{4.2.2}$$

阳极电位高于截止电压后，随着阳极电位的升高，阳极对阴极发射的电子的收集作用越强，光电流随之上升；当阳极电压高到一定程度时，已把阴极发射的光电子几乎全收集到阳极，再增加 U_{AK}时 I 不再变化，光电流出现饱和，饱和光电流 I_M的大小与入射光的强度 P 成正比。

当光子的能量 $h\nu_0 < A$ 时，电子不能脱离金属，因而没有光电流产生。产生光电效应的最低频率（截止频率）是 $\nu_0 = A/h$。

将式(4.2.2)代入式(4.2.1)可得：

$$eU_0 = h\nu - A \tag{4.2.3}$$

式(4.2.3)表明截止电压 U_0是频率 ν 的线性函数，直线斜率 $k=h/e$，只要用实验方法得出不同的频率对应的截止电压，求出直线斜率，就可算出普朗克常数 h。

爱因斯坦的光量子理论成功地解释了光电效应规律。

光电效应的实验原理如图 4.2.3 所示。入射光照射到光电管阴极 K 上，产生的光电子在电场的作用于下向阳极 A 迁移构成光电流，改变外加电压 U_{AK}，测量出光电流 I 的大小，即可得出光电管的伏安特性曲线。

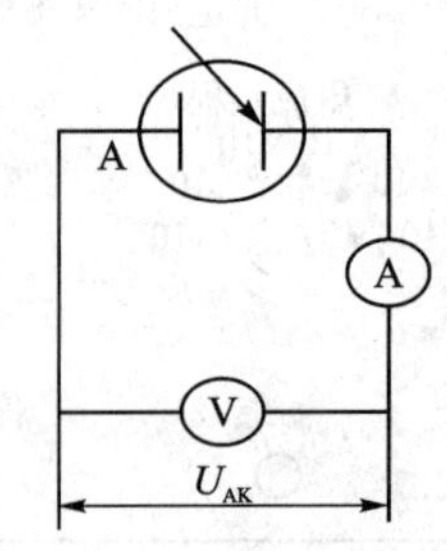

图 4.2.3　光电效应的实验原理

光电效应的基本实验事实如下：

① 对应于某一频率，光电效应的 $I-U_{AK}$关系如图 4.2.4 所示。从图中可见，对一定的频率，有一电压 U_0，当 $U_{AK} \leqslant U_0$时，电流为零，这个相对于阴极的负值的阳极电压 U_0，称为截止电压。

② 当 $U_{AK} \geqslant U_0$后，I 迅速增加，然后趋于饱和，饱和光电流 I_M的大小与入射光的强度 P 成正比。

③ 对于不同频率的光，其截止电压的值不同，如图 4.2.5 所示。

④ 作截止电压 U_0与频率 ν 的关系如图 4.2.6 所示。U_0与 ν 成正比关系。当入射光频率低于某极限值 ν_0（ν_0 随不同金属而异）时，不论光的强度如何，照射时间多

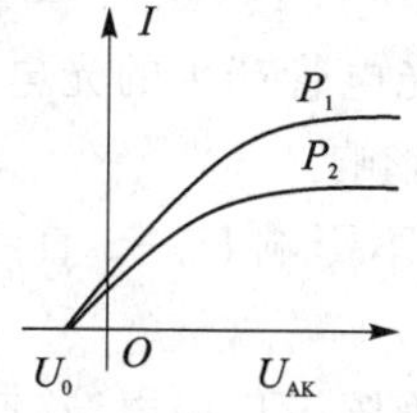

图 4.2.4　$I-U_{AK}$的关系

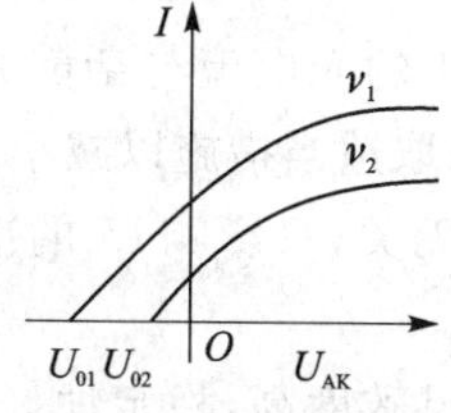

图 4.2.5　频率不同，其截止电压不同

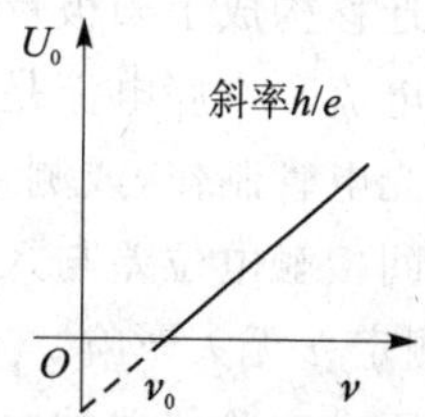

图 4.2.6　截止电压U_0与频率ν的关系

长，都没有光电流产生。

⑤ 光电效应是瞬时效应。即使入射光的强度非常微弱，只要频率大于ν_0，在开始照射后立即有光电子产生，所经过的时间至多为10^{-9} s 的数量级。

4.2.4　实验内容与步骤

1. 测试前准备

将实验仪及汞灯电源接通（汞灯及光电管暗箱遮光盖盖上），预热 20 min。

调整光电管与汞灯距离为约 40 cm 并保持不变。

用专用连接线将光电管暗箱电压输入端与实验仪电压输出端（后面板上）连接起来（红－红，蓝－蓝）。

将"电流量程"选择开关置于所选挡位，进行测试前调零。实验仪在开机或改变电流量程后，都会自动进入调零状态。调零时应将光电管暗箱电流输出端 K 与实验仪微电流输入端（后面板上）断开，旋转"调零"旋钮使电流指示为 000.0。调节好后，用电频匹配电缆将电流输入连接起来，按"调零确认/系统清零"键，系统进入测试状态。

若要动态显示采集曲线，需将实验仪的"信号输出"端口接至示波器的"Y"输入端，"同步输出"端口接至示波器的"外触发"输入端。示波器"触发源"开关拨至"外"，"Y 衰减"旋钮拨至约"1 V/格"，"扫描时间"旋钮拨至约"20 μs/格"。此时示波器将用轮流扫描的方式显示 5 个存储区中存储的曲线，横代表电压U_{AK}，纵轴代表电流I。

2. 测普朗克常数 h

问题讨论及测量方法如下：

理论上，测出各频率的光照射下阴极电流为零时对应的U_{AK}，其绝对值即该频率的截止电压，然而实际上由于光电管的阳极反向电流、暗电流、本底电流及极间接触电位差的影响，实测电流并非阴极电流，实测电流为零时对应的U_{AK}也并非截止电压。

光电管制作过程中阳极往往被污染，沾上少许阴极材料，入射光照射阳极或入射光从阴极反射到阳极之后都会造成阳极光电子反射，U_{AK}为负值时，阳极发射的电子向阴极迁移构成了阳极反向电流。

暗电流和本底电流是热流发产生的光电流与杂散光照射光电管产生的光电流，可以在光电管制作，或测量过程中采取适当措施以减小它们的影响。

极间接触电位差与入射光频率无关，只影响U_0的准确性，不影响U_0—ν直线斜率，对测定h无大影响。

由于本实验仪器的电流放大器灵敏度高，稳定性好；光电管阳极反向电流，暗电流水平也较低。在测量各谱线的截止电压U_0时，可采用零电流法，即直接将各谱线照射下测得的电流为零时对应的电压U_{AK}的绝对值作为截止电压U_0。此法的前提是阳极反向电流、暗电流和本底电流都很小，用零电流法测得的截止电压与真实值相差较小。且各谱线的截止电压都相差ΔU对U_0—ν曲线的斜率无大的影响，因此对h的测量不会产生大的影响。

测量截止电压如下：

测量截止电压时，“伏安特性测试/截止电压测试”状态键应为截止电压测试状态。“电流量程”开关应处于10^{-13} A挡。

(1) 手动测量

使“手动/自动”模式键处于手动模式。

将直径4 mm的光阑及365.0 nm的滤色片装在光电管暗箱光输入口上，打开汞灯遮光盖。

此时电压表显示U_{AK}的值，单位为V；电流表显示与U_{AK}对应的电流值I，单位为所选择的“电流量程”。用电压调节键→、←、↑、↓可调节U_{AK}的值，→、←键用于选择调节，↑、↓键用于调节值的大小。

从低到高调节电压(绝对值减小)，观察电流值的变化，寻找电流为零时对应的U_{AK}，以其绝对值作为该波长对应的U_0的值，并将数据记于表4.2.1中。为尽快找到U_0的值，调节时应从高位到低位，先确定高位的值，再顺次往低位调节。

表4.2.1 U_0—ν关系

光阑孔Φ=　　　mm

波长λ_i/nm		365.0	404.7	435.8	546.1	577.0
频率ν_i/($\times 10^{14}$ Hz)		8.214	7.408	6.879	5.490	5.196
截止电压U_{0i}/V	手动					
	自动					

依次换上404.7 nm、435.8 nm、546.1 nm、577.0 nm的滤色片，重复以上测量步骤。

(2) 自动测量

按“手动/自动”模式键切换到自动模式。

此时电流表左边的指示灯闪烁，表示系统处于自动测量扫描范围设置状态，用电压调节键可设置扫描起始和终止电压。

对各条谱线，我们建议扫描范围大致设置如下：

365 nm 为－1.90～－1.50 V；　405 nm 为－1.60～－1.30 V；

435.8 nm 为－1.40～－1.00 V；　546.1 nm 为－0.90～－0.50 V；

577.0 nm 为－0.65～－0.25 V。

实验仪设有 5 个数据存储区，每个存储区可存储 500 组数据，并有指示灯表示其状态。灯亮表示该存储区已存有数据，灯不亮为空存储区，灯闪烁表示系统预选的或正在存储数据的存储区。

设置好扫描起始和终止电压后，按动相应的存储区按键，仪器将先清除存储区原有数据，等待约 30 s，然后按 4 mV 的步长自动扫描，并显示、存储相应的电压、电流值。

扫描完成后，仪器自动进入数据查询状态，此时查询指示灯亮，显示区显示扫描起始电压和相应的电流值。用电压调节键改变电压值，就可查阅到在测试过程中，扫描电压为当前显示值时相应的电流值。读取电流为零时对应的 U_{AK}，以其绝对值作为该波长对应的 U_0 的值，并将数据记于表 4.2.1 中。

按“查询”键，查询指示灯灭，系统回复到扫描范围状态，可进行下一次测量。

在自动测量过程中或测量完成后，按“手动/自动”键，系统回复到手动测量模式，模式转换前工作的存储区内的数据将被清除。

若仪器与示波器连接，则可观察到 U_{AK} 为负值时各谱线选定的扫描范围内的伏安特性曲线。

3. 测光电管的伏安特性曲线

此时，“伏安特性测试/截止电压测试”状态键应为伏安特性测试状态。“电流量程”开关应拨至 10^{-10} A 挡，并重新调零。

将直接 4 mm 的光阑及所选谱线的滤色片装在光电管暗箱光输入口上。

测伏安特性曲线可选用“手动/自动”两种模式之一，测量的最大范围为－1～50 V，自动测量时步长为 1 V，仪器功能及使用方法如前所述。

仪器与示波器连接后：

① 可同时观察 5 条谱线在同一光阑、同一距离下伏安饱和特性曲线。

② 可同时观察某条谱线在不同距离(即不同光强)、同一光阑下的伏安饱和特性曲线。

③ 可同时观察某条谱线在不同光阑(即不同光通量)、同一距离下的伏安饱和特性曲线。

由此可验证光电管饱和光电流与入射光成正比。

4. 注意事项

① 必须认真阅读仪器使用说明，弄清仪器上的开关、部件等的作用与性能，认真

预习实验后方可动手实验。

② 更换滤光片时应避免污染，使用前用镜头纸擦净以保证良好的透光性。

③ 更换滤光片时先将光源出光孔遮住，实验后用遮光罩盖住光电管暗盒进光窗避免强光直接照射阴极。

④ 光电管入射窗口不要面对其他强光源。

⑤ 连线时务必接好地线，后接信号线切勿让电压输出端与地短路。

4.2.5 数据处理

① 由表 4.2.1 的实验数据，用图解法分别求得出 U_0—ν 直线的斜率 k，即可用 $h=ek$ 求出普朗克常数，并与 h 的公认值 h_0 比较分别求出手动和自动测量的相对误差，并比较误差大小（式中 $e=1.602\times10^{-19}$ C，$h_0=6.626\times10^{-34}$ J·S）。

② 记录所测 U_{AK} 及 I 的数据到表 4.2.2 中，在坐标纸上作对应于以上波长及光强的伏安特性曲线。

表 4.2.2 I—U_{AK} 关系

U_{AK}/V												
$I/(\times10^{-10}$ A)												
U_{AK}/V												
$I/(\times10^{-10}$ A)												

③ 在 U_{AK} 为 50 V 时，将仪器设置为手动模式，测量并记录对同一谱线、同一入射距离，光阑分别为 2 mm、4 mm、8 mm 时对应的电流值于表 4.2.3 中，验证光电管的饱和光电流与入射光强成正比。

表 4.2.3 I_M—P 关系

$U_{AK}=$ V，$\lambda=$ nm，$L=$ mm

光阑孔 Φ			
$I/(\times10^{-10}$ A)			

④ 在 U_{AK} 为 50 V 时，将仪器设置为手动模式，测量并记录对同一谱线、同一光阑时，光电管与入射光在不同距离，如 300 mm、400 mm 等对应的电流值于表 4.2.4 中，同样验证光电管的饱和电流与入射光强成正比。

表 4.2.4 I_M—P 关系

$U_{AK}=$ V，$\lambda=$ nm，$\Phi=$ mm

入射距离 L			
$I/(\times10^{-10}$ A)			

4.2.6 思考题

① 为减小测量截止电压的误差，实验中应该采取哪些措施？

② 影响实验结果准确度的主要原因是什么？

4.3 夫兰克-赫兹实验

在原子物理学的发展中，丹麦物理学家玻尔（N. Bohr）因为在 1913 年发表了原子模型理论而获得了 1922 年度诺贝尔物理学奖。在玻尔发表原子模型理论的第二年，德国科学家夫兰克（J. Franck）和赫兹（G. Hertz）用慢电子与稀薄气体原子碰撞的方法，使原子从低能级激发到高能级。他们测量了原子的激发电位和电离电位，直接证明了原子能级的存在，即原子能量的量子化现象，也证明了原子发生跃迁时吸收或发射的能量是完全确定的、不连续的。因此他们获得了 1925 年度诺贝尔物理学奖。

该实验在科学研究中至今仍是探索原子结构的重要手段之一，通过这个实验可以学习测量原子的激发电位和电离电位的一种方法，从中可了解微观粒子如何交换能量并证实原子能级的存在。

4.3.1 实验目的

① 测定氩原子的第一激发电势，证明原子能级的存在，研究原子能量的量子化现象。

② 学习测定原子激发电势的方法。

③ 学习用实验研究的方法来检验物理假说和验证理论的方法。

4.3.2 实验仪器

智能夫兰克-赫兹实验测试仪、双踪示波器。

4.3.3 实验原理

1. 玻尔原子理论的要点

原子系统只能处于一系列具有分布且确定量值的稳定状态，即原子系统的定态，其相应的能量分别为 E_1、E_2、E_3 等。

原子从一个定态过渡到另一个定态称为跃迁，原因是原子吸收或辐射了一定的能量：

$$\Delta E = h\nu = E_m - E_n$$

式中：h 为普朗克常数；ν 为辐射频率。

2. 原子的跃迁、激发电势和能级差

原子在正常情况下处于低能态,即基态,当原子吸收电磁波或受其他粒子碰撞而发生能量交换时,可由基态跃迁到能量较高的激发态,所需的能量称为临界能量。

电子与原子碰撞时,如果电子能量大于临界能量,则碰撞过程中电子将转移给原子跃迁所需的临界能量,其余能量仍由电子保留,此种碰撞为非弹性碰撞。

初速度为零的电子在电势差为 U_0 的加速电场的作用下,获得能量 eU_0,当具有这种能量的电子与稀薄气体(如氩)的原子碰撞时就会发生能量交换,氩原子获得能量为

$$\Delta E = E_2 - E_1 = eU_0 \tag{4.3.1}$$

式中:E_1 为基态能量;E_2 为第一激发态能量。于是氩原子由基态跃迁到第一激发态。电势差 U_0 称为氩原子的第一激发电势;ΔE 称为第一能级差。

测定 U_0,就能得到氩原子系统的基态和第一激发态之间的能量差,也叫能级差。由此方法还可测量其他元素的第一激发电势和能级差,如表 4.3.1 所列。

表 4.3.1 几种元素的第一激发电势

元素名称	钠(Na)	钾(K)	锂(Li)	镁(Mg)	氖(Ne)
第一激发电势 U_0/V	2.12	1.63	1.84	3.20	18.6

3. 夫兰克-赫兹管中被加速的电子和氩原子能量交换的规律性

夫兰克-赫兹实验原理图如图 4.3.1 所示。

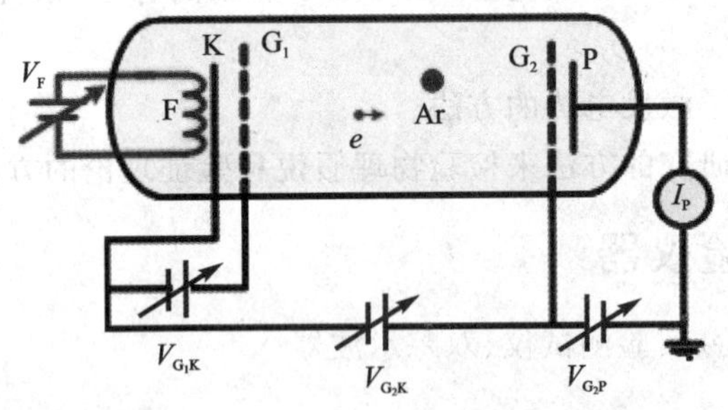

图 4.3.1 夫兰克-赫兹实验原理图

在充氩的夫兰克-赫兹管中,电子由阴极 K 发出,阴极 K 和第二栅极 G_2 之间的加速电压 V_{G_2K} 使电子加速。

在板极 P 和第二栅极 G_2 之间可设置减速电压 V_{G_2P}。当电子能量足够大时,就能越过拒斥电场到达阳极 P 而形成阳极电流 I_P,如果有电子在 K-G 空间中与氩原子发生碰撞,并把一部分能量传给氩原子,电子所剩的能量就可能很小,不能越过拒斥电场,达不到阳极 P,不能形成阳极电流。这类电子增多,阳极电流 I_P 将明显下降。逐渐增加栅极电压 V_{G_2K},观测阳极电流随 V_{G_2K} 的变化,可得 I_P—V_{G_2K} 曲线,如图 4.3.2 所示。

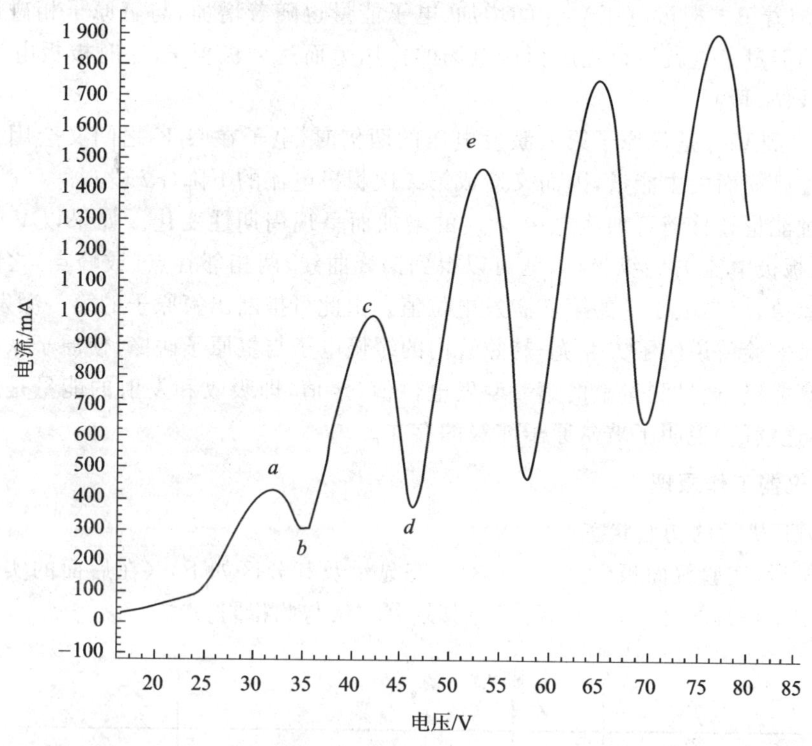

图 4.3.2　$I_P-V_{G_2K}$ 曲线

(1) 曲线特点

① I_P不是随着 V_{G_2K} 增加而单调增加的，曲线中间出现了多次凹陷和凸现，即存在着若干个谷点和峰点。

② 相邻两谷点或峰点之间对应的电势差都是 U_0。

(2) 对曲线的解释

① 当灯丝加热时，阴极 K 的氧化层即发射电子，在 G_2K 间的电场作用下被加速而取得越来越大的能量。但在起始阶段，由于电压 V_{G_2K} 较低，电子的能量较小，即使在运动过程中，它与原子相碰撞(为弹性碰撞)只有微小的能量交换。这样，穿过第二栅极的电子所形成的极流 I_P管内将随第二栅极电压 V_{G_2K} 的增加而增大(见图 4.3.2 中 oa 段)。

② 当 V_{G_2K} 达到氩原子的第一激发电压时，电子在第二栅极附近与氩原子相碰撞(此时产生非弹性碰撞)。电子把从加速电场中获得的全部能量传递给氩原子，使氩原子从基态激发到第一激发态。而电子本身，由于把全部能量传递给氩原子，即使它能穿过第二栅极，也不能克服反向拒斥电场，因而被折回第二栅极。所以，此时极板电流 I_P将显著减小(见图 4.3.2 中 ab 段)。原子处于激发态是不稳定的，在实验中被电子轰击到第一激发态的原子要跃迁回基态。

③ 随着第二栅极电压 V_{G_2K} 的增加，电子能量也随着增加，与氩原子相碰后还留下足够的能量。这就可以克服拒斥电场的作用力而达到极板 P，这时极板电流 I_P 又开始上升（bc 段）。

④ 直到 V_{G_2K} 是氩原子第一激发电压的两倍时，电子在 G_2K 之间又会因为第二次非弹性碰撞而失去能量，因而又造成第二次板极电流的下降（cd 段）。

这种能量转移随着加速电压 V_{G_2K} 的增加而呈现周期性变化。如果以 V_{G_2K} 为横坐标，以板极电流 I_P 为纵坐标，就可以得到谱峰曲线，两相邻谷点（或峰点）之间的加速电压差值，就是氩原子的第一激发电位值。由此可推断出氩原子的第一激发电势。

这个实验就说明了夫兰克-赫兹管内的缓慢电子与氩原子碰撞，使原子从低能级激发到高能级，通过测量氩的第一激发电位值（定值，即吸收和发射的能量是完全确定的、不连续的）说明了玻尔原子能级的存在。

4. 仪器工作原理

（1）开机后的初始状态

开机后，实验仪面板（见图 4.3.3）状态显示及其分区如下：（在后面的实验内容及步骤中所提到的区＜1＞～区＜8＞其划分方法与此相同。）

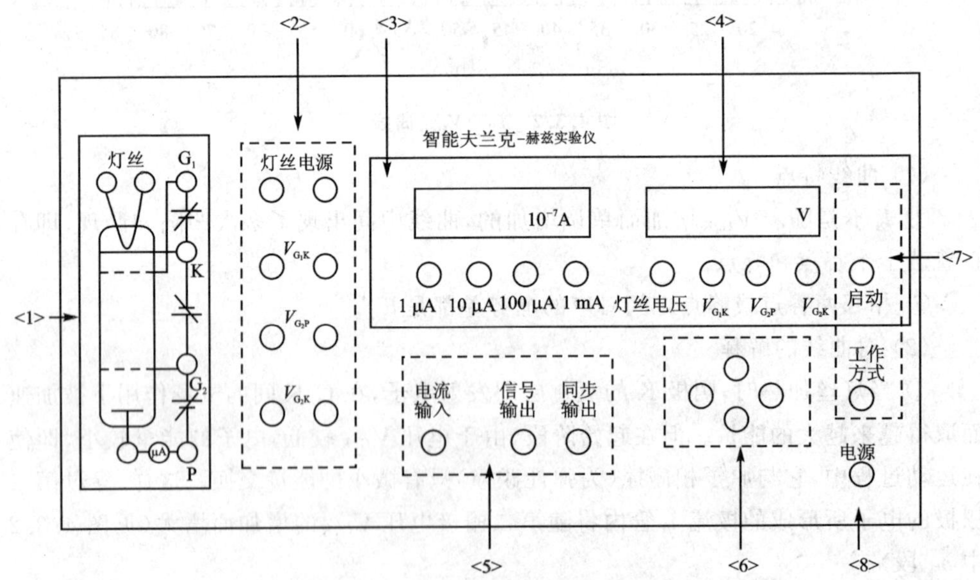

图 4.3.3 实验仪面板图

实验仪的“1 mA”电流挡位指示灯亮，表明此时电流的量程为 1 mA；电流显示值为 000.0 mA（若最后一位不为 0，属正常现象）。

实验仪的“灯丝电压”挡位指示灯亮，表明此时修改的电压为灯丝电压；电压显示值为 000.0 V；最后一位在闪动，表明现在修改位为最后一位。

“手动”指示灯亮，表明此时实验操作方式为手动操作。

(2) 变换电流量程

如果想变换电流量程，则按下在区<3>中的相应电流量程按键，对应的量程指示灯亮，同时电流指示的小数点位置随之改变，表明量程已变换。

(3) 变换电压源

如果想变换不同的电压，则按下区<4>中的相应电压源按键，对应的电压源指示灯随之点亮，表明电压源变换选择已完成，可以对选择的电压源进行电压值设定和修改。

(4) 修改电压值

按下前面板区<6>的←/→键，当前电压的修改位将进行循环移动，同时移动位随之改变，以提示目前修改的电压位置。按下面板上的↑/↓键，电压值在当前修改位递增/递减一个增量单位。

(5) 建议工作参数

工作参数请参照贴在机箱上盖的标牌参数，若波形不理想，可适当调节灯丝电压，V_{G_1K}电压，V_{G_2P}电压（灯丝电压的调整建议控制在标牌参数的±0.3 V范围内），以获得较理想的波形，但灯丝电压不宜过高，否则会加快F－H管的衰老；V_{G_2K}不宜超过85 V，否则管子易击穿。

4.3.4　实验内容与步骤

1. 实验预备

实验仪器预热10 min，预热条件如下：

① 打开电源，工作方式选择手动。

② 电流量程、灯丝电压、V_{G_1K}电压、V_{G_2K}电压、V_{G_2P}电压设置参数见仪器机箱上盖的标牌参数。

③ 将V_{G_2K}设置为30 V。

2. 手动测试

① 参见4.3.3小节第4条中的(5)设置各组电源电压值和电流量程。操作方法参见4.3.3小节第4条中的(3)和(4)。需设定的电压源有灯丝电压V_F、V_{G_1K}电压、V_{G_2P}电压，设定状态参见4.3.3小节第4条中的(5)或随机提供的工作条件。

② 开始测试工作，测试操作过程中每改变一次电压源V_{G_2K}的电压值，F－H管的板极电流值随之改变。此时记录区<3>中电流显示值中的峰值和谷值（有多组）和区<4>中显示的对应的电压值。电压源V_{G_2K}电压值的最小变化是0.5 V，为了快速改变V_{G_2K}的电压值，可按4.3.3小节第4条中的(3)的叙述方法先改变调整位的位置，再调整电压值，即可得到更快的调整速度。

③ 在手动测试的过程中，按下区<7>中的启动按键，V_{G_2K}的电压值将被设置为

零，内部存储的测试数据被清除，但 V_F、V_{G_1K}、V_{G_2P}、电流挡位等的状态不发生改变。这时，操作者可以在该状态下重新进行测试，或修改状态后再进行测试。

3. 自动测试

① 自动测试状态设置：自动测试时，V_F、V_{G_1K}、V_{G_2P} 及电流挡位等状态设置的操作过程与手动测试过程一样。可参见手动测试。

② 接上示波器，将区＜5＞的“信号输出”和“同步输出”分别连接到示波器的信号通道和外同步通道，调节好示波器的同步状态和显示幅度。

③ 将面板区＜7＞中的“手动/自动”测试键按下，自动测试指示灯亮；在区＜4＞按下 V_{G_2K} 电压源选择键，V_{G_2K} 电压源选择指示灯亮；在区＜6＞用←/→，↑/↓完成 V_{G_2K} 电压值的具体设定。V_{G_2K} 的设定值可参照仪器机箱上盖的标牌参数，其值建议不要超过 85 V 为好。**注意**：V_{G_2K} 在手动测试中不需要设定终止扫描电压。

④ 自动测试状态设置完成后，在启动自动测试过程前应检查 V_F、V_{G_1K}、V_{G_2P}、V_{G_2K} 电压设定值是否正确，电流量程选择是否合理，自动测试指示灯是否正确指示。如果有不正确的项目，请重新设置直到完全正确。

⑤ 将区＜4＞的电压源选择为 V_{G_2K}，再按面板上区＜7＞的“启动”键，自动测试开始。在自动测试过程中，通过面板的电压指示区（区＜4＞）和电流指示区（区＜3＞），观察扫描电压 V_{G_2K} 与 F－H 管板极电流的相关变化情况。

⑥ 适当调节双踪示波器，直到在示波器上显示出 3.9 节中图 3.9.9 所示的波形。本次测试的数据依然保留在实验仪主机的存储器中，直到下次测试开始时才被清除，因此示波器还可以观测到部分波形。

⑦ 在自动测试过程中，为避免面板按键的误操作，导致自动测试失败，面板上除“手动/自动”按键外其他所有按键都被屏蔽禁止。若要结束自动测试过程，则只要按下“手动/自动”键，手动测试指示灯亮，实验仪就中断了自动测试的过程，恢复到开机初始状态。

⑧ 当扫描电压 V_{G_2K} 的电压值大于设定的测试终止电压后，实验仪将自动结束本次自动测试过程，进入数据查询工作状态，这时面板按键除区＜3＞部分还被禁止外，其他都已开启。区＜7＞的自动测试指示灯亮，区＜3＞的电流量程指示灯指示本次测试的电流量程选择挡位，区＜4＞的各电压源选择按键可选择各电压源的电压值指示，其中 V_F、V_{G_1K}、V_{G_2P} 三电压源只能显示原设定电压值。

⑨ 通过改变区＜6＞的按键改变相应的 V_{G_2K} 的读数，并且关注区＜3＞中的电流变化，当电流出现峰值和谷值时记录对应的电流和 V_{G_2K} 电压值。

⑩ 当需要结束查询过程时，只要按下区＜7＞的“手动/自动”键，手动测试指示灯亮，查询过程结束，实验仪存储的测试数据被清除，实验仪恢复到初始开机状态。

⑪ 确定每两个相邻峰值及各值间的加速电压差值，取平均值，即为最小激发电位。

4. 注意事项

① 仪器连线已连好，注意严禁自主拔线或拔线后再重新接回，一旦一不小心发生类似的情况，一定要报告老师，由老师把线接好。

② 在更改电源电压值时，如果当前电压值加上一个单位电压值的和超过了允许的最大电压值，再按下↑键，电压值只能修改为最大电压值。同样，如果当前电压值减去一个单位电压值的差值小于 0，再按下↓键，电压值只能修改为 0。

③ F-H 管很容易因电压设置不合适而遭到损害，所以一定要按照规定的实验步骤和适当的状态进行实验。

4.3.5 数据处理

分别计算自动方式和手动方式下的第一激发态与基态的能级差。

实验数据表格如表 4.3.2 和表 4.3.3 所列。

表 4.3.2　手动测试

V_{G_2K}/V					
$I/(\times10^{-7}$ A)					

表 4.3.3　自动测试

V_{G_2K}/V					
$I/(\times10^{-7}$ A)					

4.3.6 思考题

① 原子跃迁辐射频率与发生跃迁的两个定态能量之间有什么关系？

② 什么是原子的第一激发电势？它和原子的能级有什么关系？

③ 什么是原子的临界能量？怎样测定氩原子的临界能量？

④ 夫兰克-赫兹实验要用哪些仪器？使用时要注意哪些事项？

⑤ 夫兰克-赫兹实验是怎样证明原子能级存在的？

⑥ 夫兰克-赫兹实验曲线是怎样得到的？它有什么特点？说明什么问题？

⑦ 灯丝电压的改变对夫兰克-赫兹实验有何影响？

⑧ 拒斥电压和第一栅极电压的改变对夫兰克-赫兹实验有何影响？

4.4 密立根油滴实验测电子电荷

电子是人类认识的第一个基本粒子。1897 年汤姆逊(J. J. Thomson)测定了阴极射线的电子电荷与质量比，从而以无可辩驳的事实证明了电子的存在。著名的美国物理学家密立根(Robert A. Millikan)在 1909—1917 年期间所做的测量微小油滴上所带电荷的工作,即油滴实验,是物理学发展史上具有重要意义的实验。这一实验的设计思想简明巧妙、方法简单,而结论却具有不容置疑的说服力,因此这一实验堪称物理实验的精华和典范。密立根在这一实验工作上花费了近 10 年的心血,从而取得了具有重大意义的结果,那就是:

① 证明了电荷的不连续性。

② 测量并得到了元电荷即电子电荷。

4.4.1 实验目的

① 通过实验证明电荷的不连续性,并测定电子的电荷值。

② 了解 CCD 传感器、光学系统成像原理及视频信号处理技术的工程应用等,并训练学生在做物理实验时应具有的严谨态度和坚韧不拔的科学精神。

4.4.2 实验仪器

MOD－5 型密立根油滴仪、监视器、喷雾器。

4.4.3 实验原理

密立根油滴实验测定电子电荷的基本设计思想是使带电油滴在测量范围内处于受力平衡状态。按运动方式分类,油滴法测电子电荷分为动态测量法和平衡测量法。

1. 动态测量法

考虑重力场中一个足够小油滴的运动,设此油滴半径为 r,质量为 m_1,空气是粘滞流体,故此运动油滴除重力和浮力外还受粘滞阻力的作用。由斯托克斯定律,粘滞阻力与物体运动速度成正比。设油滴以速度 v_f 匀速下落,则有

$$m_1 g - m_2 g = K v_f \tag{4.4.1}$$

式(4.4.1)中:m_2 为与油滴同体积的空气质量;K 为比例系数;g 为重力加速度。油滴在空气及重力场中的受力情况如图 4.4.1 所示。

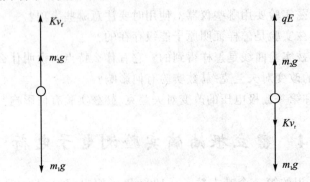

图 4.4.1 重力场中油滴受力示意图　　图 4.4.2 电场中油滴受力示意图

若此油滴带电荷为 q，并处在场强为 E 的均匀电场中，设电场力 qE 方向与重力方向相反，如图 4.4.2 所示，如果油滴以速度 v_r 匀速上升，则有

$$qE=(m_1-m_2)g+Kv_r \tag{4.4.2}$$

由式(4.4.1)和式(4.4.2)消去 K，可解出 q 为

$$q=\frac{(m_1-m_2)g}{Ev_f}(v_f+v_r) \tag{4.4.3}$$

由式(4.4.3)可以看出，要测量油滴上携带的电荷 q，就需要分别测出 m_1、m_2、E、v_f、v_r 等物理量。

由于喷雾器喷出的小油滴的半径 r 是微米数量级，直接测量其质量 m_1 也是困难的，为此希望消去 m_1，而代之以容易测量的量。设油与空气的密度分别为 ρ_1、ρ_2，于是半径为 r 的油滴的视重为

$$m_1g-m_2g=\frac{4}{3}\pi r^3(\rho_1-\rho_2)g \tag{4.4.4}$$

由斯托克斯定律，粘滞流体对球形运动物体的阻力与物体速度成正比，其比例系数 K 为 $6\pi\eta r$，此处 η 为粘度，r 为物体半径。于是可将式(4.4.4)代入式(4.4.1)，有

$$v_f=\frac{2gr^2}{9\eta}(\rho_1-\rho_2) \tag{4.4.5}$$

因此

$$r=\left[\frac{9\eta v_f}{2g(\rho_1-\rho_2)}\right]^{\frac{1}{2}} \tag{4.4.6}$$

以此代入式(4.4.3)并整理得到

$$q=9\sqrt{2}\pi\left[\frac{\eta^3}{(\rho_1-\rho_2)g}\right]^{\frac{1}{2}}\frac{1}{E}\left(1+\frac{v_r}{v_f}\right)v_f^{\frac{3}{2}} \tag{4.4.7}$$

因此，如果测出 v_r、v_f 和 η、ρ_1、ρ_2、E 等宏观量，即可得到 q 值。

考虑到油滴的直径与空气分子的间隙相当，空气已不能看成是连续介质，其粘度 η 需作相应的修正，即 $\eta'=\dfrac{\eta}{1+\dfrac{b}{pr}}$，此处 p 为空气压强，b 为修正常数，$b=0.008\ 23$ N/m (6.17×10^{-6} m · cmHg)，因此

$$v_f=\frac{2gr^2}{9\eta}(\rho_1-\rho_2)\left(1+\frac{b}{pr}\right) \tag{4.4.8}$$

当精度要求不是太高时，常采用近似计算的方法先将 v_f 值代入式(4.4.6)计算，可得

$$r_0=\left[\frac{9\eta v_f}{2g(\rho_1-\rho_2)}\right]^{\frac{1}{2}} \tag{4.4.9}$$

再将此 r_0 值代入 η' 中，并以 η' 代入式(4.4.7)，得

$$q = 9\sqrt{2}\pi\left[\frac{\eta^3}{(\rho_1-\rho_2)g}\right]^{\frac{1}{2}}\frac{1}{E}\left(1+\frac{v_r}{v_f}\right)v_f^{\frac{3}{2}}\left(\frac{1}{1+\frac{b}{pr_0}}\right)^{\frac{3}{2}} \tag{4.4.10}$$

实验中常常固定油滴运动的距离，通过测量油滴在距离 s 内所需要的运动时间来求得其运动速度，且电场强度 $E=\frac{U}{d}$，d 为平行板间的距离，U 为所加的电压，因此式(4.4.10)可写成

$$q = 9\sqrt{2}\pi d\left[\frac{(\eta s)^3}{(\rho_1-\rho_2)g}\right]^{\frac{1}{2}}\frac{1}{U}\left(\frac{1}{t_f}+\frac{1}{t_r}\right)\left(\frac{1}{t_f}\right)^{\frac{1}{2}}\left[\frac{1}{1+\frac{b}{pr_0}}\right]^{\frac{3}{2}} \tag{4.4.11a}$$

式中有些量和实验仪器以及条件有关，选定之后在实验过程中不变，如 d、s、$(\rho_1-\rho_2)$ 及 η 等，将这些量与常数一起用 C 代表，可称为仪器常数，于是式(4.4.11)简化成

$$q = C\frac{1}{U}\left(\frac{1}{t_f}+\frac{1}{t_r}\right)\left(\frac{1}{t_f}\right)^{\frac{1}{2}}\left(\frac{1}{1+\frac{b}{pr_0}}\right)^{\frac{3}{2}} \tag{4.4.11b}$$

由此可知，测量油滴上的电荷，只体现在 U、t_f、t_r 的不同。对同一油滴，t_f 相同，U 与 t_r 的不同，标志着电荷的不同。

2. 平衡测量法

平衡测量法的出发点是使油滴在均匀电场中静止在某一位置，或在重力场中作匀速运动。

当油滴在电场中平衡时，油滴在两极板间受到的电场力 qE、重力 m_1g 和浮力 m_2g 达到平衡，从而静止在某一位置，即

$$qE = (m_1-m_2)g$$

油滴在重力场中作匀速运动时，情形同动态测量法一样，将式(4.4.4)、式(4.4.9)和 $\eta'=\frac{\eta}{1+\frac{b}{pr}}$ 代入式(4.4.11)并注意到 $\frac{1}{t_r}=0$，则有

$$q = 9\sqrt{2}\pi d\left[\frac{(\eta s)^3}{(\rho_1-\rho_2)g}\right]^{\frac{1}{2}}\frac{1}{U}\left(\frac{1}{t_f}\right)^{\frac{3}{2}}\left(\frac{1}{1+\frac{b}{pr_0}}\right)^{\frac{3}{2}} \tag{4.4.12}$$

3. 元电荷的测量方法

测量油滴上所带的电荷的目的是找出电荷的最小单位 e。为此，可以对不同的油滴，分别测出其所带的电荷值 q_i，它们应近似为某一最小单位的整数倍，即油滴电

荷量的最大公约数，或油滴带电量之差的最大公约数，即为元电荷。

实验中常采用紫外线、X 射线或放射源等改变同一油滴所带的电荷，测量油滴上所带电荷的改变值 Δq_i，而 Δq_i 值应是元电荷的整数倍，即

$$\Delta q_i = n_i e, \qquad n_i \text{ 为整数} \tag{4.4.13}$$

也可用作图法求 e 值，根据式(4.4.13)，e 为直线方程的斜率，通过拟合直线即可求的 e 值。

4. 仪器工作原理

实验仪由主机、CCD 成像系统、油滴盒、监视器等部件组成。其中主机包括可控高压电源、计时装置、A/D 采样、视频处理等单元模块。CCD 成像系统包括 CCD 传感器、光学成像部件等。油滴盒包括高压电极、照明装置、防风罩等部件。监视器是视频信号输出设备。仪器部件示意如图 4.4.3 所示。

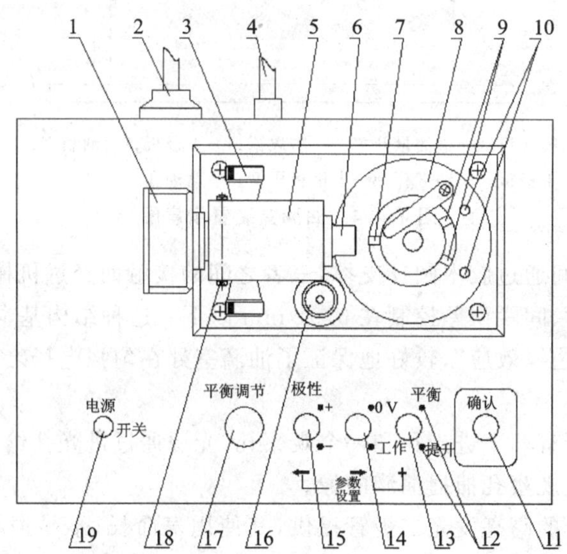

1—CCD 盒；2—电源插座；3—调焦旋钮；4—Q9 视频接口；5—光学系统；6—镜头；7—观察孔；8—上极板压簧；9—进光孔；10—光源；11—确认键；12—状态指示灯；13—平衡、提升切换键；14—工作状态切换键；15—极性切换键；16—水准泡；17—电压平衡调节旋钮；18—紧定螺钉；19—电源开关

图 4.4.3　实验仪部件示意图

CCD 模块及光学成像系统用来捕捉暗室中油滴的像，同时将图像信息传给主机的视频处理模块。实验过程中可以通过调焦旋钮来改变物距，使油滴的像清晰地呈现在 CCD 传感器的窗口内。

平衡电压调节旋钮可以调整极板之间的电压，用来控制油滴的平衡、下落及提升。

极性切换按键用来切换上下极板的正负极性；工作状态切换按键用来切换仪器

的工作状态；平衡、提升按键可以控制油滴平衡或提升；确认按键可以将测量数据显示在屏幕上，从而省去了每次测量完成后手工记录数据的过程，使操作者把更多的注意力集中到实验本质上来。

油滴盒是一个关键部件，其具体构成如图 4.4.4 所示。

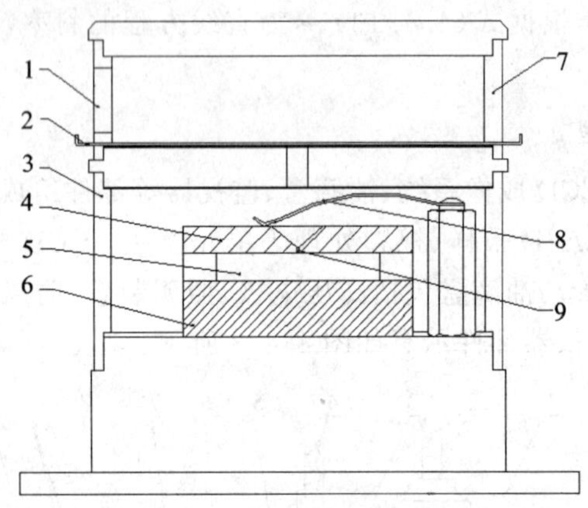

1—喷雾口；2—进油量开关；3—防风罩；4—上极板；5—油滴室；6—下极板；7—油雾杯；8—上极板压簧；9—落油孔

图 4.4.4　油滴盒装置示意图

上、下极板之间通过胶木圆环支撑，三者之间的接触面经过机械精加工后可以将极板间的不平行度、间距误差控制在 0.01 mm 以下。这种结构基本上消除了极板间的“势垒效应”及“边缘效应”，较好地保证了油滴室处在匀强电场之中，从而有效地减小了实验误差。

胶木圆环上开有两个进光孔和一个观察孔，光源通过进光孔给油滴室提供照明，而成像系统则通过观察孔捕捉油滴的像。

照明由带聚光的高亮发光二极管提供，其使用寿命长，不易损坏；油雾杯可以暂存油雾，使油雾不至于过早地散逸；进油量开关可以控制落油量；防风罩可以避免外界空气流动对油滴的影响。

4.4.4　实验内容与步骤

学习控制油滴在视场中的运动，并选择合适的油滴测量元电荷。要求测量 5 个不同的油滴，每个油滴的测量次数应为 5 次。

1. 调整油滴实验仪

(1) 水平调整

调整实验仪底部的旋钮(顺时针仪器升高，逆时针仪器下降)，通过水准仪将实验平台调平，使平衡电场方向与重力方向平行以免引起实验误差。极板平面是否水平决定了油滴在下落或提升过程中是否发生前后、左右的漂移。

(2) 喷雾器调整

将少量钟表油缓慢地倒入喷雾器的储油腔内,使钟表油淹没提油管下方,油不要太多,以免实验过程中不慎将油倾倒至油滴盒内堵塞落油孔。将喷雾器竖起,用手挤压气囊,使得提油管内充满钟表油。

(3) 实验仪联机使用

① 打开实验仪电源及监视器电源,监视器出现界面。

② 按任意键:监视器出现参数设置界面,然后根据该地的环境适当地设置重力加速度、油密度、大气压强、油滴下落距离。"←"表示左移键,"→"表示为右移键,"+"表示数据设置键。

③ 按确认键出现实验界面:选择极性,将工作状态切换至"工作",红色指示灯亮,将平衡、提升按键设置为"平衡"。

(4) CCD 成像系统调整

从喷雾口喷入油雾,此时监视器上应该出现大量运动油滴的像。若没有看到油滴的像,则需调整调焦旋钮或检查喷雾器是否有油雾喷出,直至得到油滴清晰的图像。选择适当的油滴并练习控制油滴。

① 电压的确认

仔细调整平衡电压旋钮使油滴平衡在某一格线上,等待一段时间,观察油滴是否飘离格线,若其向同一方向飘动,则需重新调整;若其基本稳定在格线或只在格线上下作轻微的布朗运动,则可以认为其基本达到了力学平衡。

由于油滴在实验过程中处于挥发状态,在对同一油滴进行多次测量时,每次测量前都需要重新调整平衡电压,以免引起较大的实验误差。事实证明,同一油滴的平衡电压将随着时间的推移有规律地递减,且其对实验误差的贡献很大。

② 油滴的运动

选择适当的油滴,调整平衡电压,使油滴平衡在某一格线上,将工作状态按键切换至"0 V",绿色指示灯点亮,此时上下极板同时接地,电场力为零,油滴将在重力、浮力及空气阻力的作用下作下落运动,同时计时器开始记录油滴下落的时间;待油滴下落至预定格线时,将按键迅速地切换至"工作"(平衡、提升按键处于"平衡"),此时油滴将停止下落,计时器关闭,可以通过确认键将此次测量数据记录到屏幕上。

将工作状态按键切换至"工作",红色指示灯点亮,此时仪器根据平衡或提升状态分两种情形:若置于"平衡",则可以通过平衡电压调节旋钮调整平衡电压;若置于"提升",则极板电压将在原平衡电压的基础上再增加 200～300 V 的电压,用来向上提升油滴。

③ 选择适当的油滴

要做好油滴实验,所选的油滴体积要适中,大的油滴虽然明亮,但一般带的电荷多,下降或提升太快,不容易测准确。油滴太小,则受布朗运动的影响明显,测量时涨落较大,也不容易测准确。因此,应该选择质量适中而带电不多的油滴。建议选择平衡电压在 150～400 V 之间、下落时间在 20s 左右的油滴进行测量。

具体操作：将仪器极性置为“＋”，工作状态置为“工作”，通过调节电压平衡旋钮将电压调至 400 V 以上，喷入油雾，此时监视器出现大量运动的油滴，观察上升较慢且明亮的油滴，然后降低电压，使之达到平衡状态。随后将工作状态置为“0 V”，油滴下落，在监视器上选择下落一格的时间在 2 s 左右的油滴进行测量。

确认键用来实时记录屏幕上的电压值及计时值。当记录为 5 组后，在界面的左面将出现 $\bar{v}$（表示 5 组电压的平均值）、$\bar{t}$（表示 5 组下落时间的平均值）、$\bar{Q}$（表示该油滴 5 次测量的平均电荷量）的数值，若需继续实验，按确认键。

注意：考虑到动态测量法需要记录提升电压的值，因此提升动作完成后，务必按一下确认键或者切换至 0 V 一次，重新激活 A/D 采样，否则提升电压将会锁定在屏幕上保持不变。

2. 正式测量

可选用平衡测量法（推荐）、动态测量法及改变电荷法（第 3 种方法所用射线源）。

本实验用平衡测量法测量内容如下：

实验前仪器必须水平调整。

① 开启电源，进入实验界面将工作状态按键切换至“工作”，红色指示灯点亮；将平衡、提升按键置于“平衡”。

② 通过喷雾口向油滴盒内喷入油雾，此时监视器上将出现大量运动的油滴。选取适当的油滴，仔细调整平衡电压，使其平衡在某一起始格线上。

③ 将工作状态按键切换至“0 V”，此时油滴开始下落，同时计时器启动，开始记录油滴的下落时间。

④ 当油滴下落至预定格线时，快速地将工作状态按键切换至“工作”，油滴将立即停止。此时可以通过确认按键将测量结果记录在屏幕上。

⑤ 将平衡、提升按键置于“提升”，油滴将被向上提升，当回到略高于起始位置时，迅速置回平衡状态，然后将工作状态按键置于“0 V”，使油滴下落一小段距离，使其停于起始位置。

⑥ 重新调整平衡电压，重复第③、④、⑤步，并将数据记录到屏幕上（平衡电压 V 及下落时间 t）。当达到 5 次记录后，界面的左面出现实验数据结果。

⑦ 按确认键，重复第②、③、④、⑤、⑥步，测出油滴的平均电荷量。

测 5 个油滴，并根据所测得的平均电荷量 $\bar{Q}$ 求出它们的最大公约数，即为基本电荷 e 值（需要足够的数据统计量）。根据 e 的理论值，计算出 e 的相对误差。

3. 注意事项

① CCD 盒、紧定螺钉、摄像镜头的机械位置不能变更，否则会对像距及成像角度造成影响（见图 4.4.3）。

② 仪器使用环境：温度为（0～40 ℃）的静态空气中。

③ 注意调整进油量开关(见图 4.4.4),应避免外界空气流动对油滴测量造成影响。

④ 仪器内有高压,实验人员避免用手接触电极。

⑤ 实验前应对仪器油滴盒内部进行清洁,防止异物堵塞落油孔。

⑥ 注意仪器的防尘保护。

4.4.5　数据处理

平衡法依据的公式为

$$q = 9\sqrt{2}\pi d\left[\frac{(\eta s)^3}{(\rho_1-\rho_2)g}\right]^{\frac{1}{2}}\frac{1}{U}\left(\frac{1}{t_f}\right)^{\frac{3}{2}}\left(\frac{1}{1+\dfrac{b}{pr_0}}\right)^{\frac{3}{2}}$$

其中:

$$r_0 = \left[\frac{9\eta s}{2g(\rho_1-\rho_2)t_f}\right]^{\frac{1}{2}}$$

d 为极板间距,$d=5.00\times10^{-3}$ m;

η 为空气粘滞系数,$\eta=1.83\times10^{-5}\ \text{kg}\cdot\text{m}^{-1}\cdot\text{s}^{-1}$;

s 为下落距离,$s=1.8\times10^{-3}$ m(显示屏 10 格);

ρ_1 为油的密度,$\rho_1=981\ \text{kg}\cdot\text{m}^{-3}$(20 ℃);

ρ_2 为空气密度,$\rho_2=1.292\ 8\ \text{kg}\cdot\text{m}^{-3}$(标准状况下);

g 为重力加速度,$g=9.798\ \text{m}\cdot\text{s}^{-2}$;

b 为修正常数,$b=0.008\ 23$ N/m(6.17×10^{-6} m·cmHg);

p 为标准大气压强,$p=101\ 325$ Pa(76.0 cmHg);

U 为平衡电压;

t_f 为油滴的下落时间。

计算出各油滴的电荷后,求它们的最大公约数,即为基本电荷 e 值(需要足够的数据统计量)。

将以上数据代入式(4.4.7)和式(4.4.8),得

$$q = \frac{1.43\times10^{-14}}{\left[t(1+0.02\sqrt{t})\right]^{\frac{3}{2}}}\frac{1}{U_n},\quad 库仑$$

由于油的密度 ρ 和空气的粘滞系数 η 都是温度的函数,重力加速度 g 和大气压强 p 又都随实验地点和条件的变化而变化,因此,上式的计算是近似的。在一般条件下,这样的计算引起的误差约 1%,但是计算十分方便。

将实验数据代入上式可以求出油滴带电量,进一步可以求出电子电量 e。为了证明电荷的不连续性,即油滴带电量都是基本电荷的整数倍,并得到基本电荷 e 值,我们应对实验测量得到的许多个油滴带电量 q 求最大公约数,这个最大公约数就是

基本电荷 e 值,也就是电子的电荷值。

但是实际进行数据处理时,由于测量的油滴个数有限,可以先将测得的油滴带电量 q 除以 1.6×10^{-19} C,得到一个接近于某整数的数值,这个整数就是该油滴所包含的基本电荷的数目 n,再用 n 去除油滴的带电量 q,从而可以得出电子的电荷 e 值。

实验结果:25 次测量得电子电荷 e 的平均值为

$$\bar{e} = \sum_{i=1}^{n} e_i, \qquad n = 25$$

误差计算:

$$\sigma_{\bar{e}} = \sqrt{\frac{\sum \Delta\nu_i^2}{n(n-1)}}$$

$$E = \frac{\sigma_{\bar{e}}}{\bar{e}} \times 100\%$$

测量结果:

$$e = \bar{e} \pm \sigma_{\bar{e}}$$

现公认电子电荷 e 的结果:

$$e = (1.602\ 177\ 33 \pm 0.000\ 000\ 49) \times 10^{-19}\ \text{C}$$

4.4.6 思考题

① 对油滴进行测量时,油滴有时会变模糊,为什么?如何避免测量过程丢失油滴?

② 若油滴平衡调节不好,对实验结果有何影响?为什么每测量一次 t_f 都要对油滴进行一次平衡调节?

③ 为什么必须使油滴做匀速运动或静止?实验中如何保证油滴在测量范围内做匀速运动?

④ 油滴实验仪装置不水平对测量有影响吗?

4.5 波尔共振实验

在机械制造和建筑工程等科技领域中受迫振动所导致的共振现象引起了工程技术人员的极大注意,它既有破坏作用,但也有许多实用价值。众多电声器件是运用共振原理设计制作的。此外,在微观科学研究中"共振"也是一种重要研究手段,例如利用核磁共振和顺磁共振研究物质结构等。

本实验中采用波尔共振仪定量测定机械受迫振动的幅频特性和相频特性,并利用频闪方法来测定动态的物理量——相位差。

4.5.1 实验目的

① 研究波尔共振仪中弹性摆轮受迫振动的幅频特性和相频特性。

② 研究不同阻尼力矩对受迫振动的影响，观察共振现象。

③ 学习用频闪法测定运动物体的某些量，例如相位差等。

④ 学习系统误差的修正。

4.5.2　实验仪器

波尔共振仪、闪关灯、计算机等。

4.5.3　实验原理

物体在周期外力的持续作用下发生的振动称为受迫振动，这种周期性的外力称为强迫力。如果外力是按简谐振动规律变化的，那么稳定状态时的受迫振动也是简谐振动，此时，振幅保持恒定，振幅的大小与强迫力的频率和原振动系统无阻尼时的固有振动频率以及阻尼系数有关。在受迫振动状态下，系统除了受到强迫力的作用外，同时还受到回复力和阻尼力的作用。所以在稳定状态时物体的位移、速度变化与强迫力变化不是同相位的，存在一个相位差。当强迫力频率与系统的固有频率相同时产生共振，此时振幅最大，相位差为 $\pi/2$。

实验采用摆轮在弹性力矩作用下自由摆动，在电磁阻尼力矩作用下作受迫振动来研究受迫振动特性，可直观地显示机械振动中的一些物理现象。

当摆轮受到周期性强迫外力矩 $M = M_0 \cos \omega t$ 的作用，并在有空气阻尼和电磁阻尼的介质中运动时$\left(\text{阻尼力矩为} -b\dfrac{\mathrm{d}\theta}{\mathrm{d}t}\right)$其运动方程为

$$J\frac{\mathrm{d}^2\theta}{\mathrm{d}t^2} = -k\theta - b\frac{\mathrm{d}\theta}{\mathrm{d}t} + M_0\cos\omega t \tag{4.5.1}$$

式中：J 为摆轮的转动惯量；$-k\theta$ 为弹性力矩；M_0 为强迫力矩的幅值；ω 为强迫力的圆频率。

令
$$\omega_0^2 = \frac{k}{J},\qquad 2\beta = \frac{b}{J},\qquad m = \frac{M_0}{J}$$

则式(4.5.1)变为

$$\frac{\mathrm{d}^2\theta}{\mathrm{d}t^2} + 2\beta\frac{\mathrm{d}\theta}{\mathrm{d}t} + \omega_0^2\theta = m\cos\omega t \tag{4.5.2}$$

当 $m\cos\omega t = 0$ 时，式(4.5.2)即为阻尼振动方程。

当 $\beta = 0$，即在无阻尼情况时，式(4.5.2)变为简谐振动方程，ω_0 即为系统的固有频率。方程(4.5.2)的通解为

$$\theta = \theta_1 \mathrm{e}^{-\beta t}\cos(\omega_f t + \alpha) + \theta_2\cos(\omega t + \varphi_0) \tag{4.5.3}$$

由式(4.5.3)可见，受迫振动可分成两部分：

第一部分为 $\theta_1 \mathrm{e}^{-\beta t}\cos(\omega_f t + \alpha)$，表示阻尼振动，经过一定时间后衰减消失。

第二部分为 $\theta_2\cos(\omega t + \varphi_0)$，说明强迫力矩对摆轮作功，向振动体传送能量，最后达到一个稳定的振动状态。

振幅
$$\theta_2 = \frac{m}{\sqrt{(\omega_0^2 - \omega^2)^2 + 4\beta^2\omega^2}} \tag{4.5.4}$$

它与强迫力矩之间的相位差 φ 为

$$\varphi = \arctan\frac{2\beta\omega}{\omega_0^2 - \omega^2} = \frac{\beta T_0^2 T}{\pi(T^2 - T_0^2)} \tag{4.5.5}$$

由式(4.5.4)和式(4.5.5)可看出，振幅 θ_2 与相位差 φ 的数值取决于强迫力矩 m、频率 ω、系统的固有频率 ω_0 和阻尼系数 β 四个因素，而与振动起始状态无关。

由 $\frac{\partial}{\partial\omega}[(\omega_0^2 - \omega^2)^2 + 4\beta^2\omega^2] = 0$ 极值条件可得出，当强迫力的圆频率 $\omega = \sqrt{\omega_0^2 - 2\beta^2}$ 时，产生共振，θ 有极大值。若共振时圆频率和振幅分别用 ω_r、θ_r 表示，则

$$\omega_r = \sqrt{\omega_0^2 - 2\beta^2} \tag{4.5.6}$$

$$\theta_r = \frac{m}{2\beta\sqrt{\omega_0^2 - \beta^2}} \tag{4.5.7}$$

式(4.5.6)、式(4.5.7)表明，阻尼系数 β 越小，共振时圆频率越接近于系统固有频率，振幅 θ_r 也越大。图 4.5.1 和图 4.5.2 表示出在不同 β 时受迫振动的幅频特性和相频特性。

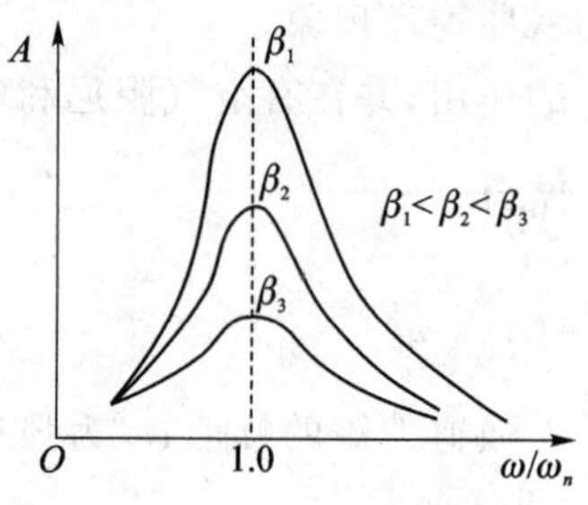

图 4.5.1　幅频特性

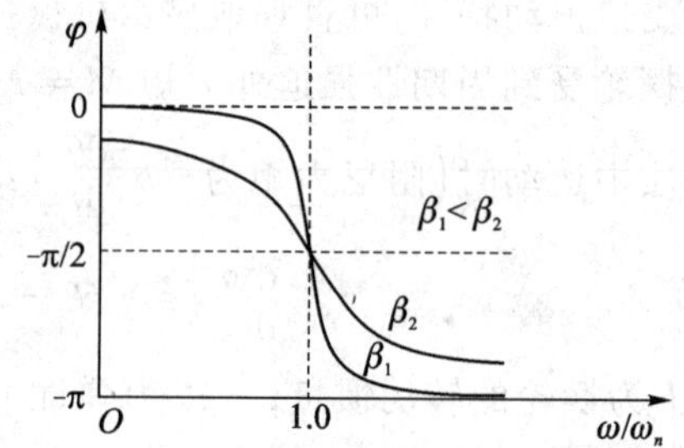

图 4.5.2　相频特性

仪器工作原理如下：

波尔共振仪由振动仪与电器控制箱两部分组成。振动仪部分如图 4.5.3 所示，由铜质圆形摆轮 A 安装在机架上，弹簧 B 的一端与摆轮 A 的轴相连，另一端可固定在机架支柱上，在弹簧弹性力的作用下，摆轮可绕轴自由往复摆动。在摆轮的外围有一卷槽型缺口，其中一个长形凹槽 D 长出许多。在机架上对准长型缺口处有一个光电门 H，它与电气控制箱连接，用来测量摆轮的振幅(角度值)和摆轮的振动周期。在机架下方有一对带有铁芯的线圈 K，摆轮 A 恰巧嵌在铁芯的空隙，利用电磁感应原理，当线圈中通过直流电流后，摆轮受到一个电磁阻尼力的作用。改变电流的数值即可使阻尼大小相应变化。为使摆轮 A 作受迫振动。在电动机轴上装有偏心轮，通过连杆机构 E 带动摆轮 A，在电动机轴上装有带刻线的有机玻璃转盘 F，它随电机一起转动。由它可以从角度读数盘 G 读出相位差。调节控制箱上的十圈电机转速调

节旋钮,可以精确地改变加于电机上的电压,使电机的转速在实验范围(30～45 转/分)内连续可调,由于电路中采用特殊稳速装置,电动机采用惯性很小的带有测速发电机的特种电机,所以转速极为稳定。电机的有机玻璃转盘 F 上装有两个挡光片。在角度读数盘 G 中央上方 900 处也有光电门(强迫力矩信号),并与控制箱相连,以测量强迫力矩的周期。

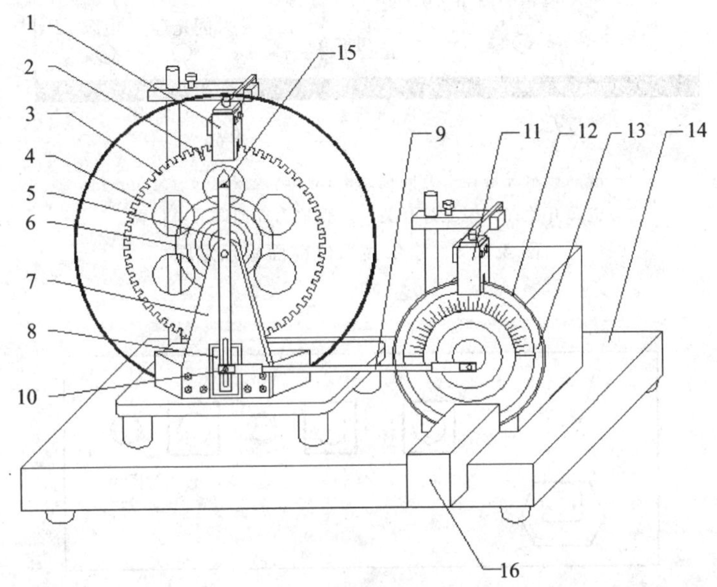

1—光电门 H;2—长凹槽 D;3—短凹槽 D;4—铜质摆轮 A;5—摇杆 M;6—蜗卷弹簧 B;7—支承架;8—阻尼线圈 K;9—连杆 E;10—摇杆调节螺丝;11—光电门 I;12—角度盘 G;13—有机玻璃转盘 F;14—底座;15—弹簧夹持螺钉 L;16—闪光灯

图 4.5.3　波尔振动仪

受迫振动时摆轮与外力矩的相位差利用小型闪光灯来测量。闪光灯受摆轮信号光电门控制,每当摆轮上长型凹槽 C 通过平衡位置时,光电门 H 接收光,引起闪光。闪光灯放置位置如图 4.5.3 所示搁置在底座上,切勿拿在手中直接照射刻度盘。在稳定情况时,由闪光灯照射下可以看到有机玻璃指针 F 好象一直“停在”某一刻度处,这一现象称为频闪现象,所以此数值可方便地直接读出,误差不大于 2°。

摆轮振幅是利用光电门 H 测出摆轮读数 A 处圈上凹型缺口个数,并在液晶显示器上直接显示出此值,精度为 2°。

波尔共振仪电气控制箱的前面板和后面板分别如图 4.5.4 和图 4.5.5 所示。

电机转速调节旋钮,系带有刻度的十圈电位器,调节此旋钮时可以精确地改变电机转速,即改变强迫力矩的周期。刻度仅供实验时作参考,以便大致地确定强迫力矩周期值在多圈电位器上的相应位置。

可以通过软件控制阻尼线圈内直流电流的大小,达到改变摆轮系统的阻尼系数

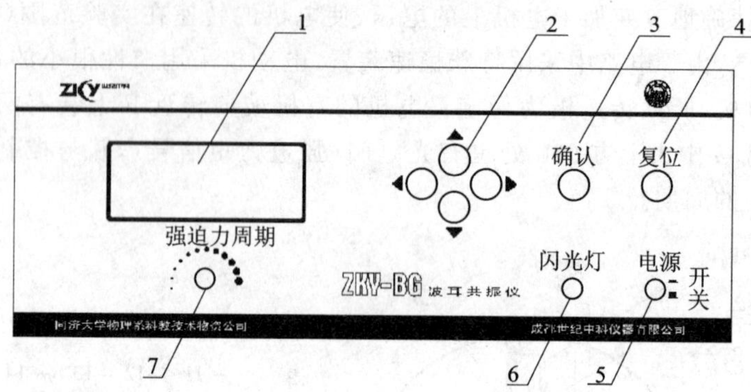

1—液晶显示屏幕；2—方向控制键；3—确认按键；4—复位按键；
5—电源开关；6—闪光灯开关；7—强迫力周期调节电位器

图 4.5.4　波尔共振仪前面板示意图

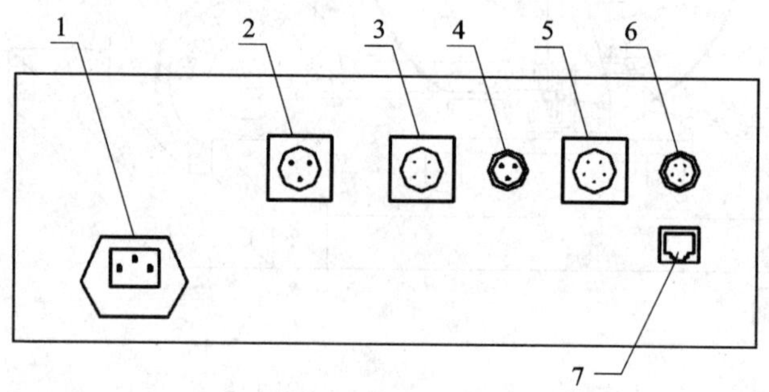

1—电源插座(带保险)；2—闪光灯接口；3—阻尼线圈
4—电机接口；5—振幅输入；6—周期输入；7—通信接口

图 4.5.5　波尔共振仪后面板示意图

的目的。选择开关可分 4 挡：“阻尼 0”挡阻尼电流为零；“阻尼 1”挡电流约为 280 mA；“阻尼 2”挡电流约为 300 mA；“阻尼 3”挡电流最大。约为 320 mA。阻尼电流由恒流源提供，实验时根据不同情况进行选择(可先选择在“2”处，若共振时振幅太小，则可改用“1”，切不可放在“0”处)，振幅不大于 150。

闪光灯开关用来控制闪光与否，当按住闪光按钮且摆轮长缺口通过平衡位置时，便产生闪光。由于有频闪现象，可从相位差读盘上看到刻度线似乎静止不动的读数(实际有机玻璃 F 上的刻度线一直在匀速转动)，从而读出相位差数值。为使闪光灯管不易损坏，采用按钮开关，仅在测量相位差时才按下按钮。

振幅与共振频率 ω_0 相对应值可用如下方法：

将电机电源切断，角度盘指针 F 放在“0”处，用手将摆轮拨动到较大处(140°～150°)，然后放手，此摆轮作衰减振动，读出每次振幅值相应的摆动周期即可。此法可重复几次即可作出 θ_n 与 T_0 的对应表。

4.5.4 实验内容与步骤

1. 测定阻尼系数 β

从液显窗口读出摆轮作阻尼振动时的振幅数值 θ_1、θ_2、θ_3、$\cdots\theta_n$，利用公式

$$\ln \frac{\theta_0 \mathrm{e}^{-\beta t}}{\theta_0 \mathrm{e}^{-\beta(t+nT)}} = n\beta T = \ln \frac{\theta_0}{\theta_n} \tag{4.5.8}$$

求出 β 值。式中：n 为阻尼振动的周期次数；θ_n 为第 n 次振动时的振幅；T 为阻尼振动周期的平均值。此值可以测出 10 个摆轮振动周期值，然而取其平均值。可得

$$\beta = \ln \frac{\theta_i}{\theta_{i+5}} / 5T \tag{4.5.9}$$

进行实验内容时，电机电源必须切断，指针 F 放在 0°位置，θ_0 通常选取在 130°～150°之间。

2. 测定受迫振动的幅频特性和相频特性曲线

保持阻尼挡位不变，选择强迫振荡进行实验，改变电动机的转速，即改变强迫外力矩频率 ω。当受迫振动稳定后，读取摆轮的振幅值，并利用闪光灯测定受迫振动位移与强迫力间的相位差（$\Delta\varphi$ 控制在 10°左右），强迫力矩的频率可从摆轮振动周期算出，也可以将周期选为"×10"直接测定强迫力矩的 10 个周期后算出，在达到稳定状态时，两者数值应相同。前者为 4 位有效数字，后者为 5 位有效数字。

在共振点附近由于曲线变化较大，因此测量数据相对密集些，此时电机转速极小的变化都会引起 $\Delta\varphi$ 很大的改变。电机转速旋钮上的读数是一个参考数值，建议在不同的 ω 时都记下此值，以便实验中快速寻找要重新测量时参考。

3. 波尔共振仪控制箱的使用方法

(1) 开机介绍

按下电源开关后，屏幕上出现欢迎界面，其中 NO.0000X 为控制箱与主机相连的编号。过几秒钟后屏幕上显示如图 4.5.6 所示的"按键说明"字样。符号"◀"为向左移动；"▶"为向右移动；"▲"为向上移动；"▼"向下移动。下文中的符号不再介绍。

(2) 自由振荡

在图 4.5.6 状态按确认键，显示图 4.5.7 所示的实验类型，默认选中项为自由振荡，字体反白为选中（注意做实验前必须先做自由振荡，其目的是测量摆轮的振幅和固有振动周期的关系）。

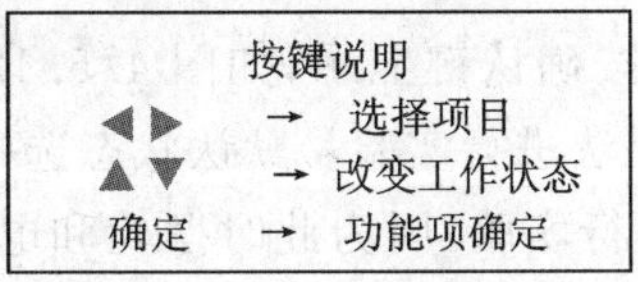

按键说明

◀▶ → 选择项目

▲▼ → 改变工作状态

确定 → 功能项确定

图 4.5.6 按键说明

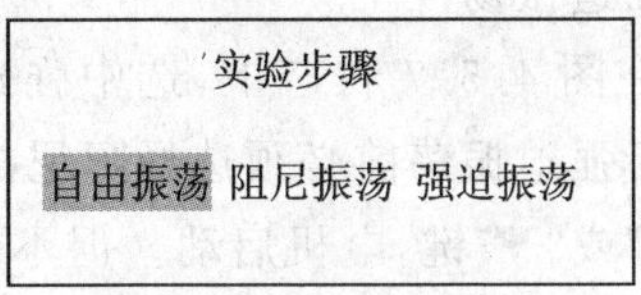

实验步骤

自由振荡 阻尼振荡 强迫振荡

图 4.5.7 振荡类型

再按确认键显示，如图 4.5.8 所示。

用手转动摆轮 160°左右，放开手后按“▲”或“▼”键，测量状态由“关”变为“开”，控制箱开始记录实验数据，振幅的有效数值范围为 160～50(振幅小于 160 测量开，小于 50 测量自动关闭)。测量显示关时，此时数据已保存并发送主机。

查询实验数据，可按“◀”或“▶”键，选中“回查”，再按确认键如图 4.5.9 所示，表示第一次记录的振幅为 134，对应的周期为 1.442 秒，然后按“▲”或“▼”键查看所有记录的数据，该数据为每次测量振幅相对应的周期数值，回查完毕，按确认键，返回到图 4.5.8 状态，若进行多次测量可重复操作，自由振荡完成后，选中“返回”，按确认键回到前面图 4.5.7 进行其他实验。

周期 X1 =	秒(摆轮)	
阻尼 0	振幅	
测量关 00	回查	返回

图 4.5.8　周期选择

周期 X1 = 01.442 秒(摆轮)	
阻尼 0	振幅 134
测量查 01 ↑↓	按确定键返回

图 4.5.9　数据回查

(3) 阻尼振荡

在图 4.5.7 状态下，根据实验要求，按“▶”键，选中“阻尼振荡”，按确认键显示阻尼，如图 4.5.10 所示。阻尼分三个挡，阻尼 1 最小，根据自己实验要求选择阻尼挡，例如选择阻尼 1 挡，按确认键显示，如图 4.5.11 所示。

阻尼选择		
阻尼1	阻尼 2	阻尼 3

图 4.5.10　阻尼挡选择

周期 X_0^{10} =	秒(摆轮)	
阻尼 1	振幅	
测量关 00	回查	返回

图 4.5.11　阻尼 1 挡

用手转动摆轮 160°左右，放开手后按“▲”或“▼”键，测量由“关”变为“开”并记录数据，仪器记录 10 组数据后，测量自动关闭，此时振幅大小还在变化，但仪器已经停止计数。

阻尼振荡的回查同自由振荡类似，请参照上面操作。若改变阻尼挡测量，重复阻尼 1 的操作步骤即可。

(4) 强迫振荡

仪器在图 4.5.7 状态下，选中强迫振荡，按确认键显示，如图 4.5.12 所示(**注意：**在进行强迫振荡前必须选择阻尼挡，否则无法进行实验。)默认状态选中电机。

按“▲”或“▼”键，电机启动。但不能立即进行实验，因为此时摆轮和电机的周期还不稳定，待稳定后即周期相同时，再开始测量。测量前应该先选中周期，按“▲”或“▼”键把周期由 1(见图 4.5.12)改为 10(见图 4.5.13)，(目的是为了减少误差，若不改周期，则测量无法打开）。待摆轮和电机的周期稳定后，再选中测量，按下“▲”或“▼”键，测量打开并记录数据，如图 4.5.13 所示。可进行同一阻尼下不同振幅的多次测量，每次实验数据都进行保留。

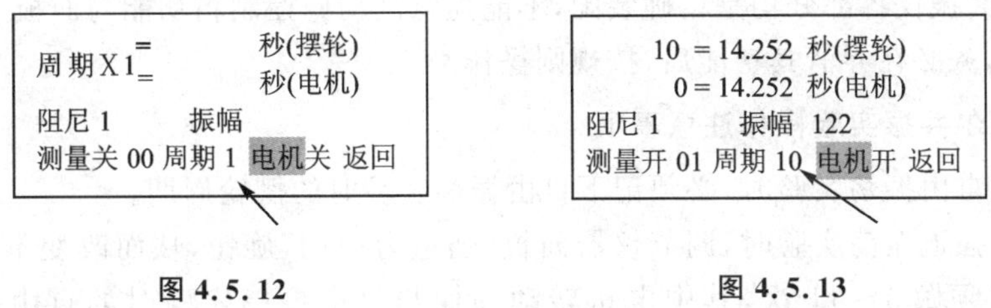

图 4.5.12　　图 4.5.13

测量相位时，应把闪光灯放在电动机转盘前下方，按下闪光灯按钮，根据频闪现象来测量，仔细观察相位位置。

强迫振荡测量完毕，按“◀”或“▶”键，选中返回，按确定键，重新回到图 4.5.7 状态。

(5) 关　机

在图 4.5.12 状态下，按住复位按钮保持不动，几秒钟后仪器自动复位，此时所做实验数据全部清除，然后按下电源按钮，结束实验。

4. 波尔共振仪调整方法

波尔共振仪各部分经校正，请勿随意拆装改动，电气控制箱与主机有专门电缆相接，不会混淆，在使用前请务必清楚各开关与旋钮功能。

实验后，若发现仪器工作不正常，则可行调整，具体步骤如下：

① 将角度盘指针 F 放在“0”处。

② 松连杆上锁紧螺母，然后转动连杆 E，使摇杆 M 处于垂直位置，然后再将锁紧螺母固定。

③ 此时摆轮上一条长形槽口（用白漆线标志）应基本上与指针对齐，若发现明显偏差，则可将摆轮后面三只固定螺丝略松动，用手握住蜗卷弹簧 B 的内端固定处，另一手即可将摆轮转动，使白漆线对准尖头，然后再将三只螺丝旋紧。一般情况下，只要不改变弹簧 B 的长度，此项调整极少进行。

若弹簧 B 与摇杆 M 相连接处的外端夹紧螺钉 L 放松，此时弹簧 B 外圈即可任意移动（可缩短、放长）缩短距离不宜少于 6 cm。在旋紧处端夹拧螺钉时，务必保持弹簧处于垂直面内，否则将明显地影响实验结果。

将光电门 H 中心对准摆轮上白漆线（即长狭缝），并保持摆轮在光电门中间狭缝中自由摆动，此时可选择阻尼开关“1”或“2”处，打开电机，此时摆轮将作受迫振动，待达到稳定状态时，打开闪光灯开关，此时将看到指针 F 在相位差度盘中有一似乎固定的读数，两次读数值在调整良好时差 1°以内（在不大于 2°时实验即可进行）。若发现相差较大，则可调整光电门位置。若相差超过 5°以上，则必须重复上述步骤进行重新调整。

由于弹簧制作过程中的问题，在相位差测量过程中可能会出现指针 F 在相位差读数盘上两端重合较好、中间较差，或中间较好、两端较差现象。

波尔共振仪各部分均是精确装配，不能随意乱动。控制箱功能与面板上旋钮、按键均较多，务必在弄清其功能后，按规则操作。

5. 波尔共振实验操作注意事项

① 做自由振荡实验时，必须记下自由振荡实验时的摆轮周期。

② 做强迫振荡实验时，调节仪器面板“强迫力周期”旋钮，从而改变不同电机转动周期，必须做 3～11 次，其中电机转动周期与自由振荡实验时的自由振荡周期相同。

③ 做强迫振荡实验时，电机与摆轮的周期必须相同，振幅必须稳定后，方可记录实验数据。

④ 在波尔软件中的“波尔共振实验—控制台”窗口的“实验管理”菜单中的“设置连接操作”子菜单下，连接器编号设置不能超过 5，否则可能会出现故障。

⑤ 学生做完实验后必须保存测量数据。

为了方便老师检测学生所做实验数据，在窗口“波尔共振实验—控制台”，单击“数据通信”，单击“实验数据查询”，单击“查询”，双击学生姓名或学号，出现学生实验数据结果窗口，单击“曲线”/直接按键盘“G”键调出有该学生所做实验的曲线窗口（网络型波尔用）。

⑥ 电机是否转动使用软件控制，在测定阻尼系数和摆轮固有频率 ω_0 与振幅关系时，必须将电机关断。

⑦ 电气控制箱与闪光灯和波尔共振仪之间应通过各种专业电缆相连接，因此不会产生接线错误之弊病。

4.5.5 数据处理

1. 阻尼系数 β 的计算

利用式(4.5.8)，对所测数据按逐差法处理，求出 β 值，或用式(4.5.9)，求出 β 值。

2. 幅频特性和相频特性测量

作幅频特性 $(\theta/\theta_r)^2-\omega$ 曲线，并由此求 β 值。在阻尼系数较小（满足 $\beta^2\leqslant\omega_0^2$）和共振位置附近（$\omega=\omega_0$），由于 $\omega_0+\omega=2\omega_0$，从式(4.5.4)和式(4.5.7)可得

$$\left(\frac{\theta}{\theta_r}\right)^2=\frac{4\beta^2\omega_0^2}{4\omega_0^2(\omega-\omega_0)^2+4\beta^2\omega_0^2}=\frac{\beta^2}{(\omega-\omega_0)^2+\beta^2}$$

当 $\theta=\frac{1}{\sqrt{2}}\theta_r$，即 $\left(\frac{\theta}{\theta_r}\right)^2=\frac{1}{2}$ 时，由上式可得

$$\omega-\omega_0=\pm\beta$$

此 ω 对应于 $\left(\frac{\theta}{\theta_r}\right)^2=\frac{1}{2}$ 处两个值 ω_1、ω_2，由此可得

$$\beta=\frac{\omega_2-\omega_1}{2}$$

将此法与逐差法求得的值作一比较并讨论，本实验重点应放在相频特性曲线测量上。

3. 由测量数据作出幅频特性和相频特性曲线

4. 误差分析

因为本仪器中采用石英晶体作为计时部件，所以测量周期(圆频率)的误差可以忽略不计，误差组要来自阻尼系数 β 的测定和无阻尼振动时系统的固有振动频率 ω_0 的确定，且后者对实验结果影响较大。

在前面的原理部分我们认为弹簧的弹性系数 k 为常数，它与扭转的角度无关。实际上，由于制造工艺及材料性能的影响，k 值随着角度的改变而略有微小的变化(3%左右)，因而造成在不同振幅时系统的固有频率 ω_0 有变化。如果取 ω_0 的平均值，则将在共振点附近使相位差的理论值与实验值相关很大。为此可测出振幅与固有频率 ω_0 的相应数值。在 $\varphi=\arctan\frac{\beta T_0^2 T}{\pi(T^2-T_0^2)}$ 公式中，T_0 采用对应于某振幅的数值代入，这样可使系统误差明显减小。

4.5.6 思考题

① 受迫振动的稳定状态与简谐振动有什么区别?

② 为什么说利用频闪法测得的相位即为受迫振动达到稳定状态时与驱动力矩的相位差?

③ 实验中阻尼力矩是怎样形成的?

④ 为什么在开始测固有周期或阻尼系数时，要求玻璃转盘 F 刻线处在"0"位置，摆轮上长形凹槽 C、摇杆 M 的顶端和光电门 H 中央三者上下对齐?

⑤ 什么因素导致频闪法测相位差时相邻两次读数有差异?

⑥ 在发生共振时，驱动力矩与受迫振动的相位差在理论上应该大于、等于还是小于 $\pi/2$?

4.6 气体中声速的测定

声波是一种在弹性介质中传播的机械波，它是纵波，其振动方向与传播方向一致。频率低于 20 Hz 的声波称为次声波；频率在 20 Hz～20 kHz 的声波可以被人听到，称为可闻波；频率在 20 kHz 以上的声波称为超声波。

声波能在固体、液体及气体中传播，其传播速度与介质的特性及状态等因素有关。因而通过介质中声速的测量，可以了解介质的特性或状态变化，例如测量氯气、蔗糖等气体或溶液的浓度，氯丁橡胶乳液的相对密度以及输油管中不同油品的分界面，等等。这些问题都可以通过测定这些物质中的声速来解决。另外，声波的测量在声波定位、探测、显示、测距等方面也有着广泛的应用。因此，研究声速的测定既有理论价值，也有实际意义。

4.6.1 实验目的

① 了解压电陶瓷换能器的工作原理，学会两种以上测量声波在空气中传播速度的原理与方法。

② 掌握示波器、专用信号源、超声声速测定仪的调节与使用方法。

③ 学会用逐差法进行数据处理。

4.6.2 实验仪器

超声声速测定仪、专用信号源、示波器。

4.6.3 实验原理

1. 超声波与压电陶瓷换能器

频率为 20 Hz～20 kHz 的机械振动在弹性介质中传播形成声波，高于 20 kHz 称为超声波，超声波的传播速度就是声波的传播速度，而超声波具有波长短、易于定向发射等优点。声速实验所采用的声波频率一般都在 20～60 kHz 之间，在此频率范围内，采用压电陶瓷换能器作为声波的发射器、接收器效果最佳。

压电陶瓷换能器根据它的工作方式，分为纵向(振动)换能器、径向(振动)换能器及弯曲振动换能器。声速教学实验中大多数采用纵向换能器。图 4.6.1 为纵向换能器的结构简图。

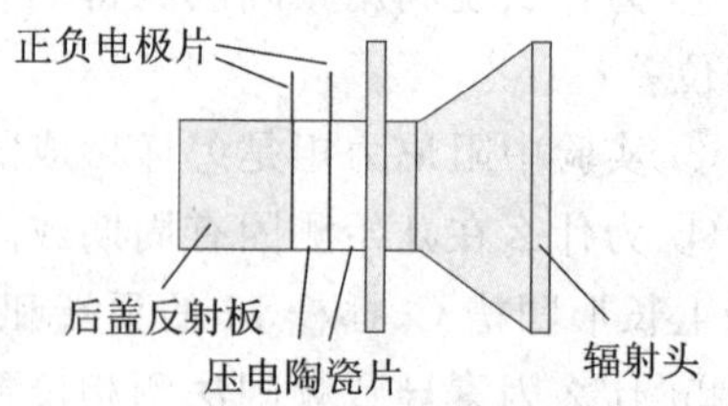

图 4.6.1 纵向换能器的结构简图

声波的速度 v、频率 f 和波长 λ 的关系式为 $v=f\cdot\lambda$，如果能用实验的方法测量声波频率 f 和波长 λ，就可求出声波速度 v。由于超声波具有波长短、易于定向发射等优点，所以在超声波段进行声速测量是比较方便的。超声波的发射和接收一般是通过电磁振动和机械振动的相互转换来实现的。最常见的是利用压电效应或磁致伸缩效应来实现。本实验是采用压电陶瓷圆环做成的复合换能器来发射的接收超声波，换能器间距与合成幅度如图 4.6.2 所示。

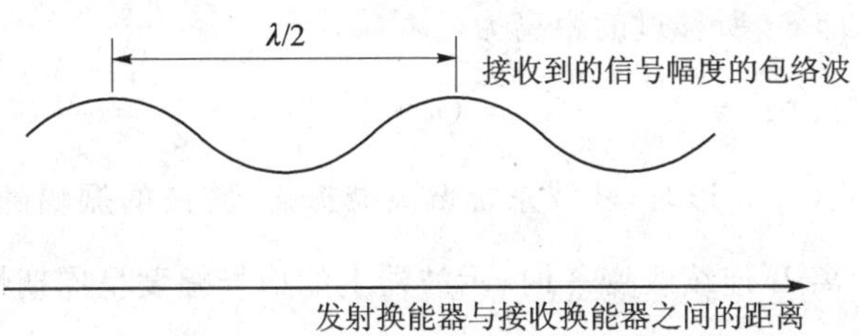

图 4.6.2　换能器间距与合成幅度

2. 驻波共振法

实验装置如图 4.6.3 所示，S_1 和 S_2 为一对压电陶瓷换能器(压电陶瓷喇叭)，其中端面相向安放在游标卡尺上，右边的接收换能器 S_2 可在游标卡尺上移动。S_1 由专用信号源驱动，发出超声波。S_2 为接收器，它接收到超声波之后，由于压电效应而转换成电信号，并送到电子示波器进行显示。另外，S_2 在接收超声波的同时又反射部分超声波。这样，S_1 发出的超声波和 S_2 反射的超声波在它们之间的区域内相干涉而形成驻波。从原则上说，两列振幅、频率和振动方向都相同的平面余弦波沿相反方向传播时都能形成驻波，但驻波的强度和稳定性都因具体条件的不同而有很大的差异，只有当波源的频率和驻波系统的固有频率相等时，驻波的振幅才能达到最大值，这种现象称为驻波的共振。

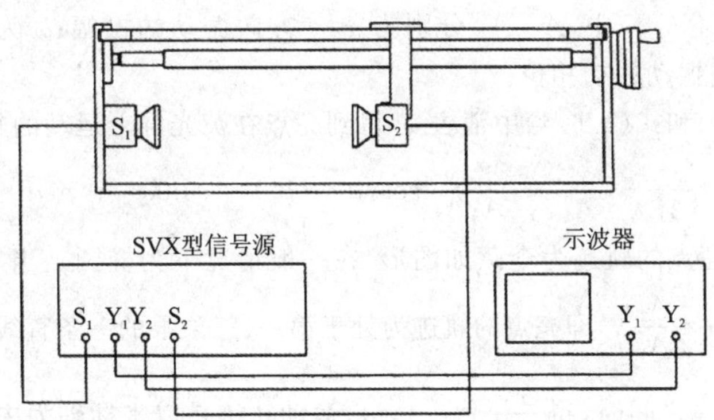

图 4.6.3　驻波法、相位法连线图

驻波系统的固有频率不仅与系统的固有性质(结构、材料、尺寸等)有关，而且还取决于边界条件，在声速实验中 S_1、S_2 即为两边界条件，且必定是波节，其间有任意个波节，所以驻波的共振条件应为

$$L = n\frac{\lambda}{2}, \qquad n = 1,2,3,\cdots \tag{4.6.1}$$

即当 S_1 和 S_2 之间的距离 L 恰好等于半波长的整数倍时，驻波系统处于共振态，驻波有最大振幅，波节处的声压也最大，在示波器上观察到信号幅度最大。所以在移动 S_2 的过程中，驻波系统也相继经历了一系列的共振态。由式(4.6.1)可知，任意两个

相邻共振态之间，即 S_2 所移过的距离为

$$\Delta L = L_{n+1} - L_n = (n+1)\frac{\lambda}{2} - n\frac{\lambda}{2} = \frac{\lambda}{2} \tag{4.6.2}$$

当 L 不满足式(4.6.1)时，驻波系统偏离共振态，驻波的振幅随之减小。所以当 S_1 与 S_2 之间的距离 L 连续改变$\frac{\lambda}{2}$时，示波器上的信号幅度呈周期性变化，每出现一次周期，就相当于 S_1 和 S_2 之间距离改变了$\frac{\lambda}{2}$，此距离可由游标卡尺测得，频率 f 直接由信号源读得。根据 $v=f\cdot\lambda$ 可求得声速。

3. 相位比较法

实验装置如图 4.6.3 所示，信号源激励 S_1 发射超声波，接至示波器 x 轴输入端，S_2 接收到的声压信号并转换成电信号输入示波器 y 轴，在发射波和接收波之间产生相位差，在示波器荧光屏上出现两个相互垂直的同频率的谐振动的合成图形——李萨如图形。

设信号源(发射波)为

$$x = A_1\cos(\omega t + \varphi_1) \tag{4.6.3}$$

受迫振动(接收波)为

$$y = A_2\cos(\omega t + \varphi_2) \tag{4.6.4}$$

式(4.6.3)和式(4.6.4)中，A_1、A_2 分别为 x、y 方向振动的振幅；ω 为角频率；φ_1、φ_2 分别为 x、y 方向振动的初相位。

从式(4.6.3)和式(4.6.4)中消去 ω，得到亮点在荧光屏上运动的轨迹方程为

$$\frac{x^2}{A_1^2} + \frac{y^2}{A_2^2} - \frac{2xy}{A_1A_2}\cos(\varphi_2 - \varphi_1) = \sin(\varphi_2 - \varphi_1) \tag{4.6.5}$$

式(4.6.5)说明亮点的轨迹为李萨如图形，在一般情况下为椭圆。当 $\varphi_2-\varphi_1=0$ 时，由式(4.6.5)得 $y=\frac{A_2}{A_1}x$，即亮点的轨迹为处于第一、三象限的一条直线(见图 4.6.4)；当 $\varphi_2-\varphi_1=0\sim\frac{\pi}{2}$之间时，得$\frac{x^2}{A_1^2}+\frac{y^2}{A_2^2}=1$，运动轨迹是以坐标轴为主轴的光点沿顺时针方向扫动的椭圆(见图 4.6.4)；当 $\varphi_2-\varphi_1=\pi$ 时，得 $y=-\frac{A_2}{A_1}x$，即亮点的轨迹为处于第二象限和第四象限的一条直线(见图 4.6.4)；当 $\varphi_2-\varphi_1=\frac{\pi}{2}\sim\pi$ 之间时，亮点运动轨迹是以坐标轴为主轴的光点沿逆时针方向扫动的椭圆(见图 4.6.4)。

改变 S_1 与 S_2 之间的距离 L，相当于改变了发射波和接收波之间的相位差 $\Delta\varphi=\varphi_2-\varphi_1$，荧光屏上的图形也随之不断改变。显然，每改变一个波长的距离 $L_2-L_1=\lambda$，相位差 $\Delta\varphi=2\pi$。随着 S_1 与 S_2 的相位差从 $0\to2\pi$ 的变化，李萨如图形从斜率为正的直线变为椭圆，再变为斜率为负的直线，然后再变为椭圆，再回到斜率为正的直线，

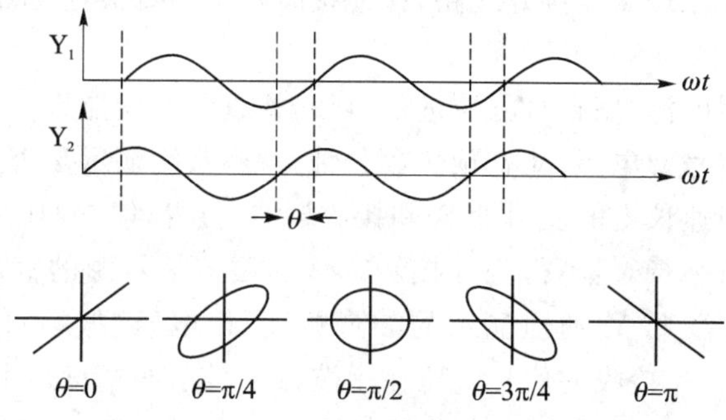

图 4.6.4　用李萨如图形观察相位变化

完成一个周期变化。从上述图形与相位差之间关系的分析得知，图形从一种直线状态经椭圆转变到另一种直线状态时，S_1 与 S_2 之间的距离 L 恰好改变半个波长。在实验中就是根据显示图形中直线的交替变化，从游标卡尺上读出 S_2 相应位置的数值（每次读数相差 $\lambda/2$），然后用逐差法求出声波的波长 λ，根据频率 f，就可由 $v=f\lambda$ 求出声速。

4. 时差法测量原理

连续波经脉冲调制后由发射换能器发射至被测介质中，声波在介质中传播，经过 t 时间后，到达 L 距离处的接收换能器。由运动定律可知，声波在介质中传播的速度可由以下公式求出：

$$\text{速度}\ v = \text{距离差} / \text{时间差} = \Delta L/\Delta t$$

通过测量 S_1 与 S_2 两换能器发射接收平面之间的距离差 ΔL 和时间差 Δt，就可以计算出当前介质下的声波传播速度。发射波与接收波如图 4.6.5 所示。

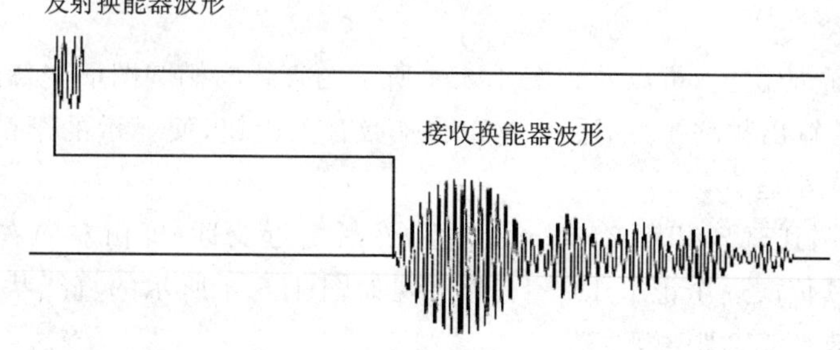

图 4.6.5　发射波与接收波

4.6.4　实验内容与步骤

1. 共振的调节

当调节信号源与声速测量仪本身的固有频率相等时，S_2 发生谐振，此时 S_2 接收的信号电压在示波器上显示的幅度最大，即共振。

① 按图 4.6.3 原理图连接好线路，在连接时特别注意极性，不能接错，若发生接线错误，就会损坏仪器（专用信号源）。

② 接通示波器电源，用自身方波进行自校，检查示波器能否正常工作。

③ 接通专用信号源电源，让它预热数分钟，观察数字显示是否正常。

④ 调节超声声速仪上的发射器 S_1 和接收器 S_2 位置，使它们的两个端面靠拢，相距 2～3 cm，并严格平行，但不得相互接触。仔细调节信号源的输出频率，同时观察 S_2 的信号输出在示波器 Y_2 通道显示的波形幅度，使电压（振幅）信号最大（一般在 34～38 kHz 范围内 S_2 接收的信号电压在示波器上显示的幅度最大，即共振）。若波形出现失真，则应适当地减小调节信号源的输出幅度与 S_2 接收信号增益，消除 S_2 接收信号的失真。

2. 驻波共振法

① 在共振的基础上，转动声速测试仪鼓轮手柄，改变 S_2 与 S_1 的相对位置，观察示波器通道 Y_2 波形幅度的变化。当 S_2 移动到某一位置时幅度指示达到极大值，此时，S_1 和 S_2 处于驻波共振（波节位置）；记下此时信号频率 f 值（即超声波的频率）和对应 S_2 位置游标卡尺的读数。

② 改变 S_2 的位置，向右每移动 $\frac{\lambda}{2}$ 距离时，可找到一个驻波共振时的振幅极大值位置（要用鼓轮手柄仔细寻找）。在实验中由近及远（即由左向右）依次逐个记下 12～16 个振幅最大时 S_2 位置游标卡尺的读数。

3. 行波相位法

① 按图 4.6.3 连接好线路。在共振的基础上，只需将示波器时间扫描范围选择旋钮旋至"$x-y$"挡，表示 x 轴的信号不用内部锯齿波扫描电压，而是用外接的信号作 x 轴的信号。

② 改变 S_2 的位置，可以看到图 4.6.4 所示的直线与椭圆图形交替出现。

③ 信号源输出频率不变，适当调节示波器有关旋钮，使显示的李萨如图形处在屏幕中央，并大小适宜。

④ 把 S_2 调到离 S_1 相距 2～3 cm 位置，然后由近及远（即由左向右仔细调节 S_2 的位置，并连续依次逐个记下 12～16 个出现如图 4.6.4 所示的直线状态时 S_2 的位置读数（每次改变 $\lambda/2$ 距离）。

4. 时差法测量声速

① 使用空气为介质测试声速时，按图 4.6.6 所示进行接线。为了避免连续波可能带来的干扰，应将连续波频率调离换能器谐振点。

② 将测试方法设置到脉冲波方式，选择合适的脉冲发射强度。将 S_1 和 S_2 之间的距离调到一定距离（≥50 mm），选择合适的接收增益，使显示的时间差值读数稳定。

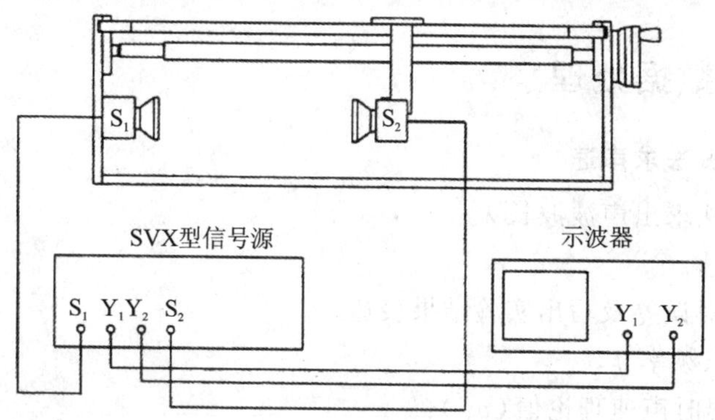

图 4.6.6　时差法测量声速接线图

③ 然后记录此时的距离值和信号源计时器显示的时间值 L_{i-1}、t_{i-1}。移动 S_2，记录下这时的距离值和显示的时间值 L_i、t_i。在距离≤50 mm 时，只要 L_i、L_{i-1} 处显示的时间值 t_i、t_{i-1} 稳定，且不在“拖尾”处（产生”拖尾”时，显示的时间值很小。拖尾是由于在距离较近时，反射波引起的共振在下一个测量周期到来时未能完全衰减而产生的。调小接收增益，可去掉“拖尾”），也能得到稳定的声速值。

由于空气中的超声波衰减较大，在较长距离内测量时，接收波会有明显的衰减，这可能会带来计时器读数有跳字，这时应微调（距离增大时，顺时针调节；距离减小时，逆时针调节）接收增益，使在移动 S_2 时，计时器读数连续准确地变化。建议将接收换能器先调到远离发射换能器的一端，并将接收增益调至最大，这时计时器有相应的读数。由远到近调节接收换能器，这时计时器读数将变小；随着距离的缩小，接收波的幅度逐渐变大，在某一位置，计时器读数会有跳字，这时逆时针方向微调接收增益旋钮，使计时器的计时读数连续准确地变小，就可准确地测得计时值。

5. 液体声速的测定

当使用液体为介质测试声速时，先在测试槽中注入液体，直至把换能器完全浸没，但不能超过液面线。选择合适的脉冲波强度，即可进行测试，步骤相同。

6. 注意事项

① 在连续接线路时，一定要芯线接芯线、地线接地线，千万不能接错。

② 在实验过程中，不能把手或其他物品伸入到发射头 S_1 接收头 S_2 之间。

③ 在调节 S_2 位置时，当处在测量点附近时，一定要用螺旋测微装置仔细调节，若发生人体干扰（在相位比较法中，经常出现干扰），则每次调节应保持人体（主要用于调节的手）和仪器的相对位置不变为好。

④ 在相位比较法中，若发现信号源输入 x 轴的信号太强，则可以将输入信号接收增益旋钮减小。

⑤ 在实验过程中，若发现信号频率 f 有微小变动，则可求取各次信号频率 f 的

平均值。

4.6.5 数据处理

1. 驻波共振法求声速

① 用逐差法求出声波波长 λ。

② 计算声速。

③ 计算相对误差及写出实验结果表达式。

记下室温 t、频率 f。

求出在室温时声速理论值($v_{理}$):

$$v_{理} = v_0\sqrt{\frac{T}{T_0}} = 331.45\sqrt{1+\frac{t}{273.15}}$$

式中:$v_0=331.45$ m/s;$T_0=273.15$ K;$T=t+T_0=(t+273.15)$ K。

实验值 $V_{测} = f\cdot\bar{\lambda}$, $\Delta v = |v_{理} - v_{测}|$

$$E = \frac{\Delta v}{v_{理}}\times 100\%,\quad v = v_{测} \pm \Delta v$$

2. 行波相位法求声速

① 用逐差法求出声波波长 λ。

② 计算声速。

③ 计算相对误差及写出实验结果表达式。

3. 时差法求声速

$$v_i = (L_i - L_{i-1})/(t_i - t_{i-1})$$

4.6.6 思考题

① 为什么要在系统共振状态下进行声速的测量?

② 为什么压电陶瓷换能器 S_1 和 S_2 的表面在驻波共振法实验过程中要保持相互平行?

③ 声速测量中驻波共振法、相位比较法、时差法有何异同?

④ 声音在不同介质中传播有何区别?声速为什么不同?

4.7 超声光栅测量声速

本实验隶属声光效应实验范畴,在光路中放置一产生声波振动的介质,实现对透过振动介质的光的调制,而且调制效果可与声信号特征参量联系起来。通过这种声光效应可了解如何对光信号进行调制,以及实现这一过程的手段,同时也为测量液体(非电解质溶液)中的声速提供另一种思路和方法。

4.7.1　实验目的

① 了解超声光栅产生的原理。

② 了解声波如何对光信号进行调制。

③ 通过对液体(非电解质溶液)中的声速的测定,加深对其概念的理解。

4.7.2　实验仪器

超声光栅测声速仪、分光计、数字高频计。

4.7.3　实验原理

1. 测量原理

光波在介质中传播时被超声波衍射的现象,称为超声致光衍射(亦称声光效应)。

超声波作为一种纵波在液体中传播时,液体作周期性的运动而形成疏密波,造成声压周期性的变化,从而液体的折射率也相应地作周期性的变化。此时,如果有平行的单色光沿垂直于超声波传播方向通过这种疏密相间、折射率作周期性变化的液体时,就会产生衍射,这种现象类似于光栅,所以称为超声光栅。

超声波传播时,如果前进波被一个平面反射,则会有反射波反向传播。在一定条件下,前进波与反射波叠加而形成超声频率的纵向振动驻波。由于驻波的振幅可以达到单一行波的 2 倍,因此加剧了波源和反射面之间液体的疏密变化程度。某时刻,纵驻波的任一波节两边的质点都涌向这个节点,使该节点附近成为质点密集区,而相邻的波节处为质点稀疏处;半个周期后,这个节点附近的质点又向两边散开变为稀疏区,相邻波节处变为密集区。在这些驻波中,稀疏区液体折射率减小,而压缩作用使液体折射率增大。在距离等于波长 A 的两点,液体的密度相同,折射率也相等,如图 4.7.1 所示。

单色平行光 λ 沿着垂直于超声波传播方向通过上述液体时,因折射率的周期性变化使光波的波阵面产生了相应的相位差,经透镜聚焦出现衍射条纹。这种现象与平行光通过透射光栅的情形相似。因为超声波的波长很短,只要盛装液体的液体槽的宽度能够维持平面波(宽度为 l),槽中的液体就相当于一个衍射光栅。图中行波的波长 A 相当于光栅常数。由超声波在液体中产生的光栅作用称作超声光栅。

当满足声光喇曼-奈斯衍射条件 $2\pi\lambda l/A^2 \ll 1$ 时,这种衍射相似于平面光栅衍射,可得如下光栅方程(式中 k 为衍射级次,φ_k 为零级与 k 级间夹角):

$$A\sin\varphi_k = k\lambda$$

在调好的分光计上,由单色光源和平行光管中的会聚透镜(L_1)与可调狭缝 S 组成平行光系统,如图 4.7.2 所示。

让光束垂直通过装有锆钛酸铅陶瓷片(或称 PZT 晶片)的液槽,在玻璃槽的另一

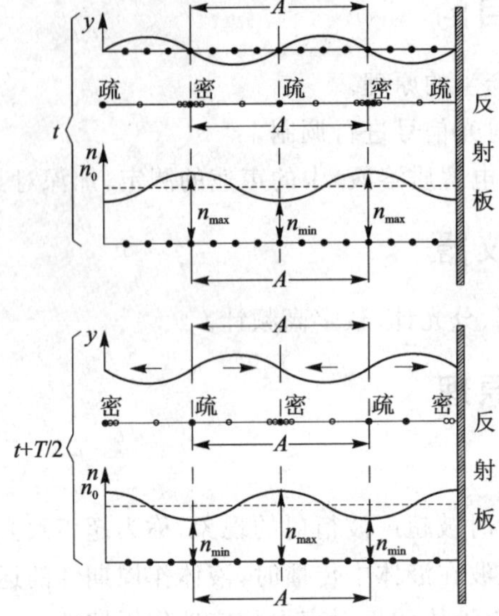

图 4.7.1 在 t 和 $t+T/2$(T 为超声振动周期)两时刻振幅 y、液体疏密分布和折射率 n 的变化

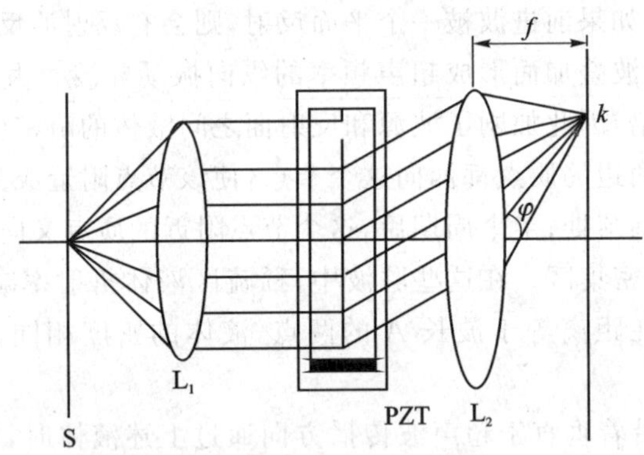

图 4.7.2 超声光栅仪衍射光路图

侧,用自准直望远镜中的物镜(L_2)和测微目镜组成测微望远系统。若振荡器使 PZT 晶片发生超声振动,形成稳定的驻波,从测微目镜即可观察到衍射光谱。从图 4.7.2 中可以看出,当 φ_k 很小时,有

$$\sin \varphi_k = \frac{l_k}{f}$$

式中:l_k 为衍射光谱零级至 k 级的距离;f 为透镜的焦距。所以超声波波长:

$$A = \frac{k\lambda}{\sin \varphi_k} = \frac{k\lambda f}{l_k}$$

超声波在液体中的传播的速度:

$$V = A\nu = \frac{\lambda f \nu}{\Delta l_k}$$

式中：ν 是振荡器和锆钛酸铅陶瓷片的共振频率；Δl_k 为同一色光衍射条纹间距。

2. 实验装置简介

实验装置示意图如图 4.7.3 所示。

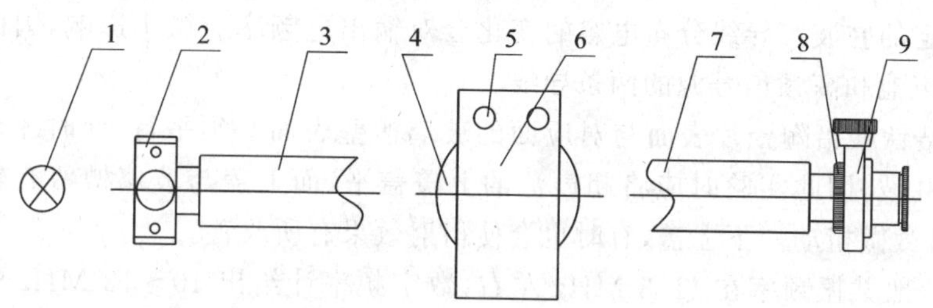

1—单色光源(汞)；2—分光计狭缝；3—分光计平行光管；4—分光计载物台；5—液体槽盖上的接线柱；6—液体槽及超声片；7—分光计望远镜；8、9—测微目镜

注：接线柱输出信号线接至电源箱的输出端，由电源箱提供高频信号

图 4.7.3　实验装置示意图

4.7.4　实验内容与步骤

① 分光计的调整。用自准直法使望远镜聚焦于无穷远，望远镜的光轴与分光计的转轴中心垂直，平行光管与望远镜同轴并出射平行光，观察望远镜的光轴与载物台的台面平行。目镜调焦使看清分划板刻线，并以平行光管出射的平行光为准，调节望远镜使观察到的狭缝清晰，狭缝应调至最小，实验过程中无需调节。

② 打开低压汞灯电源，本实验采用低压汞灯作光源。

③ 将待测液体(如蒸馏水、乙醇或其他液体)注入液体槽内，液面高度以液体槽侧面标注的液体高度刻线为准。

④ 将此液体槽(可称其为超声池)放置于分光计的载物台上，放置时，使超声池两侧表面基本垂直于望远镜和平行光管的光轴。

⑤ 连接高频信号。两根高频的连接线分别插入液体槽盖板上的接线孔及超声光栅仪电源箱的高频输出端，并将液体槽盖板盖在液体槽上。

⑥ 开启超声信号源电源，从阿贝目镜观察衍射条纹，细微调节旋钮高频信号源频率，使输出电信号振荡频率与锆钛酸铅陶瓷片固有频率共振，此时，衍射光谱的级次会显著增多且更为明亮。

⑦ 若此前分光计已调整到位，则左右转动超声池(可转动分光计载物台或游标盘，细微转动时，通过调节分光计微动螺钉实现，并使射于超声池的平行光束完全垂直于超声束)，同时观察视场内的衍射光谱左右级次亮度及对称性，直到从目镜中观察到稳定而清晰的衍射条纹为止。

⑧ 按上述步骤仔细调节，可观察到左右各 3～4 级以上的衍射光谱。

⑨ 取下阿贝目镜，换上测微目镜，调焦目镜，使观察到的衍射条纹清晰。利用测微目镜逐级测量其位置读数(例如从－3、…、0、…、＋3)。

⑩ 注意事项如下：

(a) 超声池置于载物台上必须稳定，在实验过程中应避免振动，以使超声在液槽内形成稳定的驻波。导线分布电容的变化会对输出电频率有微小影响，因此不能触碰连接超声池和高频信号源的两条导线。

(b) 锆钛酸铅陶瓷片表面与对应面的玻璃槽壁表面必须平行，此时才会形成较好的表面驻波，因此实验时应将超声池的上盖盖平，而上盖与玻璃槽留有较小的空隙，实验时微微扭动一下上盖，有时也会使衍射效果有所改善。

(c) 一般共振频率在 11.3 MHz 左右，数字频率计给出 10～12 MHz 的可调范围。在稳定共振时，数字频率计显示的频率值应是稳定的，最多只有最末尾有 1～2 个单位数的变动。

(d) 实验时间不宜过长。原因有二：其一，声波在液体中的传播与液体温度有关，时间过长，温度可能在小范围内有变动，从而会影响测量精度。一般测量待测液体温度可以同于室温，精密测量可在超声池内插入温度计测量。其二，频率计长时间处于工作状态，会对其性能有一定的影响，尤其在高频条件下有可能会使电路过热而损坏，实验时，特别注意不要使频率长时间调在 12 MHz 以上，以免振荡线路过热。

(e) 提取液槽应拿两端面，不要触摸两侧表面通光部位，以免污染。如已有污染，可用酒精乙醚清洗干净，或用镜头纸擦净。

(f) 实验时液槽中会有一定的热量产生，并导致介质挥发，槽壁会见挥发气体凝露，一般不影响实验结果，但须注意液面下降太多致使锆钛酸铅陶瓷片外露时，应及时补充液体至正常液面线处。

(g) 实验完毕，应将超声池内被测液体倒出，不要将锆钛酸铅陶瓷片长时间浸泡在液槽内。

(h) 温度不同对测量结果有一定的影响，可对不同温度下的测量结果进行修正。

4.7.5 数据处理

① 用逐差法求出条纹间距的平均值。

② 由声速计算公式：$V_c=\lambda\nu f/\Delta l_k$，计算声速。

式中：λ 为光波波长(汞蓝光 435.8 nm，汞绿光 546.1 nm，汞黄光 578.0 nm)；ν 为共振时频率计的读数；f 为望远镜物镜焦距(170 mm)；Δl_k 为同一种颜色的衍射条纹间距。

4.7.6 思考题

① 用逐差法处理数据的优点是什么？

② 误差产生的原因有哪些？

③ 能否用钠灯作光源？

④ 实验中观察到蓝线会有晃动，是由什么原因产生的？

4.8　应变式传感器

传感器技术是一门新兴的科学技术，代表现代技术的发展方向。传感器是将各种非电量（包括物理量、化学量、生物量，其中物理量是主要的）按一定规律转换成有用的信号，以满足信息的传输、处理、存储、记录及控制的装置。

人们把当今社会称为信息社会，并把它和人体相比，恰当地把电子计算机比作人的大脑，光纤比作神经系统，传感器比作人的感官。的确，没有传感器感受外界的各种变化，也就谈不上信息的传输、处理与控制。可见传感器在现代科学技术中起着非常重要的作用。

现在广泛使用的各种传感器（力敏、声敏、热敏、湿敏、磁敏、光敏、光纤、液晶、微波、超导体、……）的基本原理都是依据各种物理效应（或物理特性）的，具有深刻的物理内涵，是一种物理技术。

传感器所感的各种非电量变化的信息，一般采用非电量电测技术进行检测，该技术有下列优点：

① 便于实现自动、连续测量；

② 具有高的灵敏度和准确度；

③ 便于实现信号远距离传输和测量；

④ 反应速度快，不仅能测量变化速度缓慢的非电量，而且能测量变化速度快的非电量；

⑤ 测量范围宽广，它能测量非电量的微小变化，也能够测量大幅度的变化量；

⑥ 便于与各种自动控制器和显示仪表配套，实现非电量的自动控制和自动记录；

⑦ 便于与电子计算机接口，实现多路非电量的数据采集、数据处理和计算机控制。

传感器的种类繁多，应用十分广泛，本实验只介绍应变式传感器。

应变式传感器是当前自动测力或称重中应用最为广泛的传感器，其优点如下：

① 精确度高，线性度好，灵敏度高；

② 滞后和蠕变都较小，疲劳寿命高；

③ 容易与二次仪表相匹配，实现自动检测；

④ 结构简单，体积小，应用灵活；

⑤ 工作稳定可靠，维护和保养方便。

应变式传感器除用于测量力参数外，还可用于测量压差、加速度、振幅等其他物理量。

4.8.1 实验目的

① 了解传感器实验仪桥式结构的原理与组成应变电桥的方法。

② 了解金属箔式应变片的应变效应,掌握应变式传感器的原理。

③ 了解单臂电桥、半桥、全桥的工作原理和性能,比较各电桥的不同性能,了解其特点。

④ 了解应变直流全桥的应用及电路的标定(电子秤)。

4.8.2 实验仪器

应变式传感器实验模块、砝码、数字电压表、+15 V 电源、+5 V 电源等。

4.8.3 实验原理

1. 测量原理

金属丝在外力作用下发生机械形变时,其电阻值会发生变化,称为金属的电阻应变效应。金属的电阻表达式为

$$R=\rho\frac{l}{S} \tag{4.8.1}$$

当金属电阻丝受到轴向拉力 F 作用时,将伸长 Δl,横截面积相应减小 ΔS,电阻率因晶格变化等因素的影响而改变 $\Delta\rho$,故引起电阻值变化 ΔR。对式(4.8.1)进行全微分,并用相对变化量来表示,则有

$$\frac{\Delta R}{R}=\frac{\Delta l}{l}-\frac{\Delta S}{S}+\frac{\Delta\rho}{\rho} \tag{4.8.2}$$

式中:$\frac{\Delta l}{l}$为电阻丝的轴向应变,用 ε 表示,通常很小 1×10^{-6} 即百万分之一。若径向应变为$\frac{\Delta r}{r}$,电阻丝的纵向伸长和横向收缩的关系用泊松比 μ 表示为$\frac{\Delta r}{r}=-\mu\frac{\Delta l}{l}$,因为$\frac{\Delta S}{S}=2\frac{\Delta r}{r}$,则式(4.8.2)可以写成:

$$\frac{\Delta R}{R}=\frac{\Delta l}{l}(1+2\mu)+\frac{\Delta\rho}{\rho}=\left(1+2\mu+\frac{\Delta\rho/\rho}{\Delta l/l}\right)\frac{\Delta l}{l}=k_0\frac{\Delta l}{l} \tag{4.8.3}$$

式(4.8.3)为应变效应的表达式。k_0 称金属电阻的灵敏系数,从式(4.8.3)可见,k_0 受两个因素影响:一个是$(1+2\mu)$,是由材料的几何尺寸变化引起的;另一个是$\frac{\Delta\rho}{\rho\varepsilon}$,是材料的电阻率 ρ 随应变引起的(称“压阻效应”)。对于金属材料,以前者为主,则 $k_0\approx1+2\mu$;对于半导体,k_0 值主要由电阻率的相对变化决定。实验表明,在金属丝拉伸比例极限内,电阻相对变化与轴向应变成比例。通常金属丝的灵敏系数 $k_0\approx2$。

用应变片测量受力时,将应变片粘贴于被测对象表面上。在外力作用下,被测对

象表面产生微小机械变形时，应变片敏感栅也随同变形，其电阻值发生相应变化。通过转换电路转换为相应的电压或电流的变化，根据式(4.8.3)，可以得到被测对象的应变值 ε，而根据应力应变关系有

$$\sigma = E\varepsilon \tag{4.8.4}$$

式中：σ 为测试的应力；E 为材料的弹性模量，可以测得应力值 σ。通过弹性敏感元件，将位移、力、力矩、加速度、压力等物理量转换为应变，因此可以用应变片测量上述各量，从而做成各种应变式传感器。电阻应变片可分为金属丝式应变片、金属箔式应变片、金属薄膜应变片。

2. 仪器工作原理

电桥如图 4.8.1 所示。桥臂电阻 R_1、R_2、R_3、R_4 分别表示粘贴弹性应变片之等效电阻(也可用其他电阻代替)，当电桥平衡时，即 $R_1R_3=R_2R_4$ 时，电桥输出电流 $I_g=0$，$V_{CD}=0$(即输出电压为零)。假设在桥臂 R_1、R_2、R_3、R_4 中电阻的相对变化分别为 $\frac{\Delta R_1}{R_1}$、$\frac{\Delta R_2}{R_2}$、$\frac{\Delta R_3}{R_3}$、$\frac{\Delta R_4}{R_4}$，则在任意负载下的桥路输出均与 ε_R 成正比：

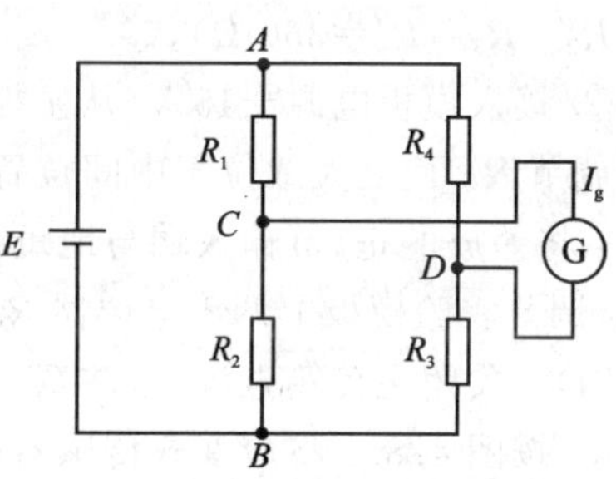

图 4.8.1 应变片电桥

$$\varepsilon_R \propto \frac{\Delta R_1}{R_1} - \frac{\Delta R_2}{R_2} + \frac{\Delta R_3}{R_3} - \frac{\Delta R_4}{R_4} \tag{4.8.5}$$

图 4.8.2(a)、(b)分别是一个工作片和两个工作片的情况，图中 R_3、R_4 为固定电阻，通常是 $R_3=R_4=R$，在实际应用中其应变片电阻 R_1、R_2 是相同的，即 $R_1=R_2=R$。当使用一个工作片时，桥路输出与 $\Delta R/R$ 成正比；当使用两个工作片时，组成差动工作状态，桥路输出与 $2\Delta R/R$ 成正比；当使用四个应变片组成二个差分对进行工

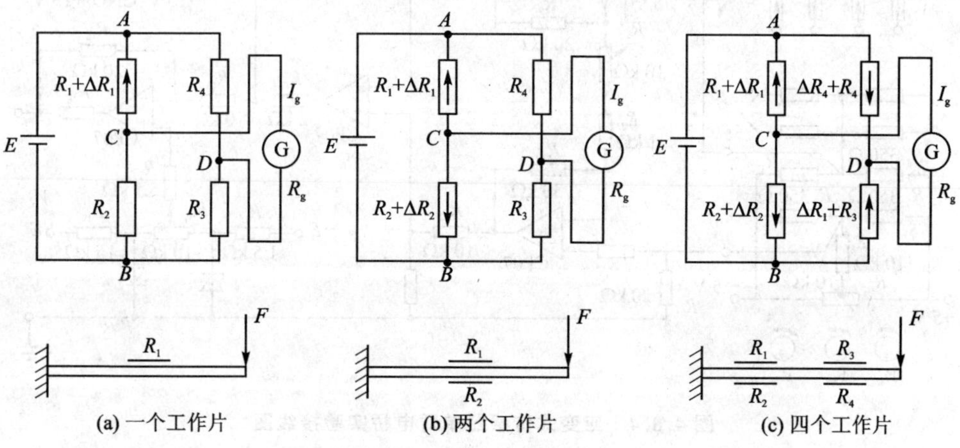

图 4.8.2 实际的应变电桥

作，且 $R_1=R_2=R_3=R_4=R$ 时，桥路输出与 $4\Delta R/R$ 成正比。在此特别注意桥臂电阻变化 ΔR 的极性符号：若电阻增加，则 ΔR 为正；若电阻减少，则 ΔR 为负。

4.8.4 实验内容与步骤

1. 金属箔式应变片——单桥性能实验

① 应变片的安装位置如图 4.8.3 所示，应变式传感器已装到应变传感器模块上。传感器中各应变片已接入模板的左上方的 R_1、R_2、R_3、R_4（可用万用表测量出 $R_1=R_2=R_3=R_4=350\ \Omega$）。

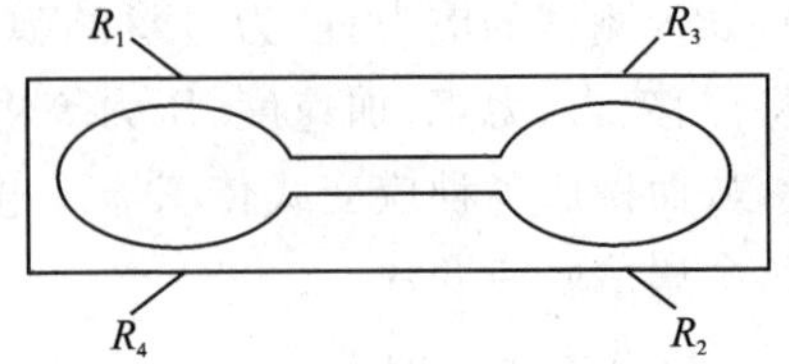

图 4.8.3 应变式传感器安装示意图

② 接入模板电源±15 V（从主控箱引入），检查无误后，合上主控箱电源开关，顺时针调节 R_{w_2} 使之大致位于中间位置，再进行差动放大器调零。差动放大器调零方法为：将差放的正、负输入端与地短接，输出端与主控箱面板上数显电压表输入端 V_i 相连，调节实验模板上调零电位器 R_{w_3}，使数显表显示为零，（数显表的切换开关打到 2 V 挡）。关闭主控箱电源。（**注意：** R_{w_2} 的位置一旦确定，就不能改变。）

③ 按图 4.8.4 将应变式传感器的其中一个应变片 R_1（即模板左上方的 R_1）接入电桥作为一个桥臂与 R_5、R_6、R_7 接成直流电桥，（R_5、R_6、R_7 模块内已接好），接好电桥调零电位器 R_{w_1}，接上桥路电源±5 V，此时应将±5 V 地与±15 V 地短接（因为不共地）。检查接线无误后，合上主控箱电源开关。调节 R_{w_1} 使数显表显示为零。

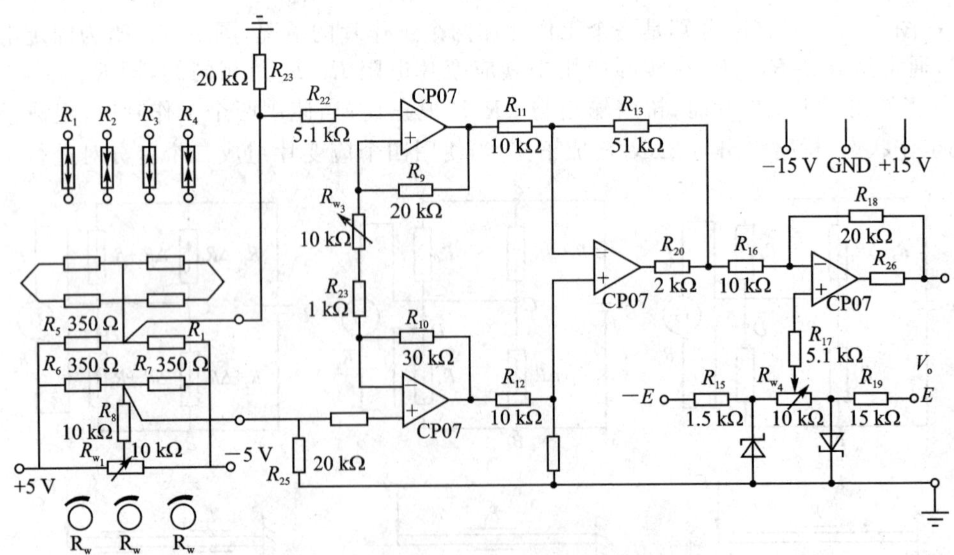

图 4.8.4 应变式传感器单臂电桥实验接线图

④ 在砝码盘上放置一只砝码（20 g），读取数显表数值，以后每次增加一个砝码并读取相应的数显表值，直到 200 g 砝码加完，再逐次减砝码，每减一个砝码，读取相

应的数显表值，直到 200 g 砝码减完为止。将实验结果填入原始记录纸表中相应位置。

⑤ 关闭电源拆除连线。

2. 金属箔式应变片——半桥性能实验

① 保持差动放大增益不变（即 R_{w_2} 的位置不变），接入模板电源±15 V。共地连线不要拆除。

② 根据图 4.8.5 接线。R_1、R_2 为实验模板左上方的应变片，注意 R_1 应和 R_2 受力状态相反，即将传感器中两片受力相反（一片受拉、一片受压）的电阻应变片作为电桥的相邻边。接入桥路电源±5 V，调节电桥调零电位器 R_{w_1} 使数显表显示为零。

③ 重复单臂电桥实验中的步骤④，若实验时显示数值不变化或变化不明显，说明 R_1 与 R_2 两应变片受力状态相同，则应更换应变片。

④ 将实验数据记入原始记录纸表中相应位置。

⑤ 关闭电源拆除连线。

3. 金属箔式应变片——全桥性能实验

① 保持差动放大增益不变（即 R_{w_2} 的位置不变），接入模板电源±15 V。共地连线不要拆除。

② 根据图 4.8.6 接线。R_1、R_2、R_3、R_4 为实验模板左上方的应变片，注意 R_2 和 R_4 受力状态相同，R_1、R_3 受力状态相同。传感器中两片受力相反（一片受拉、一片受压）的电阻应变片串联作为电桥的一条支路。传感器中两片受力相反（一片受压、一片受拉）的电阻应变片串联作为电桥的另一条支路。接入桥路电源±5 V，调节电桥调零电位器 R_{w_1} 使数显表显示为零。

③ 重复单臂电桥实验中的步骤④。

④ 将实验数据记入原始记录纸表中相应位置。（注意不拆线）

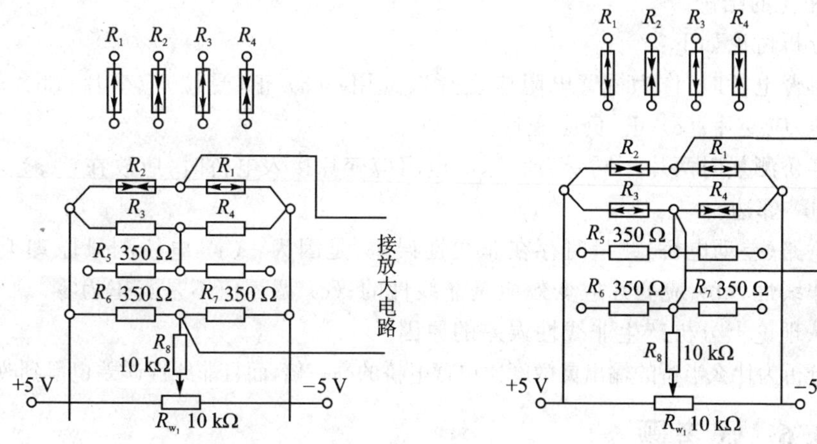

图 4.8.5　应变式传感器半桥实验接线图　　**图 4.8.6　应变式传感器全桥实验接线图**

4. 直流全桥的应用——电子秤设计

电子秤是利用全桥测量原理,通过对电路调节使电路输出的电压值为质量对应值,电压量纲(V)改为质量量纲(g)设计成为一台原始的电子秤。

① 按图 4.8.6 全桥接线,合上主控箱电源开关,调节电桥平衡电位器 R_{w_1},使数显表显示 0.000 V(2 V 挡)。

② 将 10 只砝码(每只 20 g)全部置于传感器的托盘上,调节电位器 R_{w_2} 增益(即满量程调节)使数显表显示为 0.200 V 或-0.200 V。

③ 拿去托盘上的所有砝码,调节电位器 R_{w_1}(零位调节)使数显表显示为 0.000 V。

④ 重复步骤②、③的标定过程,一直到精确为止,把电压量纲 V 改为质量量纲 g,就可以称重,成为一台原始的电子秤。

⑤ 把砝码逐个依次放在托盘上,数据填入原始记录纸表中。

⑥ 关闭电源拆除连接线,把所有旋钮复原到原始位置,整理实验台。

5. 注意事项

① 在更换应变片时应将电源关闭。

② 电桥的工作电压为±5 V,绝不可错接成±15 V。

③ 电源不可短路,也不可直接将 15 V 电源与 5 V 电源短接。

④ 在实验过程中若发现电压表发生过载,应将电压量程扩大。

⑤ 不要在砝码盘上放置超过 1 kg 的物体,否则容易损坏传感器。

4.8.5 数据处理

① 根据所记录实验数据并作图。将单臂电桥、半桥、全桥及电子秤实验时传感器的特性曲线($\overline{U}$—W 曲线)作于同一坐标中。

② 比较单臂、半桥、全桥输出时的灵敏度和非线性度,并从理论上加以分析比较,得出相应的结论。

③ 分析讨论如下:

- 单臂电桥时,作为桥臂电阻应变片应选用:(a) 正(受拉)应变片;(b) 负(受压)应变片;(c) 正、负应变片均可以。
- 半桥测量时两片不同受力状态的电阻应变片接入电桥时,应放在:(a) 对边;(b) 邻边。
- 桥路(差动电桥)测量时存在非线性误差,是因为:(a) 电桥测量原理上存在非线性;(b) 应变片应变效应是非线性的;(c) 调零值不是真正为零。
- 从理论上分析产生非线性误差的原因。
- 分析为什么半桥的输出灵敏度比单臂电桥的高一倍,而且非线性误差也得到改善。

4.8.6 思考题

① 参考图 4.8.3 所示的应变桥,若要用三个应变片组成桥路,应如何粘贴应变

片及组成电桥,才能使输出信号最大?画出粘贴示意图和电桥连接图。

② 若实验结果显示全桥的灵敏度小于单桥灵敏度,则可能是什么原因?试分析之。

③ 全桥测量中,当两组对边(R_1、R_3为对边)R 值相同时,即 $R_1=R_3$,$R_2=R_4$,而 $R_1\neq R_2$时,是否可以组成全桥:(a) 可以;(b) 不可以。

4.9　电容式传感器

电容传感器技术在目前取得了很大的发展。它不但被广泛应用于位移、振动、加速度等机械量的测量,而且逐步扩大应用范围于差压、液面、料面、成分含量等方面的测量。由于电容式传感器具有一系列的优点,并且随着电子技术的迅速发展,特别是集成电路的普遍应用,使这些特点得到进一步的发扬,而它存在的寄生分布电容、非线性等缺点已经逐步得到克服,因此电容式传感器技术在自动检测技术领域占有十分重要的地位。

4.9.1　实验目的

① 了解电容式传感器结构、基本原理及特点。

② 熟悉差动变面积式电容传感器测量微小量的测试方法。

4.9.2　实验仪器

电容传感器实验模板、测微头、数显单元、直流稳压源等。

4.9.3　实验原理

测量原理

电容式传感器是指能将被测物理量的变化转换为电容量变化的一种传感器,它实质上是具有一个可变参数的电容器。

利用平板电容 $C=\varepsilon S/d$ 的关系式,可以选择在 ε、S、d 三个参数中保持两个参数不变,而只改变其中一个参数,则可以组成测介电常数(变 ε)、测微小位移(变 d)和测量面积(变 S)等多种电容传感器。变面积型电容传感器中,平板结构对极距特别敏感,测量精度受到影响,而圆柱形结构受极板径向变化的影响很小,且理论上具有很好的线性关系。实际应用由于边缘效应的影响,也会引起极板间的电场分布不均,导致非线性问题仍然存在,且灵敏度下降,但是比变极距型好得多。实际中常用的结构如图 4.9.1 所示,其中线位移单组式的电容器在忽略边缘效应时,由高斯定理不难求出,两圆筒极板间的电场强度大小为 $E=\dfrac{\lambda}{2\pi\varepsilon_0 r}$,方向沿着径向,两圆筒极板间的电势差为

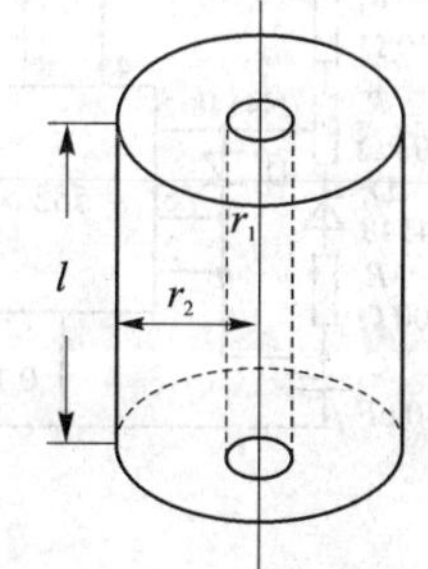

图 4.9.1　常用的结构

$$V_2 - V_1 = \int \vec{E} \cdot \vec{d}l = \int_{r_1}^{r_2} \frac{\lambda}{2\pi\varepsilon_0 r} dr = \frac{q}{2\pi\varepsilon_0 l} \ln \frac{r_2}{r_1}$$

$$C_0 = \frac{q}{V_2 - V_1} = \frac{2\pi\varepsilon_0 l}{\ln \frac{r_2}{r_1}} \tag{4.9.1}$$

式中：V_2为外金属圆柱的电位；V_1为内金属圆柱的电位；q 为金属圆柱面的带电量；λ 为圆筒单位长度的带电量；l 为外圆筒与内圆柱覆盖部分的长度；r_2、r_1 为外圆筒内半径和内圆柱外半径。

当两圆筒相对移动 Δl 时，电容的变化量 ΔC 为

$$\Delta C = \frac{2\pi\varepsilon l}{\ln \frac{r_2}{r_1}} - \frac{2\pi\varepsilon(l - \Delta l)}{\ln \frac{r_2}{r_1}} = \frac{2\pi\varepsilon\Delta l}{\ln \frac{r_2}{r_1}} = C_0 \frac{\Delta l}{l} \tag{4.9.2}$$

于是，可得其静态灵敏度为

$$S_g = \frac{\Delta C}{\Delta l} = \left[\frac{2\pi\varepsilon(l + \Delta l)}{\ln \frac{r_2}{r_1}} - \frac{2\pi\varepsilon(l - \Delta l)}{\ln \frac{r_2}{r_1}} \right] (\Delta l)^{-1} = \frac{4\pi\varepsilon}{\ln \frac{r_2}{r_1}} \tag{4.9.3}$$

由此可见，灵敏度与 r_1/r_2 有关，r_2 与 r_1 越接近，灵敏度越高，虽然内外极筒原始覆盖长度 l 与灵敏度无关，但 l 不可太小，否则边缘效应将影响到传感器的线性。

本实验为变面积式电容传感器，采用差动式圆柱形结构，差动式比单组式的灵敏度高，线性范围大，并且具有较高的工作稳定性，因此可以很好地消除极距变化对测量精度的影响，并且可以减小非线性误差和增加传感器的灵敏度。在电容式传感器中，电容传感元件将被测物理量变换为电容变化后，还需匹配以测量电路将电容变化继续变换为电压或电流信号，并同时完成电容传感元件输出特性的非线性补偿。电容式传感器电路发展很快，种类很多，本实验采用的电容变换器电路和面板图如图 4.9.2 所示。

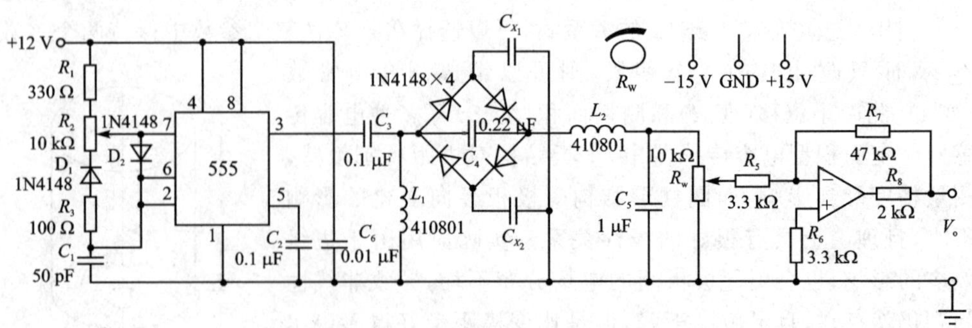

图 4.9.2　电容传感器位移实验接线图

4.9.4　实验内容与步骤

① 将电容式传感器装于电容传感器实验模板上，将传感器引线插头插入实验模

板的插座中。

② 将电容传感器实验模板的输出端 V_{o1} 与数显单元 V_i 相接(插入主控箱 V_i 孔) R_w 调节到中间位置。

③ 接入±15 V 电源,旋动测微头改变电容传感器动极板的位置,使电压表读数为 0,记下相应测微头读数 X(mm),并设此点为“零点”。

④ 调节测微头,使电容器动极板向左移,每隔 0.500 mm 测一组电压数据。

⑤ 退回测微头至零点位置,记下相应测微头读数,调节测微头,再将电容器动极板右移,每隔 0.500 mm 记一组电压数据。

⑥ 传感器要轻拿轻放,绝不可掉到地上,实验时不要接触传感器,否则将会使线性变差。

⑦ 注意事项如下:

- 按照实验原理连接实验装置导线并检查后,才能打开电源开关。
- 不要将测微头从电容传感器实验模板中取出。
- 电压表读数为“0”时测微头的位置此时应置于 12.00 mm 左右,如不在,可松开电容传感器实验模板上锁紧螺丝,调整好后再锁紧。
- 主机箱中的电压±5 V 与±15 V 不可接错。
- 实验完毕,关闭电源,依次拆卸电路。

4.9.5 数据处理

根据测量数据作出传感器的 $V—X$ 特性曲线图,并计算电容传感器的系统灵敏度 $S=\Delta V/\Delta X$,分别求出 $S_{左}$ 与 $S_{右}$,并求出 $\bar{S}=\dfrac{S_{左}+S_{右}}{2}$,表示出电容传感器的线性范围 $X\{X_{左}, X_{右}\}$。计算线性误差 δ_f。

4.9.6 思考题

① 简述什么是传感器的边缘效应,它会对传感器的性能带来哪些不利影响?

② 电容传感器在实际应用中,有时做成差动式输出,这样有什么优点?

③ 在实验“杨氏模量测量”中钢丝的微小伸长量 ΔL 能否用本实验的电容传感器原理和方法测量得到? 理由是什么?

④ 根据实验结果,分析引起这些非线性产生的原因,并说明怎样提高传感器的线性度。

4.10 霍尔传感器

霍尔传感器是利用霍尔效应实现磁电转换的一种传感器。霍尔效应自 1879 年被发现至今已有 100 多年的历史,但直到 20 世纪 50 年代,由于微电子学的发展,才被人们所重视和利用，并开发了多种霍尔元件。我国从 20 世纪 70 年代开始研究霍尔器件，经过 30 余年的研究和开发，目前已经能生产各种性能的霍尔元件，例如普通型、高灵敏度型、低温度系数型和开关式的霍尔元件。由于霍尔传感器具有灵敏度高、线性度好、稳定性高、体积小和耐高温等特性，它已广泛应用于非电量测量、自动控制、计算机装置和现代军事技术等各个领域。

4.10.1　实验目的

① 了解霍尔式传感器的基本原理与特性。

② 掌握霍尔器件测量磁场的工作原理。

③ 用霍尔元器件测量长直螺线管的磁场分布。

4.10.2　实验仪器

长直螺线管、霍尔效应测磁仪、霍尔传感器等。

霍尔效应测磁实验仪是利用 N 型锗(Ge)霍尔器件作为测磁传感器的物理实验仪器，它由以下几部分组成：霍尔测磁传感器，使用四芯屏蔽式耦合电缆，霍尔效应测磁仪以数显形式提供 0～800 mA 的励磁电流、0～10 mA 的霍尔片工作电流及显示被测量的霍尔电势(后有换挡开关)；长直螺线管，$L=30$ cm，$N=4\times 9$ T/cm，$R=1.7$ cm；共轴线圈对，$D=17.2$ cm，$N=320$ 匝(每个)。

4.10.3　实验原理

霍尔式传感器是一种利用霍尔效应进行工作的传感器。根据霍尔效应原理制成的元件称为霍尔元件，它是霍尔式传感器的核心敏感部件。

1. 霍尔效应

如图 4.10.1 所示，一个 N 型半导体材料制成的霍尔传感器，长为 L，宽为 b，厚为 d，其四个侧面各焊有一个电极 1、2、3、4。将其放在垂直磁场中，沿 3、4 两个侧面通以控制电流 I，在薄片垂直方向加以磁场 B，则在半导体另两侧面会产生一个大小与控制电流 I 和磁场 B 相乘积成正比例的电动势 U_H，即

$$U_H = K_H IB \quad (4.10.1)$$

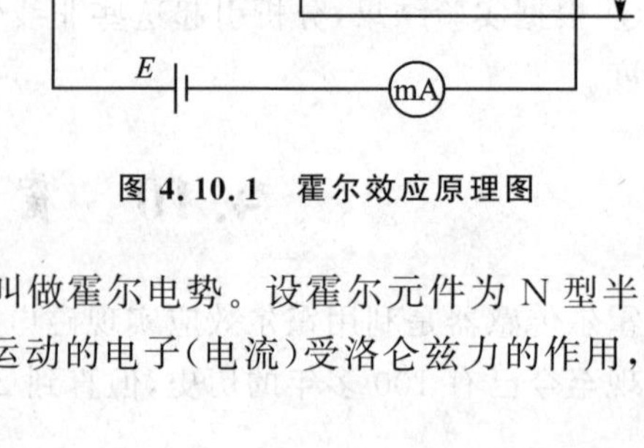

图 4.10.1　霍尔效应原理图

这一现象叫做霍尔效应。产生的电势 U_H 叫做霍尔电势。设霍尔元件为 N 型半导体制成，其导电机构是自由电子。在磁场中运动的电子(电流)受洛仑兹力的作用，即

$$\vec{F}_{\mathrm{m}} = q\vec{v} \times \vec{B} \tag{4.10.2}$$

式中：$\vec{v}$ 为电子运动速度矢量；$\vec{B}$ 为磁感应强度矢量；q 为带电粒子的电量。

由于洛仑兹力 $\vec{F}_{\mathrm{m}}$ 的作用，使电子向垂直于磁场和自由电子运动的方向移动，并在端面上产生电荷积累。电荷的积累产生静电场 E_{H}，该电场对电子的作用力大小 F_{H} 为

$$F_H = -eE_{\mathrm{H}} = -eU_{\mathrm{H}}/b \tag{4.10.3}$$

式中：F_{H} 为电场力大小；E_{H} 为霍尔电场强度；U_{H} 为霍尔电势；b 为霍尔元件宽度。$\vec{F}_{\mathrm{H}}$ 的作用方向与 $\vec{F}_{\mathrm{m}}$ 相反，随着电荷积累增多，电场增强，F_{H} 增大。当 F_{H} 与 F_{m} 对导电机构的电子的作用力达到平衡时，电荷积累稳定在一定的数值上，即

$$F_{\mathrm{H}} = F_{\mathrm{m}} \tag{4.10.4}$$

由式(4.10.4)可得 $\vec{F}_{\mathrm{H}}$ 的大小为

$$F_{\mathrm{m}} = -evB \tag{4.10.5}$$

由式(4.10.3)、式(4.10.4)、式(4.10.5)可得

$$U_{\mathrm{H}} = bvB \tag{4.10.6}$$

流过霍尔元件的电流 I 为

$$I = \frac{\mathrm{d}Q}{\mathrm{d}t} = bdvn(-e) \tag{4.10.7}$$

式中：Q 为电量；d 为霍尔元件的厚度；n 为单位体积内的电子数；e 为电子的电量。将式(4.10.7)代入式(4.10.6)得到

$$U_{\mathrm{H}} = -\frac{IB}{ned} \tag{4.10.8}$$

若是 P 型半导体霍尔元件，则

$$U_{\mathrm{H}} = \frac{IB}{ped} \tag{4.10.9}$$

式中：p 为单位体积内空穴数。为方便起见，一般对 N 型半导体霍尔元件的表达式也不写负号。

2. 霍尔系数及灵敏度

把式(4.10.8)中的 $1/ne$ 用 R_{H} 表示，即取

$$R_{\mathrm{H}} = \frac{1}{ne} \tag{4.10.10}$$

则有

$$U_{\mathrm{H}} = R_{\mathrm{H}}\frac{IB}{d} \tag{4.10.11}$$

式中：R_{H} 称为霍尔系数。R_{H} 由半导体材料决定，它反映了材料的霍尔效应的强弱。单位体积内导电粒子数越少，霍尔效应越强。半导体比金属导体效应强。

若定义

$$K_H = \frac{R_H}{d} \tag{4.10.12}$$

则霍尔电势表示为

$$U_H = K_H IB \tag{4.10.13}$$

其中 K_H 表示在单位电流、单位磁场作用下开路的霍尔电势输出值。它与元件的厚度成反比，降低厚度 d，可以提高灵敏度。但在考虑提高灵敏度的同时，必须兼顾元件的强度和内阻。

3. 霍尔元件的基本电路

根据霍尔效应原理，霍尔元件的基本电路形式如图 4.10.2 所示。控制电流 I 由电源 E 供给，R 为可调电阻，以保证得到所需要控制电流的数值。霍尔输出端接负载电阻 R_{FZ}，它可以是放大器输入电阻，也可以是表头内阻。磁场 $\vec{B}$ 要与元件平面垂直，图示为 $\vec{B}$ 指向纸面，在 I 和 $\vec{B}$ 作用下，产生霍尔电压（电流）输出。

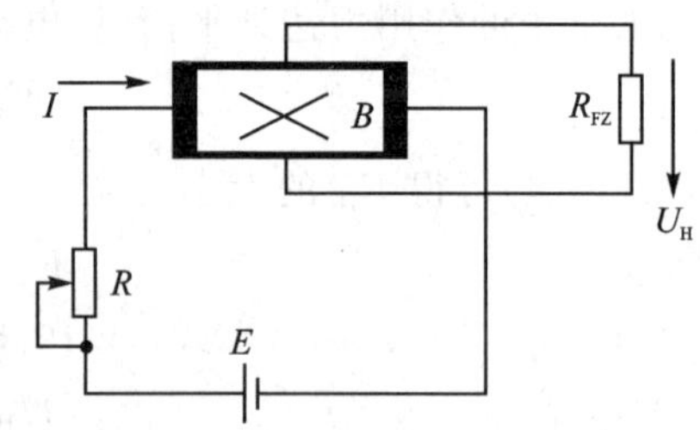

图 4.10.2 霍尔元件基本电路

在实际测量中，可以把 I 和 B 的乘积作为输入，也可以把 I 或 B 单独作为输入，通过霍尔电势输出得到测量结果。

若保持霍尔元件的控制电流恒定，而使霍尔元件在一个均匀梯度的磁场中沿水平方向移动，则输出的霍尔电动势为 $U_H = kx$，式中 k 为位移传感器的灵敏度。这样它就可以用来测量位移。霍尔电动势的极性表示元件移动的方向。磁场梯度越大，灵敏度越高；磁场梯度越均匀，输出线性度就越好。

4. 霍尔效应的应用

霍尔电势 U_H 是关于 I 和 B 两个变量的函数，即 $U_H = K_H IB$，人们利用这个关系可以使其中两个量不变，将第三个量作为变量，或者固定其中一个量，其余两个量都作为变量。三个变量的多种组合使得霍尔传感器具有非常广泛的应用领域，同时由于霍尔传感器结构简单，尺寸小，无触点，动态特性好，寿命长，使得如磁感应强度、电流、电功率等参数的检测都可以选用霍尔器件。它特别适合于大电流、微小气隙中的磁感应强度、高梯度磁场参数的测定。此外，也可用于位移、加速度、转速等参数的测定。

5. 载流长直螺线管中的磁场

从电磁学中我们知道，螺线管是绕在圆柱面上的螺旋型线圈。对于密绕的螺线管来说，可以近似地看成是一系列圆线圈并排起来组成的。如果其半径为 R，总长度为 L，单位长度的匝数为 n，并取螺线管的轴线为 x 轴，其中心点 O 为坐标原点，则

① 对于无限长螺线管 $L\to\infty$ 或 $L\gg R$ 的有限长螺线管，其轴线上的磁场是一个均匀磁场，且有

$$B_0=\mu_0 NI \tag{4.10.14}$$

式中：μ_0 为真空磁导率；N 为单位长度的线圈匝数；I 为线圈的励磁电流。

② 对于半无限长螺线管的一端或有限长螺线管两端口的磁场，有

$$B_1=\frac{1}{2}\mu_0 NI \tag{4.10.15}$$

即端口处磁感应强度为中部磁感应强度的一半，两者情况如图 4.10.3 所示。

6. 误差分析及改进措施

系统误差中影响最大的是不等位电势。当磁感应强度为 0 时，控制电流为额定值，霍尔电极间的空载电势成为不等位电势。产生原因：① 霍尔电极安装位置不正确、不对称或不在同一等电位量上；② 半导体材料不均匀，造成了电阻率不均匀或使几何尺寸不均匀；③ 控制电极接触不良，造成控制电流不均匀分布。

下面介绍一种方法可直接消除不等势电势的影响，不用多次改变 B、I 方向。如图 4.10.4 所示，将图 4.10.1 中电极 2 引线处焊上两个电极引线 5、6，并在 5、6 间连接一可变电阻，其滑动端作为另一引出线 2，将线路完全接通后，可以调节滑动触头 2，使数字电压表所测电压为零，这样就消除了 1、2 两引线间的不等位电势差，而且还可以测出不等位电势差的大小。本霍尔效应测磁仪的霍尔电压测量部分就采用了这种电路，使得整个实验过程变得较为容易操作，不过实验前首先要进行霍尔输出电压的调零，以消除霍尔器件的不等位电势。

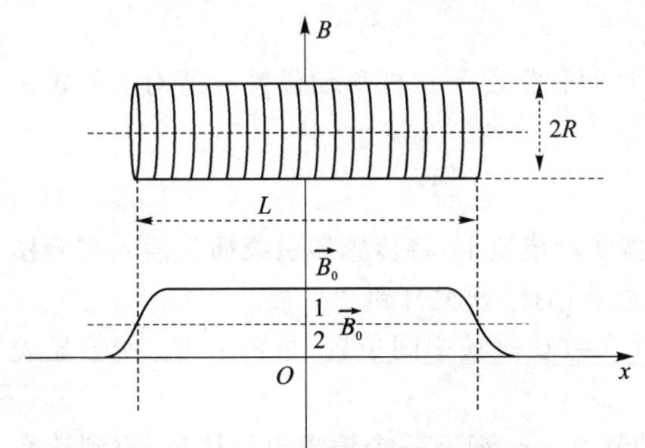

图 4.10.3　螺线管轴线上磁场分布

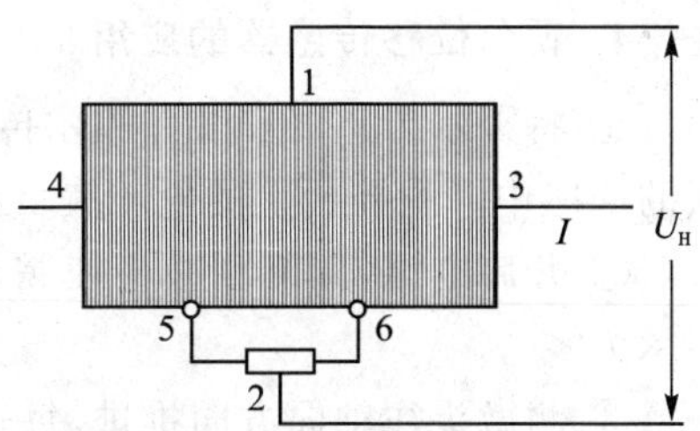

图 4.10.4　消除不等位电势原理图

4.10.4　实验内容与步骤

1. 测量螺线管轴线上的磁场

将霍尔效应测磁传感器电流调至额定值，调整不等位电势，将霍尔输出电压校正

至0 V,然后将螺线管电流调至600 mA。根据探杆上的刻度,将霍尔器件插入到螺线管中心位置(定为坐标原点),此时mV表上读数即为该点磁感应的霍尔电压值(若探杆插入后,霍尔电压出现负值,可对调螺线管两端的电源极性,以改变螺线管内磁场的方向),将探杆在螺线管中缓慢前移,从探杆上的刻度读出霍尔元件在螺线管中的位置,同时读出相应各点的霍尔电压值,记入表中。计算磁感应强度B,已知$K_H=17.7\ \text{mV}/(\text{mV}\cdot\text{T})$,$I=5$ mA。

长直螺线管中心处的磁感应强度理论值为

$$B=\mu_0 NI=4\pi\times10^{-7}\ \text{T}\cdot\text{m}\cdot\text{A}^{-1}\times4\times9\times100\ \text{m}^{-1}\times0.6\ \text{A}=2.71\times10^{-3}\ \text{T}$$

2. 考查霍尔电压与霍尔器件工作电流的关系

对于给定的霍尔器件,K_H是一个定值,如果给定磁感应强度B值,则霍尔电压U_H是霍尔器件工作电流I的函数,即$U_H=K_H IB$。

将螺线管电流调至600 mA,并使霍尔器件固定在螺线管中的某一位置,改变霍尔器件工作电流从1~5 mA,每隔1 mA记录相应的霍尔电压值,填入自制表格内。

3. 考查一对共轴线圈的耦合度

① 将两个共轴线圈串联相接,换下第1步中的螺线管,调节共轴线圈中的电流为600 mA(接线时务必保持两个共轴线圈的磁场方向一致)。

② 改变共轴线圈间距a,使$a=R=8.6$ cm,将霍尔器件放置在线圈的中心间距$a/2$处(定为坐标原点),记录探杆移动位置x所对应的霍尔电压值,填入自制表格内。

③ 改变共轴线圈间距a,记录$a>R$情况下探杆移动位置x所对应的霍尔电压值U_H,填入自制表格内。

④ 改变共轴线圈间距a,记录$a<R$两种情况下探杆移动位置x所对应的霍尔电压值U_H,填入自制表格内。

4. 霍尔位移传感器的应用

① 将霍尔传感器安装在霍尔传感器实验模块上,将传感器引线插头插入实验模板的插座中。主控台上的电压表量程(显示选择)开关打到2 V挡。

② 开启电源,调节测微头使霍尔片大致在磁铁中间位置,再调节R_{w_1}使数显表指示为零。

③ 测微头往轴向方向推进,每转动0.2 mm记下一个输出电压读数,直到读数近似不变,将V和X的读数填入表格。

④ 实验完毕关闭电源,拆除接线,把所有旋钮复原,整理实验台。

4.10.5 数据处理

① 整理实验内容1数据,绘出B—x关系曲线图,验证螺线管端口磁场为中部磁场的1/2。长直螺线管中心处的磁感应强度。

② 整理实验内容 2 数据，绘出 $U_H—I$ 的关系曲线图。

③ 整理实验内容 3 数据，绘出共轴线圈在三种耦合状态下的 $B—x$ 的关系曲线图，并判断构成亥姆霍兹线圈的条件。

④ 整理实验内容 4 数据，绘出 $V—x$ 曲线，计算不同线性范围时的灵敏度和非线性误差。

4.10.6　思考题

① 为什么要用半导体材料制作霍尔元件？怎样提高霍尔元件的灵敏度 K_H？

② 怎样消除地磁场对本实验的影响？

③ 螺线管磁场 B 与霍尔元件是否垂直对实验结果的影响如何？如何消除？

④ 归纳总结霍尔元件的误差主要有哪几种？各自的产生原因是什么？应怎样进行补偿？

4.11　计算机仿真实验之一：霍尔效应测磁场

仿真实验没有普通意义上实验的必备器材，而是在计算机上用仿真软件模拟现实的效果，用软件模拟实验条件是一种可行性非常高的方法。20 世纪 50 年代和 60 年代仿真实验主要应用于航空、航天、电力、化工以及其他工业过程控制等工程技术领域。现代仿真技术不仅应用于传统的工程领域，而且日益广泛应用于社会、经济、生物等领域，如交通控制、城市规划、资源利用、环境污染防治、生产管理、市场预测、世界经济的分析和预测、人口控制等。

同时仿真实验也是学生自主地获取知识和技能、体验和了解科学探究的过程和方法、形成和提高创新意识、树立科学的价值观和活动过程。理化实验是学生理化学习中能动的实践活动形式。实验为学生创设了亲身参与实践的情境，具有获知、激趣、求真、循理、育德等教育功能。实验的功能和探究性学习的特征决定了实验必然是探究性学习的重要途径。

现在通用的大学物理仿真实验软件，可以实现预习、实验模拟操作、实验考试等多种功能，也可在实验仪器设备不足的情形下，通过仿真实验理解实验原理、了解实验过程、得到实验数据并达到对实验结果分析的目的。

固体材料中的载流子在外加磁场中运动时，因为受到洛伦兹力的作用而使轨迹发生偏移，并在材料两侧产生电荷积累并产生电势差，这一现象是霍尔(Edwin H. Hall)在 1871 年发现的，现在称之为“霍尔效应”。随着半导体物理学的迅猛发展，霍尔系数和电导率的测量已经成为研究半导体材料的主要方法之一。霍尔效应可以测定半导体载流子浓度及载流子迁移率等重要参数，以及判断材料的导电类型，是研究半导体材料的重要手段。还可以用霍尔效应测量直流或交流电路中的电流强度和功率，以及把直流电流转成交流电流并对它进行调制、放大。用霍尔效应制作的传感器广泛用于磁场、位置、位移、转速等的测量。

4.11.1 实验目的

① 了解霍尔效应。

② 利用霍尔效应测量磁场。

4.11.2 实验仪器

① 计算机、计算机辅助教学(Computer Aided Instruction,简称 CAI)软件。

② 虚拟仪器:霍尔片及自制电磁铁、直流电位差计、晶体管毫伏表、交直流毫安表、直流毫安表、直流稳压电源、低频信号发生器等。

4.11.3 实验原理

1. 霍尔效应

如图 4.11.1 所示,一半导体薄片通有电流 I,置于磁场 B 之中,磁场 B(沿 z 轴)垂直于电流 I(沿 x 轴)的方向,则在半导体中垂直于 B 和 I 的方向上出现一个横向电位差 U_H,这一现象称为霍尔效应。

当电流 I 通过半导体霍尔元件时,载流子具有一定的漂移速度 v,在垂直磁场的作用下受到洛伦兹力 F_B:

$$F_B = qvB \qquad (4.11.1)$$

式中:q 为载流子电荷量。洛伦兹力使电荷产生横向偏转,偏转的载流子将在边界积累起来,在边界两端产生电位差 U_H,从而形成一个横向电场 E,此横向电场力与洛伦兹力方向相反,直到两者达到平衡,即

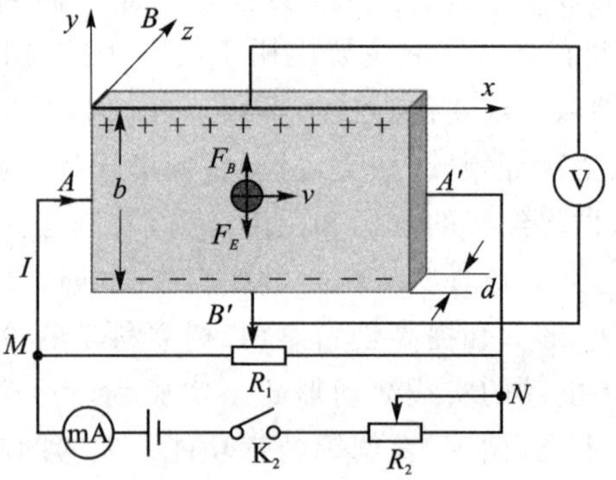

$$qvB = qU_H/b \qquad (4.11.2)$$

图 4.11.1 测量电路

式中:b 为薄片宽度。达到平衡时电荷在样品中流动时将不再横向偏转,霍尔元件两端建立起霍尔电势差。

如果是 N 型样品,则横向电场方向与前者相反,所以 N 型样品和 P 型样品的霍尔电势差有不同的符号,据此可以判断霍尔元件的导电类型。

设 P 型样品的载流子浓度为 n,宽度为 b,厚度为 d,则通过样品的电流 $I=nqvbd$,空穴的定向运动速度 $v=I/nqbd$,代入式(4.11.2)有

$$BI/nqbd = U_H/b \qquad (4.11.3)$$

式(4.11.3)等号两边同乘以 b,便得到

$$U_H = BI/nqd = R_H BI/d \tag{4.11.4}$$

R_H称为霍尔系数，在应用中一般写成

$$U_H = K_H IB \tag{4.11.5}$$

比例系数 $K_H = R_H/d = 1/nqd$，称为霍尔元件灵敏度，单位为 mV/(mA · T)。一般要求 K_H越大越好，K_H与载流子浓度 n 成反比，半导体内载流子浓度远比金属载流子浓度小，所以都用半导体材料作为霍尔元件；K_H与薄片厚度 d 成反比，所以霍尔元件都做得很薄，一般只有 0.2 mm 厚。

由式(4.11.5)可以看出，知道了霍尔片的灵敏度 K_H，只要分别测出通过霍尔片的电流 I 及霍尔电势差 U_H，就可算出磁场 B 的大小，这就是霍尔效应测磁场的原理。另外，若已知载流子类型(N 型半导体多数载流子为电子，P 型半导体多数载流子为空穴)，则由 U_H的正负可测出磁场方向。反之，若磁场方向已知，则可由 U_H的正负判断载流子类型。

2. 电磁铁的磁场

本实验所用的电磁铁是用两块 C 型铁芯对插在一个线圈中做成的，如图 4.11.2 所示。在线圈内两块铁芯的对接处垫上三片厚 5 mm 的硅钢片，因此在线圈外的对接处就造成一气隙，霍尔片就放在气隙中的磁场内。

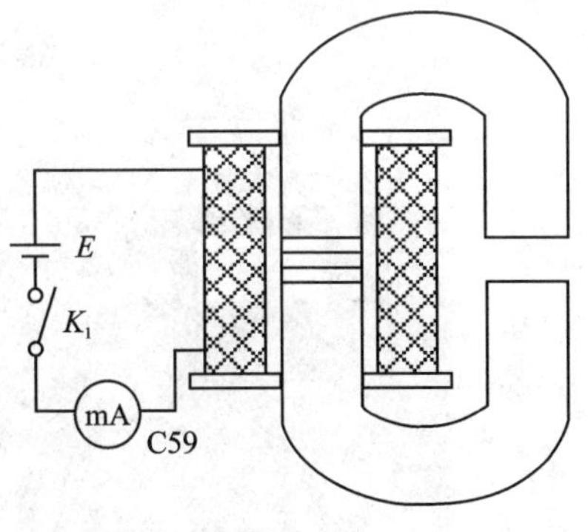

图 4.11.2　电磁铁气隙中的磁场

电磁铁气隙中的磁场 H 可以计算如下：

根据磁路定理，磁路的磁通量 Φ_B为

$$\Phi_B = \frac{NI_0}{\dfrac{l_1}{\mu_r \mu_0 S_1} + \dfrac{l_2}{\mu_0 S_2}} \tag{4.11.6}$$

式中：N 和 I_0分别是电流线圈的匝数和电流强度；l_1是电磁铁的平均周长；l_2是气隙的长度；S_1和 S_2分别是电磁铁及气隙的面积；μ_r为磁铁介质的相对磁导率。

在本实验中，由于气隙比较小，可忽略漏磁效应，所以 $S_1 = S_2 = S$，电磁铁气隙的磁场为

$$H = \frac{\Phi_B}{\mu_0 S} \tag{4.11.7}$$

由式(4.11.6)和式(4.11.7)得到

$$H = \frac{NI_0}{\dfrac{l_1}{\mu} + l_2} \tag{4.11.8}$$

其中：l_1和 l_2的单位为米(m)，磁场强度 H 的单位为安培/米(A/m)。

若 H 的单位用奥斯特(Oe)，l_1和 l_2的单位用厘米(cm)，则式(4.11.8)写成

$$H = \frac{0.4\pi N I_0}{\frac{l_1}{\mu} + l_2} \tag{4.11.9}$$

4.11.4 实验内容与步骤

打开计算机，在桌面找到 CAI 软件图标，单击进入霍尔效应实验。仔细阅读注意事项，熟悉软件操作过程，认识虚拟仪器并了解各虚拟仪器的功能。

1. 线路连接

用鼠标右击界面，出现实验流程对话框，选择"实验内容"进入下一项"线路连接"，页面转换到线路连接界面后按图 4.11.3 连接线路。线路连接结束后，右击连接图，出现对话框，选择"连线结束"，如出现"OK"，则进入实验下一步，如出现"连线错误"，则重新连接线路，直到正确连接才能继续实验。

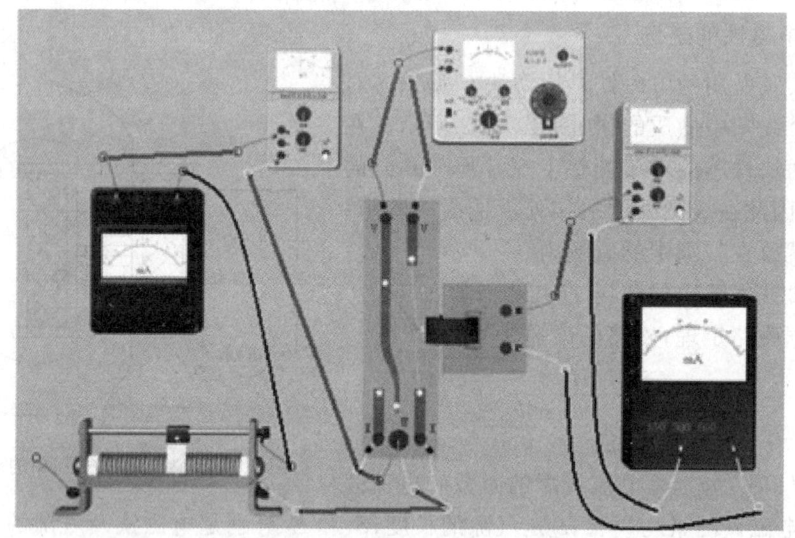

图 4.11.3 线路连接图

2. 消除不等位电势

用鼠标右击界面，出现实验流程对话框，选择"实验内容"进入下一项"消除不等位电势"。进入界面后进行下面的操作：

① 对电位差计调零：倍率开关选择"×1"挡，调节调零旋钮使检流计指针指零。

② 拆除平衡电位器接线。

③ 打开直流控制电流回路，调节电源电压和滑动变阻器使控制回路电流至 10 mA。

④ 打开直流电位差计，电位差计工作电流调节：将开关 K 拨至标准挡位，通过调节电流调节旋钮使检流计指针指向零。

⑤ 将开关 K 拨至未知，调节滑线盘使检流计为零。滑线盘读数为不等位电势数值。

⑥ 调节滑线盘使之示数为零，打开控制电流，调节平衡电位器 W 使检流计为零，此时就消除了不等位电势。

3. 直流测试

用鼠标右击界面，出现实验流程对话框，选择“实验内容”进入“直流测试”。进入界面后进行下面的操作：

① 测量霍尔电压：关闭直流稳压电源，霍尔片移到磁场气隙中部。打开励磁电流电源，调节电压使励磁电流 I_0 达到 200 mA。打开控制电流电源，调节电压和滑动变阻器使控制电流 I 为 2.00 mA。调节步进盘和滑线盘使检流计指针指零，此时相应的霍尔电压 U_H=(步进盘读数+滑线盘读数，倍率=1)。调节控制电流 I 为 4.00 mA，6.00 mA，8.00 mA，10.00 mA 测量相应的霍尔电压 U_H。

② 判断霍尔元件载流子的类型，并计算其浓度和迁移速率。由小磁针定出磁铁气隙的磁场方向，再根据控制电流的方向及霍尔电压的正负，判断霍尔元件是空穴导电还是电子导电。

4. 注意事项

① 测量霍尔电压时，应使霍尔片完全处于磁铁气隙中，使霍尔片处于匀强磁场中。

② 打开电源开关应先将输出电压调到最小。

③ 接通霍尔电压控制电流时，应将滑线变阻器调到最大。

④ 霍尔片最大承受电流为 20 mA。

⑤ 直流测试中连续测量霍尔电压时，要常核对电位差计工作电流，防止发生变化。

⑥ 倍率开关中 G_1 和 G_2 是电位差计作为电源时使用，本实验中不用。

4.11.5　数据处理

① 只做直流测试，已知 K_H=13.27 mV/(mA·T)。根据所测数据作 U_H—I 曲线，并结合给定的 K_H 值求出磁场的大小。

② 根据电磁铁参数 N=2 400 匝，l_1=23.10 cm，l_2=0.118 cm 及 μ_r=6 000，由式(4.11.8)计算磁场值，与前面所求出的磁场值相比较。

③ 根据公式计算载流子浓度和控制电流为 10 mA 时的载流子迁移速率。

4.11.6　思考题

① 分析本实验主要的误差来源。

② 以简图示意，用霍尔效应法判断霍尔片上的磁场方向。

4.12 计算机仿真实验之二：导热系数的测量

导热系数是反映材料导热性能的重要参数之一，在工程热物理、材料科学、固体物理及能源、环保等各个研究领域应用时，材料的导热系数都需要用实验的方法精确测定。材料的导热系数不仅随温度、压力发生变化，而且材料的杂质含量、结构变化都会明显影响导热系数的数值。1822 年法国科学家 J. 傅里叶奠定了热传导理论，目前各种测量导热系数的方法都是建立在傅里叶热传导定律的基础之上的。从测量的方法来说，可分为两大类：稳态法和瞬态法。本实验采用的是稳态平板法测量不良导体的导热系数。

4.12.1 实验目的

① 了解热导现象的物理过程。
② 学习用稳态平板法测量不良导体的导热系数。
③ 用作图法求冷却速率。

4.12.2 实验仪器

物理天平、游标卡尺、不良导热材料的导热系数测定装置如图 4.12.1 所示。

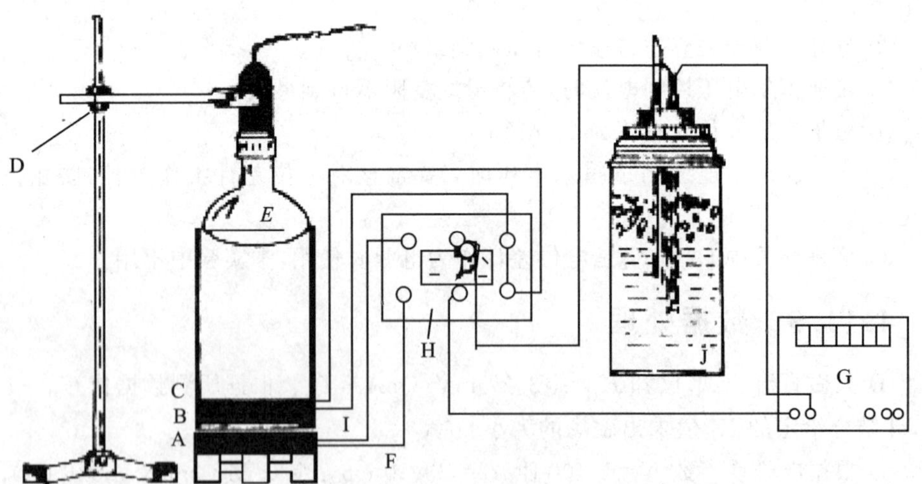

A—散热铜盘(铜盘一侧开有一个小孔，用于放置热电偶)；B—待测样品；C—铜质厚底圆筒(在底部一侧有一小孔用于放置热电偶，圆筒外包有隔热层)；D—固定红外灯的支架；E—用于加热的红外灯；F—固定 A 盘的支架；G—测温用的数字电压表；H—双刀双掷开关；I—插入铜盘和圆筒底部的热电偶(两支)；J—杜瓦瓶，内装冰水混合物，为热电偶的冷端(参考点)

图 4.12.1 导热系数测定实验装置

4.12.3　实验原理

当物体内部有温度梯度存在时，就有热量从温度高处传递到温度低处，这种现象称之为热传导。

J. Founer 在研究了固体的导热现象后，建立了热传导定律，他指出，在物体内部垂直于热传导方向 x 的平行平面上取垂直截面积 $\mathrm{d}S$，x 处的温度梯度为 $\mathrm{d}T/\mathrm{d}x$，则有

$$\frac{\mathrm{d}Q}{\mathrm{d}t}=-\lambda\frac{\mathrm{d}T}{\mathrm{d}x}\cdot\mathrm{d}S \tag{4.12.1}$$

式中：$\frac{\mathrm{d}Q}{\mathrm{d}t}$为传热速率；"－"表示热量由物体高温区域传向低温区域（即热传导的方向与温度梯度的方向相反）。λ 为导热系数，它表征着物体导热能力的大小，等于在温度梯度为一个单位的情况下，单位时间内垂直通过传导截面单位面积的热量。

对于一个厚度为 h_B，上、下表面面积为 $S_B=\pi R_B^2$ 的平板样品 B，维持上、下平面有稳定的温度 T_1 和 T_2，如图 4.12.2 所示，通过样品的导热速率为

$$\frac{\mathrm{d}Q}{\mathrm{d}t}=\lambda\frac{T_1-T_2}{h_B}\cdot S_B \tag{4.12.2}$$

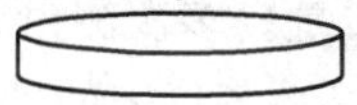

T_1 h_B T_2

图 4.12.2　样　品

在实验中，要降低侧面散热的影响，就需要减小 h_B。因为待测平板上、下平面的温度 T_1 和 T_2 是用传热圆筒 C 的底部和散热铜盘 A 的温度来代表，所以必须保证样品与圆筒 C 的底部和铜盘 A 的上表面密切接触。实验时，在稳定导热的条件下（T_1 和 T_2 值恒定不变），可以认为通过待测样品盘 B 的传热速率与铜盘 A 向周围环境散热的速率相等，因此可以通过 A 盘在稳定温度 T_2 附近的散热速率 $\mathrm{d}Q_{散}/\mathrm{d}t$ 求出样品的传热速率 $\mathrm{d}Q/\mathrm{d}t$。

在读取稳态时的 T_1 和 T_2 之后，拿走样品 B，让 A 盘直接与热传筒 C 的底部下表面接触，加热铜盘 A，使 A 盘温度上升到比 T_2 高 10 ℃左右，再移去传热铜 C，让铜盘 A 通过外表面直接向环境散热（自然冷却），每隔一段时间记下相应的温度值，求出 A 盘在 T_2 附近的冷却速率 $\mathrm{d}T/\mathrm{d}t$。

对于铜盘 A，在稳定传热时，其散热的外表面积为 $\pi R_A^2+2\pi R_A h_A$，移去传热筒 C 后，A 盘的散热外表面积为 $2\pi R_A^2+2\pi R_A h_A$，考虑到物体的散热速率与它的散热面积成正比，所以有

$$\frac{\mathrm{d}Q}{\mathrm{d}t}=\frac{\pi R_A(R_A+2h_A)}{2\pi R_A(R_A+h_A)}\cdot\frac{\mathrm{d}Q_{散}}{\mathrm{d}t}=\frac{R_A+2h_A}{2(R_A+h_A)}\cdot\frac{\mathrm{d}Q_{散}}{\mathrm{d}t} \tag{4.12.3}$$

式中：R_A 和 h_A 分别为 A 盘的半径和高度。

根据热容的定义，对温度均匀的物体有

$$\frac{\mathrm{d}Q_{散}}{\mathrm{d}t}=mC\frac{\mathrm{d}T}{\mathrm{d}t} \tag{4.12.4}$$

对应铜盘 A，就有$\frac{dQ_{铜}}{dt}=m_{铜}C_{铜}\frac{dT}{dt}$，式中 $m_{铜}$、$C_{铜}$ 分别为铜盘 A 的质量和热容，将式(4.12.4)代入式(4.12.3)中就有

$$\frac{dQ}{dt}=m_{铜}C_{铜}\frac{R_A+2h_A}{2(R_A+h_A)}\cdot\frac{dT}{dt} \tag{4.12.5}$$

比较式(4.12.2)和式(4.12.5)便得出导热系数的公式：

$$\lambda=\frac{m_{铜}C_{铜}h_B(R_A+2h_A)}{2\pi R_B^2(T_1-T_2)(R_A+h_A)}\cdot\frac{dT}{dt} \tag{4.12.6}$$

式中：$m_{铜}$、h_B、R_B、h_A、T_1 和 T_2 都可由实验测量出准确值，$C_{铜}=0.088\ 3$ cal/g·℃，因此，只要求出$\frac{dT}{dt}$，就可以求出导热系数 λ。

4.12.4 实验内容及步骤

① 自拟数据表格，用卡尺测量铜盘 A 和样品 B 的厚度及直径，用物理天平测出 A 盘的质量。多次测量上述各物理量，并求出平均值和误差。

② 熟悉各仪表的使用方法，按线路图连接好仪器，将热电偶插入 A 盘和 C 筒底部侧面的小孔内时，要注意使热电偶与 A 盘和 C 筒底部保持良好接触，在热电偶涂上硅油后，轻轻地将它插入小孔的底部。热电偶的冷端置入保温瓶的冰水混合物中。

③ 接通调压器电源，缓慢转动调压手轮，使红外灯电压逐渐升高，为缩短达到稳定态的时间，可先将红外灯电压升到 200 V 左右，大约 20 min 之后，再降到 150 V 左右，然后每隔一定时间读一次温度示值，若 10 min 内 T_1 和 T_2 的示值基本不变，则可以认为达到稳定状态。记下稳态时的 T_1 和 T_2 值。

④ 移去样品盘 B，让散热 A 盘与传热筒 C 的底部直接接触，加热 A 盘，使 A 盘的温度高于 T_2 10 ℃左右，把调压器调节到零电压，断开电源，移去传热筒 C，让 A 盘自然冷却，每隔 30 s 记一次温度 T_i 值，选择最接近 T_2 前后的各个数据，填入自拟的表格中。

4.12.5 数据处理

① 绘出 $T—t$ 关系图，用作图法求出冷却速率 dT/dt。

② 用逐差法求出铜盘 A 的冷却速率 dT/dt，并由式(4.12.6)求出样品导热系数 λ。

③ 用最小二乘法进行线性拟合，求解冷却速率 dT/dt 及其误差，将结果代入式(4.12.6)，计算样品的导热系数 λ 及其标准误差。

4.12.6 思考题

① 测导热系数 λ 要满足哪些条件？在实验中如何保证？

② 测冷却速率时，为什么要在稳态温度 T_2 附近选值？如何计算冷却速率？

4.13　光敏传感器光电特性研究

在传感器中，最常见的是光敏传感器。光敏传感器是利用光敏元件将光信号转换为电信号的传感器，它的敏感波长在可见光波长附近，包括红外线波长和紫外线波长。光传感器不只局限于对光的探测，它还可以作为探测元件组成其他传感器，对许多非电量进行检测，只要将这些非电量转换为光信号的变化即可。

光敏传感器的种类比较繁多，主要用红外线传感器、紫外线传感器、光纤式光电传感器、色彩传感器、CCD 和 CMOS 图像传感器等。

光敏传感器采用防静电袋封装。在使用的过程中应该避免在潮湿的环境中使用，还应该注意表面的损伤和污染程度，它们均会影响光电流。光敏传感器主要应用于太阳能草坪灯、光控小夜灯、照相机、监控器、光控玩具、声光控开关、摄像头、防盗钱包、光控音乐盒、生日音乐蜡烛、音乐杯、人体感应灯、人体感应开关等电子产品光自动控制领域。

4.13.1　实验目的

① 了解光敏电阻的基本特性，测出它的伏安特性曲线和光照特性曲线。

② 了解硅光电池的基本特性，测出它的伏安特性曲线和光照特性曲线。

③ 了解硅光敏二极管的基本特性，测出它的伏安特性和光照特性曲线。

④ 了解硅光敏三极管的基本特性，测出它的伏安特性和光照特性曲线。

4.13.2　实验仪器

FD－LS－A 光敏传感器光电特性实验仪，该实验仪由光敏电阻、光敏二极管、光敏三极管、硅光电池 4 种光敏传感器及可调光源、电阻箱、数字电压表等组成。

4.13.3　实验原理

光敏传感器是将光信号转换为电信号的传感器，也称为光电式传感器，它可用于检测直接引起光强度变化的非电量，如光强、光照度、辐射测温、气体成分分析等；也可用来检测能转换成光量变化的其他非电量，如零件直径、表面粗糙度、位移、速度、加速度及物体形状、工作状态识别等。光敏传感器具有非接触、响应快、性能可靠等特点，因而在工业自动控制及智能机器人中得到广泛应用。

1. 光电效应

光敏传感器的物理基础是光电效应，光电效应通常分为外光电效应和内光电效应两大类。在光辐射作用下电子逸出材料的表面，产生光电子发射称为外光电效应，或光电子发射效应，基于这种效应的光电器件有光电管、光电倍增管等。电子并不逸出材料表面的则是内光电效应，几乎大多数光电控制应用的传感器都是此类，通常有光敏电阻、光敏二极管、光敏三极管、硅光电池等。光电导效应、光生伏特效应是两种常见的内光电效应。

(1) 光电导效应

若光照射到某些半导体材料上时，透过材料内部的光子能量足够大，某些电子吸收光子的能量，从原来的束缚态变成导电的自由态，这时在外电场的作用下，流过半导体的电流会增大，即半导体的电导会增大，这种现象叫光电导效应。它是一种内光电效应。

光电导效应可分为本征型和杂质型两类。前者是指能量足够大的光子使电子离开价带跃入导带，价带中由于电子离开而产生空穴，在外电场作用下，电子和空穴参与电导，使电导增加。杂质型光电导效应则是能量足够大的光子使施主能级中的电子或受主能级中的空穴跃迁到导带或价带，从而使电导增加。杂质型光电导的长波限比本征型光电导的要长得多。

(2) 光生伏特效应

在无光照时，半导体 PN 结内部自建电场。当光照射在 PN 结及其附近时，在能量足够大的光子作用下，在结区及其附近就产生少数载流子(电子、空穴对)。载流子在结区外时，靠扩散进入结区；在结区中时，则因电场 E 的作用，电子漂移到 N 区，空穴漂移到 P 区。结果使 N 区带负电荷，P 区带正电荷，产生附加电动势，此电动势称为光生电动势，此现象称为光生伏特效应。

2. 光敏传感器的基本特性

本实验主要是研究光敏电阻、硅光电池、光敏二极管、光敏三极管 4 种光敏传感器的基本特性。光敏传感器的基本特性则包括伏安特性、光照特性等。其中光敏传感器在一定的入射照度下，光敏元件的电流 I 与所加电压 U 之间的关系称为光敏器件的伏安特性。改变照度则可以得到一族伏安特性曲线。它是传感器应用设计时选择电参数的重要依据。光敏传感器的光谱灵敏度与入射光强之间的关系称为光照特性，有时光敏传感器的输出电压或电流与入射光强之间的关系也称为光照特性，它也是光敏传感器应用设计时选择参数的重要依据之一。掌握光敏传感器基本特性的测量方法，为合理地应用光敏传感器打好基础。

(1) 光敏电阻

利用具有光电导效应的半导体材料制成的光敏传感器称为光敏电阻。目前，光敏电阻的应用极为广泛，可见光波段和大气透过的几个窗口都有适用的光敏电阻。利用光敏电阻制成的光控开关在日常生活中随处可见。

当内光电效应发生时，光敏电阻电导率的改变量为

$$\Delta\sigma = \Delta p \cdot e \cdot \mu_p + \Delta n \cdot e \cdot \mu_n \tag{4.13.1}$$

式(4.13.1)中：e 为电荷电量；Δp 为空穴浓度的改变量；Δn 为电子浓度的改变量；μ 为迁移率。

当两端加上电压 U 后，光电流为

$$I_{ph} = \frac{A}{d} \cdot \Delta\sigma \cdot U \tag{4.13.2}$$

式中：A 为与电流垂直的表面；d 为电极间的间距。在一定的光照度下，$\Delta\sigma$ 为恒定的值，因而光电流和电压成线性关系。

光敏电阻的伏安特性如图 4.13.1(a)所示，不同的光照度可以得到不同的伏安特性，表明电阻值随光照度发生变化。光照度不变的情况下，电压越高，光电流也越大，而且没有饱和现象。当然，与一般电阻一样，光敏电阻的工作电压和电流都不能超过规定的最高额定值。

光敏电阻的光照特性则如图 4.13.1(b)所示。不同的光敏电阻的光照特性是不同的，但是在大多数的情况下，曲线的形状都与图 4.13.1(b)的结果类似。由于光敏电阻的光照特性是非线性的，因此不适宜作线性敏感元件，这是光敏电阻的缺点之一。所以在自动控制中光敏电阻常用作开关量的光电传感器。

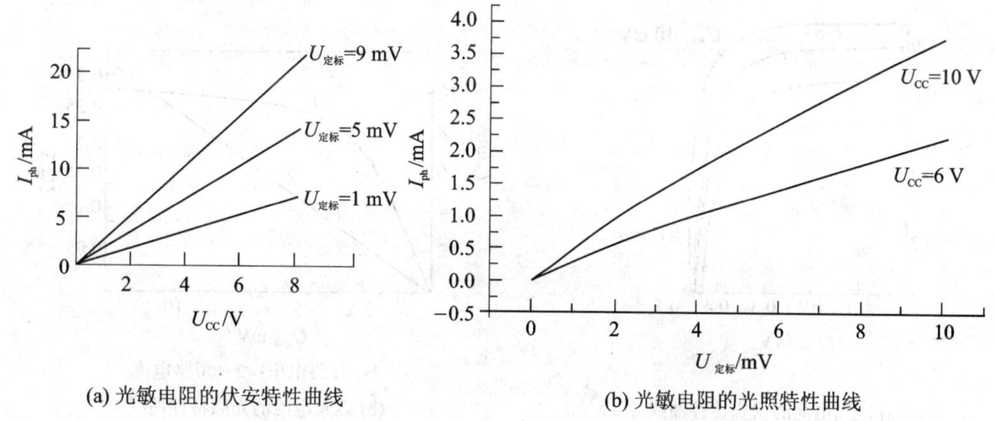

图 4.13.1　光敏电阻的伏安特性曲线和光照特性曲线

(2) 硅光电池

硅光电池是目前使用最广泛的光伏探测器之一。它的优点是工作时不需要外加偏压，接收面积小，使用方便；缺点是响应时间长。

图 4.13.2(a)所示为硅光电池的伏安特性曲线。在一定的光照度下，硅光电池的伏安特性呈非线性。

当光照射硅光电池时，将产生一个由 N 区流向 P 区的光生电流 I_{ph}；同时由于 PN 结二极管的特性，存在正向二极管管电流 I_D，此电流方向与光生电流方向相反。所以实际获得的电流为

$$I = I_{ph} - I_D = I_{ph} - I_0\left[\exp\left(\frac{eU}{nk_B T}\right) - 1\right] \tag{4.13.3}$$

式中：U 为结电压；I_0 为二极管反向饱和电流；n 为理想系数，表示 PN 结的特性，通常在 1 和 2 之间；k_B 为玻耳兹曼常数；T 为绝对温度。短路电流是指负载电阻相对

于光电池的内阻来讲很小时的电流。在一定的光照度下，当光电池被短路时，结电压 V 为 0，从而有

$$I_{SC} = I_{ph} \tag{4.13.4}$$

负载电阻在 20 Ω 以下时，短路电流与光照有比较好的线性关系，负载电阻过大，则线性会变坏。

开路电压则是指负载电阻远大于光电池的内阻时硅光电池两端的电压，而当硅光电池的输出端开路时有 $I=0$，由式(4.13.3)和式(4.13.4)可得开路电压为

$$U_{OC} = \frac{nk_B T}{q}\ln\left(\frac{I_{SC}}{I_0}+1\right) \tag{4.13.5}$$

图 4.13.2(b)为硅光电池的光照特性曲线。开路电压与光照度之间为对数关系，因而具有饱和性。因此，把硅光电池作为敏感元件时，应该把它当作电流源的形式使用，即利用短路电流与光照度成线性的特点，这是硅光电池的主要优点。

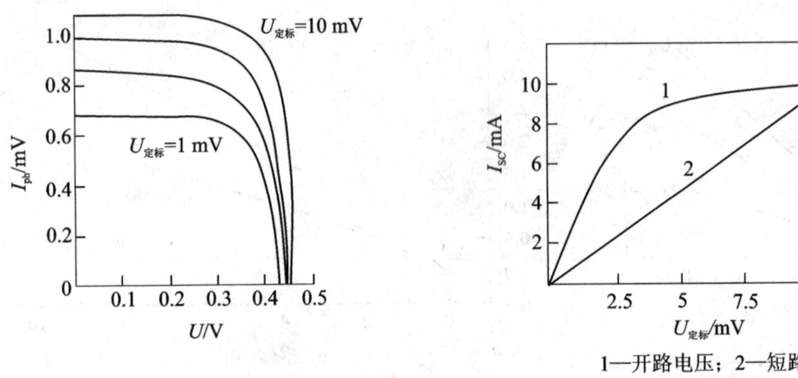

(a) 硅光电池的伏安特性曲线

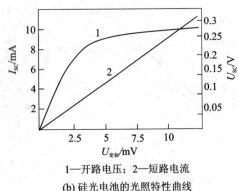

(b) 硅光电池的光照特性曲线

图 4.13.2　硅光电池的伏安特性曲线和光照特性曲线

(3) 光敏二极管和光敏三极管

光敏二极管的伏安特性相当于向下平移了的普通二极管，光敏三极管的伏安特性和光敏二极管的伏安特性类似，如图 4.13.3 和图 4.13.4 所示。但光敏三极管的光电流比同类型的光敏二极管大好几十倍，零偏压时，光敏二极管有光电流输出，而光敏三极管则无光电流输出。原因是它们都能产生光生电动势，只因光电三极管的集电结在无反向偏压时没有放大作用，所以此时没有电流输出(或仅有很小的漏电流)。

3. 仪器工作原理

(1) 组建定标电路

实验仪器所有的光敏传感器特性测量所用的光源强度均为相对光照强度，每一个待测传感器旁都装有一个硅光电池，与待测传感器同时得到相同的照度，利用硅光

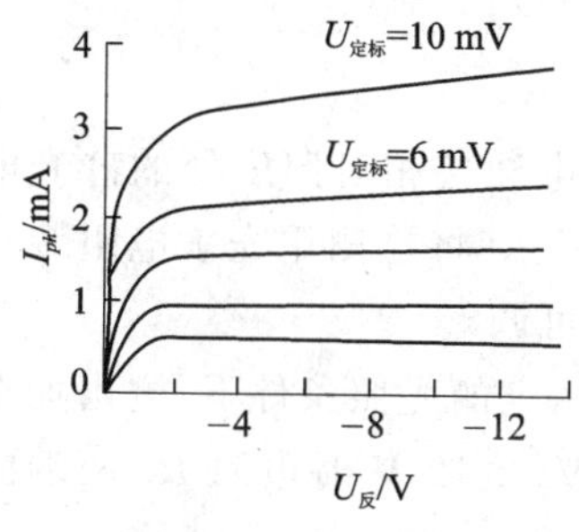

图 4.13.3　光敏二极管的伏安特性曲线

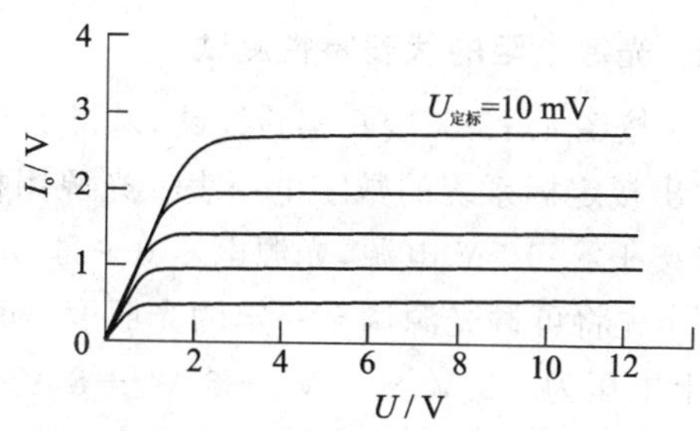

图 4.13.4　光敏三极管的伏安特性曲线

电池的短路电流与光照强度的线性关系来对比测量待测传感器的特性，实验设计的光照度为参考值，由定标系统的数字电压表进行定标。定标电路图如图 4.13.5 所示，图中 R 为取样电阻，由于硅光电池的内阻很大，当 R 取 50～100 Ω 时，回路电流仍可近似看成短路电流。电压表所显示的电压值就称为定标电压值。

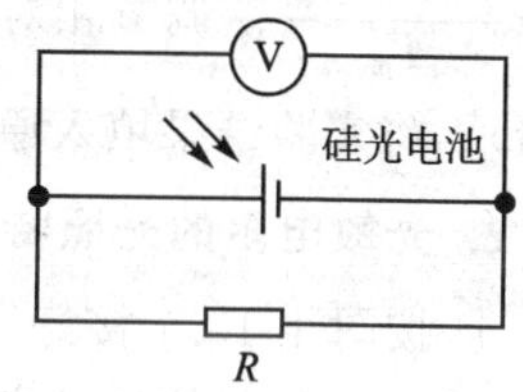

图 4.13.5　定标电路图

(2) 搭建测量电路

在组建好定标电路之后，就可以对相应的光敏传感器进行特性测量。其中不同的传感器测量电路也不尽相同。分别如下：

① 图 4.13.6 所示为光敏电阻、光敏二极管和三极管的特性测试电路。

② 硅光电池的特性测试：

实验仪器面板示意图如图 4.13.7 所示，开关 K 指向"1"时，电压表测量开路电压 U_{OC}，开关指向"2"时，R_{x_1} 短路，电压表测量 R_1 电压 U_{R_1}。

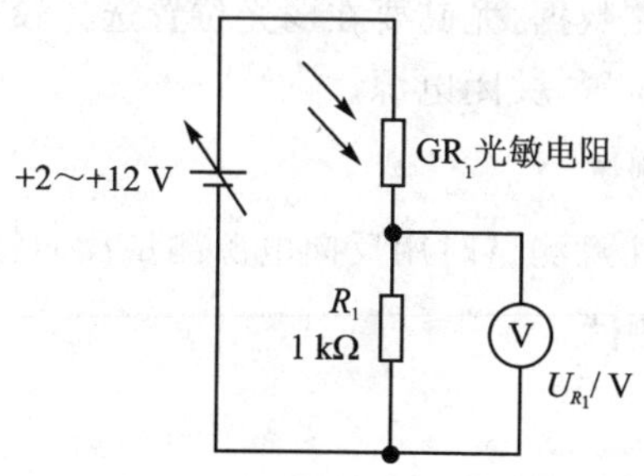

图 4.13.6　光敏电阻、光敏二极管和三极管的特性测试电路

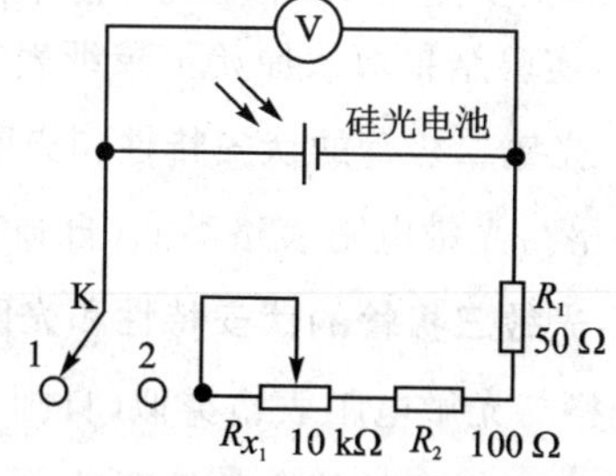

图 4.13.7　实验仪器面板示意图

4.13.4　实验内容与步骤

本实验共包括 4 种传感器，其中光敏电阻为必做，其余内容根据自己兴趣从中选

择 1～2 个传感器自行测量。

1. 光敏电阻的伏安特性测试

① 按图 4.13.7 接好实验线路，基准参考硅光电池接相对照度处的硅光电池接口，输出接定标系统的数字电压表。光源用标准钨丝灯将检测用光敏电阻装入待测点，连接 +2～12 V 电源，光源电压 0～24 V 电源(可调)。

② 先将可调光源调至一定的光照度，每次在一定的光照条件下，测出加在光敏电阻上电压为 +2 V、+4 V、+6 V、+8 V、+10 V、+12 V 时电阻 R_1 两端的电压 U_R，从而得到 6 个光电流数据 $I_{ph}=\frac{U_R}{1.00\ \text{k}\Omega}$，同时算出此时光敏电阻的阻值，即 $R_g=\frac{U_{CC}-U_R}{I_{ph}}$。调节相对光强重复上述实验(要求至少在 3 个不同照度下重复以上实验)。将实验结果填入原始记录纸表中相应位置，关闭电源。

2. 光敏电阻的光照特性测试

① 按图 4.13.7 接好实验线路，基准参考硅光电池接相对照度处的硅光电池接口，输出接定标系统的数字电压表。光源用标准钨丝灯将检测用光敏电阻装入待测点，连接 +2～12 V 电源，光源电压 0～24 V 电源(可调)。

② 从 $U_{CC}=0$ V 开始到 $U_{CC}=12$ V，每次在一定的外加电压下测出光敏电阻在相对光照度从"弱光"到逐步增强的光电流数据，即

$$I_{ph}=\frac{U_R}{1.00\ \text{k}\Omega}$$

同时算出此时光敏电阻的阻值，即

$$R_g=\frac{U_{CC}-U_R}{I_{ph}}$$

这里要求至少测出 15 个不同照度下的光电流数据，尤其要在弱光位置选择较多的数据点，将实验结果填入原始记录纸表中相应位置，关闭电源。

3. 光敏二极管的伏安特性和光照特性测试

表格与光敏电阻表格类似(自画表格)，注意测量时用反向电源测量反向特性。

4. 光敏三极管的伏安特性和光照特性测试

表格与光敏电阻表格类似(自画表格)。

5. 硅光电池的伏安特性测试

① 按照图 4.13.7 所示连接好实验线路，其中电阻箱为外置电阻箱(从 0 Ω 调至 5 000 Ω)，由实验者自行连接到电路中。光源用标准钨丝灯，将待测硅光电池装入待测点，光源电压 +0～24 V(可调)。

② 先将可调光源的光强调至一定的照度，每次在一定的照度下，调节可调电阻箱的阻值，然后测出一组硅光电池的光电压 U_0 和取样电阻 R_1 两端的电压 U_{R_1}，则光

电流 $I_{ph}=\dfrac{U_R}{50.00\ \Omega}$（50.00 Ω 为取样电阻的阻值），这里要求至少测出 15 个数据点，以绘出完整的伏安特性曲线。以后逐步选择不同的光照度（至少 3 个），重复上述实验。将实验结果填入原始记录纸表中相应位置，关闭电源。

6. 硅光电池的光照度特性测试

① 实验线路见图 4.13.7，将 10 kΩ 和 100 Ω 的电阻短接，只留 R_1 作为取样电阻。

② 先将可调光源调至一定的照度，测出该照度下硅光电池的开路电压 U_{OC} 和短路电流 I_{SC} 数据，其中短路电流为 $I_{SC}=\dfrac{U_R}{50.00\ \Omega}$（近似值为 50.00 Ω），以后逐步改变可调光源的照度（8～10 次），重复测出开路电压和短路电压。将实验结果填入原始记录纸表中相应位置，关闭电源。

7. 注意事项

① 测量光敏二极管的反向特性时，注意把二极管反接。

② 二极管、三极管的内容和要求与光敏电阻类似，数据表格也一样。

③ 所有的电流值都是通过测量取样电阻的电压值间接得到的。

4.13.5　数据处理

① 根据原始记录纸表中的实验数据画出光敏电阻的伏安特性曲线。

② 根据原始记录纸表中的实验数据画出光敏电阻的光照特性曲线。

③ 根据原始记录纸表中的数据画出硅光电池的一族伏安特性曲线。

④ 根据原始记录纸表中的数据画出硅光电池的光照特性曲线。

4.13.6　思考题

① 总结所测传感器光电特性的特点。

② 实验中光照强度的定标原理是什么？为何使用硅光电池进行定标？

③ 了解光敏传感器光电特性实验仪的使用方法，掌握 4 种光敏传感器伏安特性和光照特性的测试方法。

4.14　光纤传感器

光纤特性的研究和应用是 20 世纪 70 年代末发展起来的一个新的领域。光纤传感器件具有体积小、质量轻、抗电磁干扰强、防腐性好、灵敏度高等优点；用于测量压力、应变、微小折射率变化、微振动、微位移等诸多领域，特别是光纤通信已经成为现代通信网的主要支柱。光纤通信的发展极为迅速，新的理论和技术不断产生和发展。因此，在大学物理实验课程中开设“光纤特性研究实验”已经成为培养现代高科技人才的必然趋势。传感器是信息技术的三大技术之一。随着信息技术进入新时期，传感技术也进入了新阶段。“没有传感器技术就没有现代科学技术”的观点已被全世界所公认，因此，传感技术受到各国的重视，特别是倍受发达国家的重视，我国也将传感技术纳入国家重点发展项目。

光纤特性研究和应用是一门综合性的学科，理论性较强，知识面较广，可以激发学生对理论知识的学习兴趣，培养学生的实践动手和创新能力，光纤干涉系列实验教学的开设就显得非常重要了。基于这个目的，我们对光纤干涉实验教学进行了初步探索，在此基础上，该实验还可以进行一些设计性及研究性实验。

4.14.1 实验目的

① 了解光纤与光源耦合方法的原理。

② 理解 M－Z 干涉的原理和用途。

③ 了解传感器原理。

④ 实测光纤温度传感器实验数据。

4.14.2 实验仪器

激光器及电源、光纤夹具、光纤剥线钳、激光功率计、五位调整架、显微镜、光纤传感实验仪、CCD 及显示器等。

4.14.3 实验原理

1. 光纤的基础知识

光纤的基本结构如图 4.14.1 所示，它主要包括三层（工程上有时有四层或五层，图中是四层结构）：纤芯、包层、起保护作用的涂敷层、较厚的保护层。纤芯和包层的折射率分别是 n_1 和 n_2，如图 4.14.2 所示，为了使光线在光纤中传播，纤芯的折射率 n_1 必须比包层 n_2 的折射率大，这样才会产生全反射。光线 1 以 θ 角入射在光纤端面上，光线经折射后进入光纤，以 φ 角入射到纤芯和包层间的光滑界面上。只要选择适当的入射角 θ，总可以使 φ 角大于临界角 φ_m，φ_m 的大小由公式 $\varphi_m=\arcsin(n_2/n_1)$ 决定，使光线 1 在界面上发生全反射。全反射光线 1 又以同样的角度 φ 在对面界面上发生第二次反射。如果光纤是均匀的圆柱体，入射光线经无数次反射后从另一端以和入射角相同的角度射出。在光纤断面上，当光线入射角小于一个定值 θ_a 时，折射光线在纤芯和包层界面上的入射角 φ 才会大于临界角 φ_m，光线才能

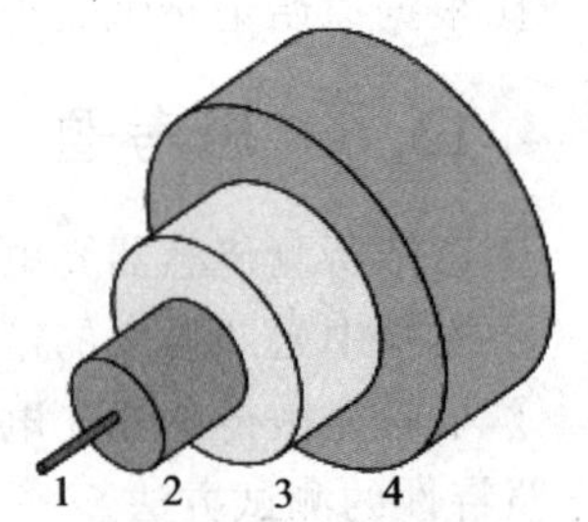

1—纤芯；2—包层；
3—起保护作用的涂敷层；
4—较厚的保护层

图 4.14.1 光纤的基本结构

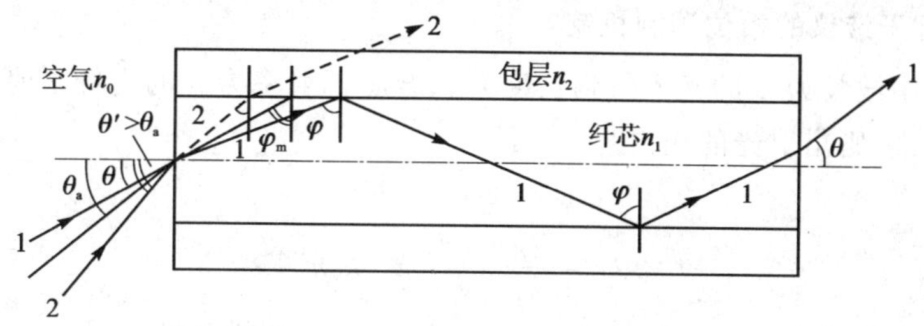

图 4.14.2　圆柱形光纤传光原理

在光纤内多次全反射而传递到另一端。在光纤端面上，入射角 $\theta' > \theta_a$ 的那些光线，折射后在界面上的入射角小于临界角 φ_m，光线将射出界面，如图 4.14.2 中的光线 2 。这个入射角 θ_a 称为光纤的孔径角，其数值由光纤的数值孔径决定。光纤的数值孔径(NA)定义为

$$\mathrm{NA} = n_0 \sin\theta_a = \sqrt{n_1^2 - n_2^2} \tag{4.14.1}$$

式中：n_0 是入射光线所在介质的折射率；n_1 和 n_2 分别为光纤的纤芯和包层的折射率。由式(4.14.1)可见，纤芯和包层的折射率相差越大，θ_a 越大，光纤的数值孔径就越大。数值孔径是表示光纤集光能力的一个参量，它越大，就表示光纤接收的光通量越多。

2. 光纤的耦合

光纤与光源的耦合有直接耦合和经聚光器件耦合两种。聚光器件有传统的透镜和自聚焦透镜之分。自聚焦透镜的外形为“棒”形(圆柱体)，所以也称之为自聚焦棒。实际上，它是折射率分布指数为 2(即抛物线型)的渐变型光纤棒的一小段。

直接耦合是使光纤直接对准光源输出的光进行的“对接”耦合。这种方法的操作过程是：用光纤剥线钳剥去保护层和涂敷层，清理干净光纤包层，然后用宝石刀切割，制备出平整的光纤端面；调整激光器和纤芯的相对位置，使光纤输出端的输出光强最大，然后固定。如果光源输出光束的横截面面积大于纤芯的横截面面积，将引起较大的耦合损耗。

经聚光器件耦合是将光源发出的光通过聚光器件将其聚焦到光纤端面上，并调整到最佳位置(光纤输出端的输出光强最大)。光耦合效率与光纤端面质量和耦合透镜的数值孔径有关，当光纤断面处理的质量较好、数值孔径与耦合透镜数值孔径相匹配时，可得到最佳耦合效率。这种耦合方法能提高耦合效率。耦合效率 η 的计算公式为

$$\eta = \frac{P_1}{P_2} \times 100\% \qquad 或 \qquad \eta = -10\lg\frac{P_1}{P_2} \quad (\mathrm{dB}) \tag{4.14.2}$$

式(4.14.2)中：P_1 为耦合进光纤的光功率(近似为光纤的输出光功率)；P_2 为光源输出的光功率。

3. 光纤干涉仪的相位调制机制

当真空中波长为λ_0的光入射到长度为l、纤芯折射率为n的光纤上时，若以其入射端面为基准，则出射光的相位为

$$\varphi = k_0 nl = kl \tag{4.14.3}$$

式中：

$$k_0=\frac{2\pi}{\lambda_0}, \qquad k=k_0 n$$

显然，k、n及l的变化都会导致光波相位的变化，即实现相位调制，由式(4.14.3)有

$$\Delta\varphi = \Delta(kl) = k_0 l\Delta n + k_0 n\Delta l \tag{4.14.4}$$

光纤长度和直径的变化以及折射率的变化都会引起相位调制。温度变化对相位调制的作用由式(4.14.4)有

$$\frac{\Delta\varphi}{\Delta T} = k_0\left(l\,\frac{\Delta n}{\Delta T} + n\,\frac{\Delta l}{\Delta T}\right) \tag{4.14.5}$$

及

$$\frac{1}{l}\,\frac{\Delta\varphi}{\Delta T} = k_0\left(\frac{\Delta n}{\Delta T} + \frac{n\Delta l}{l\Delta T}\right) \tag{4.14.6}$$

4. 马赫-曾德尔(Mach - Zehnder)光纤干涉仪的结构与测温原理

马赫-曾德尔光纤干涉仪(见图4.14.3)是最早用于温度测量的一种光纤温度传感器。干涉仪由两臂组成：一个是参考臂，提供相位基准；另一个是传感臂，用于光相位调制，对待测物理量的变化敏感。参看图4.14.4，由氦氖激光器发出的激光经分束器分成两路，分别送入两根长度基本相同的单模光纤。将两根光纤的输出端并合到一起，在输出光斑重叠区将出现干涉光场。

测量臂光纤受到温度场作用，纤芯折射率和几何长度会有一微小变化，使沿此臂传播的光波光程发生变化，则两臂输出端光波相位差发生变化，从而引起干涉场干涉条纹的移动。显然，干涉条纹的移动数目反映出温度场温度的变化。

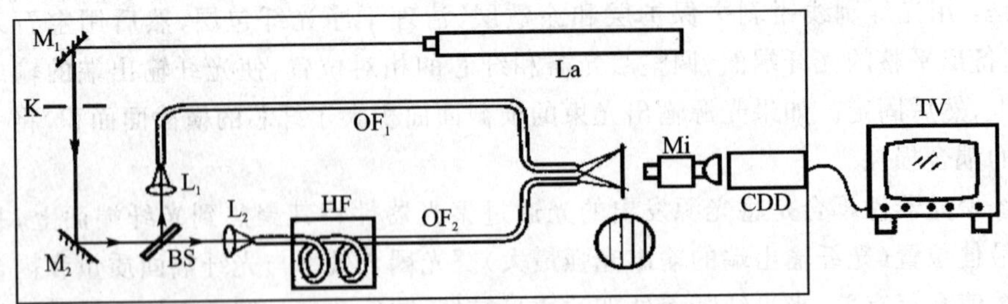

L_a—氦氖激光器；M_1和M_2—反射镜；BS—分镜束；TV—显示器；L_1和L_2—聚光镜；OF_1和OF_2—单模光纤；Mi和CCD—成像装置；HF—恒温器

图4.14.3 马赫-曾德尔光纤干涉仪

测量臂光波相位变化是由温度引起的，由式(4.14.6)可给出光纤干涉仪的温度灵敏度：

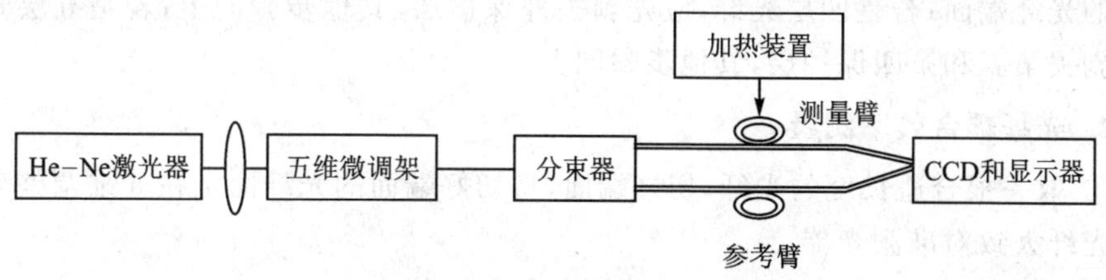

图 4.14.4　传感器原理图

$$\frac{\Delta\varphi}{\Delta T l} = \frac{2\pi}{\lambda_0}\left(\frac{\Delta n}{\Delta T} + \frac{n}{l}\frac{\Delta l}{\Delta T}\right) \tag{4.14.7}$$

或者

$$\frac{\Delta\varphi}{\varphi\Delta T} = \frac{1}{n}\frac{\Delta n}{\Delta T} + \frac{1}{l}\frac{\Delta l}{\Delta T} \tag{4.14.8}$$

式中：l 为测量臂置于温度场部分的长度；ΔT 为温度变化量；$\varphi=\frac{2\pi}{\lambda_0}nl$。

当温度变化 ΔT 时，干涉场中任意一点处干涉条纹的移动数目为 Δm，则相位变化量为

$$\Delta\varphi = 2\pi\Delta m \tag{4.14.9}$$

当干涉仪用的单模光纤的规格已知时，光纤的温度灵敏度就是确定的值。例如，剥去护套层的石英玻璃光纤，其$\frac{1}{n}\frac{\Delta n}{\Delta T}=0.68\times10^{-5}/℃$；其线性膨胀系数，当 $\lambda_0=632.8$ nm 时，$\frac{1}{l}\frac{\Delta l}{\Delta T}=5.5\times10^{-7}/℃$，代入式(4.14.8)，算出裸光纤的温度灵敏度为

$$\frac{\Delta\varphi}{\varphi\Delta T} = 0.74\times10^{-5}/℃$$

或者由 $n=1.456$，$\lambda_0=632.8$ nm，$\frac{\Delta n}{\Delta T}=1\times10^{-5}/℃$，$\frac{\Delta l}{l\Delta T}=5.5\times10^{-7}/℃$ 及式(4.14.7)算出光纤温度灵敏度$\frac{\Delta\varphi}{l\Delta T}=107$ rad/(℃・m)。

由于石英光纤的热膨胀系数极小($5.5\times10^{-7}/℃$)，其温度灵敏度几乎完全由折射率变化($0.68\times10^{-5}/℃$)所决定。为了提高光纤的温度灵敏度，在石英光纤外面包有一层护套层，使护套层材料的杨氏模量和膨胀系数对光纤的温度灵敏度有较大影响，这种做法称为对光纤进行温度“增敏”。计算表明，有护套层的石英光纤灵敏度$\frac{\Delta\varphi}{\varphi\Delta T}=1.64\times10^{-5}/℃$，比裸光纤的光纤灵敏度$\frac{\Delta\varphi}{\varphi\Delta T}=0.74\times10^{-5}/℃$大很多。

4.14.4　实验内容与步骤

1. 光纤端面制作说明

用光纤剥线钳剥去涂敷层，光纤有三层、四层、五层之分，如果是三层光纤，先用拨线钳剥去涂敷层，将剩下的包层和纤芯嵌入光纤夹具，用宝石刀切割端面，制备出

完好的光纤端面；若是四层光纤，应先剥去外保护层，其他步骤同上；若是五层光纤，应先剥去第五和第四保护层，其他步骤同上。

2. 光纤耦合效率测量

① 取一根合适长度的光纤，切好端面，将切好端面的光纤固定在五维调整架上，并使光纤大致对准激光器。

② 打开激光器，调节“电流调节”旋钮，使电流值为 5 mA。

③ 粗调节：调节五维调整架，使激光打在光纤端面上，光纤的另一端(PC 头)旋入功率计测量端口上。

④ 按下开关键打开光功率计；按下“λ”键选择光波长为 633 nm；按“W/dBm”键选择 pW 为测量单位。

⑤ 细调节：仔细调节五维调整架，使得激光与光纤的耦合达到最佳状态，当功率计示数最大时，记录光功率计读数。重复步骤⑤三次，将实验数据填入原始记录纸表中的相应位置。

⑥ 实验完毕，关闭光功率计并拔下光功率计电源；关闭激光器电源。

3. 光纤传感实验

① 打开机箱总电源；打开激光器电源，调节激光器电流示数为 4 mA；打开显示器电源。

② 将切好端面的光纤固定在五维调整架上，使之与激光器达到最佳耦合状态，此时应能在显示器上观察到清晰的干涉条纹。

③ 按下数显温控仪上的温度设定按钮，设置最高加热温度为 45 ℃，弹起温度设定按钮，此时数显温控仪上显示的是将被加热的光纤实时温度。

④ 打开加热开关，在显示器上选择合适的参考位置，观察条纹变化，当温度示数为 31 ℃时，开始记录数据：条纹每移动 5 条，记录其对应温度，记录至少 10 组数据；将实验数据填入原始记录纸表中相应位置。

⑤ 关闭加热电源，等温度示数稳定后，调节机箱后面螺旋测微器压力调节旋钮并观察条纹变化，理解条纹移动与应力形变之间的关系。

⑥ 实验完毕，关闭所有电源，整理好各仪器。

4. 实验进阶内容

(1) 远场光斑法测量光线的数值孔径

这种测试方法的原理本质上类似于远场光强法，只是结果的获取方法不同。虽然不是基准法，但简单易行，而且可采用相干光源。原理性实验大多采用这种方法。其测试原理如图 4.14.5 所示。

测量时，在暗室中将光纤出射远场投射到白屏上(最好贴上坐标格纸，这样更方便)，测量光斑直径(或数坐标格)，通过公式

$$\mathrm{NA} = k \cdot d$$

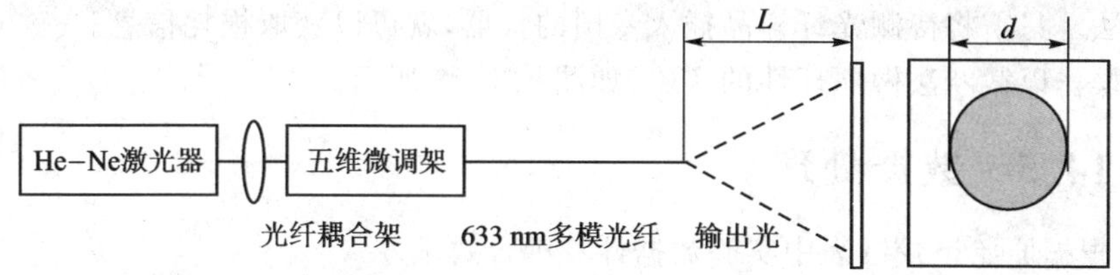

图 4.14.5　远场光斑法原理图

计算出数值孔径。

式中：k 为一常数，可由已知数值孔径的光纤标定；d 为光纤输出端光斑的直径。例如，设光纤输出端到接收屏的距离为 50 cm，$k=0.01$，$d=20$ cm，立即可以算出数值孔径为 0.20。对于未知的 k，可以由上述的距离和光斑直径根据 $\theta=\arctan(d/2L)$ 求出 θ，再由 $\mathrm{NA}=\sin\theta$ 求出 NA 的近似值。建议在实验中采用该方法。

(2) 光纤传输损耗的测量

① 光纤传输损耗的含义和表示方法

光波在光纤中传输，随着传输距离的增加，光波强度(或光功率)将逐渐减弱，这就是传输损耗。光纤的传输损耗与所传输的光波长 λ 相关，与传输距离 L 成正比。

通常，以传输损耗系数 $\alpha(\lambda)$ 表示损耗的大小。光纤的损耗系数为光波在光纤中传输单位距离所引起的损耗，常以短光纤的输出光功率 P_1 和长光纤的输出光功率 P_2 之比的对数表示，即

$$\alpha(\lambda)=\frac{1}{L}10\lg\frac{P_1}{P_2}\qquad(\mathrm{dB/km})\tag{4.14.10}$$

光纤的传输损耗是由许多因素所引起的，如有光纤本身的损耗和用作传输线路时由使用条件造成的损耗等。

② 光纤传输损耗的测量方法

光纤传输损耗测量的方法有截断法、介入损耗法和背向散射法等多种测量方法。

(a) 截断法

这是直接利用光纤传输损耗系数的定义的测量方法，是 CCITT 组织规定的基准测试方法。在不改变输入条件下，分别测出长光纤的输出光功率和剪断后约为 2 m 长的短光纤的输出光功率，按传输损耗系数的表示式计算出 $\alpha(\lambda)$。这种方法测量精度最高，但它是一种“破坏性”的方法。

(b) 介入损耗法

介入损耗法原理上类似于截断法，只不过是用带活动接头的连接线来代替短光纤进行参考测量，计算在预先相互连接的注入系统和接收系统之间(参考条件)由于插入被测光纤引起的光功率损耗。显然，光功率的测量没有截断法直接，而且由于连接的损耗会给测量带来误差，因此这种方法的准确度和重复性不如截断法。

(c) 背向散射法

背向散射法是通过光纤中的后向散射光信号来提取光纤传输损耗的一种间接的

测量方法。只需将待测光纤样品插入专门的仪器,就可以获取损耗信息。

本操作以截断法做原理性的实验,如图 4.14.5 所示。

4.14.5 数据处理

① 根据原始记录纸表中实验数据计算耦合效率。

② 根据原始记录纸表中实验数据计算出光纤温度灵敏度(被加热的光纤长度为 29.00 cm)。

4.14.6 思考题

① 能否不用分束器做该实验?其替代方案是什么?

② 温度改变 1 ℃时,条纹的移动量与哪些因素有关?

③ 实验中不用 CCD 也能有办法看到干涉条纹吗?其替代方案是什么?

4.15 太阳能电池基本特性的测量

太阳能的利用和太阳能电池特性研究是 21 世纪新型能源开发的重点课题。目前硅太阳能电池应用领域除人造卫星和宇宙飞船外,已大量用于民用领域,如太阳能汽车、太阳能游艇、太阳能收音机、太阳能计算机、太阳能乡村电站等。太阳能是一种清洁的、“绿色”的能源,因此,世界各国十分重视对太阳能电池的研究和利用。本实验的目的主要是探讨太阳能电池的基本特性,太阳能电池能够吸收光的能量,并将所吸收的光子能量转换为电能。

4.15.1 实验目的

① 了解太阳能电池的基本结构和原理。

② 掌握太阳能电池的基本特性和主要参数,掌握测试太阳能电池的基本特性、主要参数的原理和方法。

③ 从大量太阳能电池的短路电流、开路电压、填充因子等主要参数,研究测量太阳能电池的光照特性、伏安特性等基本特性。

4.15.2 实验仪器

太阳能电池综合实验仪、太阳能电池板、数字万用表、电阻箱、碘钨灯白光光源、直流稳压电源。

4.15.3 实验原理

太阳能电池在没有光照时其特性可视为一个二极管,在没有光照时其正向偏压 U 与通过电流 I 的关系式为

$$I = I_0(e^{\beta U} - 1) \tag{4.15.1}$$

式中：I_0 和 β 是常数。由半导体理论可知，二极管主要是由能隙为 $E_C - E_V$ 的半导体构成的，如图 4.15.1 所示。

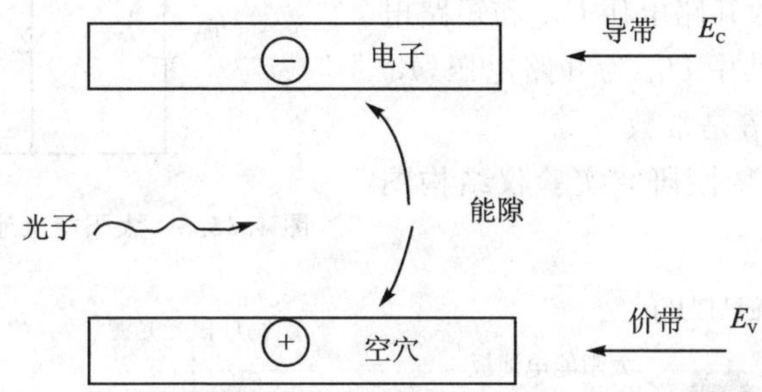

图 4.15.1 电子和空穴在电场的作用下产生的光电流示意图

图中，E_C 为半导体导电带，E_V 为半导体价电带。当入射光子能量大于能隙时，光子会被半导体吸收，产生电子和空穴对。电子和空穴对会分别受到二极管之内电场的影响而产生光电流。

假设太阳能电池的理论模型是由一理想电流源（光照产生光电流的电流源）、一个理想二极管、一个并联电阻 R_{sh} 与一个电阻 R_s 所组成的，如图 4.15.2 所示。

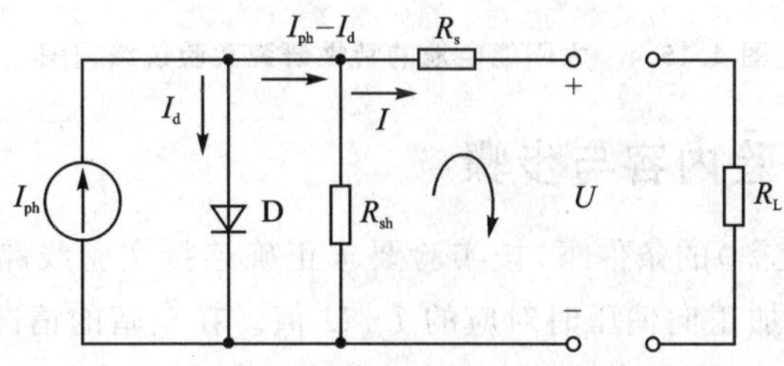

图 4.15.2 太阳能电池的理论模型电路图

图 4.15.2 中，I_{ph} 为太阳能电池在光照时的等效电源输出电流，I_d 为光照时通过太阳能电池内部二极管的电流。由基尔霍夫定律得

$$IR_s + U - (I_{ph} - I_d - I)R_{sh} = 0 \tag{4.15.2}$$

式中：I 为太阳能电池的输出电流；U 为输出电压。由式(4.15.1)可得

$$I\left(1 + \frac{R_s}{R_{sh}}\right) = I_{ph} - \frac{U}{R_{sh}} - I_d \tag{4.15.3}$$

假定 $R_{sh} = \infty$ 和 $R_s = 0$，太阳能电池可简化为图 4.15.3 所示的电路。

这里
$$I = I_{ph} - I_d = I_{ph} - I_0(e^{\beta U} - 1)$$

在短路时，有

$$U = 0, \quad I_{ph} = I_{sc}$$

而在开路时，有

$$I = 0, \quad I_{sc} - I_0(e^{\beta U_{oc}} - 1) = 0$$

所以 $U_{OC}=\frac{1}{\beta}\ln\left(\frac{I_{sc}}{I_0}+1\right)$ (4.15.4)

式(4.15.4)即为在 $R_{sh}=\infty$ 和 $R_s=0$ 的情况下，太阳能电池的开路电压 U_{OC} 和短路电流 I_{SC} 的关系式。其中 U_{OC} 为开路电压，I_{SC} 为短路电流，而 I_0、β 是常数。

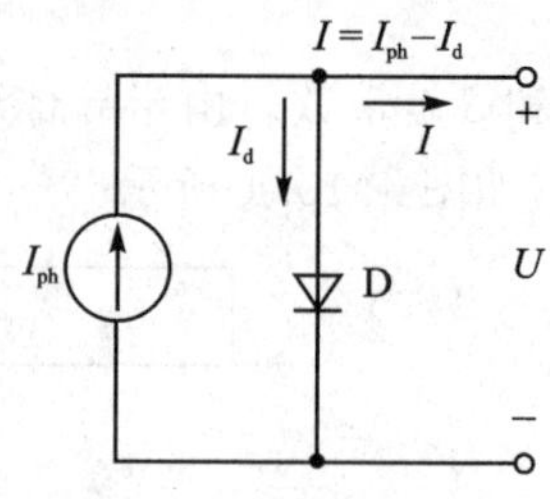

图 4.15.3 太阳能电池的简化电路图

太阳能电池的特性研究实验仪结构图如图 4.15.4 所示。

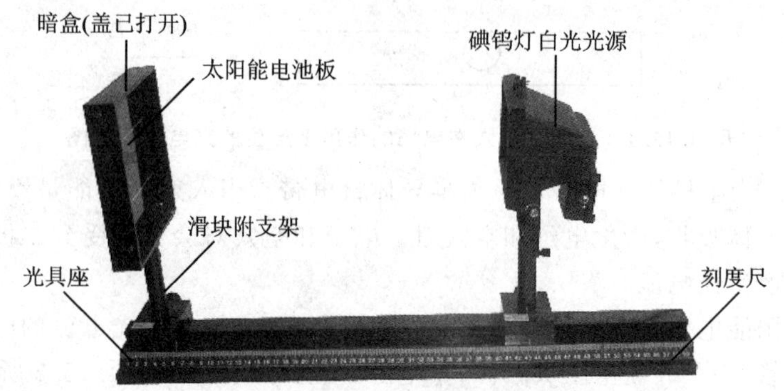

图 4.15.4 太阳能电池的特性研究实验仪结构图

4.15.4 实验内容与步骤

① 在无光源(全黑)的条件下，按实验要求正确连接实验线路图，改变电阻箱电阻，测量太阳能电池加正向偏压时对应的 I—U 值。在全暗的情况下，测量太阳能电池正向偏压下流过太阳能电池的电流 I 和太阳能电池的输出电压 U。

② 在光源照射下，不加偏压，测量太阳能电池光照特性。**注意**：此时光源到太阳能电池距离保持 20 cm 不变。

- 正确连接测量线路图。
- 测量电池在不同负载电阻下 I 与 U 的变化关系，记录 I—U 的对应数值。

③ 测量太阳能电池的光照特性。在暗箱中(不用遮光罩挡光)，我们把太阳能电池在距离白光光源 $x_0=20$ cm 的水平距离接收到的光照强度作为标准光照强度 J_0，然后改变太阳能电池到光源的距离 x_i，根据光照强度和距离成反比的原理，计算出各点对应的相对光照强度 $J/J_0=x_0/x_i$ 的数值。测量太阳能电池在不同相对光照强度 J/J_0 时，对应的短路电流 I_{SC} 和开路电压 U_{OC} 的值。

- 描绘短路电流 I_{SC} 和相对光强度 J/J_0 之间的关系曲线，求短路电流 I_{SC} 和与相对光照强 J/J_0 之间近似函数表达式。
- 描绘出开路电压 U_{OC} 和相对光照强度 J/J_0 之间的关系曲线，求开路电压 U_{OC}

与相对光照强度 J/J_0 之间近似函数表达式。

测量电路如图 4.15.5 所示，改变电阻箱的阻值，用万用表量出各种阻值下太阳能电池与电阻箱两端的电压，算出电流，记录测量结果，表格自拟。

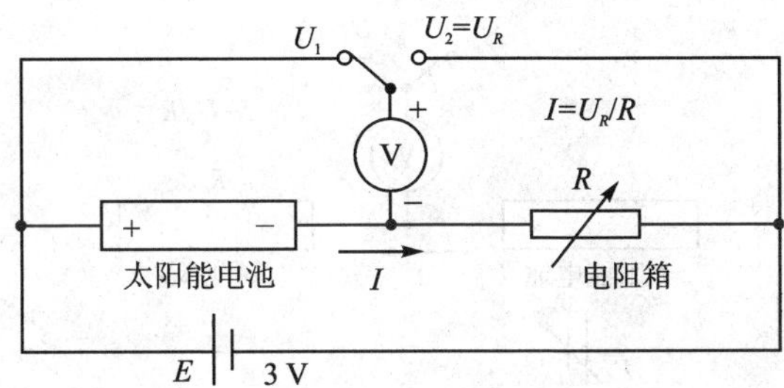

图 4.15.5　全暗时太阳能电池在外加偏压时伏安特性测量电路图

图 4.15.6 和图 4.15.7 分别为全暗时太阳能电池在外加偏压时的伏安特性曲线和对数曲线图。

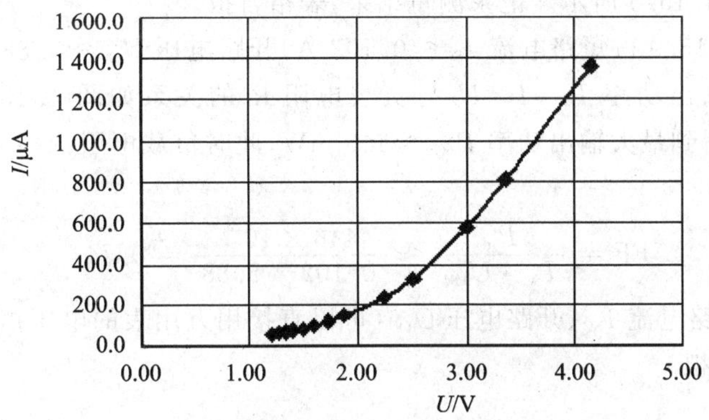

图 4.15.6　全暗时太阳能电池在外加偏压时的伏安特性曲线

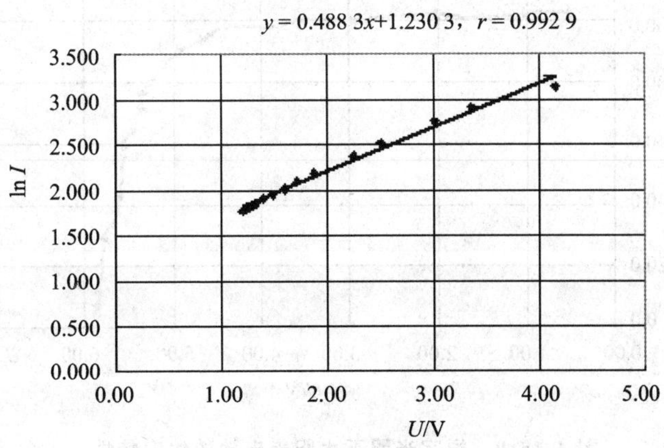

图 4.15.7　全暗时太阳能电池对数曲线图

根据图 4.15.7 可以看到，电流与电压的指数关系得到验证。

若有 0～3.0 V 直流可调电源，则可采用如图 4.15.8 所示连接实验电路：正向偏压为 0～3.0 V 的变化条件下，取 $R=1\ 000\ \Omega$。

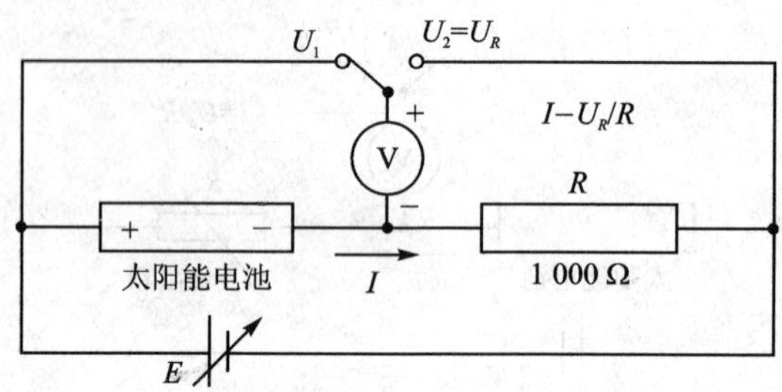

图 4.15.8　全暗时太阳能电池外加偏压的伏安特性电路图

④ 不加偏压，在不使用遮光罩的条件下，保持白光源到太阳能电池距离为 20 cm，依次改变电阻，测量太阳能电池的输出电流及 I 对应的输出电压 U 的关系，测量电路如图 4.15.5 所示。记录测量结果，表格自拟。

⑤ 由图 4.15.9 得短路电流 $I_{SC}\approx 0.102$ A，开路电压 $U_{OC}\approx 5.88$ V。太阳能电池在光照时，输出功率 $P=I\times U$ 与负载电阻 R 的关系如图 4.15.10 所示。由图 4.15.10 可得到最大输出功率 $P_{max}\approx 446$ mW，此时负载电阻 $R\approx 55\ \Omega$，于是得填充因子如下：

$$\mathrm{FF}=\frac{P_m}{I_{SC}\cdot U_{OC}}\approx\frac{446\times 10^{-3}}{0.102\times 5.88}=0.744$$

⑥ 对于短路电流 I_{SC}、开路电压 U_{OC}（可以直接用万用表的电压挡测量），记录测量结果，表格自拟。

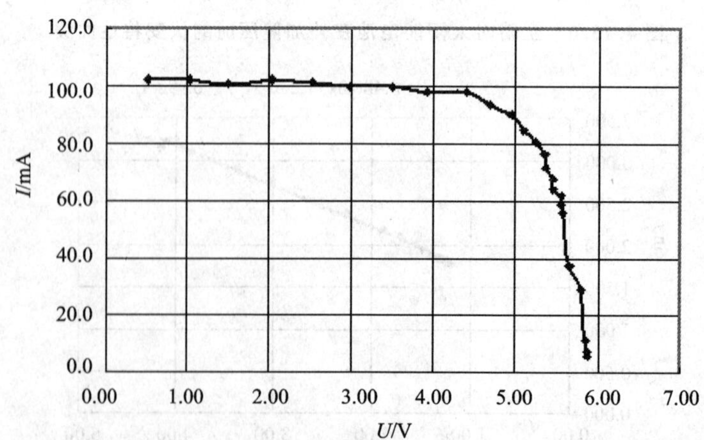

图 4.15.9　恒定光照下太阳能电池的伏安特性

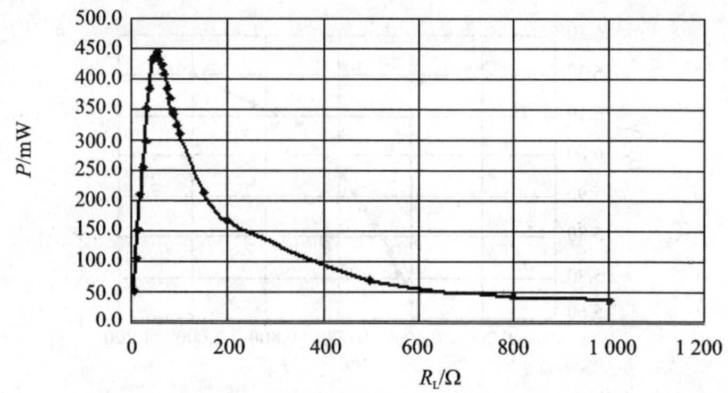

图 4.15.10　恒定光照下太阳能电池的伏安特性

4.15.5　数据处理

① 根据无光源情况下，加正向偏压时测量的 $I—U$ 关系数据，在坐标纸上画出 $I—U$ 曲线，由式(4.15.4)试求常数 β 和 I_0 的值。

② 根据光源照射时测量的 I、U 值，作 $I—U$ 图及 $P—R$ 图，并用外推法求短路电流 I_{SC}、开路电压 U_{OC} 及太阳能电池的最大输出功率 P_m 和对应最大输出功率时的负载电阻，计算填充因子 $FF = P_m/(I_{SC} \cdot U_{OC})$。

③ 由测量太阳能电池短路电流 I_{SC} 和开路电压 U_{OC} 与相对光照强度 J/J_0 的结果，作出开路电压 U_{OC} 和相对光照强度 J/J_0 及短路电流 I_{SC} 和相对光强度 J/J_0 之间的关系曲线，试拟合函数关系表达式。

从图 4.15.11 和图 4.15.12 中找出短路电流 I_{SC}、开路电压 U_{OC} 与相对光强 J/J_0 的近似函数关系为

$$I_{SC} = A(J/J_0) \tag{4.15.5}$$

$$U_{OC} = B\ln(J/J_0) + C \tag{4.15.6}$$

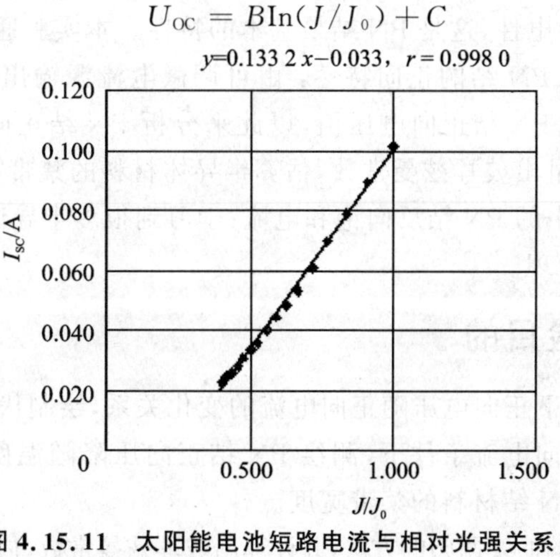

图 4.15.11　太阳能电池短路电流与相对光强关系曲线

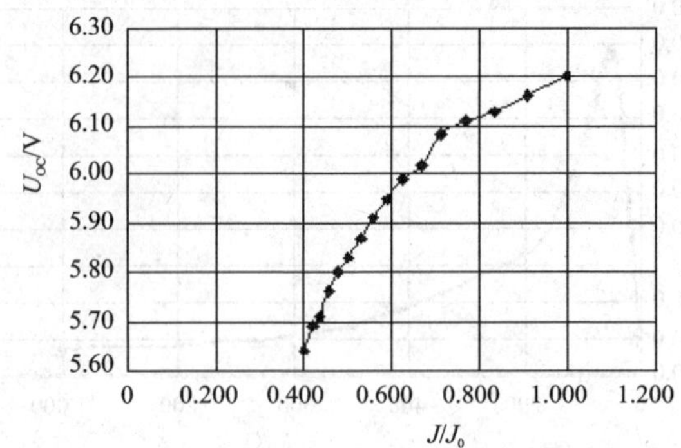

图 4.15.12 太阳能电池开路电压与相对光强关系曲线

利用最小二乘法拟合，得 $I_{SC}=0.133\ 2\times(J/J_0)-0.033$，相关系数 $r=0.998\ 0$；$U_{OC}=-1.546\ 3\times|\ln(J/J_0)|+1.476\ 3$，相关系数 $r=0.992\ 0$。从最小二乘法拟合中，可知对短路电流 I_{SC} 和开路电压 U_{OC} 关系式(4.15.5)和式(4.15.6)成立。

4.15.6 思考题

① 太阳能电池的基本特性是什么？

② 太阳能电池有哪些功能特点？

③ 太阳能电池有什么优点？

4.16 PN 结正向特性的研究和应用

PN 结作为最基本的核心半导体器件，得到了广泛的应用，构成了整个半导体产业的基础。在常见的电路中，可作为整流管、稳压管；在传感器方面，可作为温度传感器、发光二极管、光敏二极管等。所以，研究和掌握 PN 结的特性具有非常重要的意义。

PN 结具有单向导电性，这是 PN 结最基本的特性。本实验通过测量正向电流和正向压降的关系，研究 PN 结的正向特性：由可调微电流源输出一个稳定的正向电流，测量不同温度下的 PN 结正向电压值，以此来分析 PN 结正向压降的温度特性。通过这个实验可以测量出玻耳兹曼常数，估算半导体材料的禁带宽度，以及估算通常难以直接测量的极微小的 PN 结反向饱和电流；学习到很多半导体物理的知识，掌握 PN 结温度传感器的原理。

4.16.1 实验目的

① 测量同一温度下正向电压随正向电流的变化关系，绘制伏安特性曲线。

② 在同一恒定正向电流条件下，测绘 PN 结正向压降随温度的变化曲线，确定其灵敏度，估算被测 PN 结材料的禁带宽度。

③ 学习指数函数的曲线回归的方法，并计算出玻耳兹曼常数，估算反向饱和电流。

④ 探究：用给定的 PN 结测量未知温度。

4.16.2　实验仪器

PN 结正向特性综合实验仪。

4.16.3　实验原理

1. 测量原理

(1) PN 结的正向特性。

理想情况下，PN 结的正向电流随正向压降按指数规律变化。其正向电流 I_F 和正向压降 V_F 存在如下关系式：

$$I_F = I_S \exp\left(\frac{qV_F}{kT}\right) \tag{4.16.1}$$

式中：q 为电子电荷；k 为玻耳兹曼常数；T 为绝对温度；I_S 为反向饱和电流，它是一个和 PN 结材料的禁带宽度以及温度有关的系数。可以证明：

$$I_S = CT^r \exp\left(-\frac{qV_{g(0)}}{kT}\right) \tag{4.16.2}$$

式中：C 是与结面积、掺质浓度等有关的常数；r 也是常数（r 的数值取决于少数载流子迁移率对温度的关系，通常取 $r=3.4$）；$V_{g(0)}$ 为绝对零度时 PN 结材料的带底和价带顶的电势差，对应的 $qV_{g(0)}$ 即为禁带宽度。

将式(4.16.2)代入式(4.16.1)，两边取对数可得

$$V_F = V_{g(0)} - \left(\frac{k}{q}\ln\frac{C}{I_F}\right)T - \frac{kT}{q}\ln T^r = V_1 + V_{n1} \tag{4.16.3}$$

式中：

$$V_1 = V_{g(0)} - \left(\frac{k}{q}\ln\frac{C}{I_F}\right)T$$

$$V_{n1} = -\frac{kT}{q}\ln T^r$$

式(4.16.3)就是 PN 结正向压降作为电流和温度函数的表达式，它是 PN 结温度传感器的基本方程。令 $I_F=$常数，则正向压降只随温度而变化，但是在式(4.16.3)中还包含非线性顶 V_{n1}。下面来分析一下 V_{n1} 项所引起的非线性误差。

设温度由 T_1 变为 T 时，正向电压由 V_{F1} 变为 V_F，由式(4.16.3)可得

$$V_F = V_{g(0)} - (V_{g(0)} - V_{F1})\frac{T}{T1} - \frac{kT}{q}\ln\left(\frac{T}{T_1}\right)^r \tag{4.16.4}$$

按理想的线性温度响应，V_F 应取如下形式：

$$V_{理想} = V_{F1} + \frac{\partial V_{F1}}{\partial T}(T - T_1) \tag{4.16.5}$$

$\frac{\partial V_{F1}}{\partial T}$ 等于 T_1 温度时的 $\frac{\partial V_F}{\partial T}$ 值。

由式(4.16.3)求导,并变换可得到

$$\frac{\partial V_{F1}}{\partial T}=-\frac{V_{g(0)}-V_{F1}}{T_1}-\frac{k}{q}r \tag{4.16.6}$$

所以

$$V_{理想}=V_{F1}+\left(-\frac{V_{g(0)}-V_{F1}}{T_1}-\frac{k}{q}r\right)(T-T_1)=$$

$$V_{g(0)}-(V_{g(0)}-V_{F1})\frac{T}{T_1}-\frac{k}{q}(T-T_1)r \tag{4.16.7}$$

由理想线性温度响应式(4.16.7)和实际响应式(4.16.4)相比较,可得实际响应对线性的理论偏差为

$$\Delta=V_{理想}-V_F=-\frac{k}{q}(T-T_1)r+\frac{kT}{q}\ln\left(\frac{T}{T_1}\right)^r \tag{4.16.8}$$

设 $T_1=300$ K,$T=310$ K,取 $r=3.4$,由式(4.16.8)可得 $\Delta=0.048$ mV,而相应的 V_F 的改变量为 20 mV 以上,相比之下误差 Δ 很小。不过,当温度变化范围增大时,V_F 温度响应的非线性误差将有所递增,这主要由于 r 因子所致。

综上所述,在恒流小电流的条件下,PN 结的 V_F 对 T 的依赖关系取决于线性项 V_1,即正向压降几乎随温度升高而线性下降,这也就是 PN 结测温的理论依据。

(2) 求 PN 结温度传感器的灵敏度,测量禁带宽度。

由前所述,我们可以得到一个测量 PN 结的结电压 V_F 与热力学温度 T 关系的近似关系式:

$$V_F=V_1=V_{g(0)}-\left(\frac{k}{q}\ln\frac{C}{I_F}\right)T=V_{g(0)}+ST \tag{4.16.9}$$

式中:S(mV/℃)为 PN 结温度传感器灵敏度。

用实验的方法测出 V_F—T 变化关系曲线,其斜率 $\Delta V_F/\Delta T$ 即为灵敏度 S。

在求得 S 后,根据式(4.16.9)可知:

$$V_{g(0)}=V_F-ST \tag{4.16.10}$$

从而可求出温度为 0 K 时半导体材料的近似禁带宽度 $E_{g(0)}=qV_{g(0)}$。硅材料的 $E_{g(0)}$ 约为 1.21 eV。

必须指出,上述结论仅适用于杂质全部电离、本征激发可以忽略的温度区间(对于通常的硅二极管来说,温度范围为$-50\sim150$ ℃)。如果温度低于或高于上述范围,由于杂质电离因子减小或本征载流子迅速增加,V_F—T 的关系将产生新的非线性。这一现象说明 V_F—T 的特性还随 PN 结的材料而不同:对于宽带材料(如 GaAs,E_g 为 1.43 eV)的 PN 结,其高温端的线性区则宽;而材料杂质电离能小(如 Insb)的 PN 结,则低温端的线性范围宽。对于给定的 PN 结,即使在杂质导电和非本征激发温度范围内,其线性度亦随温度的高低而有所不同,这是非线性项 V_{n1} 引起的。由 V_{n1} 对 T 的二阶导数 $\frac{d^2V}{dT^2}=\frac{1}{T}$ 可知,$\frac{dV_{n1}}{dT}$ 的变化与 T 成反比,所以 V_F—T 的

线性度在高温端优于低温端，这是 PN 结温度传感器的普遍规律。此外，由式(4.16.4)可知，减小 I_F，可以改善线性度，但并不能从根本上解决问题，目前行之有效的方法大致有两种。

(3) 利用对管的两个 PN 结(将三极管的基极与集电极短路，与发射极组成一个 PN 结)，分别在不同电流 I_{F1}、I_{F2} 下工作，由此获得两者之差($I_{F1}-I_{F2}$)与温度成线性函数关系，即

$$V_{F1}-V_{F2}=\frac{kT}{q}\ln\frac{I_{F1}}{I_{F2}} \tag{4.16.11}$$

本实验所用的 PN 结也是由三极管的 c、b 极短路后构成的。尽管还有一定的误差，但与单个 PN 结相比，其线性度与精度均有所提高。

(4) 采用电流函数发生器来消除非线性误差。由式(4.16.3)可知，非线性误差来自 Tr 项，利用函数发生器，I_F 比例于绝对温度的 r 次方，则 V_F—T 的线性理论误差为 $\Delta=0$。实验结果与理论值比较一致，其精度可达 0.01 ℃。

(5) 求玻耳兹曼常数。

由式(4.16.11)可知，在保持 T 不变的情况下，只要分别在不同电流 I_{F1}、I_{F2} 下测得相应的 V_{F1}、V_{F2}，就可求得玻耳兹曼常数 k 值。

$$k=\frac{q}{T}\ln\frac{I_{F2}}{I_{F1}}(V_{F1}-V_{F2}) \tag{4.16.12}$$

为了提高测量的精度，也可根据式(4.16.1)指数函数的曲线回归，求得 k 值。方法是以公式 $I_F=A\exp(BV_F)$ 的正向电流 I_F 和正向压降 V_F 为变量，根据测得的数据，用 Excel 进行指数函数的曲线回归，求得 A、B 值，再由 $A=I_S$ 求出反向饱和电流，$B=q/kT$ 求出玻耳兹曼常数 k。

2. 仪器工作原理

(1) 温控仪与恒温炉的连线，如图 4.16.1 所示。

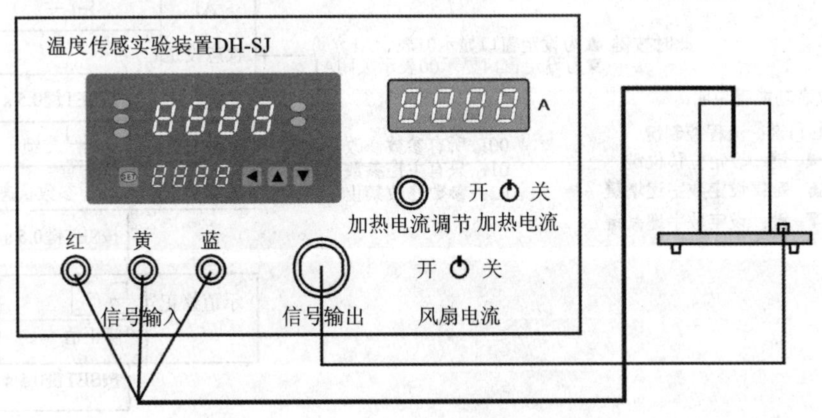

图 4.16.1　温控仪与恒温炉的连线

注意：Pt100 的插头与温控仪上的插座颜色必须对应相连接：红→红；黄→黄；蓝→蓝。

警告：在做实验中或做完实验后，禁止手触传感器的钢质护套，以免烫伤！

(2) 温控表的使用方法。

温度的测量以 Pt100 作为温度传感器，温控表内部使用 PID 控制温度，其相应的参数可以修改。温控表的使用操作方法见图 4.16.2。

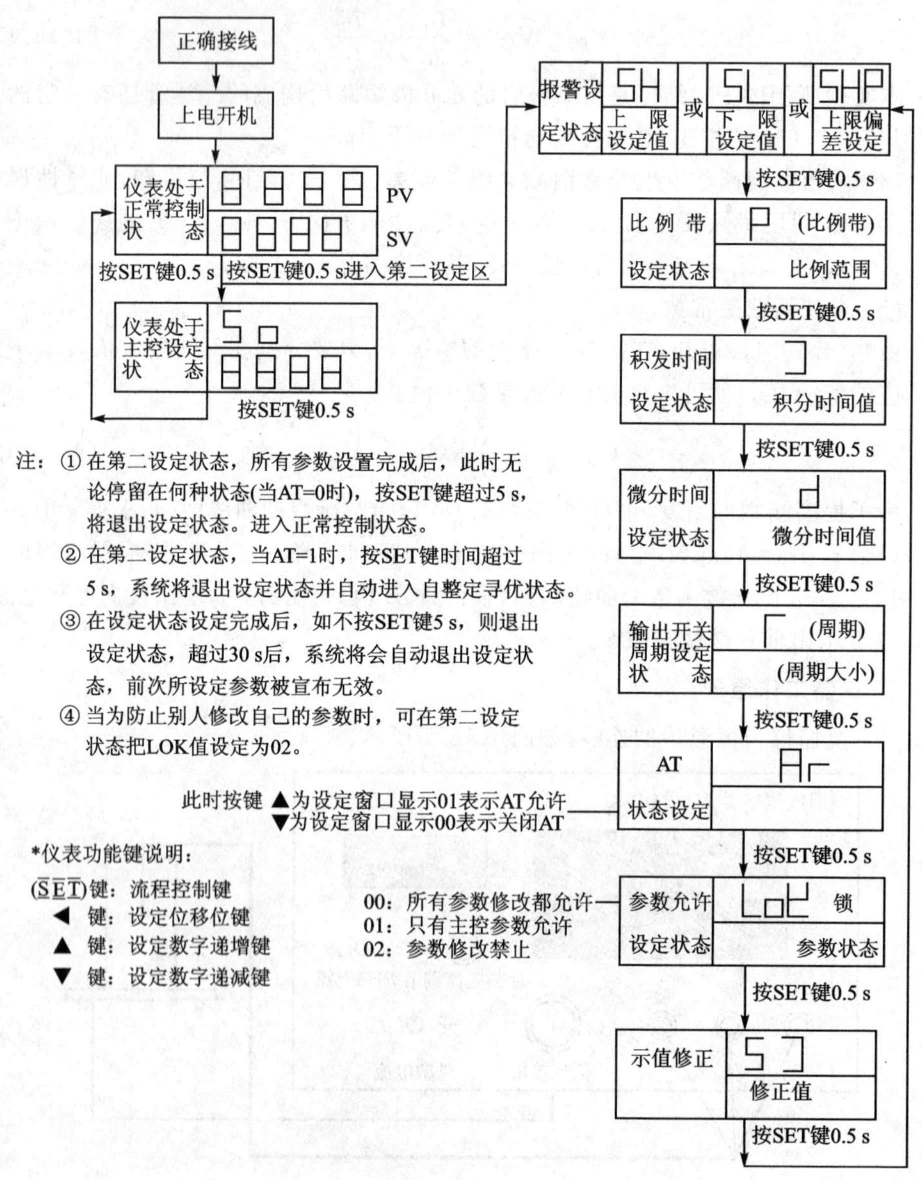
正确接线
上电开机
仪表处于正常控制状态
PV
SV
按SET键0.5 s
按SET键0.5 s进入第二设定区
仪表处于主控设定状态
按SET键0.5 s
报警设定状态
上限设定值
或
下限设定值
或
上限偏差设定
按SET键0.5 s
比例带设定状态
(比例带)
比例范围
积发时间设定状态
积分时间值
微分时间设定状态
微分时间值
输出开关周期设定状态
(周期)
(周期大小)
AT状态设定
此时按键▲为设定窗口显示01表示AT允许
▼为设定窗口显示00表示关闭AT
参数允许设定状态
锁
参数状态
00：所有参数修改都允许
01：只有主控参数允许
02：参数修改禁止
示值修正
修正值
注：① 在第二设定状态，所有参数设置完成后，此时无论停留在何种状态(当AT=0时)，按SET键超过5 s，将退出设定状态。进入正常控制状态。
② 在第二设定状态，当AT=1时，按SET键时间超过5 s，系统将退出设定状态并自动进入自整定寻优状态。
③ 在设定状态设定完成后，如不按SET键5 s，则退出设定状态，超过30 s后，系统将会自动退出设定状态，前次所设定参数被宣布无效。
④ 当为防止别人修改自己的参数时，可在第二设定状态把LOK值设定为02。
*仪表功能键说明：
(SET)键：流程控制键
◀ 键：设定位移位键
▲ 键：设定数字递增键
▼ 键：设定数字递减键

图 4.16.2 温控仪的使用方法

附加说明：

① 主控设定状态时，只要按 SET 键和三个方向功能键组合使用，调整好需要的温度即可，再按 SET 键即可返回正常的控制显示状态。

② 第二设定状态一般情况下不需要更改，也不建议自行更改，如确实需更改，则长按 SET 键 5 s，即可进入设置菜单。

(3) 温度传感器实验装置的使用方法如下：

① 将 Pt 铂电阻传感器插入温度传感器实验装置的加热炉孔中。

② 控温“加热电流”开关置“关”位置，接上加热电源线和信号传输线，两者连接均为直插式。在连接和拆除信号线时，动作要轻，否则可能拉断引线影响实验。

③ 插上电源线，打开电源开关，预热几分钟，待温度传感器实验装置所示温度值稳定之后，此时显示即为室温 T_R，可记录下起始温度 T_R。

④“加热电流”开关置“开”位置，根据需要的温度，转动“加热电流调节”电位器，选择合适的加热电流大小。目标温度高，加热电流适当大一点；目标温度低，加热电流要小一点。

⑤ 将 PN 结温度传感器插入温度传感器实验装置的加热炉孔中。

⑥ PN 结管上有两组线共 4 个插头，将对应颜色的插头接入 PN 结实验仪上相应颜色的插孔中。

⑦ 实验结束后，或者需要降温时，接通“风扇电流”开关即可。

(4) PN 结正向特性综合实验仪的使用。

PN 结传感器与 PN 结实验仪的连接如图 4.16.3 所示。

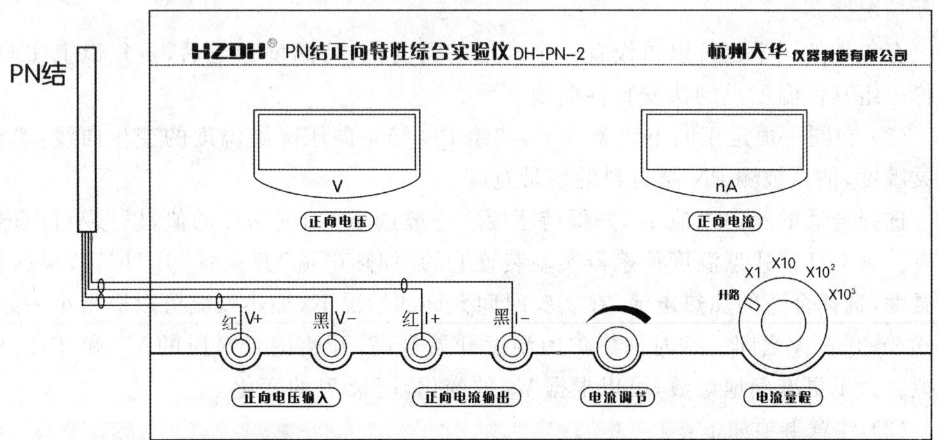

图 4.16.3　PN 结传感器与 PN 结实验仪的连接

“正向电流”数显表显示的是 PN 结的正向电流。“正向电压”数显表显示的是 PN 结的实时正向电压。

微电流源的有效量程分为 4 个挡位，范围为 1 nA～1 mA 分段可调。开路挡时正向电流源出为 0。电流量程挡位与正向电流大小之间的关系是这样的：正向电流表显示的数值×开关所处的挡位值，例如，若正向电流表此时显示“100”，电流量程开关所处的挡位“×10”，那么此时的正向电流 $I=100\ \text{nA}\times 10=1\ 000\ \text{nA}$，注意单位是 nA。电流表最大显示是 0～1 999，电流量程挡位“×1”、“×10”、“×102”、“×103”对应为 1.999 μA、19.99 μA、199.9 μA、1.999 mA。

4.16.4 实验内容与步骤

实验前，请参照仪器使用说明，将温度传感器实验装置上的“加热电流”开关置“关”位置，将“风扇电流”开关置“关”位置，接上加热电源线。插好 Pt100 温度传感器和 PN 结温度传感器，两者连接均为直插式。PN 结引出线分别插入 PN 结正向特性综合试验仪上的 $+V$、$-V$ 和 $+I$、$-I$。注意插头的颜色和插孔的位置。

打开电源开关，温度传感器实验装置上将显示出室温 T_R，记录下起始温度 T_R。

(1) 测量同一温度下，正向电压随正向电流的变化关系，绘制伏安特性曲线。

为了获得较为准确的测量结果，我们在仪器通电预热 10 min 后进行实验。先以室温为基准，测量整个伏安特性实验的数据。

首先将 PN 结正向特性综合试验仪上的电流量程置于“×1”挡，再调整电流调节旋钮，观察对应的 V_F 值应有变化的读数。可以选择合适的 V_F 值来调节设定电流值，如果电流表显示值到达 1 000，则可以改用大一挡量程，记录下一系列电压、电流值，表格自拟。由于采用了高精确度的微电流源，这种测量方法可以减小测量误差。在整个实验过程中，都是在室温下测量的。实际的 V_F 值的起、终点和间隔值可根据实际情况微调。

有兴趣的同学也可以再设置一个合适的温度值，待温度稳定后，重复以上实验，测得一组其他温度点的伏安特性曲线。

(2) 在同一恒定正向电流条件下，测绘 PN 结正向压降随温度的变化曲线，确定其灵敏度，估算被测 PN 结材料的禁带宽度。

选择合适的正向电流 I_F，并保持不变。一般选小于 100 μA 的值，以减小自身热效应。将 DH－SJ 型温度传感器实验装置上的“加热电流”开关置“开”位置，根据目标温度，选择合适的加热电流，在实验时间允许的情况下，加热电流可以取得小一点，如 0.3～0.6 A 之间。这时加热炉内温度开始升高，开始记录对应的 V_F 和 T，表格自拟。为了更准确地记数，可以根据 V_F 的变化，记录 T 的变化。

(3) 注意事项如下：

① 加热装置加热较长时间后，隔离圆筒外壳会有一定温升，注意安全使用。

② 仪器应存放于温度为 0～40 ℃、相对湿度为 30%～85%的环境中，避免与腐蚀性的有害物质接触，并防止剧烈碰撞。

③ 选择电流量程时，在保证测量范围的前提下尽量选择小挡位，以提高精度。

④ 为了保证微电流源的准确性，仪器内部显示电路与微电流源是不共地的，所

以与常规电流源不同的是：当负载开路时，显示的电流信号不为零。这是正常的，并且也有一个好处，即可以在不接负载时就能预先设定需要的电流。

⑤ 仪器出厂时已经校准。请不要用普通的万用表或其他仪器直接测量或比对PN结的正向电压和正向微电流，否则会得到失准的结果，原因是PN结实验时处于高阻状态。

⑥ 仪器的电压表测量电压量程仅为 2 V，请不要超量程使用或测量其他未知电压。

⑦ 要注意使用仪器的连接线，有插口方向的要对齐插拔，插拔时不可用力过猛。

⑧ 加热装置温升不应超过＋120 ℃，否则将造成仪器老化或故障。

⑨ 使用完毕，一定要切断电源，并存放于干燥、无灰尘、无腐蚀性气体室内。

4.16.5　数据处理

(1) 绘制室温下的伏安特性曲线。

可以设置一个合适的温度，待温度稳定后，重复以上实验，测得一组其他温度点的伏安特性曲线。

(2) 计算玻耳兹曼常数，学习用 Excel 进行指数函数的曲线回归的方法。

① 直接计算法：根据同一温度下测得正向电压与正向电流的数据，用式(4.16.12)计算出玻耳兹曼常数 k 并求取平均值，并计算 k 的相对误差和绝对误差。

② 曲线拟合法：借用 Excel 程序拟合指数函数。以公式 $I_F=A\exp(BV_F)$ 的正向电流 I_F 和正向压降 V_F 为变量，根据实验中测得的数据，以 V_F 为 x 轴数据，I_F 为 y 轴数据，用 Excel 进行指数函数的曲线回归，求得 A、B 值，再由 $A=I_S$，估算出反向饱和电流；根据 $B=q/kT$，求出玻耳兹曼常数 k。

Excel 中自动拟合曲线的方法：

在 Excel 中将选中需要拟合的正向电压和正向电流数据，依次选择 Excel 程序菜单“插入”→“图标”→“标准类型”→“xy 散点图”→“子表类型”→“无数据点平滑散点图”→“下一步”，出现数据区域、系列选项，在数据区域选项中，可根据实际的数据区域的排列，选择行或列。在系列选项中可填入不同系列的代号，如该曲线测量时的温度值；选择“下一步”，出现图标选项，在标题项中，可填入图标标题、数值(X)轴、数值(Y)轴内容，如 PN 结伏安特性、正向电压(V)、正向电流(μA)，在网格线项中，可选择主要网格线、次要网格线；选择“下一步”，可完成曲线的图表绘制。

③ 完成后的图标，如果需要更改，还可以继续设置。双击图标区域，在弹出的绘图区格式中，可以选择绘图区的背景色；双击坐标轴，在弹出的坐标轴格式框中，可设置坐标轴的刻度、起始值等，可根据需要自行设置。

④ 完成以上设置后，在已产生的图表中，右击数据曲线，在快捷菜单中，选择添加趋势线，在类型菜单中选择要生成曲线的类型，这里选择指数(X)，在选项菜单中选中显示公式、显示 R 平方值，选择“确定”即可显示公式。右击公式，选择数据标志

格式，选择数字栏的科学计数，小数位数选择 3 位，选择“确定”。根据此公式求出 A、B 及相关系数 $r=\sqrt{R^2}$，估算反向饱和电流 I_s，计算玻耳兹曼常数 $k=q/(BT)$。

(3) 求被测 PN 结正向压降随温度变化的灵敏度 S(mV/K)。

以 T 为横坐标，V_F 为纵坐标，作 $V_F—T$ 曲线，其斜率就是 S。这里 T 的单位为 K。用 Excel 对 $V_F—T$ 数据按公式 $V_F=AT+B$ 进行直线拟合，方法同前，参数可重新设定，建议 X 轴坐标起始点选 270 K。在添加趋势线时，在类型菜单中选择线性(L)即可。

根据得到的公式求出：

① A、B、相关系数 r($r=\sqrt{R^2}$)。

② 斜率，即传感器灵敏度 S(mV/K)。

③ 截距 $V_{g(0)}$(0 K 温度)。

(4) 估算被测 PN 结材料的禁带宽度。

① 由前已知，PN 结正向压降随温度变化曲线的截距 B 就是 $V_{g(0)}$ 的值。也可以根据公式(4.16.10)进行单个数据的估算，将温度 T 和该温度下的 V_F 代入 $V_{g(0)}=V_F-ST$，即可求得 $V_{g(0)}$，注意 T 的单位是 K。

② 将实验所得的 $E_{g(0)}$(eV)，与公认值 $E_{g(0)}=1.21$ eV 比较，并求其误差。

(5) 探究：用给定的 PN 结测量未知温度。

实验使用的 PN 结传感器可以方便地取出。根据实验原理，结合实验仪器，将该 PN 结制成温度传感器，试用其测量未知的温度。具体过程请自行设定。

4.16.6 思考题

① 能设计和制作出一个采用 PN 结的温度测量装置吗？

② 温度对 PN 结的正向特性和反向特性有何影响？

第 5 章　设计研究性实验

5.1　设计研究性实验概述

前面第 3、4 章的物理实验，主要是依据已有的实验仪器，采用确定的实验原理和方法，按照限定内容进行物理量测量的过程。属于科学实验的基本训练，通过这些训练已经可以掌握一定的实验方法和实验技能。本章将介绍具有科学实验全过程性质的设计研究性实验。

设计研究性实验是一种介于基础教学实验与实际科学实验之间的、具有对科学实验全过程进行初步训练特点的教学实验。这类实验是运用测量理论，探讨合理的实验方法，选择现有实验仪器设备，设计测量条件和测量参量，得出最佳测量结果的过程。

设计研究性实验的核心问题是设计和选择实验方案，并在实验中检验设计方案的正确性与合理性。在进行设计研究性实验时，应考虑各种误差出现的可能性，分析其产生的原因，以及从众多的测量数据中发现和检验系统误差的存在，估计其大小，并消除或减少系统误差的影响。

设计研究性实验主要包括以下 5 个环节：

① 明确实验任务和测量对象；

② 研究和选择测量原理与方法；

③ 合理配置实验仪器；

④ 选择和确定测量条件和参量；

⑤ 正确分析和处理实验数据。

5.2　设计研究性实验的任务和测量对象

设计研究性实验首先要明确实验任务和测量对象。物理实验都具有明确的目的性，其任务主要是要求测量哪些物理量，或研究、探索、验证什么物理规律，要求达到什么样的测量准确度等。在所有任务中首先要明确的是需要测量哪些物理量，主要包括如下四点要求：

1. 明确待测量的定义和真值概念

明确测量对象就是要弄清楚待测物理量(即待测量)是如何定义的，需要什么条件，其真值又是如何定义的。例如拉伸法测量杨氏弹性模量实验中需要测量细钢丝的直径，由于拉伸时钢丝不同位置、不同方位下有锥度和椭圆度，需要测量多次取平均值。由于测量直径的目的是得到钢丝截面积，因此测量结果需要给出直径平均值的标准偏差。而如果实验任务是要求体积，这时就要依据规范给出等效平均直径。

2. 明确待测量和主要相关量或影响量的关系

通常对于可以直接测量的物理量，其测量结果会受到多种因素的影响，这时应明确其中的主要影响因素并设法消除或减少其影响。例如测量电流计的内阻，由于铜丝的电阻会随温度变化而变化，如果不考虑环境温度的影响，所测结果的准确性将无从评价。

对于间接测量的物理量则要通过与之相关的直接测量量才能得到实验结果，这时要依据测量环境和条件明确主要相关量。例如杨氏弹性模量实验中需要测量的长度量较多，但主要相关量则是钢丝的伸长量、钢丝直径及光杠杆常数的测量。

3. 明确测量准确度的要求指标

在设计研究性实验中，测量准确度的要求指标是设计的最重要的参数依据。首先测量准确度是指测量结果与被测量真值之间的一致程度，是定性的概念，可用测量结果的误差或误差限值的估计值来定量表示。也可要求测量不确定度或相对不确定度不大于某值等。

4. 明确测量对象在总体任务中的作用

明确各待测量在总体任务中的作用，不仅指各待测量在准确度要求中所起的作用，而且要考虑它在实验过程中可能对测量结果造成的不同影响。

5.3 设计性实验的方法选择

5.3.1 实验方法的选择

明确了实验任务和测量对象后，接下来就是要选择测量原理和测量方法。同一个物理量可以依据不同的原理进行测量，如测量电阻的方法就有伏安法、电桥法等。本节主要介绍的是实验的测量方法，是指测量原理的运用和获得测量结果的方法。第 2 章介绍了基本的物理实验方法，进行实验设计时应根据研究对象的特征，研究比较各种测量方法，分析各种方法的适用条件，比较各种方法的局限性与可能达到的实验准确度等因素，并考虑方案实施的可能性，最后选出最佳的测量方法。

例如，实验要求测量一个电源的输出电压，使测量结果的相对不确定度为 0.05%。可选用的仪器有电压表(0.5 级)、电压表(2.5 级)、电位差计(0.1 级)、标准可变电源(0.01%)。

根据给定条件，至少可以设计 3 种方法。

第一种方法是用电压表直接测量待测电源的电压，即所谓直接比较法，但在给定的两个电压表中，最高准确度为 0.5%，因此该方法不能达到实验所要求的测量准确度。

第二种方法是用电位差计直接测量待测电源的输出电压，即利用补偿法。同样，由于电位差计达不到测量准确度要求而不宜采用。

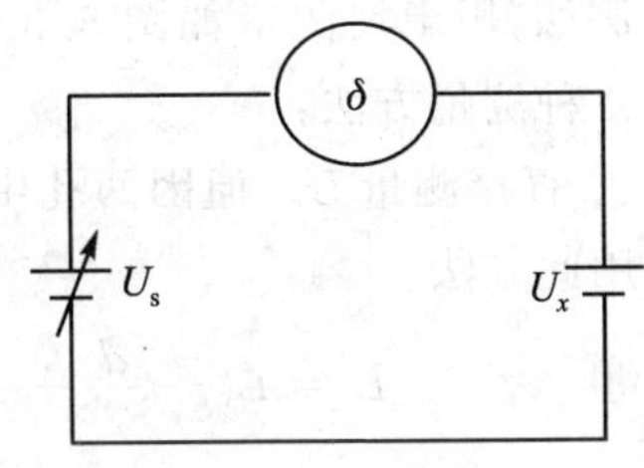

图 5.3.1　微差法

第三种方法是将待测电压与标准电压正极和正极相接，调节标准电源电压，当其输出电压U_s与被测量U_x非常接近时，它们有一个非常微小的电压差δ_U，用一般的小量程电压表对δ_U进行测量，如图 5.3.1 所示有

$$U_x = U_s + \delta_U \tag{5.3.1}$$

这种方法称为微差法。其相对不确定度为

$$\frac{u_{U_x}}{U_x} = \sqrt{\left(\frac{u_{U_s}}{U_s}\right)^2 + \left(\frac{u_{\delta_U}}{U_x}\right)^2} \tag{5.3.2}$$

由于U_s与U_x非常接近，因此有

$$\frac{u_{Ux}}{U_x} = \sqrt{\left(\frac{u_{U_s}}{U_s}\right)^2 + \left(\frac{\delta_U}{U_x}\right)^2 \left(\frac{u_{\delta_U}}{\delta_U}\right)^2} \tag{5.3.3}$$

由上式可知，差值δ_U越小，测量差值的误差带给结果的影响越小。

为便于理解，以具体测量要求为例，设已知

$$\frac{u_{U_s}}{U_s} = 0.01\% = 1 \times 10^{-4} \tag{5.3.4}$$

要求

$$\frac{u_{U_x}}{U_x} \leqslant 0.05\% = 5 \times 10^{-4} \tag{5.3.5}$$

若直接用电压表测量，则要求电压表指示值的相对不确定度至少为 0.05%。一般的磁电式仪表是无法达到的。

现用微差法，设$\delta_U = U_x/100$，即将待测量缩小 100 倍，由式(5.3.3)可得

$$\left(\frac{u_{\delta_U}}{\delta_U}\right)^2 = \left[\left(\frac{u_{U_x}}{U_x}\right)^2 - \left(\frac{u_{U_s}}{U_s}\right)^2\right]\left(\frac{U_x}{\delta_U}\right)^2 \tag{5.3.6}$$

$$\frac{u_{\delta_U}}{\delta_U} = \sqrt{\left(\frac{u_{U_x}}{U_x}\right)^2 - \left(\frac{u_{U_s}}{U_s}\right)^2}\ \frac{U_x}{\delta_U} = 4.9\% \tag{5.3.7}$$

综上所述，利用微差法只要求微差指示器(电压表)的误差不超过 4.9%(这是一般电压表均可达到的)，就可以使最终的测量误差达到 0.05%的水平。即使用 2.5 级电压表，采用微差法也是最佳的实验方法。

5.3.2　测量方法的选择

在选择实验方法后，需要进一步进行误差来源及误差传递的初步分析，使结果的

误差最小。为此，测量方法的选择就至关重要了。

例如，用米尺测量如图 5.3.2 所示的两个圆孔的中心间距 L，经过分析可知，有以下 4 种测量方法：

① 直接测量 L。但因两孔中心很难确定，一般不采用此方法。

② $$L = L_1 + \frac{d}{2} + \frac{D}{2}$$

③ $$L = L_2 - \frac{d}{2} - \frac{D}{2}$$

④ $$L = \frac{L_1 + L_2}{2}$$

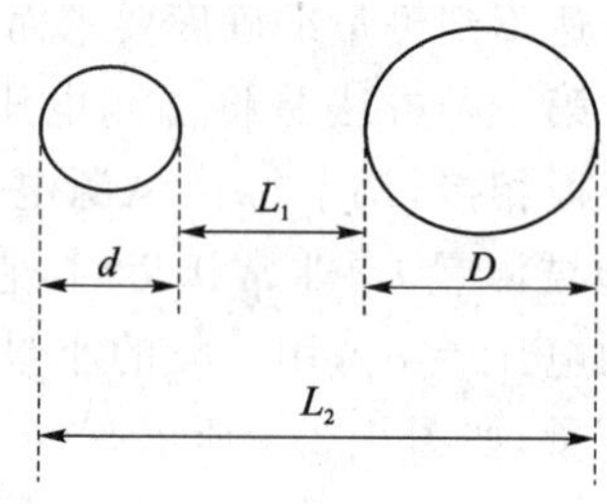

图 5.3.2　间距测量

由误差分析可知，在用同一米尺的情况下，设米尺的误差限为 u_0，则有

$$u_2 = u_3 = \sqrt{u_0^2 + \frac{u_0^2}{4} + \frac{u_0^2}{4}} = \frac{\sqrt{6}}{2}u_0 \tag{5.3.8}$$

$$u_4 = \sqrt{\frac{u_0^2}{4} + \frac{u_0^2}{4}} = \frac{\sqrt{2}}{2}u_0 \tag{5.3.9}$$

显然，第 4 种测量方法的测量不确定度最小，因此在实际测量中不能对直径进行测量，而是通过测量球边界的间距得到最佳测量结果。

5.3.3　测量方法的选择原则

从不同的要求出发，针对不同的对象和条件，可能有多种不同的测量方法，在选择测量方案时总的原则是准确、高效和经济。作为基础物理测量性实验的设计，主要包括以下几条具体的原则。

1. 简单性原则

能够直接测量得到结果的则选用直读式仪表直接读取数据。如测量热电偶的温差电势，可用灵敏电流计串联电阻作间接测量，或用电位差计测量；如果有数字毫伏表，则可直接测量。测量方法并非越复杂越好，方法越复杂，引入的不确定因素越多，对结果的测量不确定度影响就越大。

2. 选用最佳变换环节

大部分物理量的测量都是间接测量，这时对待测量采用什么样的变换，选用什么类型的传感器，是实验原理选择的最重要内容之一。例如前面有多个实验涉及微小长度（或位移）的测量，总的原则是用放大法。有用放大原理制成的游标卡尺和千分尺；有光杠杆放大原理制成的望远镜标尺系统装置；有用光学放大法制作的读数显微镜等。具体采用时根据实验环境和条件选用最佳的变换。

3. 系统误差最小化原则

消除或减小系统误差的影响是提高测量准确度关键因素，因此系统误差最小化是测量方法选择考虑的要点。第 1 章 1.2 节介绍了系统误差消除的常用方法。

4. 随机误差和未定系统误差影响的最小化

通常减小随机误差采用多次测量取平均值的方法以及累积测量的方法，但并非每个量的测量次数都要越多越好，还综合考虑其他因素。

采用变动某一测量条件进行多次测量，能减小某一因素的未定系统误差。例如在霍尔效应法测磁场实验中，为消除各种附加效应，可采用变换电流方向和磁场方向进行多次测量，从而能够大大减小这些附加效应引起的系统误差。

有一种系统误差是周期性变化的，可用半周期偶数测量法消除。即每经半个周期进行偶数次测量加以消除。周期性系统误差一般可以表示为

$$e = E\sin\varphi = E\sin\left(2\pi\frac{t}{T}\right) \tag{5.3.10}$$

T 为误差变化周期，t 为决定周期误差的自变量（如时间、角度等），则

当 $t=t_0$ 时

$$e_0 = E\sin\varphi_0 = E\sin\left(2\pi\frac{t_0}{T}\right) \tag{5.3.11}$$

当 $t_1=t_0+T/2$ 时

$$e_1 = E\sin(\varphi_0+\pi) = E\sin\left[\frac{2\pi}{T}\left(t_0+\frac{T}{2}\right)\right] = -E\sin\left(2\pi\frac{t_0}{T}\right) \tag{5.3.12}$$

于是，取算术平均值则有

$$e = e_0 + e_1 = 0 \tag{5.3.13}$$

可见，对于周期性系统误差，只要测量一个数据，然后每隔半个周期再进行一次测量，使得测量次数是偶数，则取其平均值即可消除这类周期性误差。

5. 对待测量的作用最小化原则

测量过程都要借用测量仪器对待测量进行测量，必然会造成测量状态或过程发生或多或少的改变，有时这种改变是显著的，有时是难于估计和消除的，因此要尽量减小测量过程中对被测量对象的影响。例如伏安法测量电阻时，得到的通常是包含电流表或电压表内阻在内的总电阻，而用电桥法就可消除这一影响。

测量方法的选择是一个复杂的问题，这里只是简要介绍了一部分选择原则。选择测量方法时要综合考虑仪器设备条件，作为基础物理实验的研究设计能考虑到上述各项原则就达到了实验设计训练的目的。

5.4 选择测量仪器及测量条件

5.4.1 测量仪器的选择

测量仪器的选择原则是指选用合适的仪器以达到指定的测量准确度。在选择仪器时，要求所有测量仪器要配套。所谓配套，就是指在一个实验中所有物理量的测量的相对误差应该“等量分配”，不应该产生某一个物理量测量的相对误差特别小，而另一个物理量测量的相对误差又特别大的情况。正确的选择原则应该是使一个实验中对所有物理量的测量项的相对误差大致相等。

例如，测量直径和高分别为 D、H 的圆柱体体积 V，要求其相对误差≤0.5%，应选用何种量具？

根据圆柱体体积公式

$$V = \frac{\pi}{4}D^2 H \tag{5.4.1}$$

得到相对不确定度

$$\frac{u_V}{V} = \sqrt{4\frac{u_D^2}{D^2} + \frac{u_H^2}{H^2}} \tag{5.4.2}$$

下面根据圆柱体的具体情况分别讨论如下。

1. 当 H 远大于 D 时(即为长棒或细丝)

$$\frac{u_V}{V} \approx 2\frac{u_D}{D} \tag{5.4.3}$$

说明只要测量直径的不确定度满足要求即可。

例如当 $D\approx 10$ mm 时，有

$$\frac{u_V}{V} = 2\frac{u_D}{D} = \frac{2\times 0.02}{10} = 0.4\% < 0.5\% \tag{5.4.4}$$

说明必须选用 50 分度的游标卡尺测量直径，才能使体积的相对误差≤0.5%。

2. 当 H 远小于 D 时(即为薄圆板)

$$\frac{u_V}{V} \approx \frac{u_H}{H} \tag{5.4.5}$$

说明只要测量厚度的不确定度达到要求即可。

例如当 $H=10$ mm 时，有

$$\frac{u_V}{V} \approx \frac{u_H}{H} = \frac{0.05}{10} = 0.5\% \tag{5.4.6}$$

此时只要选用 20 分度的游标卡尺就够了。

当 $H=100$ mm 时，有

$$\frac{u_V}{V} \approx \frac{u_H}{H} = \frac{0.5}{100} = 0.5\% \tag{5.4.7}$$

这种情况下只要选用普通的米尺测量即可达到要求。

3. 当 H 与 D 相近时(即一般的圆柱体)

$$\frac{u_V}{V} \approx \sqrt{5}\,\frac{u_D}{D} \tag{5.4.8}$$

若 $D\approx 300$ mm,则有

$$\frac{u_V}{V} \approx \sqrt{5}\,\frac{u_D}{D} = \sqrt{5}\,\frac{0.5}{300} = 0.37\% < 0.5\% \tag{5.4.9}$$

这时只要用米尺测量即可。

若 $D\approx 30$ mm,则有

$$\frac{u_V}{V} \approx \sqrt{5}\,\frac{u_D}{D} = \sqrt{5}\,\frac{0.05}{30} = 0.37\% < 0.5\% \tag{5.4.10}$$

这种情况下需要用 20 分度游标卡尺测量才能满足要求。

若 $D\approx 15$ mm,则有

$$\frac{u_V}{V} \approx \sqrt{5}\,\frac{u_D}{D} = \sqrt{5}\,\frac{0.02}{15} = 0.3\% < 0.5\% \tag{5.4.11}$$

这时需要用 50 分度游标卡尺测量即可。

当间接测量量由几个直接测量量确定时,一般由不确定度的等分原则,根据仪器情况作适当调整。如果受仪器结构限制不能达到,可采用合适的数据处理方法。在具体设计一个实验时,误差分配、实验方法、仪器选择及数据处理往往一并考虑,是比较复杂的。

5.4.2　测量条件的选择

选择测量条件是指确定测量中的最有利条件,也就是在什么条件下进行测量时因函数关系引起的不确定度最小。这个条件可以由不确定度对各自变量分别求导数,并使之为零而获得,即数学中求极小值的方法。

下面以测量凸透镜焦距为例说明最佳条件的选择方法。透镜成像公式为

$$f = \frac{uv}{u+v} \tag{5.4.12}$$

式中:u、v 分别为物距和像距,则测量焦距的不确定度传递公式为

$$u_f = \frac{1}{(u+v)^2}\sqrt{u^4 u_u^2 + v^4 u_v^2} \tag{5.4.13}$$

由于 u、v 由同一米尺测量,所以它们的 B 类不确定度相同,这时有

$$u_f = \frac{u_u}{(u+v)^2}\sqrt{u^4 + v^4} \tag{5.4.14}$$

设保持物屏和像屏之间的距离不变,即 $u+v=D$ 恒定,则有

$$u_f = \frac{u_u}{D^2}\sqrt{u^4 + (D-u)^4} \tag{5.4.15}$$

现在待测量变为 u 一个，求 u_f 对 u 的一阶导数，并令其为零，即

$$\frac{\mathrm{d}u_f}{\mathrm{d}u} = \frac{u_u}{D^2}\frac{4u^3 - 4(D-u)^3}{\sqrt{u^4 + (D-u)^4}} = 0 \tag{5.4.16}$$

只有当 $u=D/2$ 时，u_f 对 u 的一阶导数为零，同样可以求得，当 $u=D/2$ 时，u_f 对 u 的二阶导数大于零，所以 $u=D/2$ 使焦距的不确定度有最小值。

但从实际成像考虑，要使 $u=D/2$ 时能成像，则要求 $D=4f$，即成与物等大的像。这一要求实验操作起来很困难，但只要 D 比 $4f$ 略大，就可减小测量误差。

在实验方法、测量方法及仪器已经选定的情况下，有时还需确定测量的最有利条件。即应确定测量条件尽可能与实验理论和测量公式所要求的条件一致，还要确定测量条件尽可能与所用仪器所需要的条件保持一致，最大限度地减少系统误差的产生。另外，有时为了确定在什么条件下进行测量最有利，使函数关系引起的结果总体不确定度最小，可以利用数学方法，求合成不确定度函数对各直接测量量的极值，从而估计出最佳测量点和测量条件。

由于物理实验的内容十分广泛，可利用的实验方法和测量手段也很多，实验结果要受到误差等各种因素的相互影响。因此，不可能给出一种制订实验方案的普遍适用的法则，以上几点只是作了一些原则性和启发性的叙述。

5.5 重力加速度的测量研究

重力加速度是一个重要的地球物理常数，其值随地理纬度和海拔高度的不同而不同。准确测定不同地区的重力加速度在理论上、生产和科学研究中都具有重要的意义。测量重力加速度的方法很多，但有的方法受环境的影响比较大，不同的方法测量准确度有差别。本实验通过比较不同方法的设计思想和实验技巧等进行分析研究，初步了解实验设计的过程。

5.5.1 实验目的

① 测定当地的重力加速度。

② 掌握消除各种误差因素的方法，提高测量准确度。

③ 讨论不同的测量重力加速度的方法和特点。

5.5.2 实验仪器

单摆、复摆、计时仪、自由落体仪、光电门、气垫导轨、气源、滑块、物理天平、秒表、米尺、千分尺。

5.5.3　实验要求

① 用气垫导轨测定当地的重力加速度值。要求有 4 位有效数字，测量值与理论值进行比较，要求相对误差小于 0.5%。应考虑如何消除气垫导轨斜面的阻力所带来的系统误差。

② 用单摆或复摆测定当地的重力加速度值。要求测定值与理论值进行比较，要求相对误差小于 0.5%。研究周期、摆长、摆角、摆球质量之间的关系，用秒表计时如何确定计时周期？光电门计时又该怎样选择光电门的恰当位置？

③ 用自由落体仪测量当地的重力加速度值，要求测量值与理论值进行比较，要求相对误差小于 0.5%。

5.5.4　实验提示

1. 用气垫导轨测定重力加速度

(1) 测量原理

物体沿斜面下滑的加速度为

$$a = g\sin\theta$$

由于导轨倾角 θ 很小，$\sin\theta \approx \tan\theta$，故

$$g = \frac{a}{\sin\theta} = a\frac{L}{h} \tag{5.5.1}$$

式中：h 为水平导轨一侧底座所加垫片高度；L 为导轨长度。只要测出 h、L 及加速度 a，由式(5.5.1)即可测量重力加速度的值。

(2) 气流阻力影响的消除

物体在气垫导轨上运动，可将滑动摩擦阻力减到十分微小，但是垂直于物体运动方向喷出的压缩气流，对运动物体仍有一些阻力作用，在测量重力加速度时可采用使物体在导轨组成的斜面上作下滑与上滑运动的组合测量，以消除这种阻力的影响。

(3) 测量数据

根据原理及系统误差分析，确定分别用什么准确度的仪器测量不同的物理量以及各量的测量次数。

2. 单摆法测量重力加速度

(1) 测量原理

单摆周期公式

$$T = 2\pi\sqrt{\frac{l}{g}} \tag{5.5.2}$$

只要测出摆长和周期就可得到重力加速度 g。

(2) 测量条件和数据

单摆周期公式适用条件对摆长、摆角和摆球大小及质量的要求是什么？如何进

行准确测量？根据实验要求各量需用什么仪器测量？测量次数如何确定？

3. 自由落体法测量重力加速度

(1) 测量原理

自由落体下落高度 s 与时间 t 的关系

$$s = v_0 t + \frac{1}{2} g t^2 \tag{5.5.3}$$

(2) 测量条件和数据

若直接测量出 s、t 和初速度 v_0 由式(5.5.3)计算 g,则计算涉及平方项且结果误差较大,故将上式变换成

$$\frac{s}{t} = v_0 + \frac{1}{2} g t \tag{5.5.4}$$

则式(5.5.4)中等号左边(s/t)作为一个新变量与时间 t 成正比,而由比例系数就可求出 g。测量时需要选取合适的初始位置和下落距离,研究各量的测量方法和测量次数。

5.5.5 数据处理

针对不同的实验方法测量出的结果,进行误差分析,比较研究各方法的优缺点。

5.5.6 思考题

针对不同的重力加速度的测量方法,能否提出一种方案,最大限度地减小误差呢?

5.6 温度传感器的温度特性研究

温度是一个重要的热学物理量,它不仅和我们的生活环境密切相关,在科研及生产过程中,温度的变化对实验及生产的结果也是至关重要的,所以温度传感器的应用十分广泛。

5.6.1 实验目的

① 测量铂电阻 PT100、铜电阻 Cu50、PN 结、LM35、AD590、正温度系数热敏电阻 PTC、负温度系数热敏电阻 NTC、热电偶等 8 种典型的温度传感器的温度特性。

② 了解温度传感器的原理与应用,学会用温度传感器组装数字式温度测量仪表。

③ 用几种常用的温度传感器组装温度测量仪表(显示)与温度控制装置(控温加热)。

5.6.2　实验仪器

FPT716－1 型物理设计性(热学)实验装置、直流电源等。

5.6.3　实验原理

温度传感器是利用一些金属、半导体等材料与温度相关的特性制成的。常用的温度传感器的类型、测温范围和特点见表 5.6.1。本实验将通过测量几种常用的温度传感器的特征物理量随温度的变化来了解这些温度传感器的工作原理。

表 5.6.1　常用的温度传感器的类型和特点

类　型	传感器	测温范围/℃	特　点
热电阻	铂电阻	－200～650	准确度高，测量范围大
	铜电阻	－50～150	
	镍电阻	－60～180	
	半导体热敏电阻	－50～150	电阻率大，温度系数大，线性差，一致性差
热电偶	铂铑-铂(S)	0～1300	用于高温测量、低温测量两大类，必须有恒温参考点(如冰点)
	铂铑-铂铑(B)	0～1600	
	镍铬-镍硅(K)	0～1000	
	镍铬-康铜(J)	－20～750	
	铁-康铜(J)	－40～600	
其他	PN 结温度传感器	－50～150	体积小，灵敏度高，线性好，一致性差
	IC 温度传感器	－50～150	线性度好，一致性好

1. Pt100 铂电阻温度传感器

Pt100 铂电阻是一种利用铂金属导体电阻随温度变化的特性制成的温度传感器。铂的物理性质、化学性质都非常稳定，抗氧化能力强，复制性好，容易批量生产，而且电阻率较高，因此铂电阻大多用于工业检测中的精密测温和作为温度标准。显著的缺点是高质量的铂电阻价格十分高昂，并且温度系数偏小，由于它对磁场的敏感性，因此会受电磁场的干扰。按 IEC 标准，铂电阻的测温范围为－200～650 ℃。每百度电阻比 $W(100)=1.3850$，当 $R_0=100\ \Omega$ 时，称为 Pt100 铂电阻；$R_0=10\ \Omega$ 时，称为 Pt10 铂电阻。其允许的不确定度 A 级为$\pm(0.15\ ℃+0.002\ |t|)$。B 级为$\pm(0.3\ ℃+0.05\ |t|)$。当温度 t 为－200～0 ℃之间时，铂电阻的阻值与温度之间的关系式为

$$R_t = R_0[1 + At + Bt^2 + C(t - 100\ ℃)t^3] \tag{5.6.1}$$

当温度 t 为 0～650 ℃之间时关系式为

$$R_t = R_0(1 + At + Bt^2) \tag{5.6.2}$$

式(5.6.1)、式(5.6.2)中：R_t、R_0 分别为铂电阻在温度 t、0 ℃时的电阻值，A、B、C 为温度系数。对于常用工业铂电阻，$A = 3.908\ 02 \times 10^{-3}/℃$；$B = -5.801\ 95 \times 10^{-7}/℃$；$C = -4.273\ 50 \times 10^{-12}/℃$；在 0～100 ℃范围内 R_t 的表达式可近似线性为

$$R_t = R_0(1 + A_1 t) \tag{5.6.3}$$

式(5.6.3)中 A_1 是温度系数，近似为 $3.85 \times 10^{-3}/℃$。Pt100 铂电阻的阻值 R_t，当为 0 ℃时，$R_t = 100\ \Omega$；而为 100 ℃时 $R_t = 138.5\ \Omega$。

2. 热敏电阻(NTC、PTC)温度传感器

热敏电阻是利用半导体电阻阻值随温度变化的特性来测量温度的，按电阻值随温度升高而减小或增大，分为 NTC 型(负温度系数)、PTC 型(正温度系数)和 CTC(临界温度)型。热敏电阻电阻率大，温度系数大，但其非线性大，置换性差，稳定性差，通常只适用于一般要求不高的温度测量。以上三种热敏电阻特性曲线见图 5.6.1。

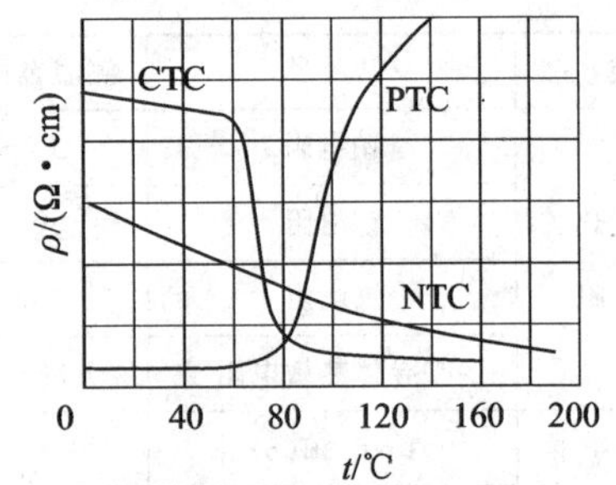

图 5.6.1　三种热敏电阻的温度特性曲线

在一定的温度范围内(小于 450 ℃)，热敏电阻的阻值 R_T 与温度 T 之间有如下关系：

$$R_T = R_0 e^{B\left(\frac{1}{T} - \frac{1}{T_0}\right)} \tag{5.6.4}$$

式(5.6.4)中：R_T、R_0 是温度分别为 T(K)、T_0(K)时的电阻值(K 为热力学温度单位开尔文)；B 是热敏电阻材料常数，一般情况下 B 为 2 000～6 000 K。

对一定的热敏电阻而言，B 为常数，对式(5.6.4)两边取对数，则有

$$\ln R_T = B\left(\frac{1}{T} - \frac{1}{T_0}\right) + \ln R_0 \tag{5.6.5}$$

由式(5.6.5)可见，$\ln R_T$ 与 $1/T$ 成线性关系，作 $\ln R_T \sim 1/T$ 曲线，用直线拟合，由斜率可求出常数 B。

3. 电压型集成温度传感器(LM35)

LM35 温度传感器，标准 T_0-92 工业封装，其准确度一般为±0.5 ℃(有几种级别)。由于其输出为电压，且线性极好，因此只要配上电压源、数字式电压表，就可以构成一个精密的数字测温系统。内部的激光校准保证了极高的准确度及一致性，且无须校准。输出电压的温度系数 $K_V = 10.0\ \text{mV}/℃$，利用下式可计算出被测温度 t(℃)：

$$U_0 = K_V t = (10\ \text{mV}/℃)t$$

即

$$t(℃) = U_0 / 10\ \text{mV} \tag{5.6.6}$$

LM35 温度传感器的电路符号见图 5.6.2，U_o为输出端电压。实验时，只要直接测量其输出端电压 U_o，即可知待测量的温度。

4. 电流型集成电路温度传感器(AD590)

AD590 是一种电流型集成电路温度传感器。其输出电流大小与温度成正比。它的线性度极好，AD590 温度传感器的温度适用范围为 $-55\sim150$℃，灵敏度为 1 mA/K。它具有准确度高、动态电阻大、响应速度快、线性好、使用方便等特点。AD590 是一个二端器件，电路符号如图 5.6.3 所示。

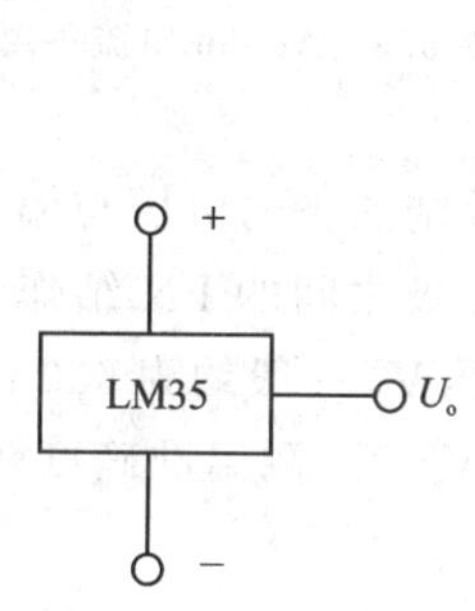

图 5.6.2　LM35 电路符号

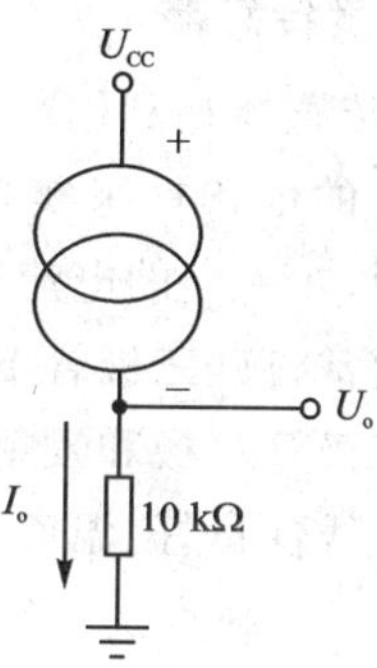

图 5.6.3　AD590 电路符号

AD590 等效于一个高阻抗的恒流源，其输出阻抗大于 10 MΩ，能大大减小因电源电压变动而产生的测温误差。

AD590 的工作电压为 $+4\sim+30$ V，测温范围是 $-55\sim150$ ℃。对应于热力学温度 T，每变化 1 K，输出电流变化 1 μA。其输出电流 I_o(μA)与热力学温度 T(K)严格成正比。其电流灵敏度表达式为

$$\frac{I}{T}=\frac{3k}{eR}\ln 8 \tag{5.6.7}$$

式(5.6.7)中：k、e 分别为玻耳兹曼常数和电子电量；R 是内部集成化电阻。

将 $k/e=0.086\ 2$ mV/K，$R=538$ Ω 代入式(5.6.7)中得到

$$\frac{I}{T}=1.000\ \mu\text{A/K} \tag{5.6.8}$$

在 $T=0$ ℃时其输出为 273.15 μA(AD590 有几种级别，一般准确度差异为 ±3～5 μA)。因此，AD590 的输出电流 I_o 的微安数值就代表被测温度的热力学温度值(K)。其输出电流表达式为

$$I=AT+B \tag{5.6.9}$$

式(5.6.9)中：A 为灵敏度；B 为 0 K 时的输出电流。若需显示摄氏温标(℃)，则要加温标转换电路，其关系式为

$$t=T-273.15\ ℃ \tag{5.6.10}$$

AD590 的电流—温度(I—T)特性曲线如图 5.6.4 所示。

AD590 温度传感器的准确度在整个测温范围内偏差小于或等于±0.5 ℃，线性极好。利用 AD590 的上述特性，在最简单的应用中，用一个电源、一个电阻、一个数字式电压表，即可用于温度的测量。由于 AD590 以热力学温度 K 定标，在摄氏温标应用中，应该进行温标的转换。

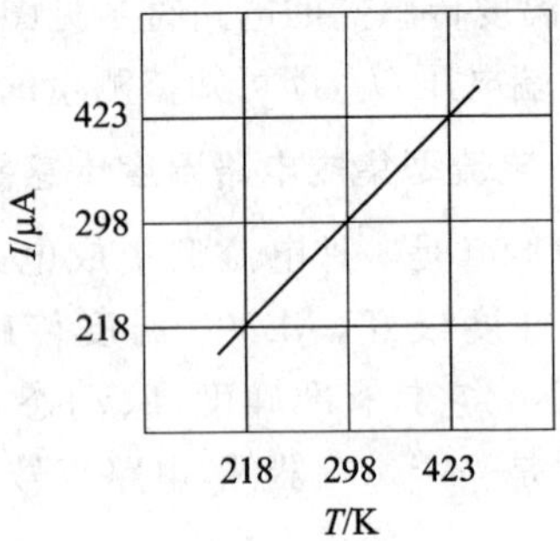

图 5.6.4　AD590 电流—温度特性曲线

5. PN 结温度传感器

PN 结温度传感器是利用半导体 PN 结的结电压对温度的依赖性来实现对温度检测的。实验证明，在一定的电流通过的情况下，PN 结的正向电压与温度之间有良好的线性关系。通常将硅三极管 b、c 极短路，用 b、e 极之间的 PN 结作为温度传感器测量温度。硅三极管基极和发射极间正向导通电压 V_{be} 一般约为 600 mV(25 ℃)，且与温度成反比。线性良好，温度系数约为 −2.3 mV/ ℃，测温准确度较高，测温范围可达 −50～150 ℃。缺点是一致性差，所以互换性差。

通常 PN 结组成二极管的电流 I 和电压 U 满足关系式：

$$I = I_S(e^{\frac{qU}{KT}} - 1) \tag{5.6.11}$$

在常温条件下，且 $e^{\frac{qU}{KT}} \gg 1$ 时，式(5.6.11)可近似为

$$I = I_S e^{\frac{qU}{KT}} \tag{5.6.12}$$

式(5.6.11)和式(5.6.12)中：$q = 1.602 \times 10^{-19}$ C，为电子电量；$k = 1.381 \times 10^{-23}$ J/K，为玻耳兹曼常数；T 为热力学温度；I_S 为反向饱和电流。

在正向电流保持恒定条件下，PN 结的正向电压 U 和温度 T 近似满足下列线性关系：

$$U = KT = U_{g(0)} \tag{5.6.13}$$

式(5.6.13)中：$U_{g(0)}$ 为半导体材料参数；K 为 PN 结的结电压温度系数。

6. 热电偶温度传感器

热电偶亦称温差电偶，是由 A、B 两种不同材料的金属丝的端点彼此紧密接触而组成的。当两个接点处于不同温度时(见图 5.6.5)，在回路中就有直流电动势产生，该电动势称温差电动势或热电动势。当组成热电偶的材料一定时，温差电动势 E_x 仅与两接点处的温度有关，并且两接点的温差在一定的温度范围内有如下近似关系式：

$$E_x \approx \alpha(t - t_0) \tag{5.6.14}$$

式(5.6.14)中：α 为温差电系数。对于不同金属组成的热电偶，α 是不同的，其数值上等于两接点温度差为 1 ℃时所产生的电动势。

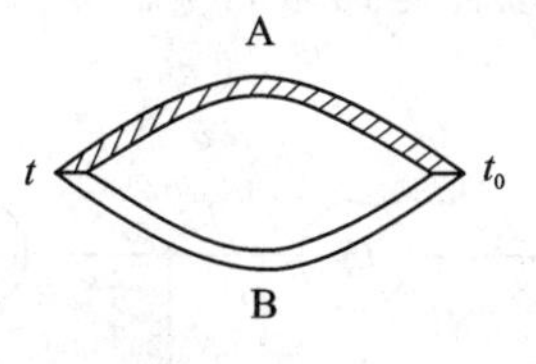

(a) 热电偶的结构

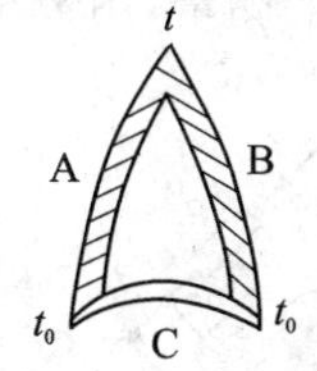

(b) 消除同种材料热电势的热电偶

图 5.6.5　由两种不同金属材料构成的热电偶温度传感器的示意图

5.6.4　实验内容与步骤

1. 测量各种温度传感器的温度特性

(1) 用直流电桥法测量 Pt100(Cu50)金属电阻的温度特性

按图 5.6.6 接线。在环境温度高于 0 ℃时，先把温度传感器放入致冷井中，利用半导体致冷把温度降到 0 ℃，并以此温度作为起点进行测量，每隔 10 ℃测量一次，直到需要待测温度高于环境温度时，就把温度传感器转移到加热干井中，然后开启加热器，控温系统每隔 10 ℃设置一次，待控温稳定 2 min 后，调节电阻箱 R_3 使输出电压为零，电桥平衡，则按式(5.6.1)测量计算待测 Pt100(Cu50)铂电阻(铜电阻)的阻值，R_3 为五盘十进精密电阻箱。将测量数据 $R_x(\Omega)$用最小二乘法直线拟合，求出温度系数 A 和相关系数 r。

(2) 用恒电流法测量 NTC 和 PTC 热敏电阻的温度特性

如图 5.6.7 所示，接通电路后($U_1=1.00$ V，$R_1=1.000$ kΩ)，先监测 R_1 上电流是否为 1 mA，即测量 U_{R_1}。在环境温度高于 0 ℃时，先把 PTC(或 NTC)热敏电阻放入致冷井，操作方法同(1)。控温稳定 2 min 后按式(5.6.4)测试热敏电阻的阻值。$\ln R_T$ 与 $1/T$ 成线性关系，作 $\ln R_T \sim 1/T$ 曲线，用直线拟合，由斜率可求出材料常数 B，并求相关系数 r。

(3) 电压型集成温度传感器(LM35)温度特性的测试

按图 5.6.8 接线，操作方法同(1)，待温度恒定 2 min 后测试传感器(LM35)的输出电压，用最小二乘法进行拟合得到 A 和 r。

(4) 电流型集成温度传感器(AD590)温度特性的测试

按图 5.6.9 接线，先把温度传感器放入致冷井，将致冷井温度设置为 0 ℃，当需要测试温度高于室温时，移到加热井中，每隔 10 ℃控温系统设置一次，每次待温度稳定 2 min 后，测试 1 kΩ 电阻上电压。操作方法同(1)。

I 为从 1.000 kΩ 电阻上测得电压换算所得($I=U/R$)，用最小二乘法进行直线拟合得到 A 和 r。

(5) PN 结温度传感器温度特性的测试

按图 5.6.10 接线，每隔 10 ℃控温系统设置一次，待控温稳定 2 min 后，进行 PN

结正向导通电压 U_{be} 的测量，用最小二乘法直线拟合得到 A 和 r。

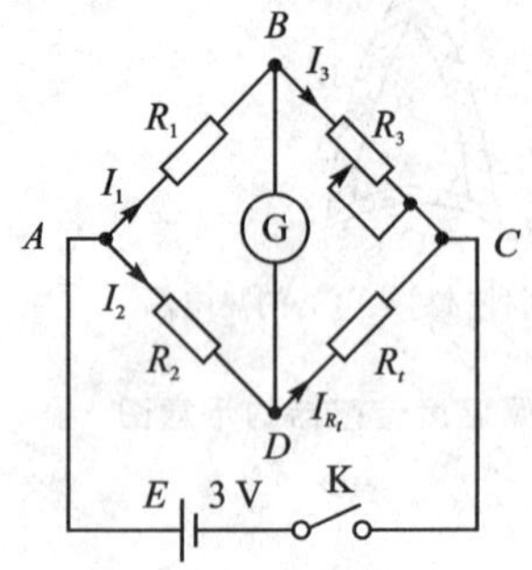

R_1、R_2— 固定电阻；R_3— 电阻箱；R_t— 为温度传感元件；G—温控仪数字电压表；E—直流工作电源

图 5.6.6　用单臂电桥测量 PT100、Cu50 金属电阻的温度特性的实验线路图

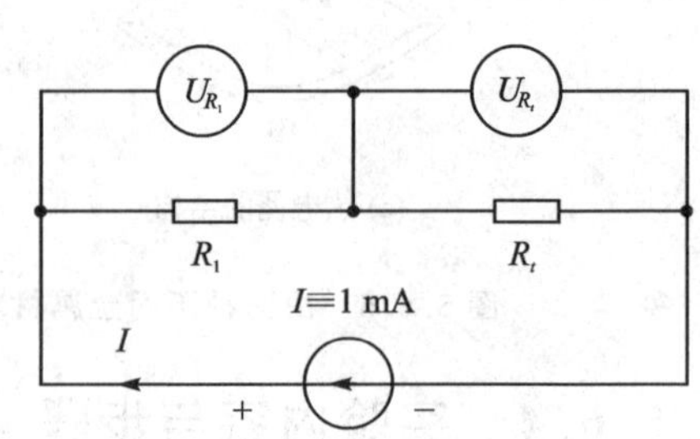

图 5.6.7　恒电流测量热敏电阻 PTC、NTC 的电路原理图

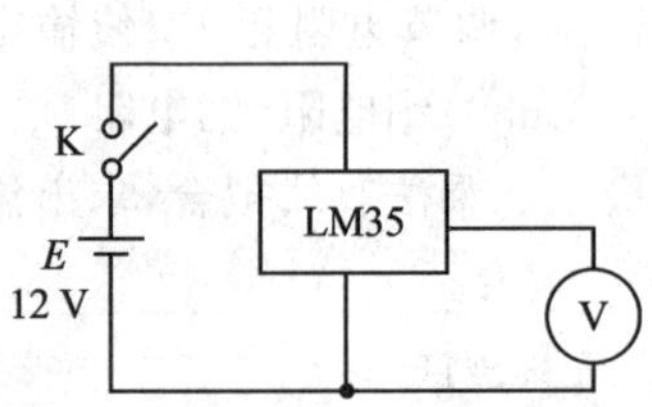

图 5.6.8　测量电压型温度传感器 LM35 温度特性实验线路图

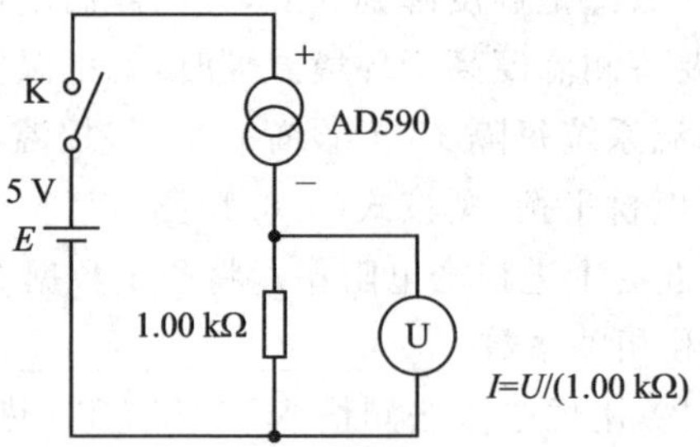

图 5.6.9　AD950 集成电路温度传感器温度特性测量实验线路图

(6) 热电偶温度传感器温度特性的测试

按图 5.6.11 接线，每隔 10 ℃控温系统设置一次，待控温稳定 2 min 后，进行热电偶温差电动势的测量，用最小二乘法直线拟合得到 A 和 r。

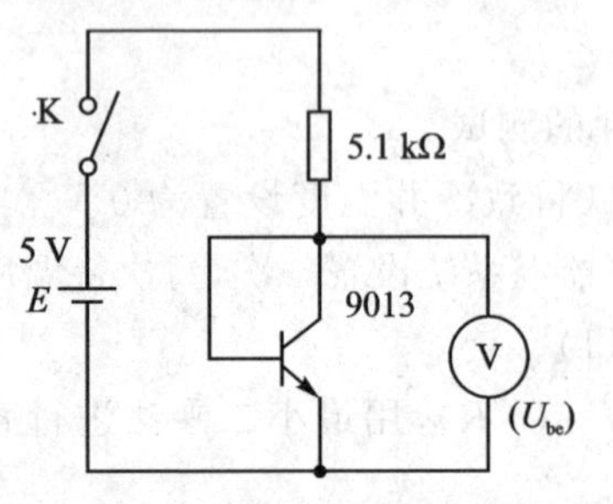

图 5.6.10　PN 结温度传感器温度特性测量实验线路图

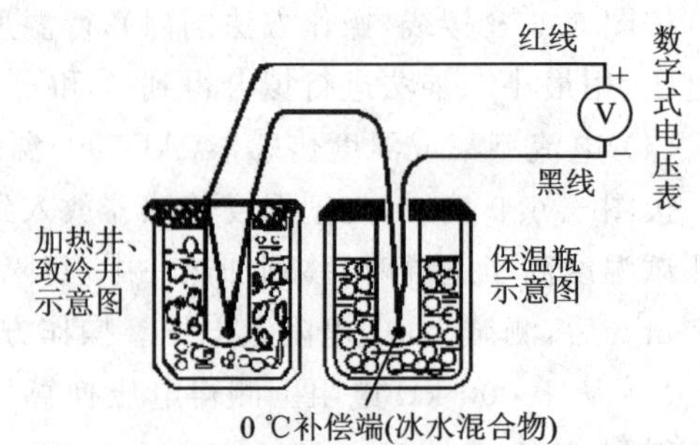

图 5.6.11　热电偶温度传感器温度特性测试实验线路图

提示：由于工作电源只能轮流对加热井或致冷井服务，所以在使用热电偶时，自由端的基准电压需要采取一定措施：

① 用保温瓶盛放冰水混合物作为自由端的基准温度 0 ℃。

② 以室温 t_0 作为基准温度，以 $t-t_0$ 作为温度差，测量并计算温差电动势。

2. 温度传感器的应用——用不同的温度传感器测量温度和控制温度

(1) 用 AD590 集成电路电流型温度传感器组成温度测试和温度控制装置

这里以 AD590 集成电路电流型温度传感器举例说明温度显示与温度控制过程。

① 温度显示分析。如图 5.6.12 所示，因为 $U_{①}=1.25\ \mathrm{V}$，要使输出电压为 0 mV，则 $U_{②}=2.7316\ \mathrm{V}$，要求运放 A1 的放大倍数为 $A_{U_1}=\dfrac{2.7316}{1.25}=2.185$(倍)，由于 $A_{U_1}=1+\dfrac{R_3+R_{x_1}}{R_4}=1+\dfrac{1\ \mathrm{k\Omega}+R_{x_1}}{1\ \mathrm{k\Omega}}\Rightarrow R_{x_1}=0.185\ \mathrm{k\Omega}$，当温度升到 100 ℃时，输出电压 $U_{③}-U_{②}=3.7316-2.7316=1.000\ \mathrm{V}=1000\ \mathrm{mV}$，当传感器的测试点温度范围为 0 ～100 ℃时，“温度指示”对应输出电压为 0～1 000 mV，由于温度传感器工作在线性区域，所以“温度指示”的显示灵敏度为 10 mV/℃。这样一来，用 AD590 集成电路电流型温度传感器组装的温度测试仪表就完成了。

② 温度控制分析。若设置控制温度为 80 ℃，根据计算，对应 $U_{③}=3.5316\ \mathrm{V}$，调节 $U_{⑤}=U_{③}=3.5316\ \mathrm{V}$，则有 $\dfrac{R_{x_2}}{R_5+R_{x_2}}=\dfrac{0.8}{12-2.7316}\Rightarrow R_{x_2}=0.482\ \mathrm{k\Omega}$，这就是温度控制装置的电阻值。当温度低于设置温度 80 ℃时，$U_{④}\approx U_{③}<U_{⑤}$→运放 A2 导通→A3 导通→Q1 导通，这时发光管 LED 点亮，继电器 J 吸合，使常开触点闭合，控制加热器开始工作。当加热温度达到或略超过设置温度 80 ℃时，$U_{④}\geqslant U_{⑤}$→运放 A2 截止→A3 截止→Q1 截止，发光管 LED 熄灭，控制加热器停止工作。AD590 集成电路电流型温度传感器组装的温度控制仪表就完成了。

以后的线路分析请参考图 5.6.12 及相应的文字说明(在此不再赘述)。

(2) 用 PT100(Cu50)温度传感器组成温度测试和温度控制装置

用 PT100(Cu50)温度传感器组装数显温度计和温度控制仪的实验线路原理图如图 5.6.13 所示。

(3) 用 PN 结温度传感器组成温度测试和温度控制装置

用 PN 结温度传感器组装数显温度计和温度控制仪的实验线路原理图如图 5.6.14 所示。

(4) 用 LM35 电压型温度传感器组成温度测试和温度控制装置

用 LM35 温度传感器组装数显温度计和温度控制仪的实验线路图如图 5.6.15 所示。

3. 注意事项

① 温控仪温度稳定地达到设定值所需要的时间较长，一般需要 10～15 min，务

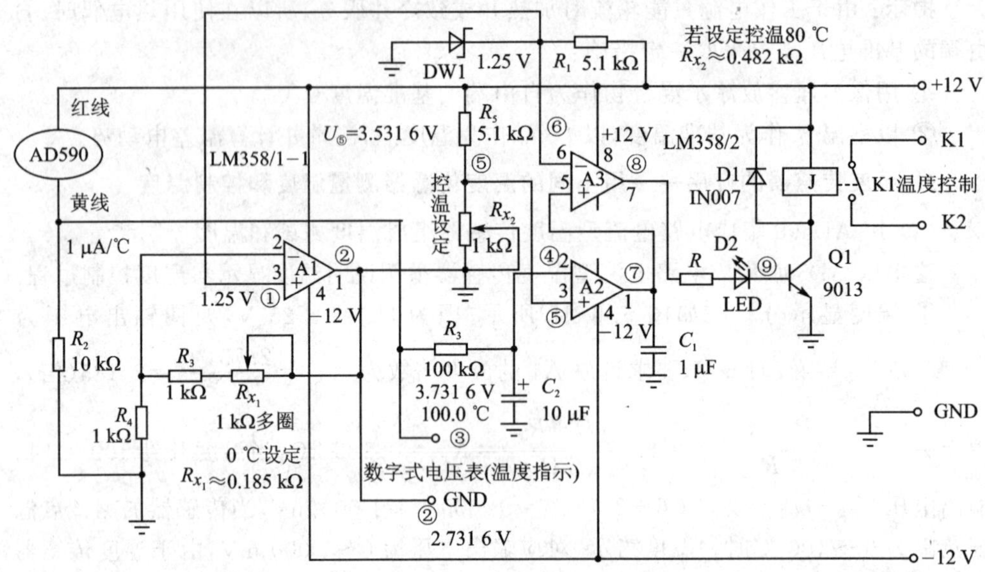

图 5.6.12　用 AD590 温度传感器组成温度测试和温度控制电路

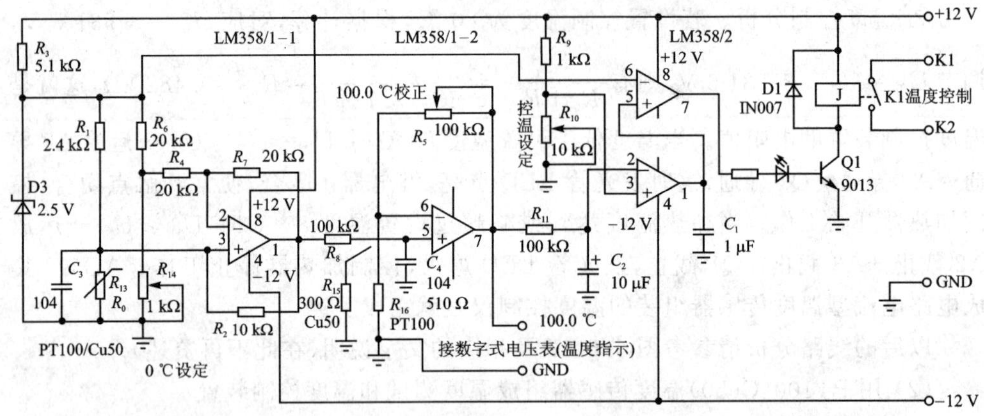

图 5.6.13　用 PT100(Cu50)温度传感器组装数显温度计和温度控制仪的实验线路原理图

必耐心等待。

② 由于本实验内容较多，为节省实验时间，提高实验效率，读者可以合理安排实验步骤。

5.6.5　数据处理

① 作出 AD590 传感器输出电流 I 和温度 T 的关系图。

② 推导出 I—T 之间关系的经验公式。

③ 把实验数据用最小二乘法进行拟合，求斜率 B、截距 A 和相关系数 r。

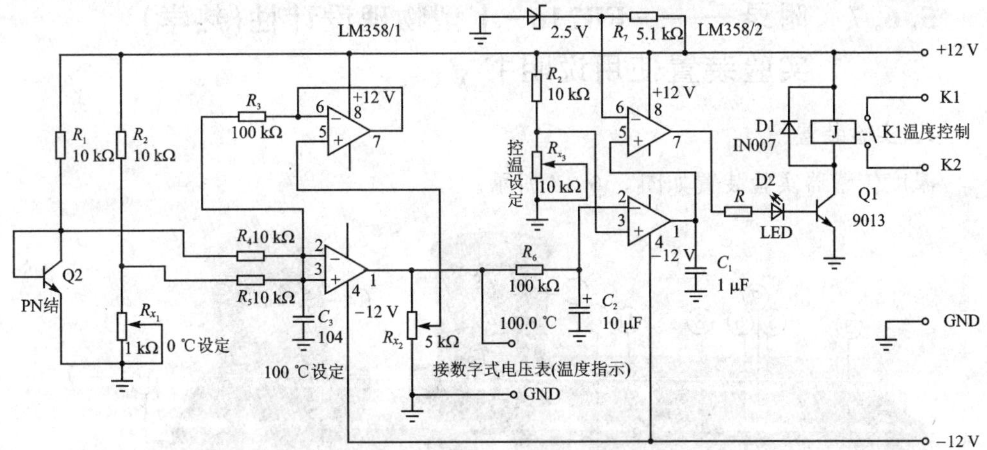

图 5.6.14　用 PN 结温度传感器组装数显温度计和温度控制仪的实验线路原理图

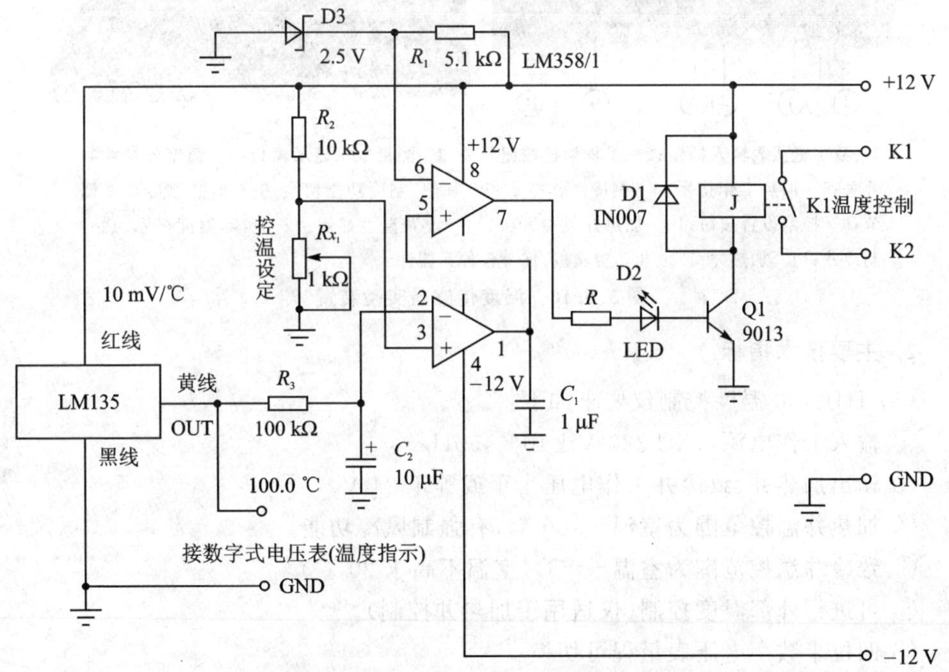

图 5.6.15　用 LM35 温度传感器组装数显温度计和温度控制仪的实验线路图

④ 由测量数据作 AD590 传感器的伏安特性曲线。

5.6.6　思考题

① 温度传感器的测温原理是什么？

② 本实验所用各种温度传感元件有何异同？它们有什么优缺点？

5.6.7 附录一——FB716-Ⅰ型物理设计性(热学)实验装置使用说明书

1. 实验装置

温度传感器实验装置如图 5.6.16 所示。

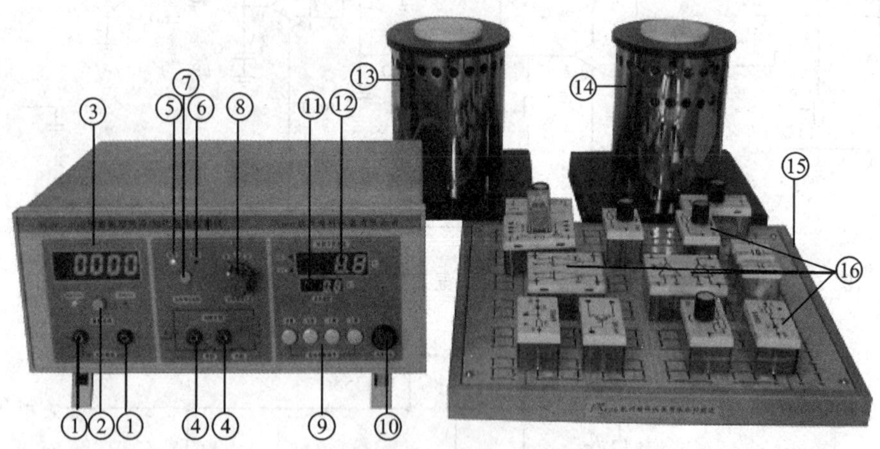

1—数字毫伏表输入插座;2—量程切换按钮开关;3—测量电压显示窗口;4—温度外接控制开关;5—加热工作指示;6—制冷工作指示;7—加热、制冷功能切换;8—加热、制冷功率调节;9—控温设置按钮;10—加热井风冷开关;11—设置温度显示;12—实际温度显示;13—制冷井;14—加热井;15—九孔实验板;16—各种元器件

图 5.6.16 温度传感器实验装置

2. 主要技术指标

(1) HJK100 温度控制仪要求如下:

① 输入工作电源:AC 220 V±10%,50Hz。

② 输出加热井、致冷井工作电压小于或等于 24 V。

③ 加热井温控范围为室温~100 ℃,有强制风冷功能。

④ 致冷井温控范围为室温~0 ℃(室温不高于 30 ℃)。

⑤ 可进行外部温度控制(仅适用于加热井控制)。

⑥ 四位半数字电压表量程可切换:

1 挡 0~200.0 mV,分辨率 0.1 mV(最大可测 2 V);

2 挡 0~2 000 mV,分辨率 1 mV(最大可测 20 V)。

(2) 九孔实验板:300×297 mm。

(3) 温度传感器:

① PT100 铂电阻温度传感器;

② Cu50 铜电阻温度传感器;

③ PN 结温度传感器；

④ LM35 电压型温度传感器；

⑤ AD590 集成电路型温度传感器；

⑥ PTC 正温度系数热敏电阻温度传感器；

⑦ NTC 负温度系数热敏电阻温度传感器；

⑧ 铜-康铜热电偶温度传感器。

(4) 运算放大器等元器件一批。

(5) ±12 V 工作电源。

3. 实验装置的使用

(1) 测量各种温度传感器的温度特性

① 按相应的实验线路图，在元件箱中选取合适的元器件。

② 把元器件合理地分布在九孔实验板上，用导线或短路片连接成实际实验线路。

③ 根据需要温度，把温度传感器插入加热井或致冷井（在温控仪内控时，必须把 HJK100 温度控制仪的 K1 两个插孔用导线短接，温控仪才能正常工作）。

④ 根据需要温度，设置好加热井或致冷井温度。

⑤ 将不同温度下测量到的传感器的输出数据逐一记录到表格中，待数据处理。

(2) 组装温度测试仪表和温度控制装置

① 按相应的实验线路图，在元件箱中选取合适的元器件。

② 把元器件合理地分布在九孔实验板上，用导线或短路片连接成实际实验线路（这时要把实验线路中的"温度指示"接到 HJK100 的数字电压表输入端）。

③ 根据需要温度，把温度传感器插入加热井或致冷井（在温控仪内控时，必须把 HJK100 温度控制仪的 K1 两个插孔用导线短接，温控仪才能正常工作）。

④ 先把传感器插入致冷井中，用内部控温把致冷井温度调节到 0 ℃，当温度达到 0 ℃时，调节实验线路中的 0 ℃设置旋钮，使数字电压表读数为 0 mV。

⑤ 再把传感器插入加热井中，用内部控温把致冷井温度调节到 100 ℃，当温度达到 100 ℃时，调节实验线路中的 100 ℃校正旋钮，使数字电压表读数为 1 000 mV。

⑥ 由于采用的温度传感器温度特性均为线性，所以经两端校正，即成为一个数字式温度计。

⑦ 在已组装好的温度测量仪表的基础上，只要把实验线路的继电器的常开触点取代短接导线，接到 HJK100 温度控制仪的 K1 两个插孔中，适当调节实验线路中的温控设置，即可通过外控方式控制加热井的温度。例如，我们把温控设置 80 ℃（由于自制温控装置尚无读数，所以只是估计数），那么，当温度传感器测得加热井中的实际温度低于该设置值时，线路将导通，使继电器吸合，它的常开触点闭合，加热井电源接通，开始加热升温。当温度达到"设置值"时，电路反转，切断继电器回路，常开触点开路，加热井电源切断，停止加热。

5.6.8 附录二——智能温度控制器使用说明

该控制器是一种高性能、可靠好的智能型调节仪表，广泛使用于机械化工、陶瓷、轻工、冶金、热处理等行业的温度、流量、压力、液位自动控制系统。控制器面板如图 5.6.17 所示。

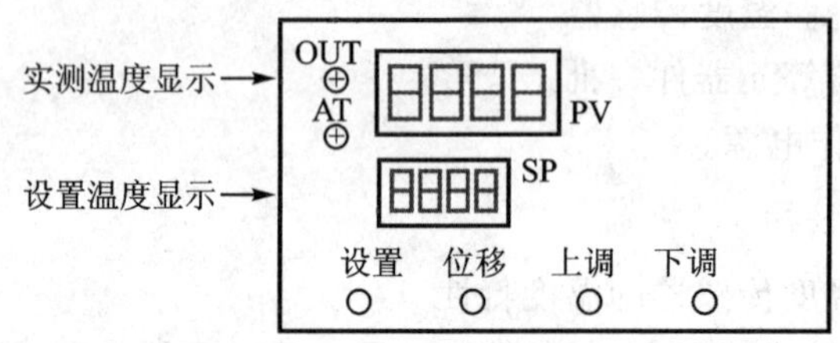

图 5.6.17 控制器面板图

例如需要设置加热温度为 30 ℃，具体操作步骤如下：

① 先按“设置”按钮 0.5 s，进入温度设置。（注：若不慎按设定键时间长达 5 s，出现进入第二设定区符号，这时只要停止操作 5 s，仪器将自动恢复温控状态。）

② 按位移键，选择需要调整的位数，数字闪烁的位数即是可以进行调整的位数。

③ 按上调键或下调键确定这一位数值，按此办法，直到各位数值满足设定温度。

④ 再按设置键 1 次，设置工作完成。如需要改变温度设置，只要重复以上步骤即可。操作过程可按上图进行（假设图中数据为出厂时设定的参数）。

5.7 非平衡电桥的原理和设计应用

电桥可分为平衡电桥和非平衡电桥。非平衡电桥也称不平衡电桥或微差电桥。以往在教学中往往只做平衡电桥实验。近年来，非平衡电桥在教学中受到了较多的重视，因为通过它可以测量一些变化的非电量，这就把电桥的应用范围扩展到很多领域，所以在工程测量中非平衡电桥也得到了广泛的应用。

5.7.1 实验目的

① 掌握非平衡电桥的工作原理以及与平衡电桥的异同。

② 掌握利用非平衡电桥的输出电压来测量变化电阻的原理和方法。

③ 设计一个数显温度计，掌握非平衡电桥测量温度的方法，并类推至测其他非电量。

④ 用非平衡电桥测量铜电阻、热敏电阻的温度特性。

⑤ 用热敏电阻为传感器结合非平衡电桥设计测量范围为 30.0～50.0 ℃的数显温度计。

5.7.2　实验仪器

① DHQJ－1 型非平衡电桥。

② DHW－1/DHW－2 型温度传感实验装置或 DHT－2 型热学实验仪(含 2.7 kΩ 热敏电阻)。

5.7.3　实验原理

非平衡电桥的原理图见图 5.7.1。

非平衡电桥在构成形式上与平衡电桥相似,但测量方法上有很大差别。平衡电桥是调节 R_3 使 $I_o=0$,从而得到 $R_x=\frac{R_2}{R_1}\cdot R_3$,非平衡电桥则是使 R_1、R_2、R_3 保持不变,R_x 变化时 U_o 变化。再根据 U_o 与 R_x 的函数关系,通过检测 U_o 的变化从而测得 R_x。由于可以检测连续变化的 U_o,所以可以检测连续变化的 R_x,进而检测连续变化的非电量。

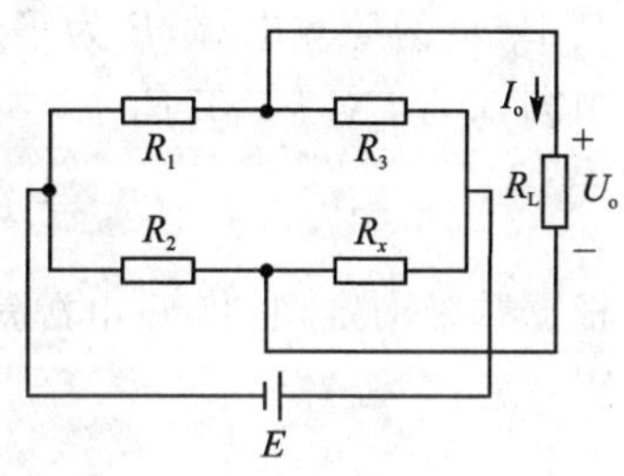

图 5.7.1　非平衡电桥的原理图

1. 非平衡电桥的桥路形式

(1) 等臂电桥

电桥的四个桥臂阻值相等,即 $R_1=R_2=R_3=R_{x_0}$;其中 R_{x_0} 是 R_x 的初始值,这时电桥处于平衡状态,$U_o=0$。

(2) 卧式电桥也称输出对称电桥

电桥的桥臂电阻对称于输出端,即 $R_1=R_3$,$R_2=R_{x_0}$,但 $R_1\neq R_2$。

(3) 立式电桥也称电源对称电桥

从电桥的电源端看桥臂电阻对称相等,即 $R_1=R_2$,$R_{x_0}=R_3$,但 $R_1\neq R_3$。

(4) 比例电桥

桥臂电阻成一定的比例关系,即 $R_1=KR_2$,$R_3=KR_{x_0}$ 或 $R_1=KR_3$,$R_2=KR_{x_0}$,K 为比例系数。实际上这是一般形式的非平衡电桥。

2. 非平衡电桥的输出

非平衡电桥的输出接负载大小分类又可分为两种。一种是负载阻抗相对于桥臂电阻很大,如输入阻抗很高的数字电压表或输入阻抗很大的运算放大电路;另一种是负载阻抗较小,和桥臂电阻相比拟。后一种由于非平衡电桥需输出一定的功率,故又称为功率电桥。

根据戴维南定理,图 5.7.1 所示的桥路可等效为图 5.7.2(a)所示的二端口网络。

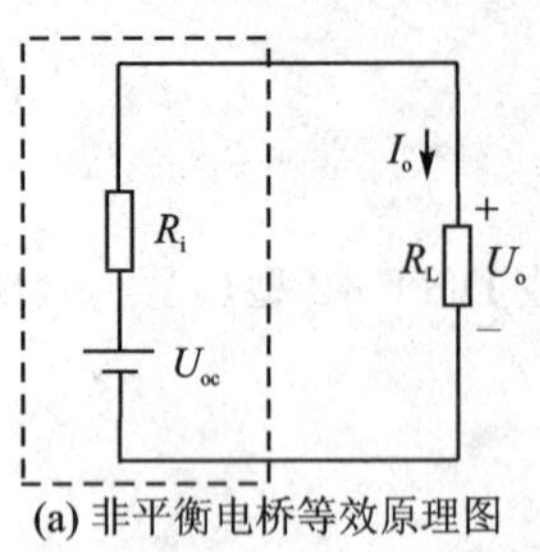

(a) 非平衡电桥等效原理图

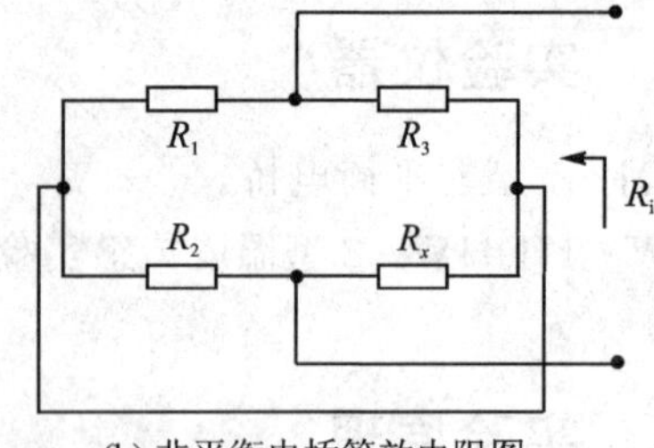

(b) 非平衡电桥等效内阻图

图 5.7.2　等效原理图

其中U_{oc}为等效电源,R_i为等效内阻。

由图 5.7.1 可知,在$R_L=\infty$时,等效电源电压值为

$$U_{oc}=E\left(\frac{R_x}{R_2+R_x}-\frac{R_3}{R_1+R_3}\right) \tag{5.7.1}$$

根据戴维南定理,将E电源短路,得到图 5.7.2(b)所示电路,据此可求出电桥等效内阻:

$$R_i=\frac{R_2R_x}{R_2+R_x}+\frac{R_3R_1}{R_1+R_3} \tag{5.7.2}$$

根据图 5.7.2(a)所示电路,得到电桥接有负载R_L时的输出电压为

$$U_o=\frac{R_L}{R_i+R_L}\left(\frac{R_x}{R_2+R_x}-\frac{R_3}{R_1+R_3}\right)\cdot E \tag{5.7.3}$$

电压输出的情况下$R_L\to\infty$,所以有

$$U_o=\left(\frac{R_x}{R_2+R_x}-\frac{R_3}{R_1+R_3}\right)\cdot E \tag{5.7.4}$$

根据式(5.7.3),可进一步分析电桥输出电压和被测电阻值关系。令$R_x=R_{x_0}+\Delta R$,R_x为被测电阻,ΔR为电阻变化量。根据式(5.7.3),可得

$$U_o=\frac{R_L}{R_i+R_L}\left(\frac{R_x}{R_2+R_x}-\frac{R_3}{R_1+R_3}\right)\cdot E=$$

$$\frac{R_L}{R_i+R_L}\left(\frac{R_{x_0}+\Delta R}{R_2+R_{x_0}+\Delta R}-\frac{R_3}{R_1+R_3}\right)\cdot E=$$

$$\frac{R_L}{R_i+R_L}\ \frac{(R_{x_0}+\Delta R)(R_1+R_3)-R_3(R_2+R_{x_0}+\Delta R)}{(R_2+R_{x_0}+\Delta R)(R_1+R_3)}E=$$

$$\frac{R_L}{R_i+R_L}\ \frac{R_3R_2-R_1R_{x_0}+R_1\Delta R}{(R_2+R_{x_0}+\Delta R)(R_1+R_3)}E$$

因为R_{x_0}为其初始值,此时电桥平衡,有$R_1R_{x_0}=R_3R_2$,所以

$$U_o=\frac{R_L}{R_i+R_L}\cdot\frac{\Delta R\cdot R_1}{(R_2+R_{x_0}+\Delta R)(R_1+R_3)}\cdot E \tag{5.7.5}$$

当$R_L=\infty$时,有

$$U_o=\frac{R_1}{R_1+R_3}\cdot\frac{\Delta R\cdot E}{R_2+R_{x_0}+\Delta R}$$

因为 $R_1R_{x_0}=R_3R_2$，代入上式有

$$U_o=\frac{R_2}{R_2+R_{x_0}}\cdot\frac{\Delta R\cdot E}{R_2+R_{x_0}+\Delta R}=$$

$$\frac{R_2}{(R_2+R_{x_0})^2}\cdot\frac{\Delta R\cdot E}{1+\dfrac{\Delta R}{R_2+R_{x_0}}}\tag{5.7.6}$$

式(5.7.5)、式(5.7.6)就是作为一般形式的非平衡电桥的输出与被测电阻的函数关系。

特殊地，对于等臂电桥和卧式电桥，式(5.7.6)简化为

$$U_o=\frac{1}{4}\cdot\frac{\Delta R\cdot E}{R_{x_0}+\dfrac{\Delta R}{2}}\tag{5.7.7}$$

立式电桥和比例电桥的输出与式(5.7.6)相同。被测电阻的 $\Delta R\ll R_{x_0}$ 时，式(5.7.6)可简化为

$$U_o=\frac{R_2}{(R_2+R_{x_0})^2}\cdot\Delta R\cdot E\tag{5.7.8}$$

式(5.7.7)可进一步简化为

$$U_o=\frac{1}{4}\cdot\frac{\Delta R\cdot E}{R_{x_0}}\tag{5.7.9}$$

这时 U_o与 ΔR 成线性关系。

3. 用非平衡电桥测量电阻的方法

习惯上，人们称 $R_L=\infty$ 的非平衡应用的电桥叫非平衡电桥；称具有负载 R_L 的非平衡应用的电桥叫功率电桥。下述的“非平衡电桥”都是指 $R_L=\infty$ 的非平衡应用的电桥。

① 将被测电阻(传感器)接入非平衡电桥，并进行初始平衡，这时电桥输出为 0。改变被测的非电量，则被测电阻发生变化，这时电桥输出电压 $U_o\neq0$，开始作相应变化。测出这个电压后，可根据式(5.7.5)或式(5.7.6)计算得到 ΔR。对于 $\Delta R\ll R_{x_0}$ 的情况下可按式(5.7.7)或式(5.7.8)计算得到 ΔR 值。

② 根据测量结果求得 $R_x=R_{x_0}+\Delta R$，并可作 U_o—ΔR 曲线，曲线的斜率就是电桥的测量灵敏度。根据所得曲线，可由 U_o的值得到 ΔR 的值，也就是可根据电桥的输出 U_o来测得被测电阻 R_x 值。

4. 用非平衡电桥测温度方法

(1) 用线性电阻测温度

一般来说，金属的电阻随温度的变化可用下式描述：

$$R_x=R_{x_0}(1+\alpha t+\beta t^2)\tag{5.7.10}$$

如铜电阻传感器 $R_{x_0}=50\ \Omega$($T=0$ ℃时的电阻值)，$\alpha=4.289\times10^{-3}/℃$，$\beta=-2.133\times10^{-7}/℃$。

一般分析时，在温度不是很高的情况下，忽略温度二次项 βt^2，可将金属的电阻值随温度变化视为线性变化，即

$$R_x = R_{x_0}(1+\alpha t)$$

所以 $\Delta R=\alpha R_{x_0}\Delta t$，代入式(5.7.6)有

$$U_{\mathrm{o}} = \frac{R_2}{(R_2+R_{x_0})^2}\cdot\frac{\alpha R_{x_0}\Delta t\cdot E}{1+\dfrac{\alpha R_{x_0}}{R_2+R_{x_0}}\cdot\Delta t} \tag{5.7.11}$$

式中的 αR_{x_0} 值可由以下方法测得，取两个温度 t_1、t_2，测得 R_{x_1}，R_{x_2}，则

$$\alpha R_{x_0} = \frac{R_{x_2}-R_{x_1}}{t_2-t_1}$$

根据式(5.7.11)，由电桥的输出 U_{o} 得相应的温度变化量 Δt，从而求得 $t=t_0+\Delta t$。

特殊地，当 $\Delta R \ll R_{x_0}$ 时，式(5.7.11)可简化为

$$U_{\mathrm{o}} = \frac{R_2}{(R_2+R_{x_0})^2}\cdot\alpha R_{x_0}\Delta t\cdot E \tag{5.7.12}$$

这时 U_{o} 与 Δt 成线性关系。

(2) 利用热敏电阻测温度

半导体热敏电阻具有负的电阻温度系数，电阻值随温度升高而迅速下降，这是因为热敏电阻由一些金属氧化物如 Fe_3O_4、$MgCr_2O_4$ 等半导体制成，在这些半导体内部，自由电子数目随温度的升高增加得很快，导电能力很快增强。虽然原子振动也会加剧并阻碍电子的运动，但这种作用对导电性能的影响远小于电子被释放而改变导电性能的作用，所以温度上升会使电阻值迅速下降。

热敏电阻的电阻温度特性可以用下述指数函数来描述：

$$R_T = A\mathrm{e}^{\frac{B}{T}} \tag{5.7.13}$$

式中：A 为与材料性质的电阻器几何形状有关的常数；B 为与材料半导体性质有关的常数；T 为绝对温度。

为了求得准确的 A 和 B，可将式(5.7.13)两边取对数：

$$\ln R_T = \ln A + \frac{B}{T} \tag{5.7.14}$$

选取不同的温度 T，得到不同的 R_T。根据式(5.7.14)，当分别取两个不同的温度 $T=T_1$ 和 $T=T_2$ 时，有

$$\ln R_{T_1} = \ln A + B/T_1;\qquad \ln R_{T_2} = \ln A + B/T_2$$

将这两式相减后得到

$$B = \frac{\ln R_{T_1} - \ln R_{T_2}}{\dfrac{1}{T_1}-\dfrac{1}{T_2}} \tag{5.7.15}$$

将式(5.7.15)代入式(5.7.13)可得

$$A = R_{T_1}\mathrm{e}^{-\frac{B}{T_1}} \tag{5.7.16}$$

常用半导体热敏电阻的 B 值为 1 500～5 000 K。

不同的温度时 R_T 有不同的值，电桥的 U_o 也会有相应的变化。可以根据 U_o 与 T 的函数关系，经标定后，用 U_o 测量温度 T，但这时 U_o 与 T 的关系是非线性的，显示和使用不是很方便。这就需要对热敏电阻进行线性化。线性化的方法很多，常见的有：

① 串联法。通过选取一个合适的低温度系数的电阻与热敏电阻串联，就可使温度与电阻的倒数成线性关系；再用恒压源构成测量电源，就可使测量电流与温度成线性关系。

② 串并联法。在热敏电阻两端串并联电阻。总电阻是温度的函数，在选定的温度点进行级数展开，并令展开式的二次项为 0，忽略高次项，从而求得串并联电阻的阻值，这样就可使总电阻与温度成正比，展开温度常为测量范围的中间温度，详细推导可由学生自己完成。

③ 非平衡电桥法。选择合适的电桥参数，可使电桥输出与温度在一定的范围内成近似的线性关系。

④ 用运算放大的结合电阻网络进行转换，使输出电压与温度成一定的线性关系。

下面重点讲述用非平衡电桥进行线性化设计的方法。

在图 5.7.1 中，R_1、R_2、R_3 为桥臂测量电阻，具有很小的温度系数，R_x 为热敏电阻，由于只检测电桥的输出电压，故 R_L 开路，根据式(5.7.4)有

$$U_o=\left(\frac{R_x}{R_2+R_x}-\frac{R_3}{R_1+R_3}\right)\cdot E$$

式中：$R_x=Ae^{\frac{B}{T}}$。

可见，U_o 是温度 T 的函数，将 U_o 在需要测量的温度范围的中点温度 T_1 处按泰勒级数展开：

$$U_o=U_{o1}+U_o'(T-T_1)+U_n \tag{5.7.17}$$

其中

$$U_n=\frac{1}{2}U''(T-T_1)^2+\sum_{i=3}^{\infty}U_o^{(n)}(T-T_1)^n$$

式中：U_{o1} 为常数项，不随温度变化。$U_o'(T-T_1)$ 为线性项，U_n 代表所有的非线性项，它的值越小越好，为此令 $U''=0$，则 U_n 的三次项可看作是非线性项，从 U_n 的四次项开始数值很小，可以忽略不计。

式(5.7.17)中 U_o 的一阶导数为

$$U_o'=\left(\frac{R_x}{R_2+R_x}-\frac{R_3}{R_1+R_3}\right)'\cdot E$$

将 $R_x=Ae^{\frac{B}{T}}$ 代入上式并展开求导可得

$$U_o'=-\frac{ABR_2e^{\frac{B}{T}}}{(R_2+Ae^{\frac{B}{T}})^2T^2}\cdot E$$

U_o的二阶导数为

$$U''_o=\left\{-\frac{ABR_2e^{\frac{B}{T}}}{(R_2+Ae^{\frac{B}{T}})^2T^2}\cdot E\right\}'=$$

$$\frac{BR_2Ae^{\frac{B}{T}}}{(R_2+Ae^{\frac{B}{T}})^3T^4}\{R_2(B+2T)-(B-2T)Ae^{\frac{B}{T}}\}\cdot E$$

令 $U''=0$,可得

$$R_2(B+2T)-(B-2T)Ae^{\frac{B}{T}}=0$$

即

$$Ae^{\frac{B}{T}}=\frac{B+2T}{B-2T}\cdot R_2 \tag{5.7.18}$$

根据以上的分析,将式(5.7.17)改为如下表达式:

$$U_o=\lambda+m(t-t_1)+n(t-t_1)^3 \tag{5.7.19}$$

式中:t 和 t_1 分别为 T 和 T_1 对应的摄氏温度,线性函数部分为

$$U_o=\lambda+m(t-t_1) \tag{5.7.20}$$

式中的 λ 为 U_o 在温度 T_1 时的值:

$$\lambda=U_o=\left(\frac{R_x(T_1)}{R_2+R_x(T_1)}-\frac{R_3}{R_1+R_3}\right)\cdot E$$

将 $R_x(T_1)=Ae^{\frac{B}{T_1}}=\dfrac{B+2T_1}{B-2T_1}R_2$ 代入上式,可得

$$\lambda=\left(\frac{B+2T_1}{2B}-\frac{R_3}{R_1+R_3}\right)\cdot E \tag{5.7.21}$$

式(5.7.20)中 m 的值为 U'_o 在温度 T_1 时的值:

$$m=U'_o=-\frac{BR_2Ae^{\frac{B}{T_1}}}{(R_2+Ae^{\frac{B}{T_1}})^2T_1^2}\cdot E$$

将 $R_x(T_1)=Ae^{\frac{B}{T_1}}=\dfrac{B+2T_1}{B-2T_1}R_2$ 代入上式,可得

$$m=\left(\frac{4T_1^2-B^2}{4BT_1^2}\right)\cdot E \tag{5.7.22}$$

非线性部分为 $n(t-t_1)^3$,是系统误差,这里忽略不计。线性化设计的过程如下:

根据给定的温度范围确定 T_1 的值,一般为温度中间值,例如设计一个 30.0～50.0 ℃的数字表,则 T_1 选 313 K,即 $T_1=40.0$ ℃。B 值由热敏电阻的特性决定,可根据式(5.7.13)所述求得。根据非平衡电桥的显示表头适当选取 λ 和 m 的值,可使表头的显示数正好为摄氏温度值,λ 为测温范围的中心值 $m\cdot T_1$(mV)。这样 λ 为数字温度计测量范围的中心温度,m 就是测温的灵敏度。

确定 m 值后,E 的值由式(5.7.22)可求得

$$E = \left(\frac{4BT_1^2}{4T_1^2 - B^2}\right) \cdot m \tag{5.7.23}$$

由式(5.7.18)可得

$$R_2 = \frac{B - 2T}{B + 2T} \cdot R_x$$

R_2的值可取 T_1温度时的 $R_x(T_1)$值计算

$$R_2 = \frac{B - 2T_1}{B + 2T_1} \cdot R_x(T_1) \tag{5.7.24}$$

由式(5.7.19)可得 λ，这样选定 λ 值后，就可求得 R_1与 R_3的比值。选好 R_1与 R_3的比值后，根据 R_1与 R_3的阻值可调范围，确定 R_1与 R_3的值。

$$\frac{R_1}{R_3} = \frac{2BE}{(B + 2T_1)E - 2B\lambda} - 1 \tag{5.7.25}$$

5.7.4 实验内容与步骤

1. 用非平衡电桥测量铜电阻

① 预调电桥平衡。起始温度可以选室温或测量范围内的其他温度。选等臂电桥或卧式电桥做一组 U_o、ΔR 数据。将 DHW－1/DHW－2 型温度传感实验装置或 DHT－2 热学实验仪的“铜电阻”端接到非平衡电桥输入端。调节合适的桥臂电阻，使 $U_o = 0$，测出 $R_{x_0} =$ ____ Ω，并记下初始温度 $T_0 =$ ____℃。

② 调节控温仪，使铜电阻升温，根据数字温控表的显示温度，读取相应的电桥输出 U_o。ΔR 的值根据式(5.7.7)可求得

$$\Delta R = \frac{4R_{x_0} \cdot U_o}{E - 2U_o}$$

每隔 5 ℃温度测量一次，记录于表 5.7.1 中。

表 5.7.1 卧式电桥测铜电阻数据记录表

温度/℃											
U_o/mV											
ΔR											
铜电阻 R_x											

③ 用立式电桥或比例电桥，重复以上步骤，ΔR 的值根据下式求得

$$\Delta R = \frac{(R_2 + R_{x_0})^2 \cdot U_o}{R_2 E - (R_2 + R_{x_0})U_o}$$

每隔 4 ℃温度测量一次，记录于表 5.7.2 中。

2. 用非平衡电桥测温度

选 2.7 kΩ 的热敏电阻，设计的温度测量范围为 30.0～50.0 ℃(夏天室温较高

时,也可以将设计温度适当提高,例如改为 35～55 ℃、40～60 ℃)。

表 5.7.2　卧式电桥测铜电阻数据记录表

温度/℃											
U_o/mV											
ΔR											
铜电阻 R_x											

① 在测量温度之前,先要获得热敏电阻的温度特性。为了获得较为准确的电阻测量值,可以用单臂电桥测量不同温度下的热敏电阻值。

将 DHW－1/DHW－2 型温度传感实验装置或 DHT－2 热学实验仪的“热敏电阻”端接到电桥的 R_x 端,用单电桥测量,一般取 5 位有效数字即可。调节控温仪,使热敏电阻升温。每隔一定温度,测出 R_x,并记下相应的温度 T 于表 5.7.3 中。

表 5.7.3　单臂电桥测量不同温度下的热敏电阻值记录表

温度/℃	25	30	35	40	45	50	55	60	65
热敏电阻 R_x									

② 根据表 5.7.3 测得的数据,绘制 $\ln R_T - 1/T$ 曲线,并根据式(5.7.15)、式(5.7.16)求得 $A=$____和 $B=$____,注意这里的 $T=(273+t)$K。

③ 根据非平衡电桥的表头,选择 λ 和 m,根据式(5.7.22)计算可知 m 为负值,相应的 λ 也为负值。本实验如使用 2 V 表头,可选 m 为－10 mV/℃,λ 为测温范围的中心值－400 mV,这样该数字温度计的分辨率为 0.01 ℃。

④ 按式(5.7.23)求得 $E=$____V。调节“电压调节”旋钮,将“数字表输入”端用导线接至“电源输出”,接通“G”按钮,用数字表头的合适量程进行测量,调节电源电压 E 为所需值。保持电位器位置不变,“数字表输入”端用测量导线接至电桥的输出端,即面板上 G 两端的插孔中,这时非平衡电桥的 E 已调好。

⑤ 按式(5.7.24)求得 $R_2=$____Ω。按式(5.7.25)求得 $R_1/R_3=$____,根据 R_1、R_3 的阻值范围确定 $R_1=$____Ω(可选 100 Ω),$R_3=$____Ω。

⑥ 按求得的 R_1、R_2、R_3 值,接好非平衡电桥电路。设定温度 $T=40.0$ ℃,待温度稳定后,电桥应输出 $U_o=-400$ mV。如果不为－400 mV,再微调 R_2、R_3 值。最后的 $R_1=$____Ω,$R_2=$____Ω,$R_3=$____Ω。

⑦ 在 30～50 ℃的温度测量范围内测量 U_o 与 T 的关系,并作记录。

3. 注意事项

① 电桥使用时,应避免将桥臂同时调到零值附近测量,这样可能会出现较大的工作电流,测量精度也会下降。

② 选择不同的桥路测量时,应注意选择合适的工作电源。

③ 仪器使用完毕后，务必关闭电源。

④ 电桥应存放于温度 0～40 ℃，相对湿度低于 80%的室内空气中，不应含有腐蚀性气体，避免在阳光下暴晒。

5.7.5　数据处理

(1) 根据表 5.7.1 中卧式电桥测量结果作 R_x—T 曲线，由图求出 α，试与理论值比较，并作图求出某一温度____℃时的电阻值 R_x(℃)＝____ Ω。

(2) 根据表 5.7.2 中立式电桥的测量结果作 R_x—T 曲线，试与卧式电桥曲线比较。

(3) 用铜电阻测量温度：

① 根据前面的实验结果，由式(5.7.11)可得

$$\Delta t = \frac{(R_2 + R_{x_0})^2}{R_2 E - (R_2 + R_{x_0})U_o} \cdot \frac{U_o}{\alpha R_{x_0}} \tag{5.7.26}$$

② 用等臂电桥或卧式电桥实验时则简化为

$$\Delta t = \frac{4}{E - 2U_o} \cdot \frac{U_o}{\alpha} \tag{5.7.27}$$

③ 实际的 α 值根据公式 $\alpha R_{x_0} = \dfrac{R_{x_2} - R_{x_1}}{t_2 - t_1}$ 可得

$$\alpha = \frac{R_{x_2} - R_{x_1}}{(t_2 - t_1)R_{x_0}}$$

④ 取两个温度 T_1、T_2，测得 R_{x_1}，R_{x_2} 则可求得 α。

⑤ 这样可根据式(5.7.26)或式(5.7.27)，由电桥的输出 U_o 求得相应的温度变化量 ΔT，从而求得 $T = T_0 + \Delta T$。

⑥ 根据测量结果作 U_o—T 曲线。

(4) 根据表 5.7.2 作 U_o—T 关系图并进行直线拟合，检查该温度测量系统的线性和误差。同时，在 30～50 ℃的温度测量范围内任意设定加热装置的几个温度点作为未知温度，用该温度计测量这些未知温度，并计算误差。

5.7.6　实验思考

① 非平衡电桥与平衡电桥有何异同？

② 用非平衡电桥设计热敏电阻温度计有什么特点？所测温度的范围受哪些因素限制？

5.8　电表改装和万用表设计

电表在电测量中有着广泛的应用，因此如何了解电表和使用电表就显得十分重

要。电流计(表头)由于构造的原因,一般只能测量较小的电流和电压,如果要用它来测量较大的电流或电压,就必须进行改装,以扩大其量程。万用表的原理就是对微安表头进行多量程改装而来的,在电路的测量和故障检测中得到了广泛的应用。

5.8.1 实验目的

① 测量表头内阻及满度电流。

② 掌握将 1 mA 表头改成较大量程的电流表和电压表的方法。

③ 设计一个 $R_{中}=1\ 000\ \Omega$ 的欧姆表。

④ 用电阻器校准欧姆表,画校准曲线,并根据校准曲线用组装好的欧姆表测未知电阻。

⑤ 学会校准电流表和电压表的方法。

5.8.2 实验仪器

指针式被改装表、电阻箱、标准电流表、标准电压表、可调稳压源、万用表等。

5.8.3 实验原理

常见的磁电式电流计主要由放在永久磁场中用细漆包线绕制的可以转动的线圈、用来产生机械反力矩的游丝、指示用的指针和永久磁铁所组成。当电流通过线圈时,载流线圈在磁场中就产生一磁力矩 M,使线圈转动,从而带动指针偏转。线圈偏转角度的大小与通过的电流大小成正比,所以可由指针的偏转直接指示出电流值。

1. 测量表头内阻

电流计允许通过的最大电流称为电流计的量程,用 I_g 表示;电流计的线圈有一定内阻,用 R_g 表示;I_g 与 R_g 是两个表示电流计特性的重要参数。测量内阻 R_g 的常用方法有半电流法和替代法。

(1) 半电流法(中值法)

测量原理图见图 5.8.1。当被测电流计接在电路中时,使电流计满偏,再用十进位电阻箱与电流计并联作为分流电阻,改变电阻值即改变分流程度,当电流计指针指示到中间值,且标准表读数(总电流强度)仍保持不变时,可通过调电源电压和 R_W 来实现,显然这时分流电阻值就等于电流计的内阻。

(2) 替代法

测量原理图见图 5.8.2。当被测电流计接在电路中时,用十进位电阻箱替代它,且改变电阻值,当电路中的电压不变,且电路中的电流(标准表读数)亦保持不变时,则电阻箱的电阻值即为被测电流计内阻。

替代法是一种应用很广的测量方法,具有较高的测量准确度。

2. 改装为大量程电流表

根据电阻并联规律可知,如果在表头两端并联上一个阻值适当的电阻 R_2,如

图 5.8.3 所示，可使表头不能承受的那部分电流从 R_2 上分流通过。这种由表头和并联电阻 R_2 组成的整体(图中虚线框里的部分)就是改装后的电流表。如需将量程扩大 n 倍，则不难得出

$$R_2 = R_g/(n-1) \tag{5.8.1}$$

图 5.8.3 为扩流后的电流表原理图。用电流表测量电流时，电流表应串联在被测电路中，所以要求电流表应有较小的内阻。另外，在表头上并联阻值不同的分流电阻，便可制成多量程的电流表。

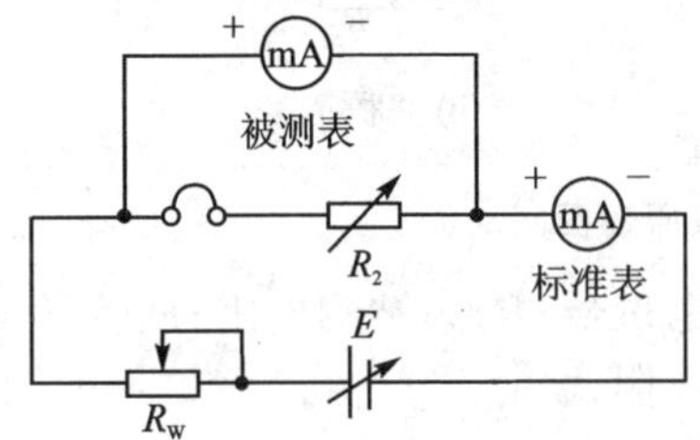

图 5.8.1 半电流法电路图

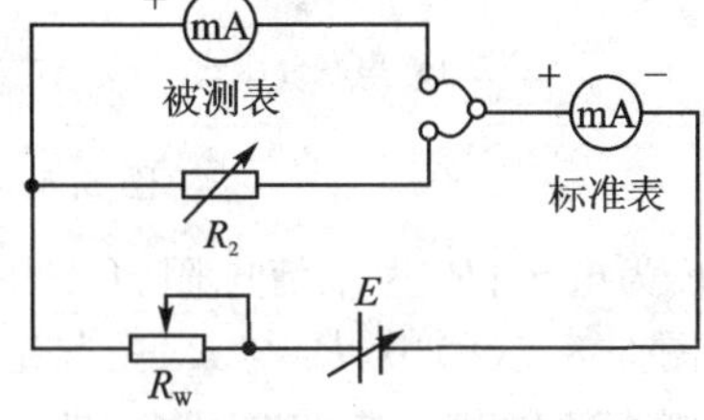

图 5.8.2 替代法电路图

3. 改装为电压表

一般表头能承受的电压很小，不能用来测量较大的电压。为了测量较大的电压，可以给表头串联一个阻值适当的电阻 R_M，如图 5.8.4 所示，使表头上不能承受的那部分电压降落在电阻 R_M 上。这种由表头和串联电阻 R_M 组成的整体就是电压表，串联的电阻 R_M 叫做扩程电阻。选取不同大小的 R_M，就可以得到不同量程的电压表。由图 5.8.4 可求得扩程电阻值为

$$R_M = \frac{U}{I_g} - R_g \tag{5.8.2}$$

实际的扩展量程后的电压表原理见图 5.8.4，用电压表测电压时，电压表总是并联在被测电路上，为了不因并联电压表而改变电路中的工作状态，要求电压表应有较高的内阻。

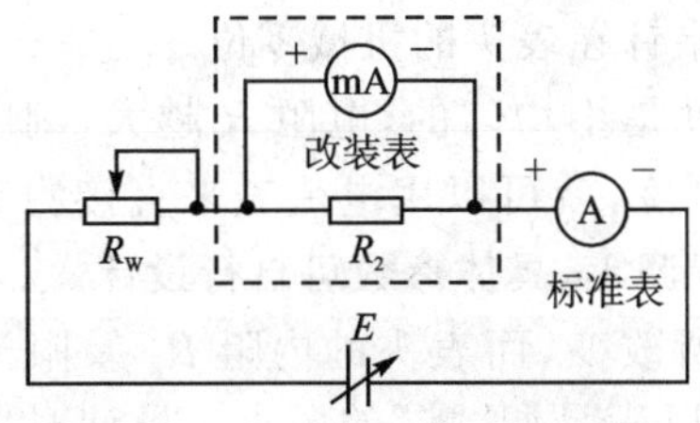

图 5.8.3 改装电流表电路图

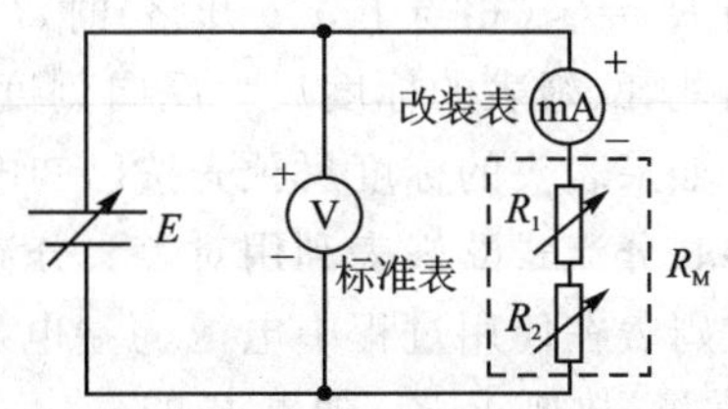

图 5.8.4 改装电压表电路图

4. 改装毫安表为欧姆表

用来测量电阻大小的电表称为欧姆表。根据调零方式的不同，可分为串联分压

式和并联分流式两种。其原理电路如图 5.8.5 所示。

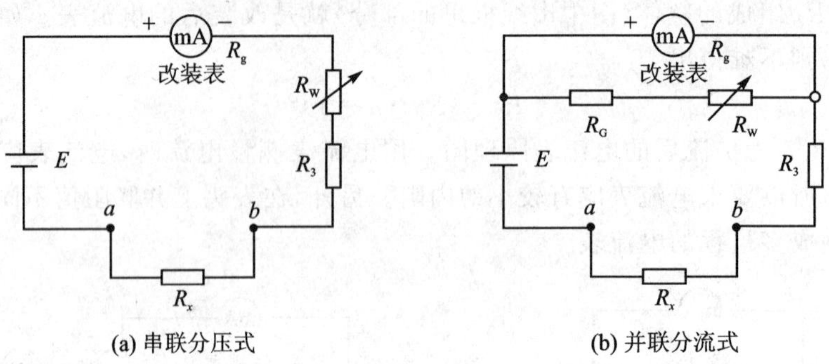

(a) 串联分压式　　(b) 并联分流式

图 5.8.5　欧姆表原理图

图中：E 为电源；R_3 为限流电阻；R_W 为调“零”电位器；R_x 为被测电阻；R_g 为等效表头内阻。图 5.8.5(b)中，R_G 与 R_W 一起组成分流电阻。

欧姆表使用前先要调“零”点，即 a、b 两点短路，(相当于 $R_x=0$)，调节 R_W 的阻值，使表头指针正好偏转到满度。可见，欧姆表的零点是在表头标度尺的满刻度(即量限)处，与电流表和电压表的零点正好相反。在图(a)中，当 a、b 端接入被测电阻 R_x 后，电路中的电流为

$$I=\frac{E}{R_g+R_W+R_3+R_x} \tag{5.8.3}$$

对于给定的表头和线路来说，R_g、R_W、R_3 都是常量。由此可见，当电源端电压 E 保持不变时，被测电阻和电流值有一一对应的关系。即接入不同的电阻，表头就会有不同的偏转读数，R_x 越大，电流 I 越小。短路 a、b 两端，即 $R_x=0$ 时指针满偏。

$$I=\frac{E}{R_g+R_W+R_3}=I_g \tag{5.8.4}$$

当 $R_x=R_g+R_W+R_3$ 时，有

$$I=\frac{E}{R_g+R_W+R_3+R_x}=\frac{1}{2}I_g \tag{5.8.5}$$

这时指针在表头的中间位置，对应的阻值为中值电阻，显然 $R_{中}=R_g+R_W+R_3$。

当 $R_x=\infty$(相当于 a、b 开路)时，$I=0$，即指针在表头的机械零位。

因此，欧姆表的标度尺为反向刻度，且刻度是不均匀的，电阻 R 越大，刻度间隔越密。如果表头的标度尺预先按已知电阻值刻度，就可以用电流表来直接测量电阻了。并联分流式欧姆表利用对表头分流来进行调零，具体参数可自行设计。

欧姆表在使用过程中电池的端电压会有所改变，而表头的内阻 R_g 及限流电阻 R_3 为常量，故要求 R_W 随着 E 的变化而变化，以满足调“零”的要求。设计时用可调电源模拟电池电压的变化，范围取 1.3～1.6 V 即可。

5.8.4　实验内容与步骤

仪器在进行实验前应对毫安表进行机械调零。

(1) 用中值法或替代法测出表头的内阻，按图 5.8.1 或图 5.8.2 接线。

(2) 将一个量程为 1 mA 或 100 μA 的表头改装成 5 mA 量程的电流表。

① 根据式(5.8.1)计算出分流电阻值，先将电源调到最小，R_W 调到中间位置，再按图 5.8.3 接线。

② 慢慢调节电源，升高电压，使改装表指到满量程(可配合调节 R_W 变阻器)，这时记录标准表读数。**注意：**R_W作为限流电阻，阻值不要调至最小值。然后调小电源电压，使改装表每隔 1 mA(满量程的 1/5)逐步减小读数直至零点(将标准电流表选择开关打在 20 mA 挡量程)；再调节电源电压，按原间隔逐步增大改装表读数到满量程，自行设计数据表格并每次记下标准表相应的读数。

③ 以改装表读数为横坐标，标准表由大到小及由小到大调节时两次读数的平均值为纵坐标，在坐标纸上作出电流表的校正曲线，并根据两表最大误差的数值定出改装表的准确度级别。

④ 重复以上步骤，将 1 mA 或 100 μA 表头改装成 10 mA 表头，可按每隔 2 mA 测量一次(可选做)。

⑤ 将面板上的 R_G 和表头串联，作为一个新的表头，重新测量一组数据，并比较扩流电阻有何异同(可选做)。

(3) 将一个量程为 1 mA 或 100 μA 的表头改装成 1.5 V 量程的电压表。

① 根据式(5.8.2)计算扩程电阻 R_M 的阻值，可用 R_1、R_2 进行实验。

② 按图 5.8.4 连接校准电路。用量程为 2 V 的数显电压表作为标准表来校准改装的电压表。

③ 调节电源电压，使改装表指针指到满量程(1.5 V)，记下标准表读数。然后每隔 0.3 V 逐步减小改装读数直至零点，再按原间隔逐步增大到满量程，自行设计数据表格并每次记下标准表相应的读数。

④ 以改装表读数为横坐标，标准表由大到小及由小到大调节时两次读数的平均值为纵坐标，在坐标纸上作出电压表的校正曲线，并根据两表最大误差的数值定出改装表的准确度级别。

⑤ 重复以上步骤，将 1 mA 或 100 μA 表头改成 5 V 表头，可按每隔 1 V 测量一次(可选做)。

(4) 改装欧姆表及标定表面刻度。

① 根据表头参数 I_g 和 R_g 以及电源电压 E，选择 R_W 为 470 Ω，R_3 为 1 kΩ，也可自行设计确定。

② 按图 5.8.5(a)进行连线。将 R_1、R_2 电阻箱(这时作为被测电阻 R_x)接于欧姆表的 a、b 端，调节 R_1、R_2，使 $R_{中}=R_1+R_2=1\ 500\ \Omega$。

③ 调节电源 $E=1.5$ V，调 R_W 使改装表头指示为零。

④ 取电阻箱的电阻为一组特定的数值 R_{x_i}，读出相应的偏转格数 d_i。利用所得读数 R_{x_i}、d_i绘制出改装欧姆表的标度盘。

⑤ 按图 5.8.5(b)进行连线,设计一个并联分流式欧姆表。试与串联分压式欧姆表比较,有何异同(可选做)。

5.8.5 注意事项

① 严格按照实验步骤及要求进行实验。请遵循"先接线,再加电;先断电,再拆线"的原则。在加电前应确认接线已准确无误(特别是在测量高压或大电流时),避免电路短路。

② 使用时应注意电压源的量程是否正确,以免电压过大造成仪器故障。

③ 本实验采用开放式设计,所以连接插线时注意所加电流不能超过被改表头电流量程,以免损坏表头。

5.8.6 思考题

① 是否还有其他办法来测定电流计内阻?能否用欧姆定律来进行测定?能否用电桥来进行测定而又保证通过电流计的电流不超过 I_g?

② 设计 $R_{中}=1\ 500\ \Omega$ 的欧姆表,现有两块量程为 1 mA 的电流表,其内阻分别为 250 Ω 和 100 Ω,你认为选哪块较好?

5.9 数字万用表的设计和校准

数字电表以它显示直观、准确度高、分辨率强、功能完善、性能稳定、体积小、易于携带等特点在科学研究、工业现场和生产生活中得到了广泛的应用。数字电表工作原理简单,完全可以让读者理解并利用这一工具来设计对电流、电压、电阻、压力、温度等物理量的测量,从而提高大家的动手能力和解决问题的能力。

5.9.1 实验目的

① 了解数字电表的基本原理及常用双积分模数转换芯片外围参数的选取原则、电表的校准原则以及测量误差来源。

② 了解万用表的特性、组成和工作原理。

③ 掌握分压、分流电路的原理以及设计对电压、电流和电阻的多量程测量。

④ 了解交流电压、三极管和二极管相关参数的测量。

⑤ 通过数字电表原理的学习,能够在传感器设计中灵活应用数字电表。

5.9.2 实验仪器

DH6505 数字电表原理及万用表设计实验仪、四位半通用数字万用表、示波器、电阻箱等。

5.9.3　实验原理

1. 数字电表原理

常见的物理量都是幅值大小连续变化的模拟量，指针式仪表可以直接对模拟电压和电流进行显示。而对数字式仪表，需要把模拟电信号（通常是电压信号）转换成数字信号，再进行显示和处理。

数字信号与模拟信号不同，其幅值大小是不连续的，就是说数字信号的大小只能是某些分立的数值，所以需要进行量化处理。若最小量化单位为Δ，则数字信号的大小是Δ的整数倍，该整数可以用二进制码表示。设$\Delta=0.1$ mV，我们把被测电压V与Δ比较，看V是Δ的多少倍，并把结果四舍五入取为整数N（二进制）。一般情况下，$N\geqslant 1\,000$即可满足测量准确度要求（量化误差$\leqslant 1/1\,000=0.1\%$）。所以，最常见的数字表头的最大示数为1 999，称为三位半数字表。例如：V是Δ（0.1 mV）的1 861倍，即$N=1861$，显示结果为186.1 mV。这样的数字表头，再加上电压极性判别显示电路和小数点选择位，就可以测量显示$-199.9\sim 199.9$ mV的电压，显示准确度为0.1 mV。

(1) 双积分模数（A/D）转换器（ICL7107）的基本工作原理

双积分模数转换电路的原理比较简单，当输入电压为V_x时，在一定时间T_1内对电量为零的电容器C进行恒流（电流大小与待测电压V_x成正比）充电，这样电容器两极之间的电量将随时间线性增加，当充电时间T_1到后，电容器上积累的电量Q与被测电压V_x成正比；然后让电容器恒流放电（电流大小与参考电压V_{ref}成正比），这样电容器两极之间的电量将线性减小，直到T_2时刻减小为零。所以，可以得出T_2也与V_x成正比。如果用计数器在T_2开始时刻对时钟脉冲进行计数，结束时刻停止计数，得到计数值N_2，则N_2与V_x成正比。

双积分A/D转换器的工作原理就是基于上述电容器充放电过程中计数器读数N_2与输入电压V_x成正比构成的。现在以实验中所用到的3位半A/D转换器ICL7107为例来讲述它的整个工作过程。ICL7107双积分式A/D转换器的基本组成如图5.9.1所示，它由积分器、过零比较器、逻辑控制电路、闸门电路、计数器、时钟脉冲源、锁存器、译码器及显示等电路所组成。下面主要介绍其转换电路，大致分为三个阶段：

第一阶段，首先电压输入脚与输入电压断开，而与地端相连放掉电容器C上积累的电量，然后参考电容C_{ref}充电到参考电压值V_{ref}，同时反馈环给自动调零电容C_{AZ}以补偿缓冲放大器、积分器和比较器的偏置电压。这个阶段称为自动校零阶段。

第二阶段为信号积分阶段（采样阶段），在此阶段V_s接到V_x上使之与积分器相连，这样电容器C将被以恒定电流V_x/R充电，与此同时计数器开始计数，当计到某一特定值N_1（对于3位半模数转换器，$N_1=1\,000$）时逻辑控制电路使充电过程结束，

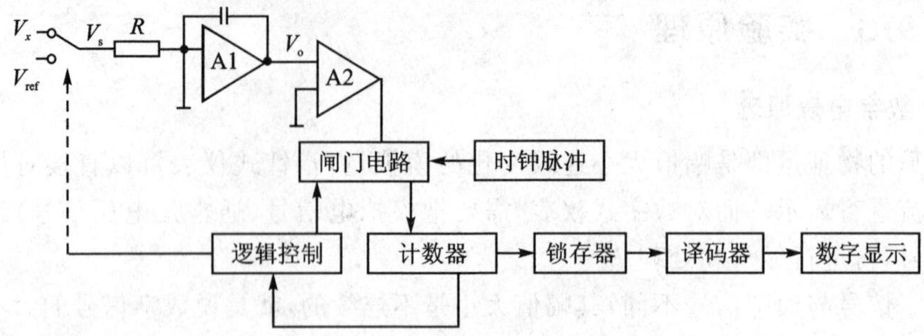

图 5.9.1　双积分 A/D 转换器内部结构图

这样采样时间 T_1 是一定的,假设时钟脉冲为 T_{CP},则 $T_1=N_1TC_P$。在此阶段积分器输出电压 $V_o=-Q_o/C$(因为 V_o 与 V_x 极性相反),Q_o 为 T_1 时间内恒流(V_x/R)给电容器 C 充电得到的电量,所以存在关系式

$$Q_o=\int_0^{T_1}\frac{V_x}{R}\mathrm{d}t=\frac{V_x}{R}T_1 \tag{5.9.1}$$

$$V_o=\frac{-Q_o}{C}=-\frac{V_x}{R_C}T_1 \tag{5.9.2}$$

第三阶段为反积分阶段(测量阶段),在此阶段,逻辑控制电路把已经充电至 V_{ref} 的参考电容 C_{ref} 按与 V_x 极性相反的方式经缓冲器接到积分电路,这样电容器 C 将以恒定电流 V_{ref}/R 放电,与此同时计数器开始计数,电容器 C 上的电量线性减小,当经过时间 T_2 后,电容器电压减小到 0,由零值比较器输出闸门控制信号再停止计数器计数并显示出计数结果。此阶段存在如下关系:

$$V_o+\frac{1}{C}\int_0^{T_2}\frac{V_{ref}}{R}\mathrm{d}t=0 \tag{5.9.3}$$

把式(5.9.2)代入上式,得

$$T_2=\frac{T_1}{V_{ref}}V_x \tag{5.9.4}$$

从式(5.9.4)可以看出,由于 T_1 和 V_{ref} 均为常数,所以 T_2 与 V_x 成正比,从图 5.9.2 可以看出。若时钟最小脉冲单元为 T_{CP},则 $T_1=N_1T_{CP}$,$T_2=N_2T_{CP}$,代入式(5.9.4),即有

$$\frac{V_{ref}}{N_1}N_2=V_x \tag{5.9.5}$$

可以得出测量的计数值 N_2 与被测电压 V_x 成正比。

如图 5.9.2 所示为积分和反积分阶段曲线图。

对于 ICL7107,信号积分阶段时间固定为 1 000 个 T_{CP},即 N_1 的值为 1 000 不变。而 N_2 的计数随 V_x 的不同范围为 0～1 999,同时自动校零的计数范围为 2 999～1 000,也就是测量周期总保持 4 000 个 T_{CP} 不变。即满量程时 $N_{2max}=2\ 000=2N_1$,

所以 $V_{x\max}=2V_{\text{ref}}$。这样，若取参考电压为 100 mV，则最大输入电压为 200 mV；若参考电压为 1 V，则最大输入电压为 2 V。

(2) ICL7107 双积分模数转换器引脚功能、外围元件参数的选择

ICL7107 芯片的引脚图如图 5.9.3 所示，它与外围器件的连接图如图 5.9.4 所示。图 5.9.4 中它和数码管相连的引脚以及电源引脚是固定的，所以不加详述。芯片的第 32 引脚为模拟公共端，称为 COM 端；第 36 引脚 V_{r+} 和 35 引脚 V_{r-} 为参考电压正负输入端；第 31 引脚 IN_+ 和 30 引脚 IN_- 为测量电压正负输入端。

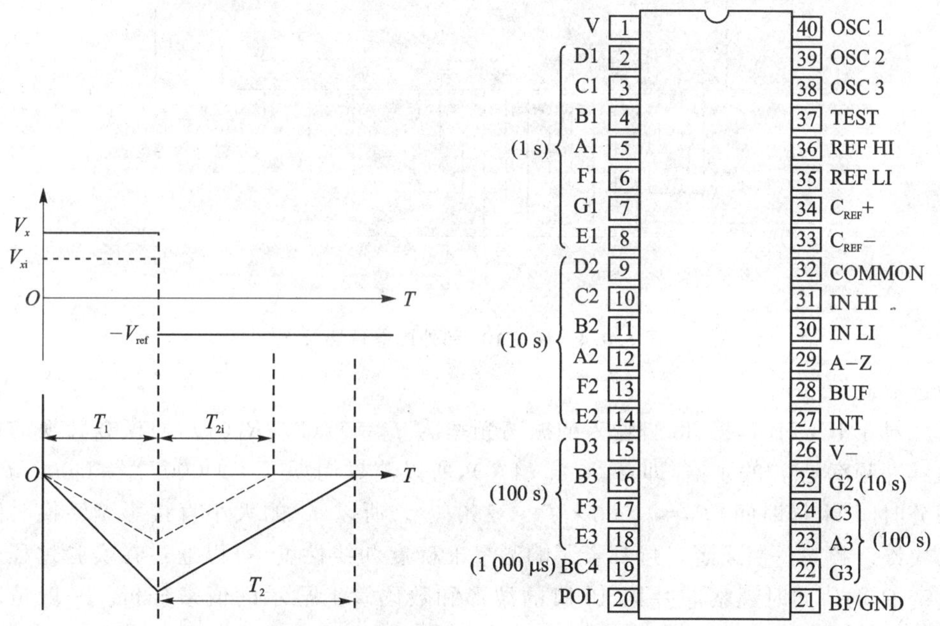

图 5.9.2　积分和反积分阶段曲线图　　**图 5.9.3　ICL7107 芯片引脚图**

C_{int} 和 R_{int} 分别为积分电容和积分电阻，C_{az} 为自动调零电容，它们与芯片的第 27、28 和 29 引脚相连，用示波器接在第 27 引脚可以观测到前面所述的电容充放电过程，该引脚对应实验仪上示波器接口 V_{int}；电阻 R_1 和 C_1 与芯片内部电路组合提供时钟脉冲振荡源，从第 40 引脚可以用示波器测量出该振荡波形，该引脚对应实验仪上示波器接口 CLK，时钟频率的快慢决定了芯片的转换时间（因为测量周期总保持 4 000 个 T_{cp} 不变）以及测量的准确度。下面分析一下这些参数的具体作用。

R_{int} 为积分电阻，它是由满量程输入电压和用来对积分电容充电的内部缓冲放大器的输出电流来定义的，对于 ICL7107，充电电流的常规值为 $I_{\text{int}}=4\ \mu\text{A}$，则 R_{int} = 满量程/4 μA。所以在满量程为 200 mV，即参考电压 $V_{\text{ref}}=0.1$ V 时，$R_{\text{int}}=50\ \text{k}\Omega$，实际选择 47 kΩ 电阻；在满量程为 2 V，即参考电压 $V_{\text{ref}}=1$ V 时，$R_{\text{int}}=500\ \text{k}\Omega$，实际选择 470 kΩ 电阻。$C_{\text{int}}=T_1 I_{\text{int}}/V_{\text{int}}$，一般为了减小测量时工频 50 Hz 干扰，$T_1$ 时间通常选为 0.1 s，这样又由于积分电压的最大值 $V_{\text{int}}=2$ V，所以 $C_{\text{int}}=0.2\ \mu\text{F}$，实际应用

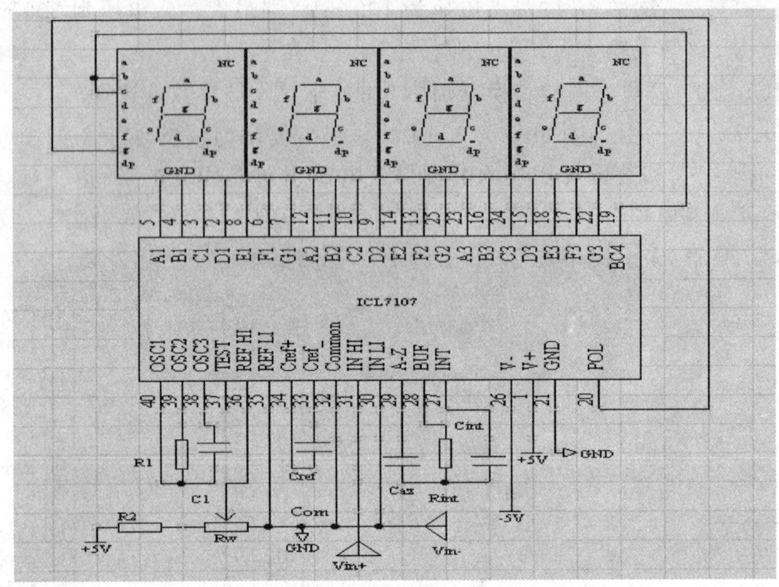

图 5.9.4　ICL7107 和外围器件连接图

中选取 0.22 μF。

对于 ICL7107，第 38 脚输入的振荡频率为 $f_0=1/(2.2R_1C_1)$，而模数转换的计数脉冲频率是 f_0 的 4 倍，即 $T_{cp}=1/(4f_0)$，所以测量周期 $T=4\ 000T_{cp}=1\ 000/f_0$，积分时间(采样时间)$T_1=1\ 000\cdot T_{cp}=250/f_0$。所以 f_0 的大小直接影响转换时间的快慢。频率过快或者过慢都会影响测量准确度和线性度，可以通过在实验过程中改变 R_1 的值同时观察芯片第 40 脚的波形和数码管上显示的值来分析。一般情况下，为了提高在测量过程中抗 50 Hz 工频干扰的能力，应使 A/D 转换的积分时间选择为 50 Hz 工频周期的整数倍，即 $T_1=n\cdot 20$ ms，考虑到线性度和测试效果，我们取 $T_1=0.1$ ms($n=5$)，这样 $T=0.4$ s，$f_0=40$ kHz，A/D 转换速度为 2.5 次/s。由 $T_1=0.1$ ms$=250/f_0$，若取 $C_1=100$ pF，则 $R_1\approx 112.5$ kΩ。实验中为了让读者更好地理解时钟频率对 A/D 转换的影响，我们让 R_1 可以调节，该调节电位器就是实验仪中的电位器 R_{WC}。

(3) 用 ICL7107 A/D 转换器进行常见物理参量的测量

① 直流电压测量的实现(直流电压表)

(a) 当参考电压 $V_{ref}=100$ mV 时，$R_{int}=47$ kΩ。此时采用分压法实现测量 0～2 V 的直流电压，电路图见图 5.9.5。

(b) 直接使参考电压 $V_{ref}=1$ V，$R_{int}=470$ kΩ 来测量 0～2 V 的直流电压，电路图见图 5.9.6。

② 直流电流测量的实现(直流电流表)

直流电流的测量通常有两种方法。第一种为欧姆压降法，如图 5.9.7 所示，即让被测电流流过一定值的电阻 R_i，然后用 200 mV 的电压表测量此定值电阻上的压降 $R_i \cdot I_s$（在 $V_{ref}=100$ mV 时，保证 $R_i \cdot I_s \leqslant 200$ mV 即可），由于对被测电路接入了电阻，因而此测量方法会对原电路有影响，测量电流变成 $I'_s=R_0 \cdot I_s/(R_0+R_i)$，所以被测电路的内阻越大，误差将越小。第二种方法是由运算放大器组成的 $I—V$ 变换电路来进行电流的测量的，此电路对被测电路无影响，但是由于运放自身参数的限制，因此只能够用在对小电流的测量电路中，所以这里不再详述。

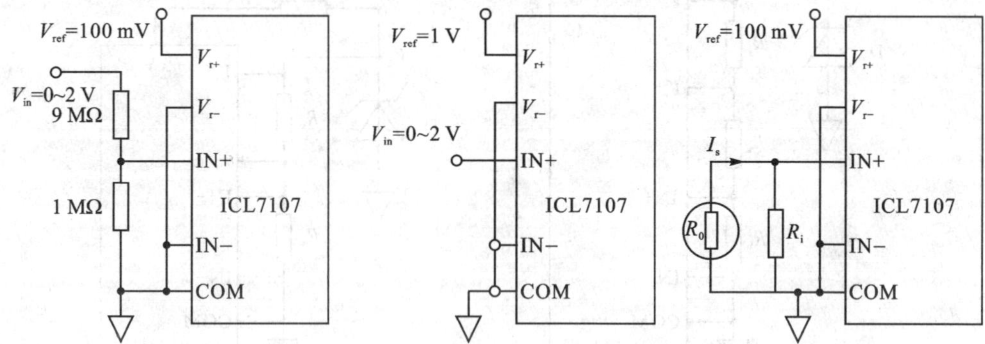

图 5.9.5　分压法直流电压表电路图　图 5.9.6　直流电压表电路图　图 5.9.7　直流电流表电路图

③ 电阻值测量的实现（欧姆表）

(a) 当参考电压选择为 100 mV 时，选择 $R_{int}=47$ kΩ，测试的接线图如图 5.9.8 所示，图中 D_w 可提供测试基准电压，而 R_t 是正温度系数（PTC）热敏电阻，既可以使参考电压低于 100 mV，同时也可以防止误测高电压时损坏转换芯片，所以必须满足 $R_x=0$ 时，$V_r \leqslant 100$ mV。由前面所讲述的 ICL7107 的工作原理，存在：

$$V_r = (V_{r+}) - (V_{r-}) = V_d \cdot R_s/(R_s + R_x + R_t) \tag{5.9.6}$$

$$IN = (IN+) - (IN-) = V_d \cdot R_x/(R_s + R_x + R_t) \tag{5.9.7}$$

由前述理论 $N_2/N_1=IN/V_r$ 有

$$R_x = (N_2/N_1) \cdot R_s \tag{5.9.8}$$

所以从上式可以得出电阻的测量范围始终为 0 Ω～$2R_s$。

(b) 当参考电压选择为 1 V 时，选择 $R_{int}=470$ kΩ，测试电路可以用图 5.9.9 实现，此电路仅供有兴趣的读者参考，因为它不带保护电路，所以必须保证 $V_r \leqslant 1$ V。

在进行多量程实验时（万用表设计实验），为了设计方便，参考电压都将选择为 100 mV，除了比例法测量电阻使 $R_{int}=470$ kΩ，在进行二极管正向导通压降测量时也使 $R_{int}=470$ kΩ，并且加上 1 V 的参考电压。

2. 数字万用表设计

常用万用表测量交直流电压、交直流电流、电阻、三极管 h_{FE} 和二极管正向压降等，图 5.9.10 为万用表测量基本原理图。下面主要介绍提到的几种参数的测量。

本实验使用的 DH6505 型数字电表原理及万用表设计实验仪，其核心是由双积分式模数 A/D 转换译码驱动集成芯片 ICL7107 和外围元件、LED 数码管构成的。为了使读者能更好地理解其工作原理，我们在仪器中预留了 9 个输入端，包括 2 个测量电压输入端（IN+ 、IN−）、2 个基准电压输入端（V_{r+}、V_{r-}）、3 个小数点驱动输入端（dp_1、dp_2 和 dp_3）以及模拟公共端（COM）和地端（GND）。

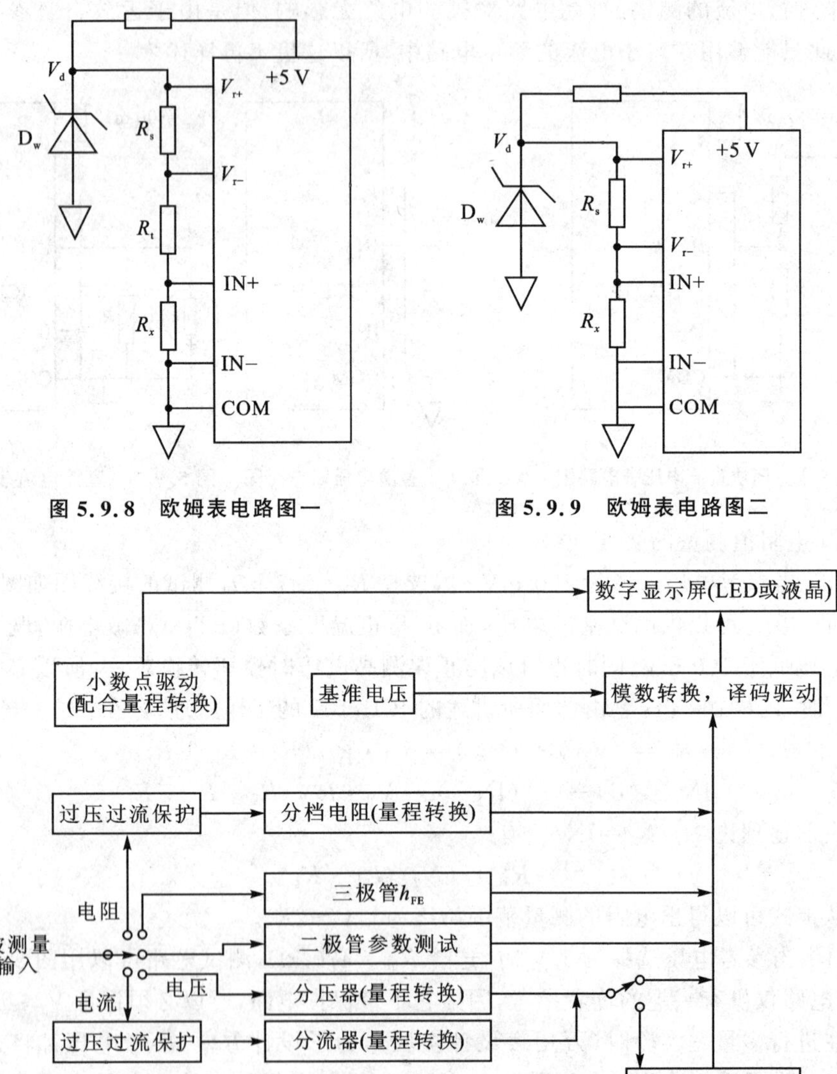

图 5.9.8　欧姆表电路图一　　**图 5.9.9　欧姆表电路图二**

图 5.9.10　数字万用表基本原理图

(1) 直流电压量程扩展测量

在前面所述的直流电压表前面加一级分压电路（分压器），可以扩展直流电压测量的量程，如图 5.9.11 所示，电压表的量程 U_o 为 200 mV，即前面所讲的参考电压选择 100 mV 时所组成的直流电压表，r 为其内阻(如 10 MΩ)，r_1、r_2 为分压电阻，U_i 为扩展后的量程。

因为 $r \gg r_2$，所以分压比为

$$\frac{U_o}{U_i} = \frac{r_2}{r_1 + r_2}$$

扩展后的量程为

$$U_i = \frac{r_1 + r_2}{r_2} U_o$$

多量程分压器原理电路见图 5.9.12，无档量程的分压比分别为 1、0.1、0.01、0.001 和 0.000 1，对应的量程分别为 200 mV、2 V、20 V、200 V 和 2 000 V。

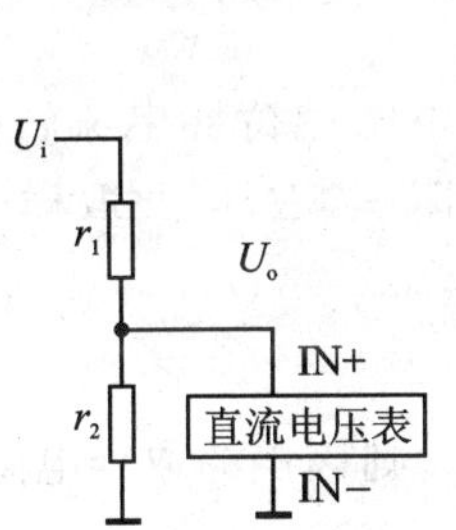

图 5.9.11　分压电路原理

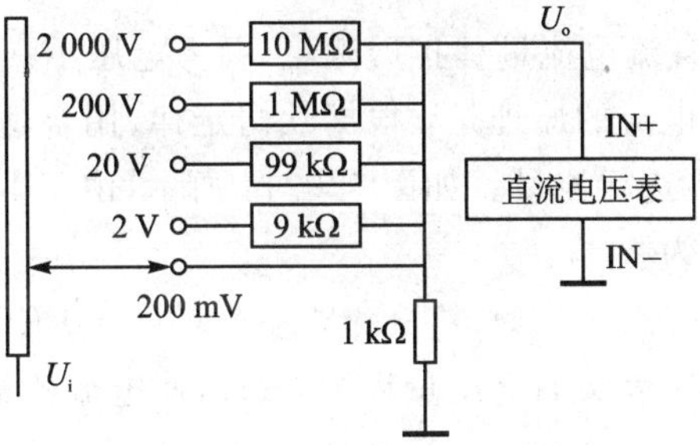

图 5.9.12　多量程分压器原理

采用图 5.9.12 的分压电路(见实验仪中的分压器 b)虽然可以扩展电压表的量程，但在小量程档明显降低了电压表的输入阻抗，这在实际应用中是行不通的。所以，实际通用数字万用表的直流电压档分压电路(见实验仪中的分压器 a)如图 5.9.13 所示，它能在不降低输入阻抗(大小为 $R /\!/ r, R=R_1+R_2+R_3+R_4+R_5$)的情况下，达到同样的分压效果。

例如 20 V 档的分压比为

$$\frac{R_3 + R_2 + R_5}{R_1 + R_2 + R_3 + R_4 + R_5} = \frac{100\ \text{k}\Omega}{10\ \text{M}\Omega} = 0.01$$

其余各档的分压比也可照此算出。

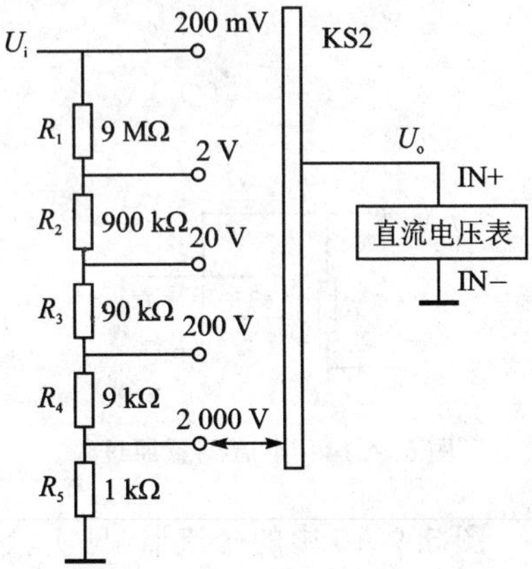

图 5.9.13　实用分压器原理

实际设计时是根据各档的分压比以及考虑输入阻抗要求所决定的总电阻来确定各分压电阻的。首先确定总电阻：

$$R = R_1 + R_2 + R_3 + R_4 + R_5 = 10\ \text{M}\Omega$$

再计算 2 000 V 档的分压电阻：

$$R_5 = 0.000\ 1R = 1\ \text{k}\Omega$$

然后计算 200 V 档的分压电阻：

$$R_4 + R_5 = 0.001R$$

$$R_4 = 9\ \text{k}\Omega$$

这样依次逐档计算 R_3、R_2 和 R_1。

尽管上述最高量程档的理论量程是 2 000 V，但通常的数字万用表出于耐压和安全考虑，规定最高电压量限为 1 000 V。由于只重在掌握测量原理，所以不提倡大家做高电压测量实验。

在转换量程时，波段转换开关可以根据档位自动调整小数点的显示。可以自行设计这一实现过程，只要对应的小数位 dp_1、dp_2 或 dp_3 插孔接地，就可以实现小数点的点亮。

(2) 直流电流量程扩展测量(参考电压 100 mV)

测量电流的原理是：根据欧姆定律，用合适的取样电阻把待测电流转换为相应的电压，再进行测量。如图 5.9.14 所示，由于电压表内阻 $r \gg R$，因此取样电阻 R 上的电压降为

$$U_i = I_i R$$

若数字表头的电压量程为 U_o，欲使电流档量程为 I_o，则该档的取样电阻(也称分流电阻) $R_o = \dfrac{U_o}{I_o}$。若 $U_o = 200$ mV，则 $I_o = 200$ mA 档的分流电阻为 $R = 1\ \Omega$。

多量程分流器原理电路见图 5.9.15。

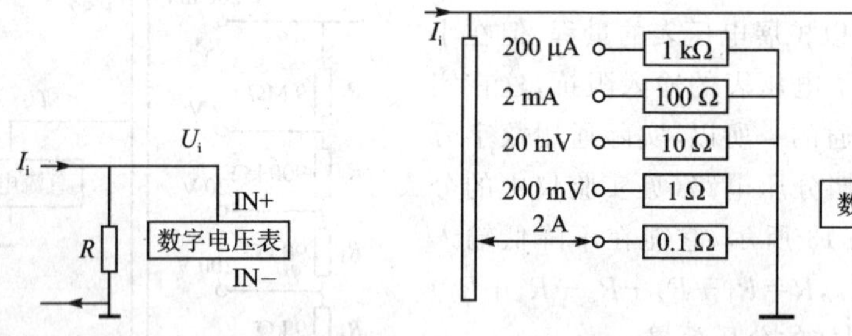

图 5.9.14　电流测量原理　　**图 5.9.15　多量程分流器电路**

图 5.9.15 中的分流器(见实验仪中的分流器 b)在实际使用中有一个缺点，就是当换档开关接触不良时，被测电路的电压可能使数字表头过载，所以，实际数字万用表的直流电流档电路(见实验仪中的分流器 a)如图 5.9.16 所示。

图 5.9.16 中各档分流电阻的阻值是这样计算的：先计算最大电流档的分流电阻 R_5

$$R_5 = \frac{U_o}{I_{m5}} = \frac{0.2}{2}\ \Omega = 0.1\ \Omega$$

同理下一档的 R_4 为

$$R_4 = \frac{U_o}{I_{m4}} - R_5 = \left(\frac{0.2}{0.2} - 0.1\right)\ \Omega = 0.9\ \Omega$$

这样依次可以计算出 R_3、R_2 和 R_1 的值。

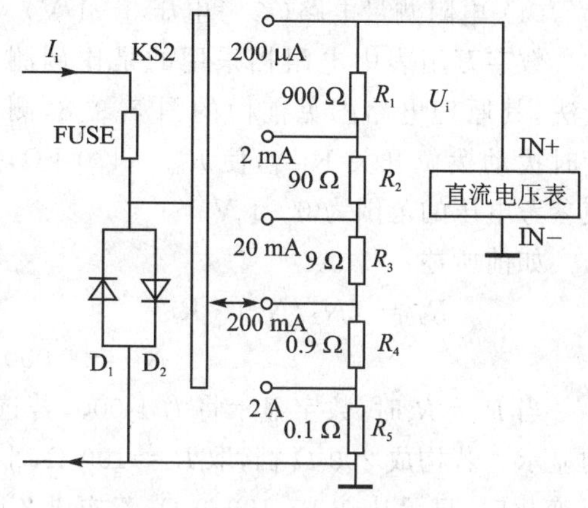

图 5.9.16　实用分流器原理

图 5.9.16 中的 FUSE 是 2 A 的保险丝管，起到过流保护作用。两只反向连接且与分流电阻并联的二极管 D_1、D_2 为硅整流二极管，它们起双向限幅过压保护作用。正常测量时，输入电压小于硅二极管的正向导通压降，二极管截止，对测量毫无影响。一旦输入电压大于 0.7 V，二极管立即导通，两端电压被钳制在 0.7 V 内，保护仪表不被损坏。

用 2 A 档测量时，若发现电流大于 1 A，应尽量减小测量时间，以免大电流引起的较高温升而影响测量的准确度甚至损坏电表。

(3) 交流电压、交流电流测量(参考电压 100 mV)

数字万用表中交流电压、电流测量电路是在直流电压、电流测量电路的基础上，在分压器或分流器之后加入了交直流转换电路，即 AC - DC 变换电路，具体电路图见图 5.9.17。

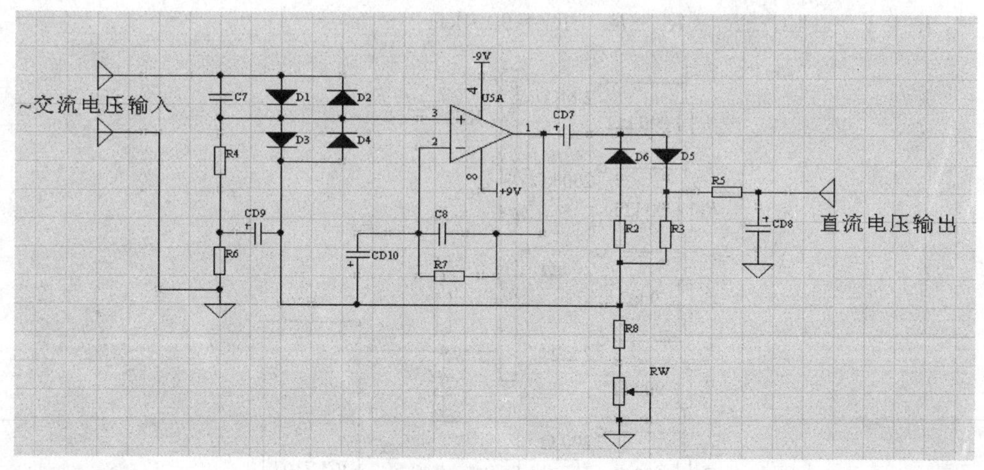

图 5.9.17　交直流电压转换电路

该 AC - DC 变换器主要由集成运算放大器、整流二极管、RC 滤波器等组成，电位器 R_W 用来调整输出电压高低，用来对交流电压档进行校准，使数字表头的显示值等于被测交流电压的有效值。实验仪中用如图 5.9.18 所示的简化图代替。

同直流电压档类似，出于对耐压、安全方面的考虑，交流电压最高档的量限通常限定为 750 V(有效值)。

(4) 电阻测量电路(参考电压 0～1 V)

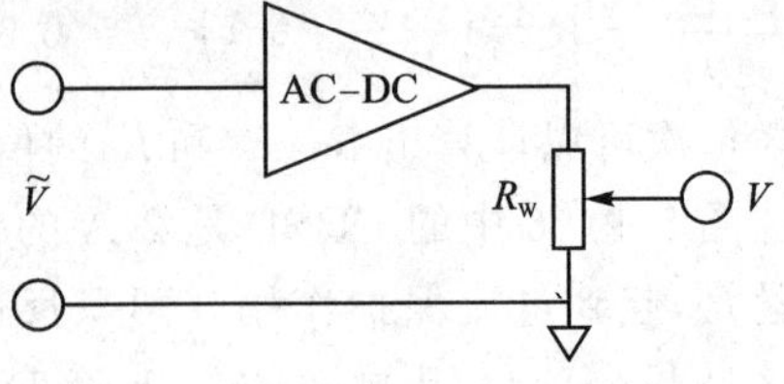

图 5.9.18 交直流电压转换简图

数字万用表中电阻档采用的是比例测量法，其原理电路图见前面的图 5.9.8，测量时拨动拨位开关 K_{1-1}，使 $R_{int}=470\ k\Omega$，使参考电压的范围为 0～1 V。

如前所述：

$$R_x = (N_2/N_1) \cdot R_s$$

$$N_2 = 1\ 000 \cdot R_x/R_s$$

当 $R_x=R_s$时，数字显示将为 1 000，若选择相应的小数点位，就可以实现电阻值的显示。若构成 200 Ω 档，取 $R_s=100\ \Omega$，小数点定在十位上，即让 dp_3插孔接地，当 R_x变化时，显示从 0.1～199.9 Ω；若构成 2 kΩ 档，取 $R_s=1\ k\Omega$，小数点定在千位上，即让 dp_3插孔接地，当 R_x变化时，显示从 0.001～1.999 kΩ；其他档类推。

数字万用表多量程电阻档电路如图 5.9.19 所示，由上述分析给电阻参数的选择如下：

$R_1=100\ \Omega$；

$R_2=1\ 000\ \Omega-R_1=900\ \Omega$；

$R_3=10\ k\Omega-R_1-R_2=9\ k\Omega$；

$R_4=1\ 00\ k\Omega-R_1-R_2-R_3=90\ k\Omega$；

$R_5=1\ 000\ k\Omega-R_1-R_2-R_3-R_4=900\ k\Omega$。

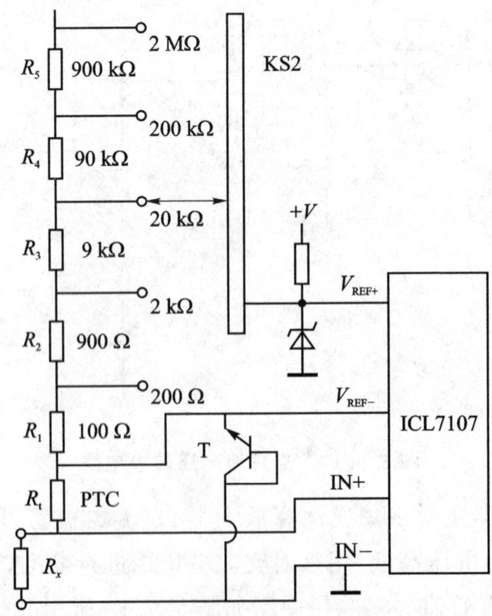

图 5.9.19 多档电阻测试图

图 5.9.19 中由正温度系数(PTC)热敏电阻 R_1 与晶体管 T 组成了过压保护电路,以防误用电阻挡去测高电压时损坏集成电路。当误测高电压时,晶体管 T 发射极将击穿,从而限制了输入电压的升高。同时 R_t 随着电流的增加而发热,其阻值迅速增大,从而限制了电流的增加,使 T 的击穿电流不超过允许范围。即 T 只是处于软击穿状态,不会损坏,一旦解除误操作,R_t 和 T 都能恢复正常。

(5) 三极管参数 h_{FE} 的测量(参考电压 100 mV)

测量 NPN 管的 h_{FE} 大小的电路如图 5.9.20 所示,三极管的固定偏置电阻由 R_{37} 和 R_{39} 组成,调整 R_{37} 可使基极电流 $I_B=10\ \mu\text{A}$, R_{42} 为取样电阻,这样输入直流电压表的电压为

$$V_{\text{in}} = V_{\text{XNO}} \approx h_{\text{FE}} \cdot I_{\text{B}} \cdot R_{42} = h_{\text{FE}} \cdot 10\ \mu\text{A} \cdot 10\ \Omega = 0.1h_{\text{FE}}(\text{mV})$$

若表头为 200 mV 的量程,则理论上测量范围为 0～1 999,但为了不出现较大误差,实际测量范围限制在 0～1 000 之间,测量过程中可以让小数点消隐(即不点亮)。测量 PNP 管的 h_{FE} 大小的电路如图 5.9.21 所示,原理和测量 NPN 管的 h_{FE} 大小一样,所以不再赘述。

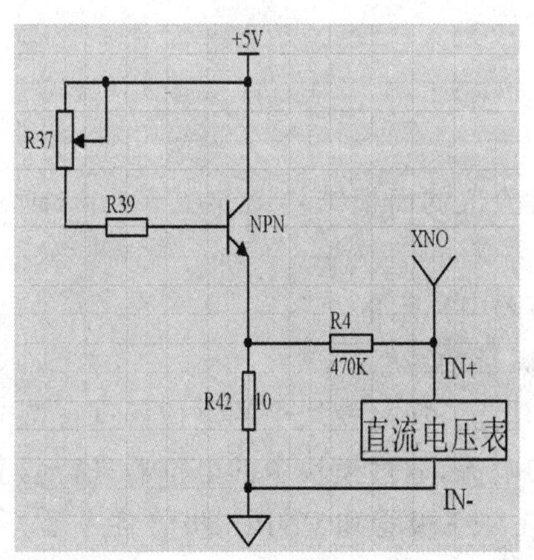

图 5.9.20　NPN 管测试电路

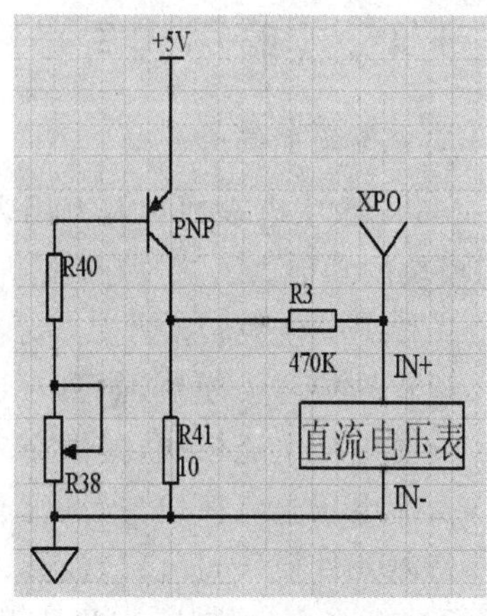

图 5.9.21　PNP 管测试电路

测量 h_{FE} 时需注意以下事项:

① 仅适用于测量小功率晶体管。这是因为测试电压较低同时测试电流较小的缘故。若去测大功率晶体管,则测量的结果就与典型值差很大。

② 当 $V_{\text{in}} \geqslant 200$ mV 时,仪表将显示过载,应该立即停止测量。

(6) 二极管正向压降的测量(参考电压 1 V)

进行二极管正向压降测试的电路图如图 5.9.22 所示,+5 V 经过 R_{36},PTC 向二极管提供 5 V 的测试电压,使二极管 D_9 导通,测试电流(即二极管正向工作电流) $I_f \approx 1$ mA,导通压降 V_f 输入到 IN+和 IN−端,由于 V_f 的大小一般在 0～2 V 之间,所以可以选择参考电压为 1 V,此时通过拨位开关选择 $R_{\text{int}}=470\ \text{k}\Omega$,这样可以直接

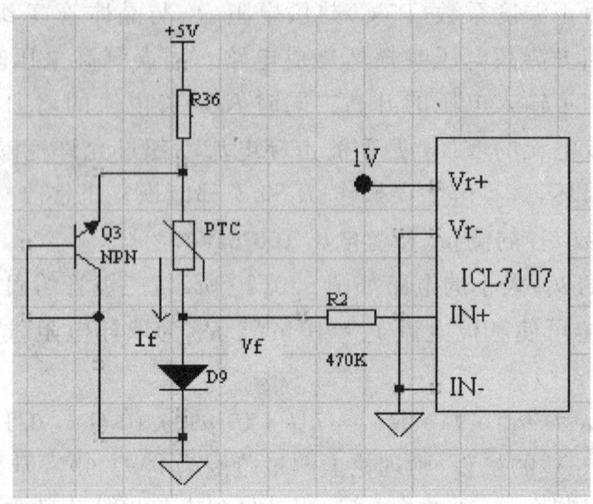

图 5.9.22 二极管正向压降测试图

测出 V_f 的值。如果想用 200 mV 档测试，则必须对 V_f 分压，请读者自己分析。

5.9.4 实验内容与步骤

1. 实验仪组成简介

DH6505 数字电表原理及万用表设计实验仪的面板结构图如图 5.9.23 所示，下面介绍模块的功能。

① ICL7107 模数转换及其显示模块，如图中标示的“1”。

② 量程转换开关模块，如图 5.9.23 中标示的“2”。

③ 交流电压电流模块，提供交流电压和电流，通过模块中的电位器进行调节。

④ 直流电压电流模块，提供直流电压和电流，通过模块中的电位器进行调节。

⑤ 待测元件模块，提供二极管、电阻、NPN 三极管和 PNP 三极管各一个。

⑥ AD 参考电压模块，提供模数转换器的参考电压，通过模块中的电位器进行调节。

⑦ 参考电阻模块，提供可调参考电阻和可调待测电阻各一个。

⑧ 交直流电压转换模块，把交流电压转换成直流电压，模块中有电位器进行调整。

⑨ 电阻档保护模块，防止过压损坏仪器。

⑩ 电流档保护模块，防止过流。

⑪ NPN 三极管测量模块、PNP 三极管测量模块、二极管测量模块。

⑫ 量程扩展分压器 a、b，分流器 a、b 以及分档电阻模块。

2. 数字电表原理实验

（1）直流电压 200 mV 档量程的校准

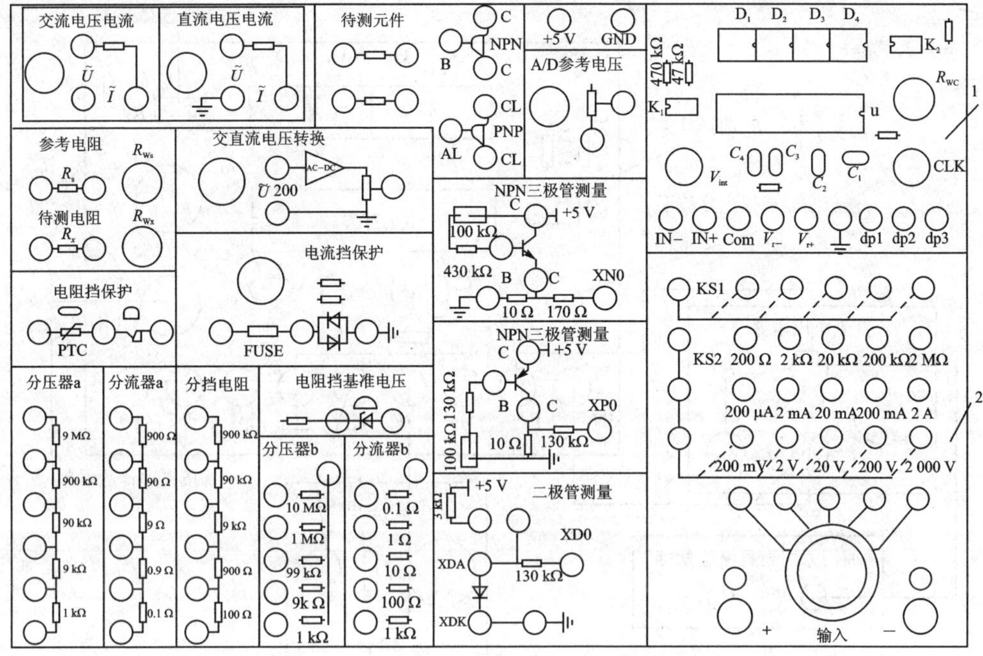

图 5.9.23　DH6505 实验仪的面板结构图

① 拨动拨位开关 K_{1-2} 到 ON,其他到 OFF,使 $R_{int}=47$ kΩ(**注:** 拨位开关 K_1 和 K_2,拨到上方为 ON,拨到下方为 OFF。)。调节 A/D 参考电压模块中的电位器,同时用万用表 200 mV 档测量其输出电压值,直到万用表的示数为 100 mV 为止。

② 调节直流电压电流模块中的电位器,同时用万用表 200 mV 档测量该模块电压输出值,使其电压输出值为 0～199.9 mV 的某一具体值(如 150.0 mV)。

③ 拨动拨位开关 K_{2-3} 到 ON,其他到 OFF,使对应的 ICL7107 模块中数码管的相应小数点点亮,显示 XXX.X。

④ 按图 5.9.24 方式接线。供电,调节模数转换及其显示模块中的电位器 R_{WC},使外部频率计的读数为 40 kHz 或者示波器测量的积分时间 T_1 为 0.1 s(原因在前实验原理中已述)。

⑤ 观察 ICL7107 模块数码管显示是否为前述 0～199.9 mV 中的具体值(如 150.0 mV)。若有些许差异,稍微调整 A/D 参考电压模块中的电位器,使模块显示读数为前述具体值(如 150.0 mV)。

⑥ 调节电位器 R_{WC} 改变时钟频率,观察模块中数字显示的变化情况以及示波器所观察到的频率以及 T_1 的变化情况,从而理解和认识时钟频率的变化对转换结果的影响。

⑦ 重复步骤④,使 $T_1=0.1$ s,注意以后不要再调整电位器 R_{WC}。

⑧ 调节直流电压电流模块中的电位器,减小其输出电压,使模块输出电压为

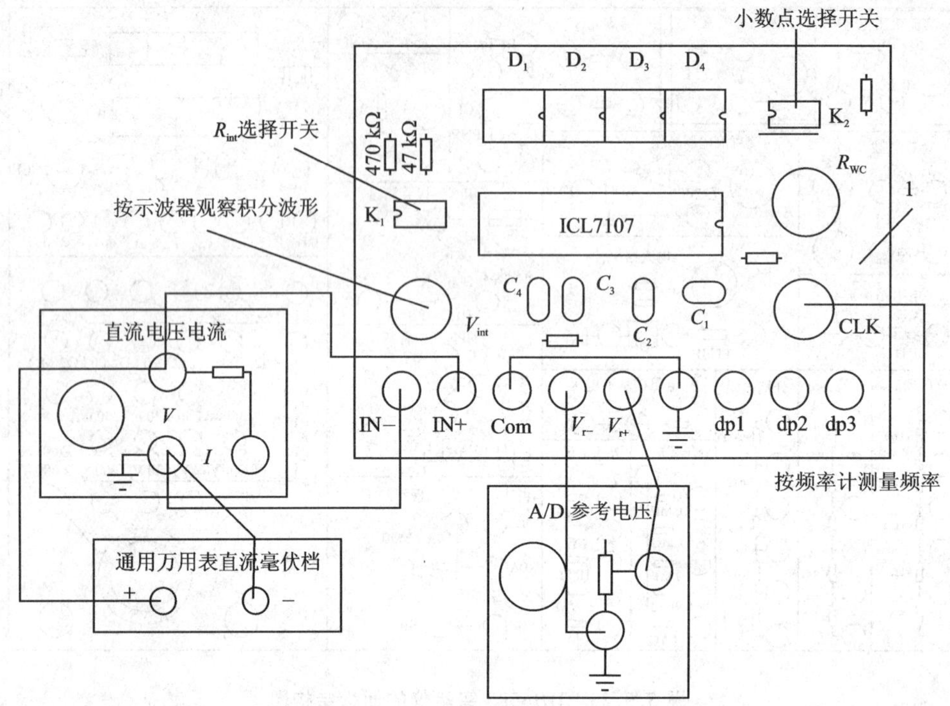

图 5.9.24　直流电压测量接线图

199.9 mV、180.0 mV、160.0 mV、…、20.0 mV、0 mV，并同时记录下万用表所对应的读数。再以模块显示的读数为横坐标，以万用表显示的读数为纵坐标，绘制校准曲线。

⑨ 若输入的电压大于 200 mV，请先采用分压电路并改变对应的数码管再进行实验，请读者自行设计实验。注意在测量高电压时，务必在测量前确定线路连接正确，避免安全事故。

(2) 直流电压 2 V 档量程校准

① 拨动拨位开关 K_{1-1} 到 ON，其他到 OFF，使 $R_{int}=470\ k\Omega$。调节 A/D 参考电压模块中的电位器，同时用万用表 2 V 档测量其输出电压值，直到万用表的示数为 1.000 V 为止。

② 调节直流电压电流模块中的电位器，同时用万用表 2 V 档测量该模块电压输出值，使其电压输出值为 0～1.999 V 的某一具体值(如 1.500 V)。

③ 拨动拨位开关 K_{2-1} 到 ON，其他到 OFF，使对应的 ICL7107 模块中数码管的相应小数点点亮，即显示 X.XXX。

④ 按图 5.9.24 方式接线。供电，调节模数转换及其显示模块中的电位器 R_{WC}，使外部频率计的读数为 40 kHz 或者示波器测量的积分时间 T_1 为 0.1 s(原因在前实验原理中已述)，此步骤若先前已调好，可以跳过。

⑤ 观察 ICL7107 模块数码管显示是否为 0～1.999 V 中前述的某一具体值(如 1.500 V)。若有些许差异,稍微调整 A/D 参考电压模块中的电位器使模块显示读数为前述的具体值(如 1.500 V)。

⑥ 调节直流电压电流模块中的电位器,减小其输出电压,使模块输出电压为 1.999 V、1.800 V、1.600 V、…、0.020 V、0 V,并同时记录下万用表所对应的读数。再以模块显示的读数为横坐标,以万用表显示的读数为纵坐标,绘制校准曲线。

若输入的电压大于 2 V,请先采用分压电路并改变对应的数码管小数点位后再进行实验,请读者自行设计实验。多量程扩展实验将在后面进行详细说明。

在上面实验进行校准时,由于直流电压电流模块中的电位器细度不够,可能调整不到相应的值(如 150.0 mV 和 1.500 V),可以调整到一个很接近的值;但是在稍微调整 A/D 参考电压模块中的电位器时,注意一定要使模块显示值与实际测量的直流电压电流模块中输出的电压值显示一样。在以下电流档的校准也同样遵循这一原则。

(3) 直流电流 20 mA 档量程校准

① 测量时可以先左旋直流电压电流模块中的电位器到底,使输出电流为 0。

② 拨动拨位开关 K_{1-2} 到 ON,其他到 OFF,使 $R_{int}=47$ kΩ。调节 A/D 参考电压模块中的电位器,同时用万用表 200 mV 档测量输出电压值,直到万用表的示数为 100 mV 为止。

③ 拨动拨位开关 K_{2-2} 到 ON,其他 OFF,使对应的 ICL7107 模块中数码管的相应小数点点亮,显示 XX. XX。

④ 按照图 5.9.25 方式接线、供电,向右旋转调节直流电压电流模块中的电位器,使万用表显示为 0～19.99 mA 的某一具体值(如 15.00 mA)。

⑤ 观察模数转换模块中显示值是否为 0～19.99 mA 中前述的某一具体值(如 15.00 mA)。若有些许差异,稍微调整 A/D 参考电压模块中的电位器使模块显示数值为 0～19.99 mA 中前述的某一具体值(如 15.00 mA)。

⑥ 调节直流电压电流模块中的电位器,减小其输出电流,使显示模块输出电流为 19.99 mA、18.00 mA、16.00 mA、…、0.20 mA、0 mA,并同时记录下万用表所对应的读数。再以模块显示的读数为横坐标,以万用表显示的读数为纵坐标,绘制校准曲线。

(4) 直流电流 2 mA 档量程校准

若要进行 2 mA 档校准,则只需要把分流器 b 中的电阻选用 100 Ω,ICL7107 模块中数码管对应的显示为 X. XXX。同时把万用表的量程选择为 2 mA 档,然后重复直流电流 20 mA 档量程校准实验中步骤①～⑥即可。

(5) 电阻的测量

① 由于电阻档基准电压为 1 V,所以在进行电阻测试时,选择参考电压为 1 V 的设置,即拨动拨位开关 K_{1-1} 到 ON,其他到 OFF,使 $R_{int}=470$ kΩ。这样可以保证

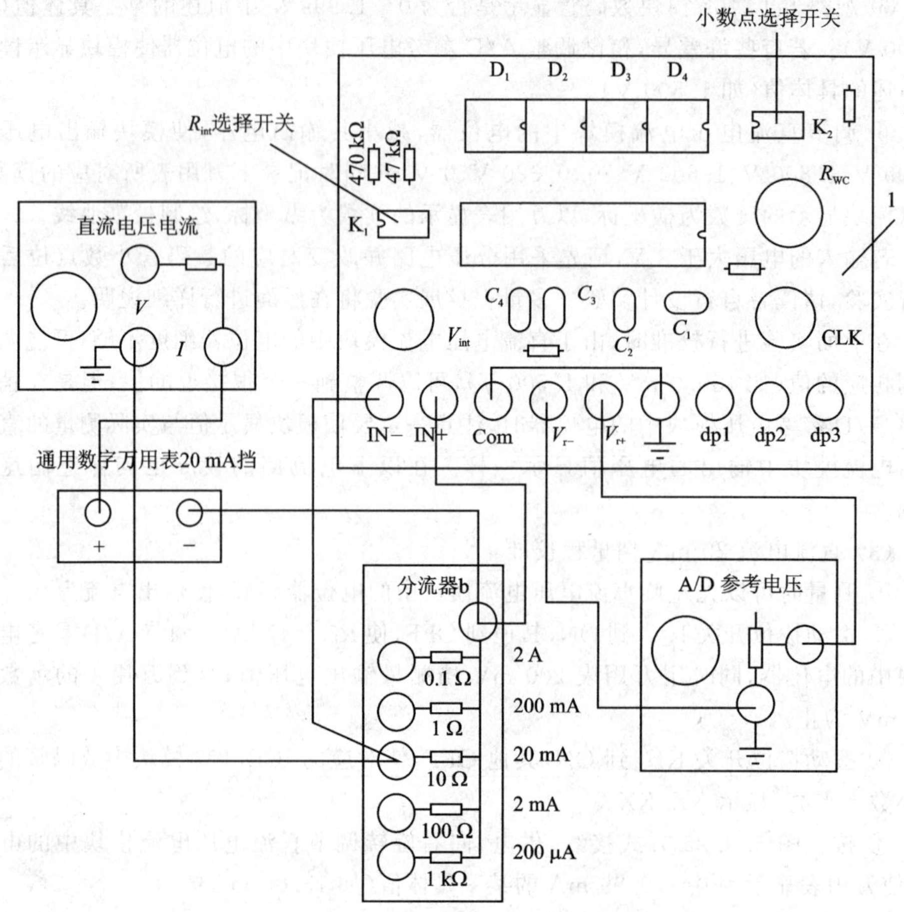

图 5.9.25　直流电流测量接线图

在 $R_x=0$ 时，R_s 上的电压将最大为 1 V，即参考电压$(V_{r+})-(V_{r-})\leqslant 1$ V。

② 进行 2 kΩ 档校准。把高准确度电阻箱的电阻值给定为 1 500 Ω；拨动拨位开关 K_{2-1} 到 ON，其他到 OFF。使对应的 ICL7107 模块中数码管的相应小数点点亮，显示 X. XXX。

③ 按照图 5.9.26 方式接线。

④ 观察模数转换模块中显示值是否为 1.500。若有些许差异，稍微调节 R_{Ws} 使模块显示数值为 1.500。

⑤ 调节外接高准确度电阻箱，使显示模块输出读数分别为 1.999 kΩ、1.800 kΩ、1.600 kΩ、…、0.200 kΩ、0.000 kΩ；同时记录下电阻箱的电阻值。再以模块显示的读数为横坐标，以电阻箱的读数为纵坐标，绘制校准曲线。

⑥ 进行未知电阻 R_x 的测量。

⑦ 首先用万用表测出 R_x 的值；调节电位器 R_{Wx}，使之在 0～1.999 kΩ 之间，记录

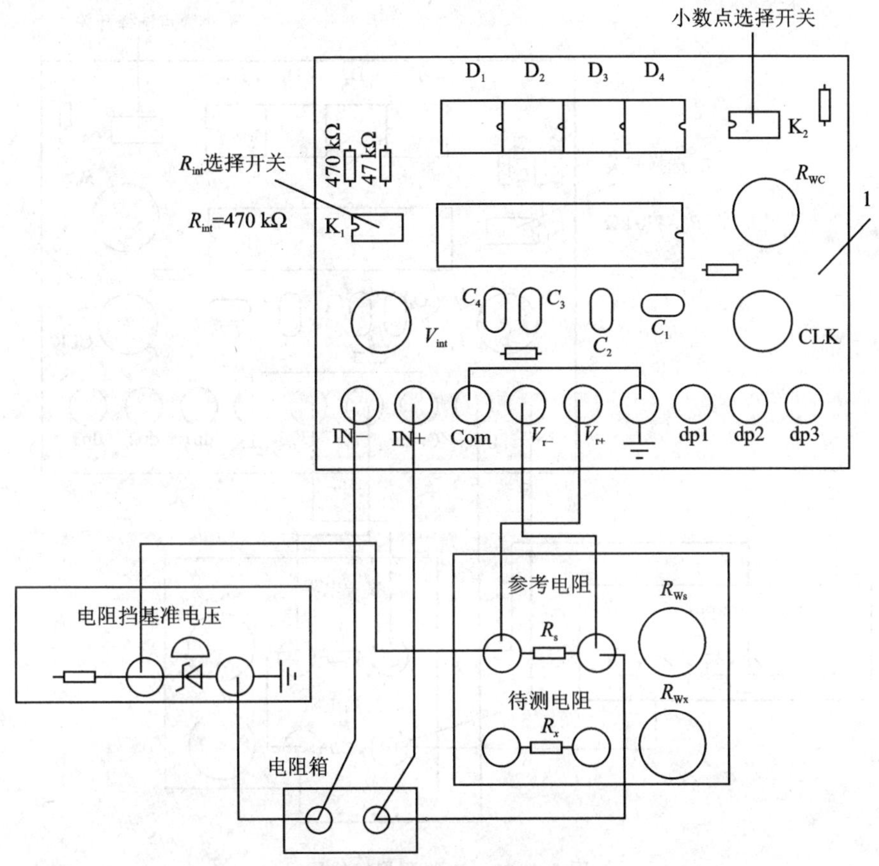

图 5.9.26　电阻档校准接线图

下该电阻的值，然后再按照图 5.9.27 方式接线，记录下模块显示的读数。比较两者测量的误差，重复多次测量，分析误差来源。

⑧ 其他档也可以通过调节电位器 R_{Ws} 改变 R_s 的值，并用相应的外接高准确度电阻箱进行校准，请自行设计实验。

实际在对电阻进行精密测量时也是用上述方法进行实现的，即进行每档分别校准，但为了使测量有很好的线性度，一般使参考电压保持不变（由于我们要求的准确度不是很高，所以对不同的测量值参考电压是变化的）。下面介绍一种用于精密电阻测量的方法，其原理图见图 5.9.28。它采用的是恒流源电路，这样模数转换参考电压是维持不变的，其中 R 为精密电阻，$I_L=E_g/R=V_x/R_x$，$V_x=E_gR_x/R$，$V_{ref}=E_g$，R_w 和 R_m 用于校准时调整用，理论上只要校准时选择准确度足够高的 R_x，测量将同样精确，再加上一些放大处理电路，此电路可以使测量精确到微欧（$\mu\Omega$）。

（6）200 mV 交流电压的校准

① 先进行 200 mV 直流电压档量程的校准。

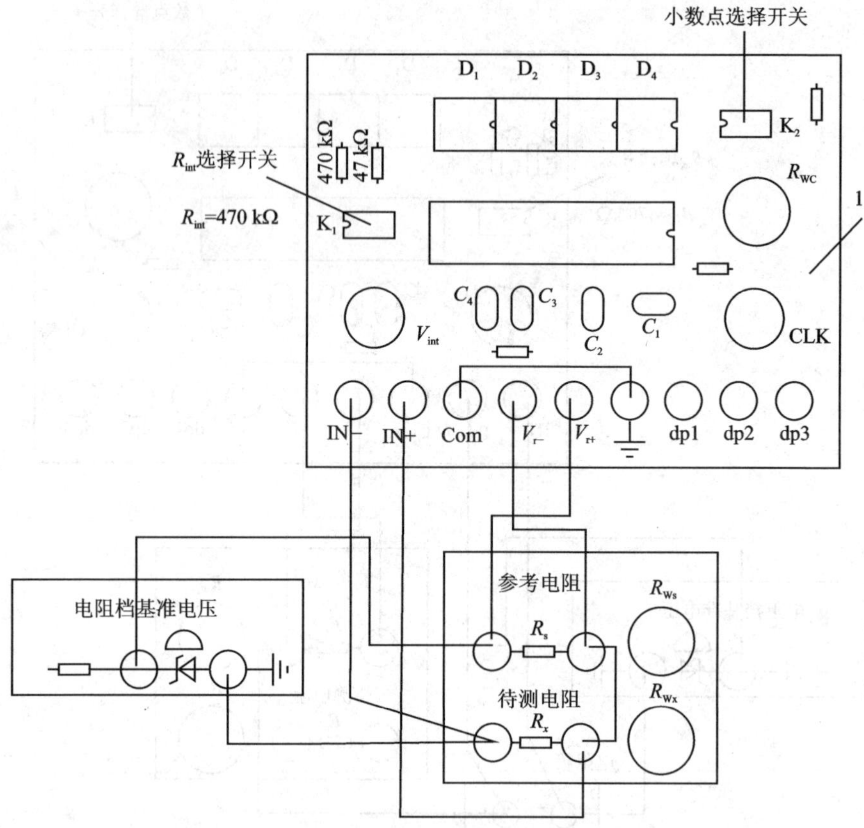

图 5.9.27　电阻测量接线图

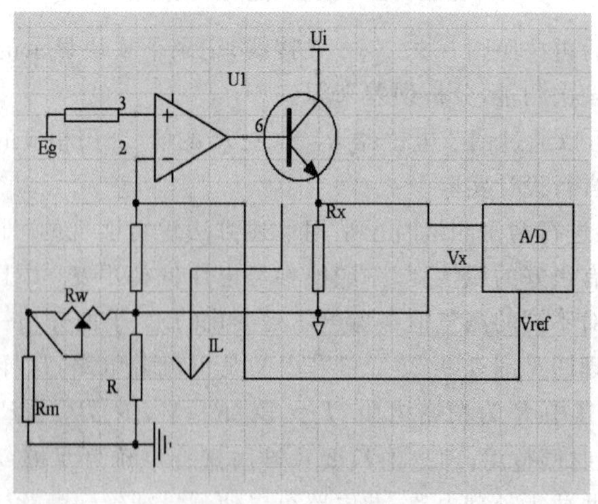

图 5.9.28　精密电阻测量

② 调节交流电压电流模块的交流电压输出，用万用表测量，使之为 0～199.9 mV

中的某一具体值(如150.0 mV)。

③ 按照图5.9.29方式接线、供电,看模块的显示值是否为0～199.9 mV中前述的某一具体值(如150.0 mV)。若有差别,则调节交直流电压转换模块中的电位器,使模块与万用表测量的值相同即可。

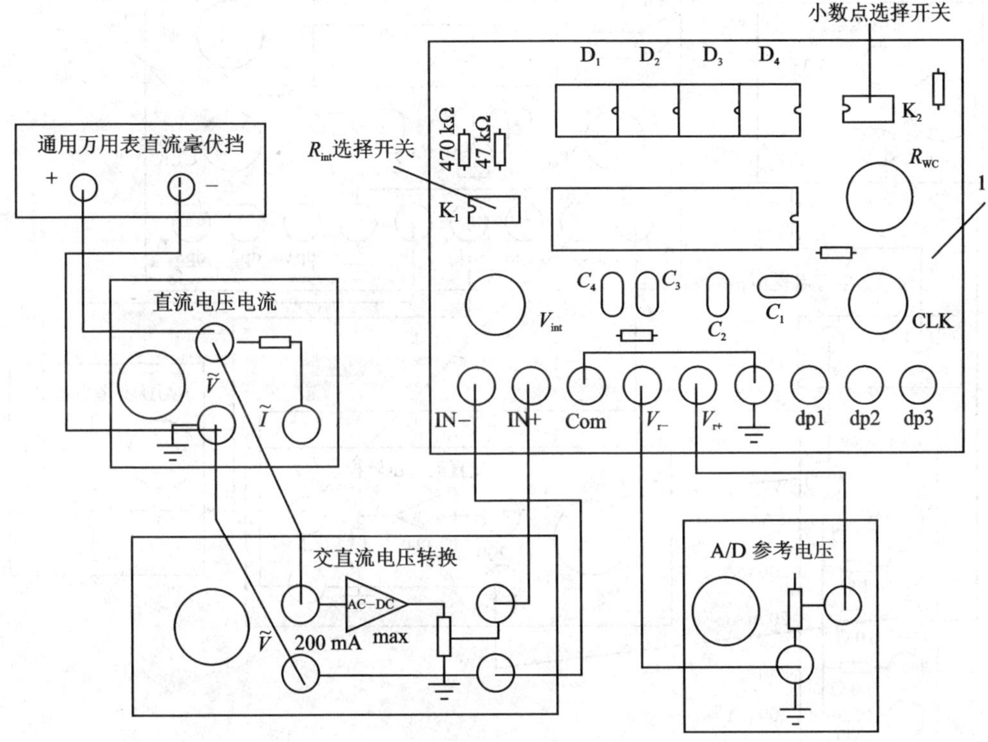

图5.9.29　交流电压的测量

④ 调节交流电压电流模块中的电位器,减小其输出电压,使模块输出电压为199.9 mV、180.0 mV、160.0 mV、…、20.0 mV、0 mV,并同时记录下万用表所对应的读数。再以模块显示的读数为横坐标,以万用表显示的读数为纵坐标,绘制校准曲线。

⑤ 如果要测量大于200 mV的交流信号,必须在交直流转换模块前加入分压器后再进行测量,与多量程直流电压测量一样。注意在测量高电压时,务必在测量前确定线路连接正确,避免安全事故。

(7) 20 mA交流电流的测量

① 进行200 mV交流电压的校准。

② 按图5.9.30方式接线、供电。

③ 调节交流电压电流模块中的电位器,减小输出电流,使显示模块输出电压为19.99 mA、18.00 mA、16.00 mA、…、0.20 mA、0 mA,并同时记录下万用表对应的读

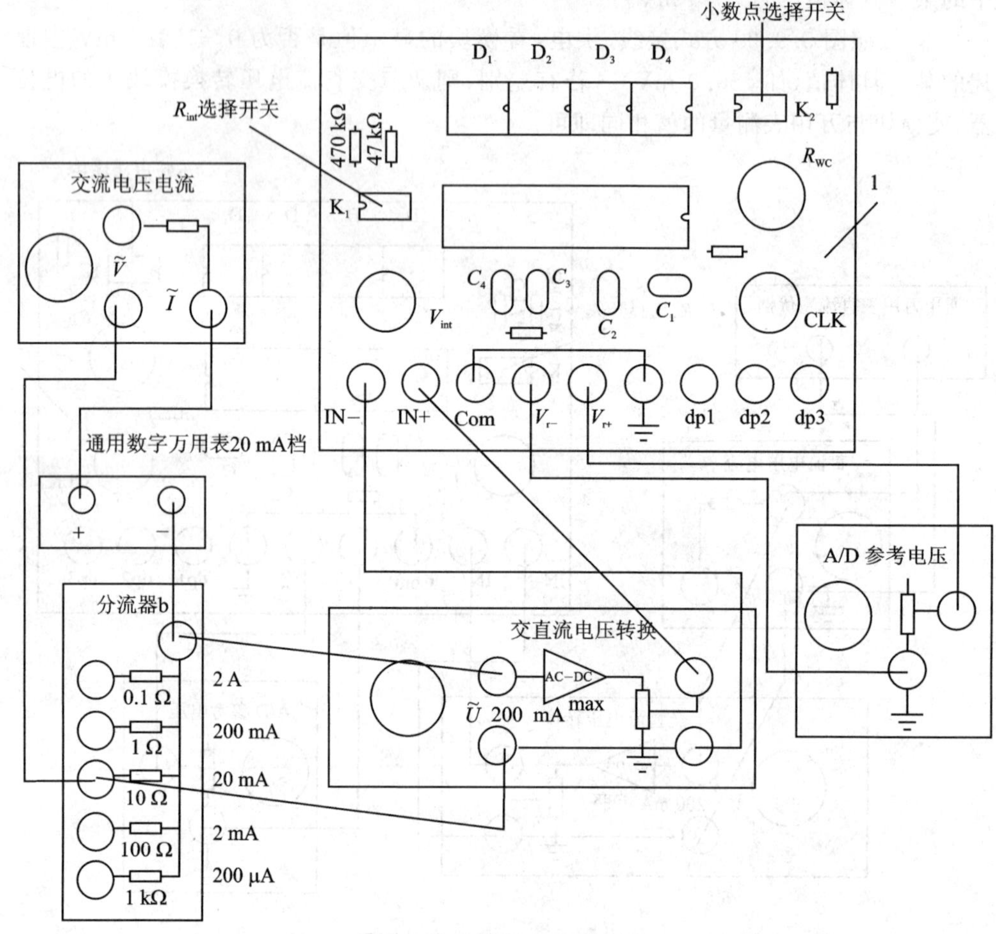

图 5.9.30　交流电流测量

数。再以模块显示的读数为横坐标,以万用表显示的读数为纵坐标,绘制校准曲线。

④ 若需要测量更高量程的输入,需用分流电路 a 来实现,请自行设计实验。注意在测量大电流时,务必在测量前确定线路连接正确,避免事故。

(8) 二极管正向压降的校准和测量

① 拨动拨位开关 K_{1-1} 到 ON,其他到 OFF,使 $R_{int}=470\ k\Omega$。调节 A/D 参考电压模块中的电位器,同时用万用表 2 V 档测量其输出电压值,直到万用表的示数为 1.000 V 为止。

② 用万用表测量一个二极管(如 IN4007)的正向导通压降并记录下该值。

③ 按照图 5.9.31 方式接线。在 XDA 和 XDK 插孔中插入二极管,供电。模块显示的值即为此二极管的正向导通压降。若与万用表测量值有些许差异,则可以稍微调整 A/D 参考电压的输出与之相同即可。再进行其他二极管的正向导通压降

测量。

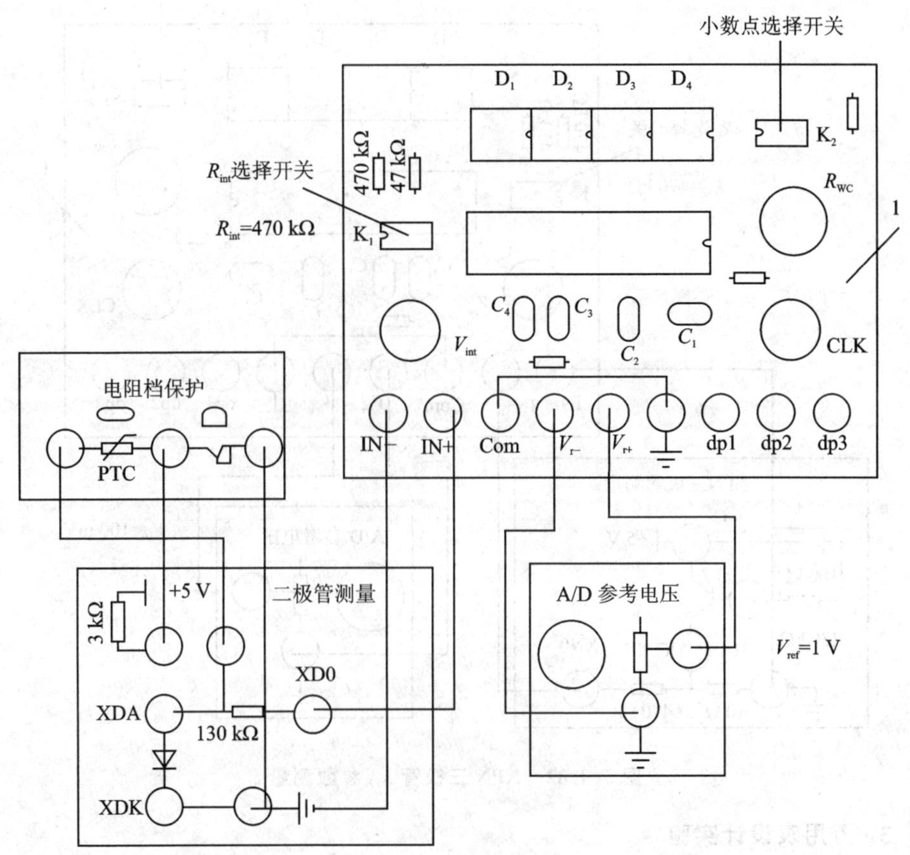

图 5.9.31　二极管正向压降

(9) 三极管 h_{FE} 参数的测量

① 制作 200 mV 直流数字电压表头并进行校准。

② 拨动拨位开关 K_2，使其都成 OFF，即不点亮任何小数位。

③ 拿出一个 NPN 管 9013，先用万用表进行 h_{FE} 参数测量并记录下该值。

④ 按照图 5.9.32 方式接线、供电，进行 NPN 三极管 h_{FE} 参数测量。

⑤ 看测量模块显示的值是否与万用表测量的值一致。若有些许差别，则调整 NPN 测量模块中的 100 kΩ 电位器，使两者显示相同即可。再进行其他 NPN 三极管 h_{FE} 的参数测量。

⑥ 拿出一个 PNP 管 9012，先用万用表进行 h_{FE} 的参数测量并记录下该值。

⑦ 按照图 5.9.33 方式接线、供电，进行 PNP 三极管 h_{FE} 参数测量。

⑧ 看测量模块显示的值是否与万用表测量的值一致。若有些许差别，则调整 NPN 测量模块中的 100 kΩ 电位器，使两者显示相同即可。再进行其他 PNP 三极管 h_{FE} 的参数测量。

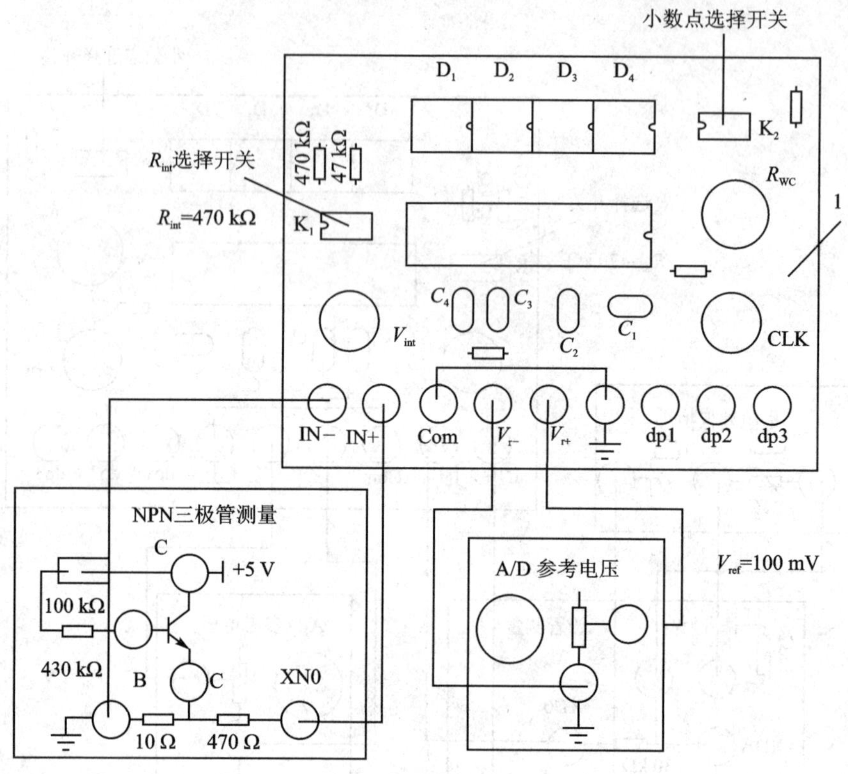

图 5.9.32　NPN 三极管 h_{FE} 参数测量

3. 万用表设计实验

量程转换开关模块如图 5.9.34 所示。通过拨动转换开关，可以使 S_2 插孔依次和插孔 A、B、C、D、E 相连并且相应的量程指示灯亮，同时 S_1 插孔依次与插孔 a、b、c、d、e 相连。K_{S1} 这组开关用于设计时控制模块小数点位的点亮，K_{S2} 用于分压器、分流器以及分档电阻上，实现多量程测量。在进行多量程扩展时，注意把拨位开关 K_2 都拨向 OFF，然后把插孔 a、b、c、d、e 和 dp_1、dp_2、dp_3 连接组合成需要的量程（控制相应量程的小数点位），当拨动量程转换开关时，dp_1、dp_2、dp_3 中仅且只有一个通过 a、b、c、d、e 与 S_1 相连，从而对应的小数点将被点亮。具体的接线是：dp_{1-b}、dp_{1-e}；dp_{2-c}；dp_{3-a}、dp_{3-d}。

(1) 设计制作多量程直流数字电压表

① 制作 200 mV(199.9 mV)直流数字电压表头并进行校准。

② 利用分压器扩展电压表头成为多量程直流电压表，参照图 5.9.13 和图 5.9.24。

③ 对 200 mV 档和 2 V 档记录数据并作校准曲线。

$U_{改}$ 为改装的表头测量值，$U_{标}$ 为实际标准值，以 $U_{改}$ 为横轴，$\Delta U=U_{改}-U_{标}$ 为纵轴，在坐标纸上作校正曲线（**注意**：校正曲线为折线，即将相邻两点用直线连接）。

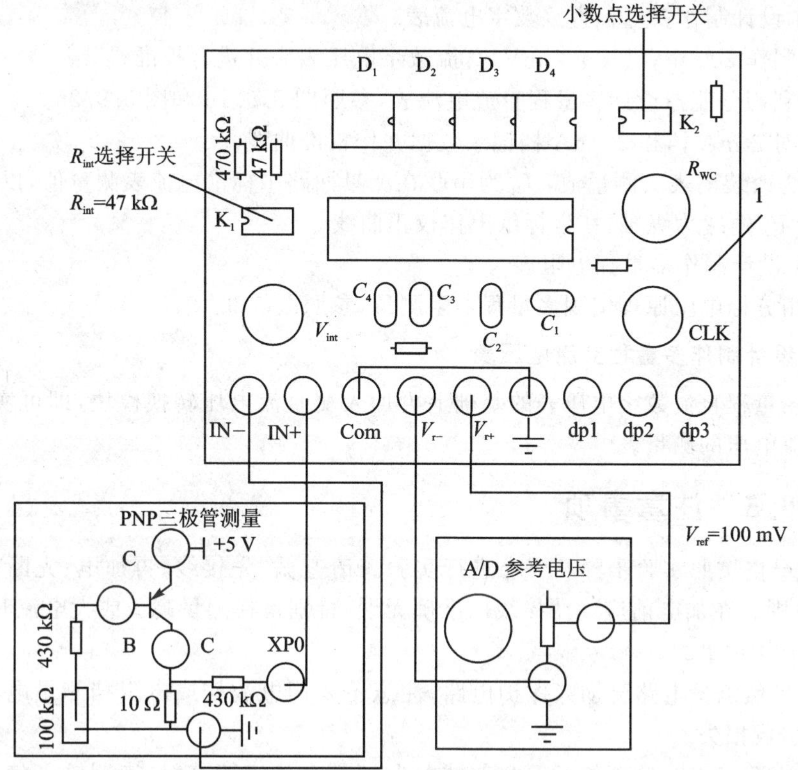

图 5.9.33　PNP 三极管 h_{FE} 参数测量

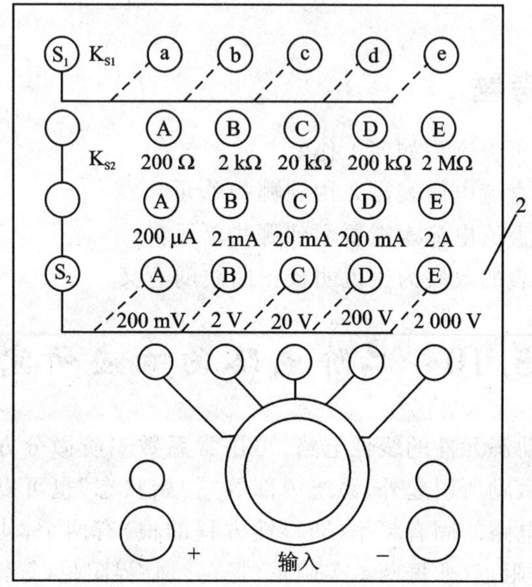

图 5.9.34　量程转换开关模块

(2) 设计制作多量程直流数字电流表

① 制作 200 mV (199.9 mV)直流数字电压表头并进行校准。

② 利用分流器设计多量程直流电流表,参照图 5.9.16 和图 5.9.25。

③ 对 2 mA 档和 20 mA 档记录数据并作校准曲线。

$I_{改}$为改装的表头测量值,$I_{标}$为串联在测量回路中标准电流表测量值,以$I_{改}$为横轴,$\Delta I=I_{改}-I_{标}$为纵轴,在坐标纸上作校正曲线。

(3) 设计制作多量程电阻表

利用分档电阻原理实现多量程电阻测量,参照图 5.9.19。

4. 设计制作多量程交流电压表

在多量程直流数字电压表的基础上再加入交直流电压转换模块,即可实现多量程的交流电压的测量。

5.9.5 注意事项

① 严格按照实验步骤及要求进行实验。请遵循"先接线,再加电;先断电,再拆线"的原则。在加电前应确认接线已准确无误(特别是在测量高压或大电流时),避免短路造成伤亡事故。

② 虽然测量电路已加入保护电路,注意不要用电流档或电阻档测量电压,避免对仪器造成损失。

③ 当数字表头最高位显示"1"(或"1")而其余位都不亮时,表明输入信号过大,即超量程。此时应尽快换大量程档或减小(断开)输入信号,避免长时间超量程工作而损坏仪器。

5.9.6 思考题

① 直流数字电压表表头如何工作?

② 制作多量程直流电压表需要用到哪些单元?

③ 制作多量程直流电流表需要用到哪些单元?

④ 以直流电流表的改装为例说明校正曲线的意义。

5.10 二阶电路的响应研究

含有两个独立动态元件的线性电路,可用常系数二阶微分方程来描述的电路称为二阶电路。除了激励所引起外,系统内部的"初始状态"也可以引起二阶电路系统的响应。由于二阶电路的固有频率(即特性方程的根)有两个,使电路的响应比一阶电路复杂,可出现过阻尼(非振荡)、欠阻尼(振荡)、临界阻尼(等幅振荡)3 种情况。

二阶电路在实际中有许多的应用。二阶电路可构成谐振电路、滤波电路、正弦波振荡器等,其中构成的高通、低通、带通、带阻等滤波器得到广泛应用;应用二阶电路进行模拟运算热电偶的温度计算，摩擦力的计算，电容、电感上电压的计算，交流电压、电流的计算等一些随时间不成线性变化的变量；应用二阶电路设计电容充放电电路；加入二阶电路控制电压慢启动电机，可以保护电机避免绕制线圈导线损坏；大型显示屏点亮时电流会很大，采用缓冲加电的二阶电源控制系统可以降低工程造价。

5.10.1　实验目的

① 研究 R、L、C 串联电路的电路参数与其暂态过程的关系。

② 观察二阶电路过阻尼、临界阻尼和欠阻尼 3 种情况下的响应波形。利用响应波形，计算二阶电路暂态过程的有关参数。

③ 掌握观察动态电路状态轨迹的方法。

5.10.2　实验仪器

示波器、函数信号发生器、电阻、电容、电感、实验九孔板、连接导线等。

5.10.3　实验原理

用二阶微分方程来描述的电路称为二阶电路。如图 5.10.1 所示的 R、L、C 串联电路就是典型的二阶电路。根据回路电压定律，当 $t=0_+$ 时，电路存在：

$$LC\frac{\mathrm{d}^2U_C}{\mathrm{d}t^2}+RC\frac{\mathrm{d}U_C}{\mathrm{d}t}+U_C=0 \tag{5.10.1}$$

$$U_C(0_+)=U_C(0_-)=U_S \tag{5.10.2}$$

$$\frac{\mathrm{d}U_C(0_+)}{\mathrm{d}t}=\frac{i_L(0_+)}{C}=\frac{i_L(0_-)}{C} \tag{5.10.3}$$

式(5.10.1)中，每一项均为电压，第一项是电感上的电压 U_L，第二项是电阻上的电压 U_R，第三项是电容上的电压 U_C，即回路中的电压之和为零。各项都是电容上电流 i_C 的函数。

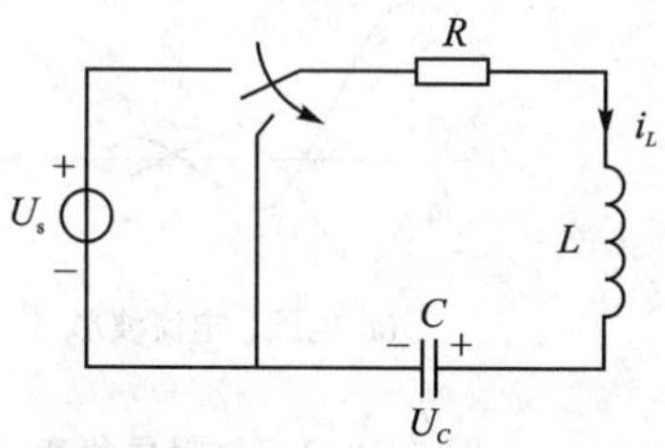

图 5.10.1　R、L、C 串联电路

式(5.10.2)中，由于电容两端电压不能突变，所以电容上的电压 U_C 在开关接通前后瞬间都是相等的，都等于信号电压 U_S。

式(5.10.3)中，电容上的电压对时间的变化率等于电感上的电流对时间的变化率，都等于零，即电容上的电压不能突变，电感上的电流不能突变。

由 R、L、C 串联形成的二阶电路在选择了不同的参数以后，会产生三种不同的响应，即过阻尼、欠阻尼（衰减振荡）和临界阻尼状态 3 种情况。

① 当电路中的电阻过大，即 $R>2\sqrt{\frac{L}{C}}$ 时，称为过阻尼状态。响应中的电压、电

流呈现出非周期性变化的特点。其电压、电流波形如图 5.10.2(a)所示。

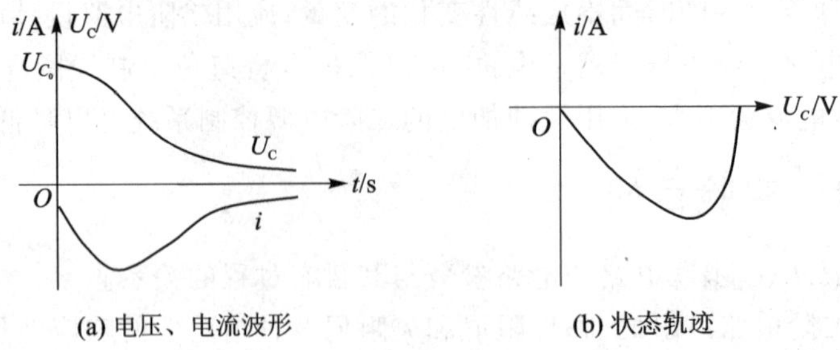

(a) 电压、电流波形　　(b) 状态轨迹

图 5.10.2　过阻尼状态 R、L、C 串联电路电压、电流波形及其状态轨迹

从图 5.10.2(a)中可以看出,电流振荡不起来。图 5.10.2(b)中所示的状态轨迹就是伏安特性。电流由零至最大再由最大减小到零,没有反方向的电流和电压,这是因为经过电阻,能量全部给电阻吸收了。

② 当电路中的电阻过小,即 $R<2\sqrt{\frac{L}{C}}$ 时,称为欠阻尼状态。响应中的电压、电流具有衰减振荡的特点,此时衰减系数 $\delta=R/2L$。$\omega_0=\frac{1}{\sqrt{LC}}$ 是在 $R=0$ 时的振荡频率,称为无阻尼振荡电路的固有角频率。在 $R\neq0$ 时,R、L、C 串联电路的固有振荡角频率 $\omega'=\sqrt{\omega_0^2-\delta^2}$ 将随 $\delta=R/2L$ 的增加而下降。其电压、电流波形如图 5.10.3(a)所示。

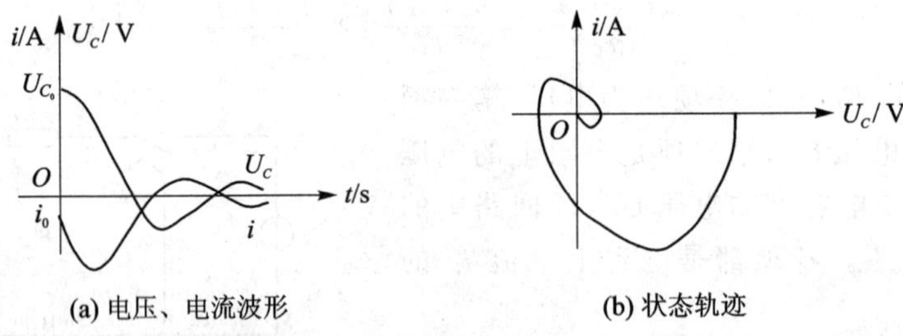

(a) 电压、电流波形　　(b) 状态轨迹

图 5.10.3　欠阻尼状态 R、L、C 串联电路电压、电流波形及其状态轨迹

从图 5.10.3(a)中可见,有反方向的电压和电流,这是因为电阻较小,当过零后,有反向充电的现象。

③ 当电路中的电阻适中即 $R=2\sqrt{\frac{L}{C}}$ 时,称为临界阻尼状态。此时,衰减系数 $\delta=\omega_0$,$\omega'=\sqrt{\omega_0^2-\delta^2}=0$,暂态过程介于非周期与振荡之间,其本质属于非周期暂态过程。其电压、电流波形如图 5.10.4(a)所示,状态轨迹如图 5.10.4(b)所示。

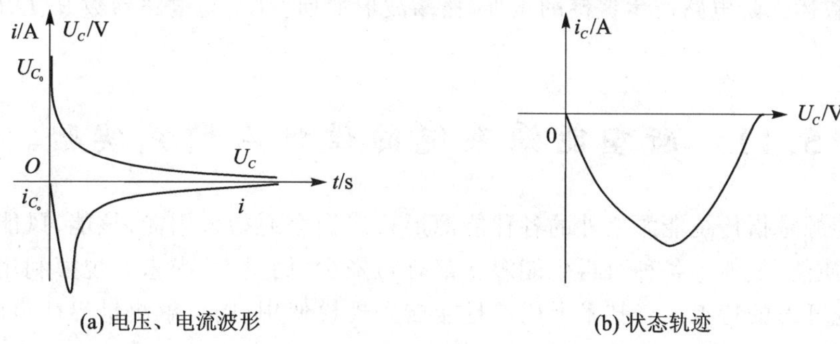

(a) 电压、电流波形　　(b) 状态轨迹

图 5.10.4　临界阻尼状态 *R*、*L*、*C* 串联电路电压、电流波形及其状态轨迹

5.10.4　实验内容与步骤

(1) 将电阻、电容、电感串联成如图 5.10.5 所示的接线图，输入信号 $U_S=1.0\ \mathrm{V}$，$f_0=1.5\ \mathrm{kHz}$，取 $L=10\ \mathrm{mH}$，$C=0.022\ \mu\mathrm{F}$，电阻 R 分别为 $R_1=51\ \Omega$，$R_2=1.3\ \mathrm{k\Omega}$，$R_3=2\ \mathrm{k\Omega}$，使电路分别工作在欠阻尼、临界阻尼、过阻尼状态。进行数据计算，求出衰减系数 δ，$R=0$ 的情况下的振荡频率 ω_0，任意 δ 时的振荡频率 ω，用示波器测量其电容上电压的波形，并画出波形图，分析电路状态。

(2) 保证电路一直处于欠阻尼状态，取三个不同阻值的电阻 $R_1=10\ \Omega$、$R_2=51\ \Omega$、$R_3=200\ \Omega$，用示波器测量输出波形。

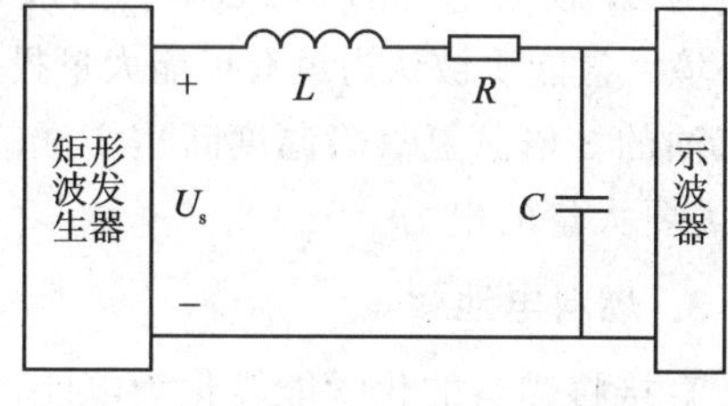

图 5.10.5　二阶电路实验接线图

(3) 注意事项如下：

① 按照实验原理连接实验装置导线，检查后打开电源开关。

② 函数信号发生器波形选择为方波，输出电压、频率按实验要求选择。

③ 使用示波器前应将光点调整在坐标原点。

5.10.5　数据处理

① 电路工作在过阻尼、欠阻尼和衰减振荡状态下输出波形特点及数据计算结论。

② 电路工作在三个不同阻值电阻的欠阻尼状态的输出波形特点，计算其衰减系数并得出结论。

5.10.6　思考题

① R、L、C 串联电路的暂态过程为什么会出现三种不同的工作状态？试从能量转换角度对其做出解释。

② 叙述二阶电路产生振荡的条件，振荡波形如何？U_C 与电路参数 R、L、C 有何关联？

5.11 新型能源系统的设计与研究实验

新能源是指传统能源之外的各种能源形式。当今通指太阳能、核能、风能、地热能、生物质能、氢能等各种可再生能源。都有污染少、储量大，尚未大规模利用、正在积极研究开发的特点。若技术上成熟且能被大规模使用，则可解决世界严重的环境污染问题和资源日趋枯竭等问题。

1. 太阳能

太阳光的辐射能量。主要利用形式有太阳能的光热转换(热水器)、光电转换(太阳能电池)以及光化学转换三种主要方式。而风能、化学能、水的势能等则是太阳能导致或转化成的能量形式，是 21 世纪新型能源开发的重点课题之一。

2. 氢　能

氢气可由水电解制取，1 kg 水可制备 1 860 L 氢氧燃气。水电解制氢技术主要有碱性电解水、固体氧化物电解水以及质子交换膜(PEM)电解水 3 种。因氢气分子量为 2，仅为空气的 1/14，不会形成聚集易爆危险且无毒。燃烧后还原成水，不污染环境。氢能源被认为最有可能大量投入实际使用。1 kg 氢气的热值为 3 4000 Kcal，是汽油的 3 倍。氢氧焰温度高达 2 800 ℃，热损失小，利用效率高。缺点是制取成本高，需要大量的电力。

3. 燃料电池

直接将燃料的化学能转化为电能，中间不经过燃烧过程，因而不受卡诺循环的限制。外表上看有正负极和电解质等，像一个蓄电池，但实质上它不能“储电”而是一个“发电厂”。只要不断地向燃料电池供给燃料和氧化剂，它就可以连续发电。燃料—电能转换效率为 45%～60%，而火力发电和核电的效率为 30%～40%。无论作为集中还是分布式电站，电站功率均可根据需要由电池堆组装，十分方便。负荷响应快，在数秒钟内就可以从最低功率变换到额定功率，故电厂离负荷可以很近，减少线路损失和投资，环境污染少。早在 1839 年人类便发明了燃料电池，但由于研究未能跟上，直到 20 世纪 50 年代才有实质性的进展。60 年代，氢氧燃料电池应用于阿波罗登月飞船等宇航领域，随后兆瓦级的磷酸燃料电池研制成功，在军事、交通等各个领域中得到应用。燃料电池分为碱性燃料电池(AFC)、磷酸型燃料电池(PAFC)、熔融碳酸盐燃料电池(MCFC)、固体氧化物燃料电池(SOFC)及质子交换膜燃料电池(PEMFC)等。

目前太阳能电池主要包括晶体硅电池和薄膜电池两种，其各自的特点决定了它们在不同应用中拥有不可替代的地位。但是，未来 10 年晶体硅太阳能电池所占份额尽管会因薄膜太阳能电池的发展等原因而下降，但其主导地位仍不会发生根本性的改变；而薄膜电池如果能够解决转换效率不高、制备薄膜电池所用设备昂贵等问题，则会有巨大的发展空间。

5.11.1　实验目的

① 了解太阳能电池的工作原理。

② 测量太阳能电池的伏安特性曲线、开路电压、短路电流、最大输出功率、填充因子等特性参数。

③ 了解质子交换膜电解池(PEMWE)的工作原理。

④ 了解质子交换膜燃料电池(PEMFC)的工作原理。

⑤ 测量燃料电池的伏安特性曲线、开路电压、短路电流、最大输出功率以及转化效率。

⑥ 观察能量转换过程：

光能→太阳能电池→电能→电解池→氢能→燃料电池→电能

⑦ 太阳能充放电控制实验和带载实验。

⑧ 太阳能逆变器实验和带载实验。

5.11.2　实验仪器

新能源实验系统、太阳能电池、燃料电池、电阻箱。

5.11.3　实验原理

1. 测量原理

(1) 太阳能电池原理

太阳能电池在没有光照时其特性可视为一个二极管，此时其正向偏压 U 与通过电流 I 的关系式为

$$I = I_0(e^{\beta U} - 1) \tag{5.11.1}$$

式(5.11.1)中：I_0 和 β 是常数。

由半导体理论，二极管主要是由能隙为 $E_C - E_V$ 的半导体构成的，如图 5.11.1 所示。E_C 为半导体导电带，E_V 为半导体价电带。当入射光子能量大于能隙时，光子会被半导体吸收，产生电子和空穴对。电子和空穴对会分别受到二极管之内电场的影响而产生光电流。

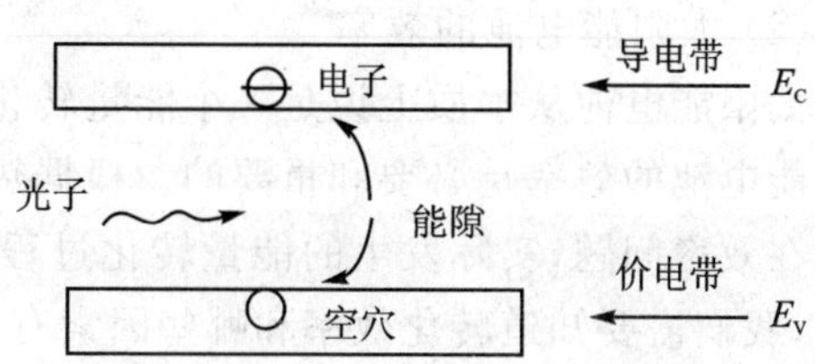

图 5.11.1　电子和空穴在电场的作用下产生的光电流示意图

假设太阳能电池的理论模型是由一理想电流源(光照产生光电流的电流源)、一个理想二极管、一个并联电阻 R_{sh} 与一个电阻 R_s 所组成的,如图 5.11.2 所示。

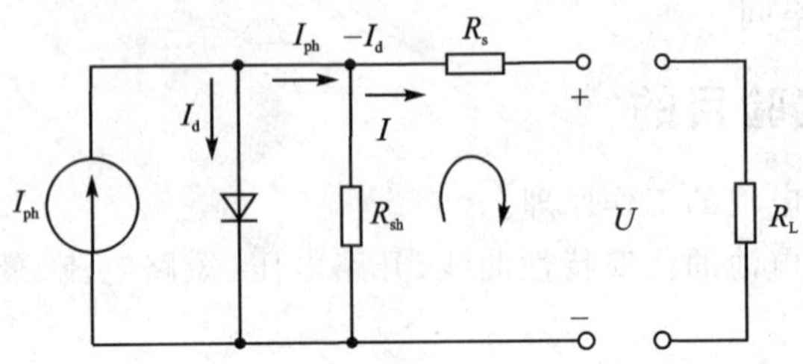

图 5.11.2 太阳能电池的理论模型电路图

图 5.11.2 中,I_{ph} 为太阳能电池在光照时该等效电源的输出电流,I_d 为光照时通过太阳能电池内部二极管的电流。由基尔霍夫定律有

$$IR_s + U - (I_{ph} - I_d - I)R_{sh} = 0 \tag{5.11.2}$$

式(5.11.2)中: I 为太阳能电池的输出电流;U 为输出电压。由式(5.11.1)可得

$$I\left(1 + \frac{R_s}{R_{sh}}\right) = I_{ph} - \frac{U}{R_{sh}} - I_d \tag{5.11.3}$$

假定 $R_{sh}=\infty$ 和 $R_s=0$,则太阳能电池可简化为图 5.11.3 所示的电路。

这里

$$I = I_{ph} - I_d = I_{ph} - I_0(e^{\beta U} - 1)$$

在短路时

$$U = 0, \qquad I_{ph} = I_{sc}$$

在开路时

$$I = 0, \qquad I_{sc} - I_0(e^{\beta U_{oc}} - 1) = 0$$

所以

$$U_{oc} = \frac{1}{\beta}\ln\left(\frac{I_{sc}}{I_0} + 1\right) \tag{5.11.4}$$

式(5.11.4)即为在 $R_{sh}=\infty$ 和 $R_s=0$ 的情况下,太阳能电池的开路电压 U_{oc} 和短路电流 I_{sc} 的关系式。其中: U_{oc} 为开路电压;I_{sc} 为短路电流;I_0、β 是常数。

(2) 太阳能电池的效率

太阳能电池从本质上说是一个能量转化器件,它把光能转化为电能。因此讨论太阳能电池的效率是必要和重要的。根据热力学原理,我们知道任何能量转化过程都存在效率问题,实际发生的能量转化过程其效率不可能是 100%。就太阳能电池而言,我们需要知道转化效率和哪些因素有关,如何提高太阳能电池的效率,最终我们期望太阳光电池具有足够高的效率。图 5.11.4 所示为太阳能电池最大功率。太阳能电池的转换效率 η 定义为输出电能 P_m 和入射光能 P_{in} 的比值:

$$\eta = \frac{p_m}{p_{in}} \times 100\% = \frac{I_m V_m}{p_{in}} \times 100\% \tag{5.11.5}$$

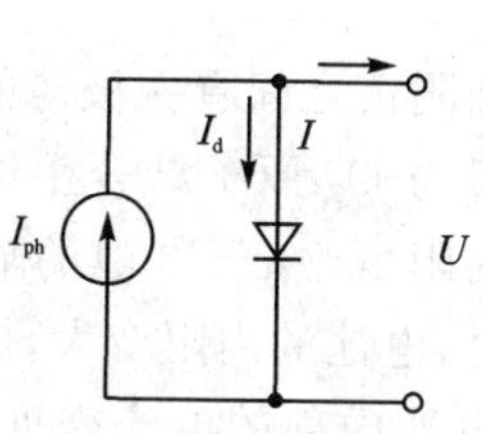

图 5.11.3　太阳能电池的简化电路图

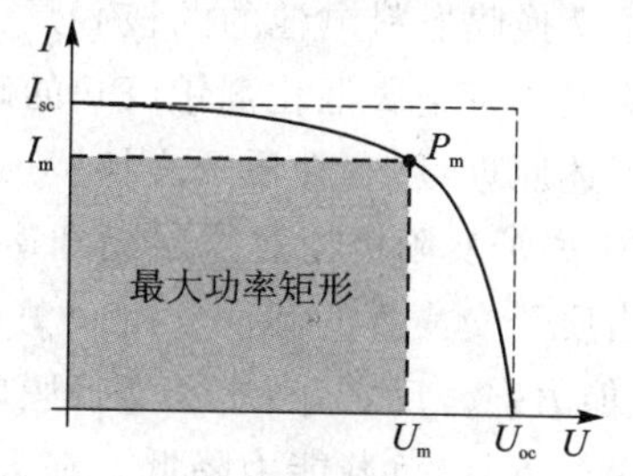

图 5.11.4　太阳能电池的最大功率

(3) 质子交换膜燃料电池(PEMFC)的工作原理

燃料电池的工作过程实际上是电解水的逆过程,其基本原理早在 1839 年由英国律师兼物理学家威廉·罗泊特·格鲁夫(William Robert Grove)提出,他是世界上第一位实现电解水逆反应并产生电流的科学家。一个半世纪以来,燃料电池除了被用于宇航等特殊领域外,极少受到人们关注。只是到近十几年来,随着环境保护、节约能源、保护有限自然资源的意识的加强,燃料电池才开始得到重视和发展。

质子交换膜燃料电池(PEMFC,Proton Exchange Membrane Fuel Cell)技术是目前世界上最成熟的一种能将氢气与空气中的氧气化合成洁净水并释放出电能的技术,其工作原理如图 5.11.5 所示。

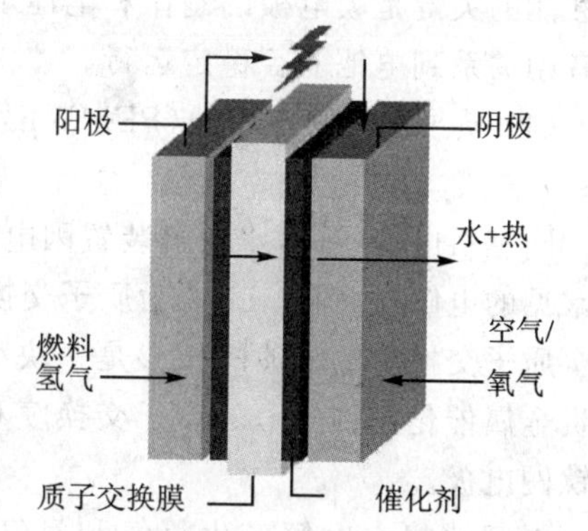

图 5.11.5　质子交换膜燃料电池工作原理

其工作过程如下:

① 氢气通过管道到达阳极,在阳极催化剂作用下,氢分子解离为带正电的氢离子(即质子)并释放出带负电的电子。

$$H_2 = 2H + (+2e) \tag{5.11.6}$$

② 氢离子穿过质子交换膜到达阴极,电子则通过外电路到达阴极。电子在外电路形成电流,通过适当连接可向负载输出电能。

③ 在电池另一端,氧气通过管道到达阴极,在阴极催化剂作用下,氧与氢离子及电子发生反应生成水。

$$O_2 + 4H + (+4e) = 2H_2O \tag{5.11.7}$$

总的反应方程式为

$$2H_2 + O_2 = 2H_2O \tag{5.11.8}$$

燃料电池有多种,各种燃料电池之间的区别在于使用的电解质不同。质子交换膜燃料电池以质子交换膜为电解质,其特点是工作温度低(70～800 ℃),启动速度快,特别适于用作动力电池。电池内化学反应温度一般不超过 800 ℃,故称为“冷燃烧”。

质子交换膜燃料电池的的核心是一种三合一热压组合体，包括一块质子交换膜和两块涂覆了贵金属催化剂铂(Pt)的碳纤维纸。

由上述原理可知，在质子交换膜燃料电池中，阳极和阴极之间有一极薄的质子交换膜，H＋离子从阳极通过这层膜到达阴极，并且在阴极与 O_2 原子结合生成水分子 H_2O。当质子交换膜的湿润状况良好时，由于电池的内阻低，燃料电池的输出电压高，负载能力强。反之，当质子交换膜的湿润状况变坏时，电池的内阻变大，燃料电池的输出电压下降，负载能力降低。在大的负荷下，燃料电池内部的电流密度增加，电化学反应加强，燃料电池阴极侧水的生成也相应增多。此时，如不及时排水，阴极将会被淹，正常的电化学反应被破坏，致使燃料电池失效。由此可见，保持电池内部适当的湿度，并及时排出阴极侧多余的水，是确保质子交换膜电池稳定运行及延长工作寿命的重要手段。因此，解决好质子交换膜燃料电池内的湿度调节及电池阴极侧的排水控制，是研究大功率、高性能质子交换膜燃料电池系统的重要课题。提高燃料电池性能的关键是膜电极的制作和电池水/热平衡控制技术。前者决定着电池的性能，后者则关系到电池能否稳定运行。

(4) 质子交换膜电解池(PEMWE, Proton Exchange Membrane Water Electrolyzer)

同燃料电池一样，水电解装置因电解质的不同而各异，碱性溶液和质子交换膜是最常见的电解质，图 5.11.6 为质子交换膜电解池原理图。

质子交换膜电解池的核心是一块涂覆了贵金属催化剂铂(Pt)的质子交换膜和两块钛网电极。

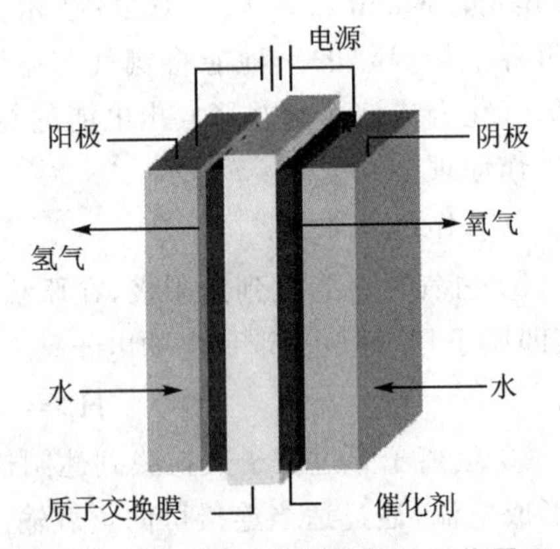

图 5.11.6　质子交换膜电解池工作原理

电解池将水电解产生氢气和氧气，与燃料电池中氢气和氧气反应生成水互为逆过程，如图 5.11.6 所示，其具体工作原理如下：

① 外加电源向电解池阳极施加直流电压，水在阳极发生电解，生成氢离子、电子和氧，氧从水分子中分离出来生成氧气，从氧气通道溢出。

$$2H_2O = O_2 + 4H + (+4e) \tag{5.11.9}$$

② 电子通过外电路从电解池阳极流动到电解池阴极，氢离子透过聚合物膜从电解池阳极转移到电解池阴极，在阴极还原成氢分子，从氢气通道中溢出，完成整个电解过程。

$$2H + (+2e) = H_2 \tag{5.11.10}$$

总的反应方程式为

$$2H_2O = 2H_2 + O_2 \tag{5.11.11}$$

(5) 太阳能控制器

太阳能电池板属于光伏设备,它经过光线照射后发生光电效应产生电流。由于材料和光线所具有的属性和局限性,其生成的电流也是具有波动性的曲线,如果将所生成的电流直接充入蓄电池内或直接给负载供电,则容易造成蓄电池和负载的损坏,严重缩短它们的寿命。因此必须把电流先送入太阳能控制器,采用一系列专用芯片电路对其进行数字化调节,并加入多级充放电保护,同时采用独特的自适应控制技术,确保电池和负载的运行安全和使用寿命。

对负载供电时,也是让蓄电池的电流先流入太阳能控制器,经过它的调节后,再把电流送入负载。这样做的目的有三:一是稳定放电电流;二是保证蓄电池不被过放电;三是可对负载和蓄电池进行一系列的监测保护。

(6) 逆变器

逆变器(Inverter)是把直流电能(电池、蓄电瓶)转变成交流电(一般为 220 V 或 380 V、50 Hz 正弦或方波)。应急电源,一般是把直流电逆变成 220 V 交流电。

电力逆变器是把 12 V 或 24 V 直流电能(电池、蓄电瓶)转变成交流电(一般为 220 V、50 Hz 正弦或方波),通常用于变电所、箱变及为高压柜柜体提供应急电源,此产品属于高压逆变器。

通俗地讲,逆变器是一种将直流电(DC)转化为交流电(AC)的装置。它由逆变桥、控制逻辑和滤波电路组成。

什么是逆变器?它起什么作用?简单地说,逆变器就是一种将低压(12 V 或 24 V)直流电转变为 220 V(或 380 V)交流电的电子设备。通常是将 220 V 交流电整流变成直流电来使用,而逆变器的作用与此相反,因此而得名。我们处在一个"移动"的时代,移动办公,移动通信,移动休闲和娱乐。在移动的状态中,人们不但需要由电池或电瓶供给低压直流电,同时更需要我们在日常环境中不可或缺的 220 V 交流电,逆变器就可以满足我们的这种需求。

按输出波形划分,逆变器主要分两类:正弦波逆变器和方波逆变器。正弦波逆变器输出的是同我们日常使用的电网一样甚至更好的正弦波交流电,因为它不存在电网中的电磁污染。方波逆变器输出的则是质量较差的方波交流电,其正向最大值到负向最大值几乎在同时产生,这样,对负载和逆变器本身造成剧烈的不稳定影响。同时,其负载能力差,仅为额定负载的 40%~60%,不能带感性负载。如所带的负载过大,则方波电流中包含的三次谐波成分将使流入负载中的容性电流增大,严重时会损坏负载的电源滤波电容。针对上述缺点,近年来出现了准正弦波(或称改良正弦波、修正正弦波、模拟正弦波等)逆变器,其输出波形从正向最大值到负向最大值之间有一个时间间隔,使用效果有所改善,但准正弦波的波形仍然是由折线组成的,属于方波范畴,连续性不好。总括来说,正弦波逆变器提供高质量的交流电,能够带动任何种类的负载,但技术要求和成本均高。

何谓"感性负载"?通俗地说,即应用电磁感应原理制作的大功率电器产品,如电动机、压缩机、继电器、日光灯等。这类产品在启动时需要一个比维持正常运转所需电流大得多(3～7倍)的启动电流。例如,一台在正常运转时耗电150 W左右的电冰箱,其启动功率可高达1 000 W以上。此外,由于感性负载在接通电源或者断开电源的一瞬间会产生反电动势电压,这种电压的峰值远远大于逆变器所能承受的电压值,很容易引起逆变器的瞬时超载,影响逆变器的使用寿命。因此,这类电器对供电波形的要求较高。

何谓逆变器的效率?逆变器在工作时其本身也要消耗一部分电力,因此,其输入功率要大于输出功率。逆变器的效率即是逆变器输入功率与输出功率之比。如一台逆变器输入了100 W的直流电,输出了90 W的交流电,那么,它的效率就是90%。

什么是持续输出功率?什么是峰值输出功率?一些使用电动机的电器或工具,如电冰箱、洗衣机、电钻等,在启动的瞬间需要很大的电流来推动,一旦启动成功,则仅需较小的电流来维持其正常运转。因此,对逆变器来说,也就有了持续输出功率和峰值输出功率的概念。持续输出功率即是额定输出功率;一般峰值输出功率为额定输出功率的2倍。必须强调,有些电器,如空调、电冰箱等其启动电流相当于正常工作电流的3～7倍。因此,只有能够满足电器启动峰值功率的逆变器才能正常工作。

应该怎样连接逆变器与电源和负载?逆变器输入端通过导线直接接到电瓶上,红线接电瓶正极,黑线接电瓶负极(不可接反,切记!)。如果用电地点离电瓶较远,逆变器的连线原则是:逆变器同电瓶的连线应尽可能短,而220 V交流电的输出线长些无妨。

LED灯(负载):LED是发光二极管,是20世纪中期发展起来的新技术。它依靠半导体异质结中的电子通过势垒产生的能量迁越直接发光。通过LED制作的灯具由于发光过程不产生热量,能力转换效率接近百分之百,寿命较长,是照明技术的发展方向。发光二极管的核心部分是由P型半导体和N型半导体组成的晶片,在P型半导体和N型半导体之间有一个过渡层,称为PN结。在某些半导体材料的PN结中,注入的少数载流子与多数载流子复合时会把多余的能量以光的形式释放出来,从而把电能直接转换为光能。PN结加反向电压,少数载流子难以注入,故不发光。这种利用注入式电致发光原理制作的二极管叫发光二极管,通称LED。

光源特点如下:

① 电压:LED使用低压电源,供电电压在6～24 V之间。

② 效能:能耗较同光效的白炽灯减少80%。

③ 适用性:体积小,可以制备成各种形状的器件。

④ 稳定性:10万小时,光衰为初始的50%。

⑤ 响应时间:LED灯响应时间为纳秒级,普通白炽灯为毫秒级。

⑥ 颜色:调整材料的能带结构和带隙,实现红黄绿兰橙多色发光。

本实验提供两种LED灯负载,分别为直流12 V和交流220 V供电。

2. 仪器工作原理

新能源实验系统由新能源电池综合特性测试仪、太阳能电池测试架、燃料电池测试架、太阳能控制系统、负载电阻以及专用连接线等组成，如图 5.11.7 所示。

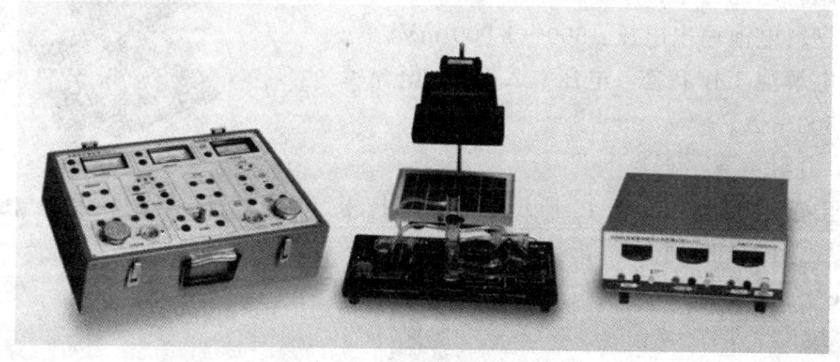

图 5.11.7　新能源实验系统

(1) 新能源电池综合特性测试仪

测试仪由电流表、电压表以及恒流源组成，主要技术参数如下：

- 电流表：2 A 和 200 mA 两档，三位半数显。
- 电压表：20 V 和 2 V 两档，三位半数显。
- 恒流源：0～400 mA，三位半数显。

测试仪面板如图 5.11.8 所示。

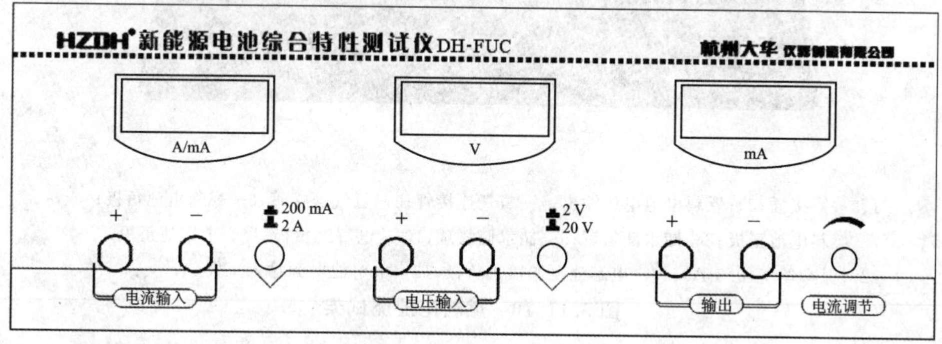

图 5.11.8　测试仪面板

(2) 太阳能电池测试架

太阳能电池测试架如图 5.11.9 所示。

其主要技术参数如下：

- 太阳能电池参数：18 V/5 W，短路电流为 0.3 A。
- 卤钨灯光源功率：300 W，位置上下可调，改变光强。

(3) 燃料电池测试架

燃料电池测试架如图 5.11.10 所示。

其主要技术参数如下：

- 燃料电池功率：50～100 mW。
- 燃料电池输出电压：500～1 000 mV。
- 电解池工作状态：电压＜2.5 V，电流＜500 mA。

(4) 电阻负载

电阻箱面板如图 5.11.11 所示。电阻箱技术参数如表 5.11.1 所列。

图 5.11.9　太阳能电池测试架

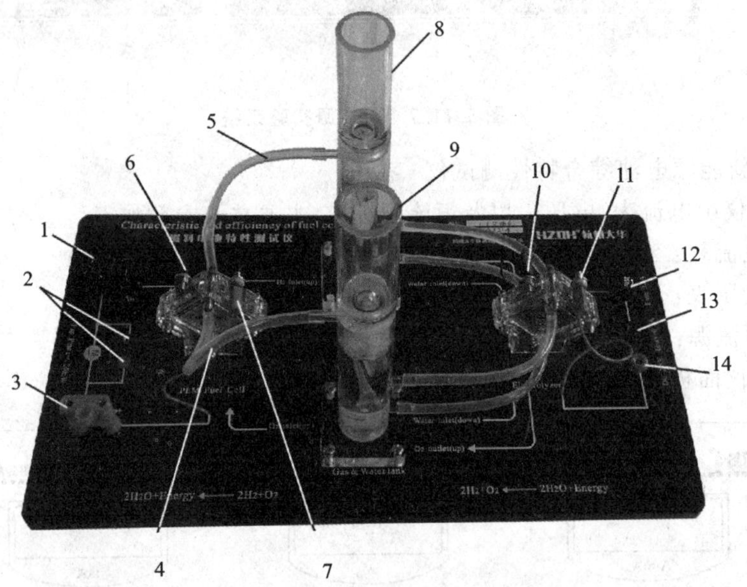

1、3—短接插；2—燃料电池电压输出；4—氧气连接管；5—氢气连接管；6—燃料电池负极；7—燃料电池正极；8—储水储氢罐；9—储水储氧罐；10— 电解池负极；11—电解池正极；12—保险丝座(0.5 A)；13—电解池电源输入负极；13—电解池电源输入正极

图 5.11.10　燃料电池测试架

表 5.11.1　电阻箱技术参数

步进盘/Ω	0.1	1	10	100	1 000
精度/%	2	0.5	5	5	5
额定电流/A	1.5	0.5	0.5	0.15	0.03
注意：不要超过电阻箱的额定工作电流，以免烧坏电阻元件					

(5) 太阳能控制系统

图 5.11.11　电阻箱

太阳能控制器主要技术参数如下：

- 额定充电电流：10 A(太阳能板 180 W)以下。
- 额定负载电流：10 A(太阳能板 180 W)以下。
- 系统电压：蓄电池电压 DC 12 V,太阳能板电压 DC 18 V,负载电压 DC 12 V。
- 超压保护电压：16 V。直充充电电压：14.4 V。浮充电压：13.2 V。充电返回电压：13.1 V。欠压电压：(10.8±0.2)V。过放电压：(10.8±0.2)V。过放返回电压：11.5 V。
- 注意事项：接线时,先接蓄电池,后接太阳能板,最后接负载(电池连接线长度保证在 3 mm 以上);仅接太阳能板时,控制器在光线充足的地方会有"吱吱"声属正常现象,请不要长时间只单接太阳能板在光线充足的地方。
- 指示灯工作状态说明：
  - 红闪黄绿灯亮,无光照正常工作状态;
  - 红黄灯齐闪,蓄电池电压过高,检查是否为 12 V 蓄电池;
  - 红灯亮黄灯闪,蓄电池电压过低,请及时充电或检查是否为 12 V 蓄电池;
  - 红黄灯亮,负载同电池不匹配,负载过大,电池容量太小,或电池电量不足,或蓄电池连接控制器的线太长、过细等;
  - 红绿灯亮黄灯闪,蓄电池过充或浮充;
  - 红绿灯亮,蓄电池浮充或充满电;
  - 绿灯常亮且"红黄灯亮—黄灯亮—红黄灯灭"循环,蓄电池正在充电或电池已有电输出;
  - 绿灯闪且"红黄灯亮—黄灯亮—红黄灯灭"循环,电池正在充电但是电池电量很少,此时请关闭负载,让蓄电池充满电后再开负载,这样有利于保护电池。

(6) 蓄电池

- 电池型号：12 V/2.3 AH;额定电压 12 V;额定容量 2.3 AH。
- 电池类别：铅酸蓄电池。

(7) 逆变器

- 逆变器型号：DC12V－AC220V－500W。
- 输入电压：DC 12 V。
- 输出电压：AC 220 V。
- 最大输出功率：500 W(30 min 连续);持续输出功率 400 W。
- 输出波形：方波。

- 欠压报警：10.4～11.0 V。
- 低压关断：9.7～10.3 V。
- 过压关断：14.5～15.5 V。
- 指示灯状态：绿灯为电源指示，红灯为故障指示。

5.11.4　实验内容与步骤

1. 太阳能电池的特性测量

在一定的光照条件下，按图 5.11.12 所示进行太阳能电池伏安特性测量，具体接线图如图 5.11.13 所示。

保持光照条件不变，改变太阳能电池的负载电阻 R 的大小，记录太阳能电池的输出电压 U 和输出电流 I，并计算输出功率 P。

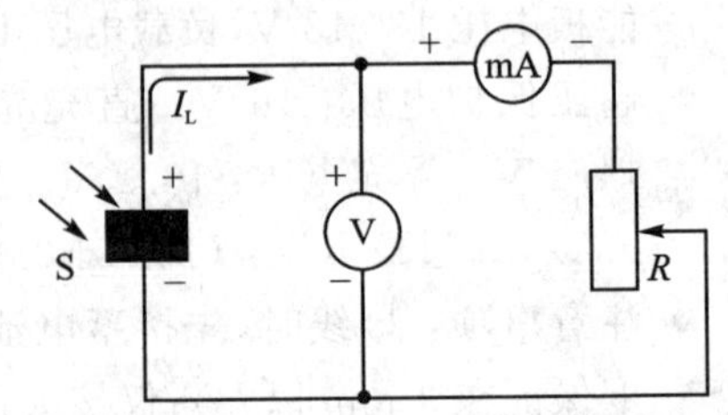

图 5.11.12　太阳能电池伏安特性测试电路

图 5.11.14 为太阳能电池伏安特性曲线，U_{oc} 为开路电压，I_{sc} 为短路电流，图中阴影面积为太阳能电池的最大输出功率矩形 P_m，P_m 对应的最大工作电压为 U_m，最大工作电流为 I_m。

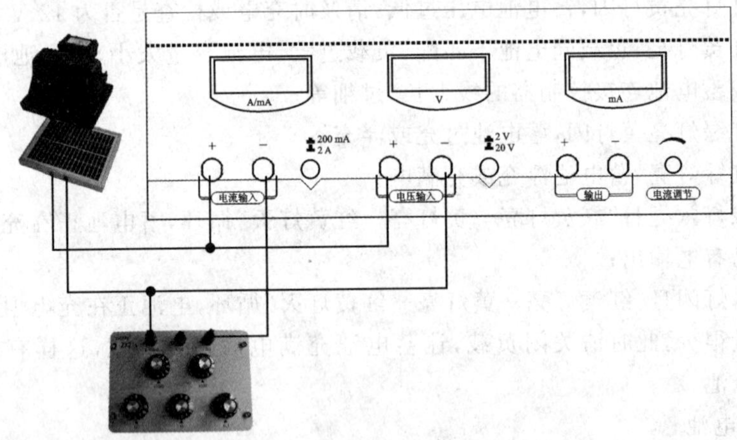

图 5.11.13　太阳能电池特性测试实验连线图

太阳能电池的填充因子 FF 定义为

$$\mathrm{FF}=\frac{P_m}{U_{oc}I_{sc}}=\frac{U_mI_m}{U_{oc}I_{sc}} \tag{5.11.12}$$

填充因子是评价太阳能电池输出特性好坏的一个重要参数，其值越高，表明太阳能电池输出特性越趋近于矩形，电池的光电转换效率就越高。表 5.11.2 所列为需要测量的参数。

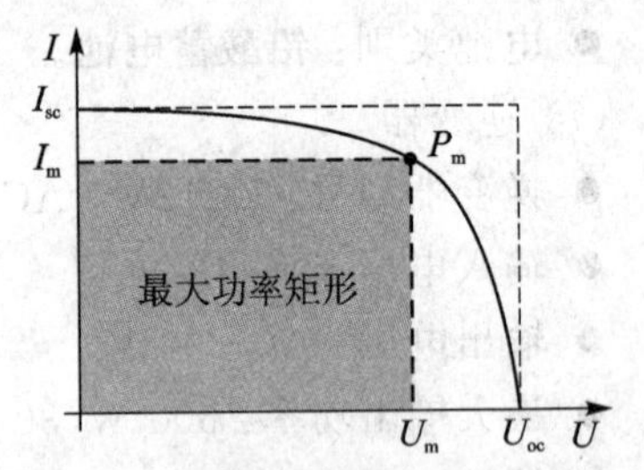

图 5.11.14　太阳能电池伏安特性曲线

表 5.11.2　需要测量的参数

U_{oc}/V	I_{sc}/mA	U_m/V	I_m/mA	P_m/mW	FF

2. 质子交换膜电解池的特性测量(选做)

水的理论分解电压为 $U_0=1.23$ V,如果不考虑电解器的能量损失,在电解器上加 1.23 V 电压就可使水分解为氢气和氧气,实际上由于各种损失,输入电压在 $U_{in}=(1.5\sim2)U_0$ 时电解器才能开始工作。

电解器的效率定义为

$$\eta=\frac{1.23}{U_{in}}\ \mathrm{V}\times100\% \tag{5.11.13}$$

根据法拉第电解定律,电解生成物的量与输入电量成正比。在标准状态下(1 个标准大气压 P_0,温度为 0 ℃),设电解电流为 I,经过时间 t 产生的氢气和氧气体积的理论值为

$$U_{H_2}=\frac{It}{2F}\times22.4\ \mathrm{L} \tag{5.11.14}$$

$$U_{O_2}=\frac{1}{2}\cdot\frac{It}{2F}\times22.4\ \mathrm{L} \tag{5.11.15}$$

式中:法拉第常数 $F=e\times NA=9.648\times10^4$ C/mol;

元电荷 $e=1.602\times10^{-19}$ C;

阿伏伽德罗常数 $NA=6.022\times10^{23}\ \mathrm{mol^{-1}}$;

$It/2F$ 为产生的气体分子的摩尔数;

22.4 L 为标准状态下气体的摩尔体积。

由于 1 mol 水为 18 g,通过密度可知其体积为 18 mL,故电解池消耗的水的体积为

$$U_{H_2O}=\frac{It}{2F}\times18\ \mathrm{mL}=9.328It\times10^{-8}\ \mathrm{L}=9.328It\times10^{-5}\ \mathrm{mL} \tag{5.11.16}$$

由理想气体状态方程,对式(5.11.14)、式(5.11.15)进行修正得

$$U_{H_2}=\frac{273+T}{273}\cdot\frac{P_0}{P}\cdot\frac{It}{2F}\times22.4\ \mathrm{L} \tag{5.11.17}$$

$$U_{O_2}=\frac{1}{2}\cdot\frac{273+T}{273}\cdot\frac{P_0}{P}\cdot\frac{It}{2F}\times22.4\ \mathrm{L} \tag{5.11.18}$$

式中:T 实验室摄氏温度;P 为所在地区大气压强;P_0 为标准大气压。

实验前,确定储水储气罐水位在水位上限与下限之间,并确保电解池被水淹没(避免由于气泡原因电解池中无水进入)。

将测试仪的恒流源输出接到电解池上(注意正负极),将电压表并联到电解池两端,监测电解池上的电压。

调节恒流源输出到最大，让电解池迅速产生气体，约 10 min 后开展下面的实验（排出储水储气罐中的空气）。调节恒流源的输出电流，待电解池输出气体稳定后（约 1 min），用止水止气夹依次关闭氧气连接管（见图 5.11.10 中的“4”）和氢气连接管（见图 5.11.10 中的“5”）。测量输入电流 I、电压 V 及单位时间 t 内产生的氢气体积，记入表中，表格自拟。

注意：控制电解时间，避免水柱溢出；电解实验完成后，依次打开氢气连接管、氧气连接管上的止水止气夹。

由式(5.11.14)计算氢气产生量的理论值。与氢气产生量的测量值比较。若不管输入电压与电流大小，氢气产生量只与电量成正比，且测量值与理论值接近，即验证了法拉第定律。

3. 燃料电池的特性测量

在一定的温度与气体压力下，改变负载电阻的大小，测量燃料电池的输出电压与输出电流之间的关系，即 PEMFC 的静态特性，如图 5.11.15 所示。该特性曲线分为三个区域：活化极化区（又称电化学极化区）、欧姆极化区和浓差极化区，燃料电池正常工作在欧姆极化区。空载时，燃料电池输出电压为其平衡电位，在实际工程中，由于有电流流过，电极的电位会偏离平衡电位，实际电位与平衡电位的差称作过电位。燃料电池的过电位主要包括活化过电位、欧姆过电位、浓差过电位。

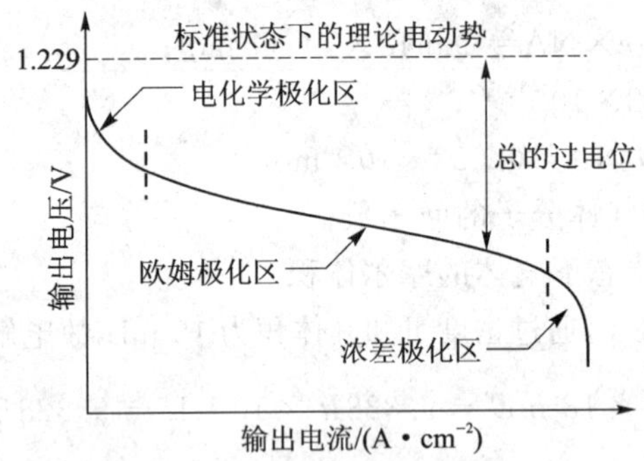

图 5.11.15 燃料电池静态特性曲线

这样，PEMFC 的输出电压可以表示为

$$U = V_r - U_{act} - U_{ohm} - U_{com} \tag{5.11.19}$$

其中：U 为燃料电池输出电压，U_r 为燃料电池理论电动势，U_{act}、U_{ohm}、U_{com} 分别为活化过电位、欧姆过电位、浓差过电位。

理论电动势是指标准状态下燃料电池的可逆电动势，与外接负载无关，其公认值为 1.229 V。

活化过电位主要由电极表面的反应速度过慢导致。在驱动电子传输到或传输出电极的化学反应时，产生的部分电压会被损耗掉。活化过电位分为阴极活化过电位和阳极活化过电位。

欧姆过电位是克服电子通过电极材料以及各种连接部件,离子通过电子质的阻力引起的。

浓差过电位主要是由电极表面反应物的压强发生变化而导致的,而电极表面压强的变化主要是由电流的变化引起的。输出电流过大时,燃料供应不足,电极表面的反应物浓度下降,使输出电压迅速降低,而输出电流基本不再增加。

尽管质子交换膜具有导通质子的特性,但是同时也具有微弱的导通电子的特性,这就等效于半导体中少数载流子导电的特性。从化学反应的角度来解释,就是少量燃料通过电解质直接从阳极扩散到阴极直接与氧气发生反应,从而不向外部提供电流。因此,即使当燃料电池空载时,其内部也存在微弱的电流,虽然在能量损失上可以忽略,但是在低温燃料电池中,当燃料电池开路时,它会导致非常大的电压压降。

燃料电池的输出特性测量如下:

① 把测试仪的恒流输出连接到电解池供电输入端,断开燃料电池输出和风扇的连接(拔开短接插),把电流调节电位器打到最小,打开燃料电池下部的排气口胶塞。

② 开启电源,缓慢调节电流调节电位器,使恒流输出约为 100 mA,预热 5 min。

③ 把电解池电解电流调到 350 mA,使电解池快速产生氢气和氧气,排出储水储气管的空气,等待 10 min,确保电池中燃料的浓度达到平衡值,此时用电压表测量燃料电池的开路输出电压将会恒定不变。

④ 先把电阻箱的阻值打到最大,参照图 5.11.16,连接燃料电池、电压表、电流表以及电阻箱,测量燃料电池的输出特性。电压表量程选择 2 V,电流表量程选择 200 mA(若电流超过 200 mA,可以选择 2 A 量程)。

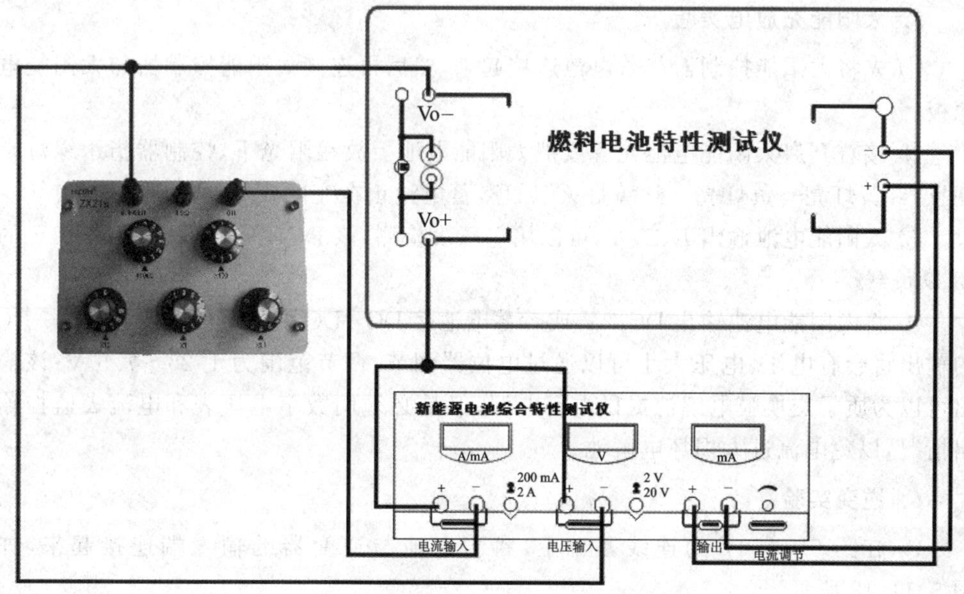

图 5.11.16　燃料电池特性测试实验连线图

⑤ 改变负载电阻箱，记录燃料电池的输出电压 U 和输出电流 I，记入表中，表格自拟。

⑥ 测量电解池燃料电池系统效率。电解池产生氢氧燃料的体积与输入电解电流大小成正比，而氢氧燃料进入燃料电池后将产生电压和电流，若不考虑电解器的能量损失，则燃料电池效率可以定义为

$$\eta = \frac{I_{FUG} \cdot U_{FUC}}{I_{WE} \cdot 1.23} \times 100\% \tag{5.11.20}$$

式(5.11.20)中：I_{FUC}、U_{FUC} 分别为燃料电池的输出电流和输出电压；I_{WE} 为水电解器电解电流。

电解池燃料电池系统的最大效率定义为

$$\eta_{max} = \frac{P_{max}}{I_{WE} \cdot 1.23} \times 100\% \tag{5.11.21}$$

式(5.11.21)中：P_{max} 为燃料电池的最大输出功率。

实验完毕，先切断电解池电源，让燃料电池带负载工作一段时间，消耗剩余的燃料。

4. 观察能量转换过程

① 确保储水储气罐中有足量的去离子水，燃料电池被水淹没。

② 将太阳能电池、电流表以及电解池串联起来，确保正负连接正确，开启光源。

③ 电流表上将显示电解电流大小，电解池中将有气泡产生(电解电流的大小与太阳能电池的输出电流有关，太阳能电池板离光源越近，电解电流越大)。

④ 用电压表测量燃料电池输出，观察输出电压变化。

5. 太阳能充放电实验

① 先将太阳能控制器与蓄电池连接起来，然后再连接太阳能控制器与太阳能电池板。

② 接着开启太阳能电池光源或把太阳能电池板放在阳光下，控制器指示绿灯常亮且“红黄灯亮—黄灯亮—红黄灯灭”循环，蓄电池正在充电或电池已有电输出。

③ 太阳能电池输出 DC12V，可以用电压表检测，该 DC12V 处可以接 DC12V 的 LED 负载。

④ 将太阳能电池输出 DC12V 或者蓄电池接 DC－DC 变换器的输入端，DC－DC 的输出将会有电压，电压大小可以通过电位器调节，调节范围为 1.25～7.5 V；该输出可以为质子交换膜电解池提供电解电源，但是必须用数字电压表和电流表监控输出情况，以免电流过大损坏电解池。

6. 逆变实验

① 在图 5.11.17 的连线基础上，将蓄电池与逆变器的输入端连接起来，如图 5.11.18 所示。

② 连接交流电压表与逆变器的输出，开启逆变器开关，将有 220 V 交流电压

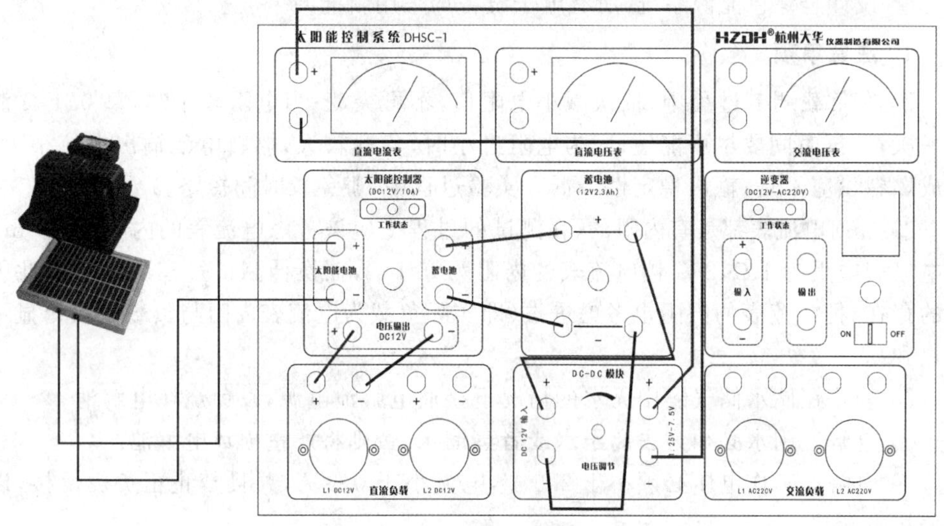

图 5.11.17 接线原理图一

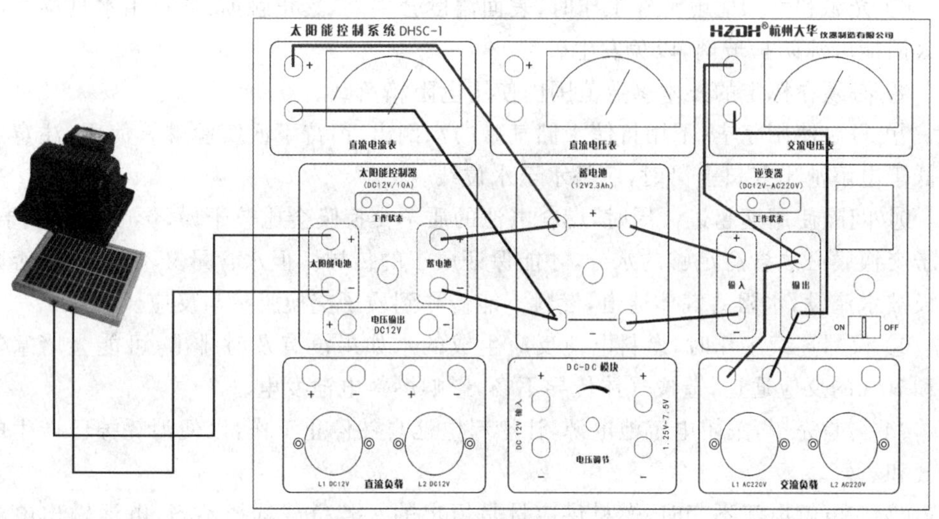

图 5.11.18 接线原理图二

输出。

③ 将逆变器的输出与 AC220V LED 负载相连，LED 灯点亮。

7. 其他设计性实验

① 考虑更换大功率太阳能电池板提供太阳能，注意太阳能电池板的输出电压必须为 18 V。

② 考虑相同参数的太阳能电池板并联供电进行充放电实验。

③ 更换大容量蓄电池，进行大负载实验。

④ 设计全绿色能源系统,所有电子设备均采用新能源。

8. 注意事项

① 在负载调节过程中,依次减小电阻值,不可突变;当电阻较小时,每 0.1 Ω 测量一次,测试时间要尽可能短,因为电阻过小时,负载较大,燃料电池输出电流很大,造成燃料供应不足,输出稳定性降低。实验过程中,避免长时间短路。

② 任何电流表都是有内阻的,在测试的过程中应该考虑电流表的内阻。200 mA 档电流表内阻为 1 Ω,2 A 档电流表的内阻为 0.1 Ω,在换档测试过程中须考虑此因素的存在,把电流表的内阻也考虑进去(即实际负载为电流表内阻与负载电阻箱显示值之和)。

③ 禁止在储水储气罐中无水的情况下接通电解池电源,以免烧坏电解池。

④ 电解池用水必须为去离子水或者蒸馏水,否则将严重损坏电解池。

⑤ 电解池工作电压必须小于 2.5 V,电流小于 0.5 A,并且禁止正负极反接,以免烧坏电解池。

⑥ 禁止在燃料电池输出端外加直流电压,禁止燃料电池输出短路。

⑦ 光源和太阳能电池在工作时,表面温度会很高,禁止触摸;禁止用水打湿光源和太阳能电池防护玻璃,以免发生破裂。

⑧ 必须在标定的技术参数范围内使用电阻箱负载。

⑨ 每次使用完毕,不用将储水储气罐的水倒出,留待下次实验继续使用,注意水位低于电解池出气口上沿时,应补水至水位线。

⑩ 间隔使用期超过 2 周时,燃料电池的质子交换膜会比较干燥,影响发电效果;质子交换膜必须含有足够的水分,才能保证质子的传导。但水含量又不能过高,否则电极被水淹没,水阻塞气体通道,燃料不能传导到质子交换膜参与反应。

⑪ 仪器连续工作时,燃料电池反应生成的水如果没有及时排出,可能会堵塞氢气和氧气的反应通道,造成气体传导不畅,影响燃料电池发电。

⑫ 实验完毕,关闭电解池电源,让燃料电池自然停止工作,以便消耗掉已产生的氢气和氧气。

⑬ 在电解电流不变时,燃料供应量是恒定的。若负载选择不当,电池输出电流太小,未参加反应的气体会从排气口泄漏,燃料利用率及效率将会降低。

⑭ 实验时,保持室内通风,禁止任何明火。

9. 故障处理

① 电解池没有气泡产生,不电解。

故障原因:电源插接不牢;恒流电源损坏;连接线断路。

处理方法:检查电源线插接是否牢固;恒流电源与电解池正负极相连是否正确;电解池电流输入插座内部是否与电解池相连;恒流源是否损坏;请专业人员维修。

② 储水储气罐两边水位不一致。

故障原因：燃料电池出气口堵塞；出气连接管堵塞。

处理方法：用洗水棉处理燃料电池出气口中的水柱，使之畅通；检查管道是否堵塞；请专业人员维修。

③ 有氢气和氧气供应，燃料电池输出电压过低或者不稳定。

故障原因：管道或者燃料电池漏气；燃料电池比较干燥；燃料电池中水汽过多；电解池电解时间过短或者电解电流过小；燃料电池输出短路或者负载太大。

处理方法：检查管道和燃料电池；向燃料电池中滴入少量去离子水；断开连接管，取出燃料电池模块，通过甩或者洗水棉除掉燃料电池中过多的水分；断开燃料电池负载，增加电解时间或者加大电解电流；检查燃料电池是否短路或者负载太大。

5.11.5　数据处理

(1) 太阳能电池的特性测量：

① 根据记录数据，绘制太阳能电池的伏安特性曲线。

② 根据数据，求出该太阳能电池的开路电压 U_{oc}，短路电流 I_{sc} 分别是多少？

③ 根据数据，求出该太阳能电池的最大输出功率 P_m 是多少？最大工作电压 U_m、最大工作电流 I_m 是多少？

④ 根据数据，求出该太阳能电池的填充因子 FF 是多少？

(2) 质子交换膜电解池的特性测量：由式(5.11.14)计算氢气产生量的理论值。

(3) 燃料电池的特性测量：

① 根据 U、I 数据，作出燃料电池静态特性曲线。

② 根据 U、I 数据，作出燃料电池输出功率和输出电压之间的关系曲线。

燃料电池的输出特性：根据式(5.11.21)，计算燃料电池输出功率最大时对应的效率。

5.11.6　思考题

① 太阳电池主要有哪几种类型？

② 简述新能源的分类。

③ 简述新能源及主要特征。

5.12　声光电路的特性研究与设计

声光双控延时开关不仅适用于住宅区的楼道中的路灯，而且也适用于工厂、办公室、教学楼等公共场所，它具有体积小、外形美观、制作容易、工作可靠等优点，而且降低能耗、节约能源、注重环保是当今世界的主潮流。此外，它在工业控制和智能家电方面也具有重要的应用。因此，声光延时电路特性的研究对提升声光延时控制开关的性能具有重要意义。然而，目前常用的声光延时电路特性实验装置一般采用

220 V 高压电，学生实验安全性较差。此外，因光敏电阻特性差异造成的整体电路的稳定性变差，也是本实验需要研究的问题之一。本实验基于低压电源供电，测量和分析声光控制电路的基本特性。

5.12.1 实验目的

① 掌握声音控制和光敏控制电路的基本工作原理和特性。

② 了解“与非”门逻辑电路基本原理及其在放大电路中的应用。

③ 设计出一种稳定性和灵敏度好的声光控制灯电路，并测定其基本特性。

5.12.2 实验仪器

声光控制电路特性实验仪、数字示波器、数字万用表、数字照度计、数字分贝仪、秒表等。

5.12.3 实验原理

1. 声光控制电路基本原理分析

本实验电路主要由降压单元、整流滤波单元、声控单元、光敏组件、信号放大单元、延时单元、触发单元等模块组成，如图 5.12.1 所示。

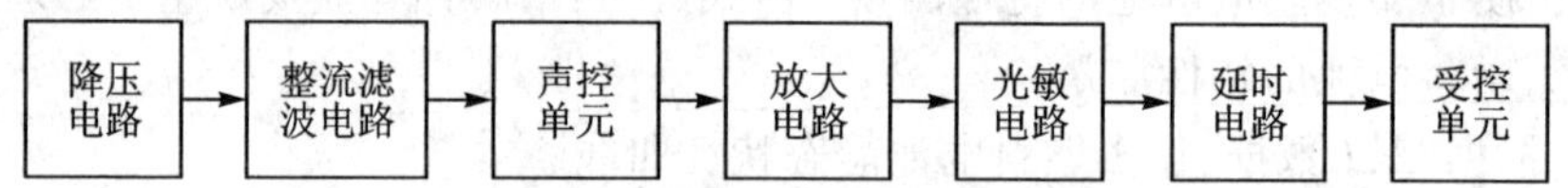

图 5.12.1 声光控制电路基本模块

① 降压单元：采用降压变压器，将 220 V 交流高压电转化成 12 V 低电压。

② 整流滤波单元：通过 4 个二极管 $D_1 \sim D_4$ 构成的全波整流电路和由 RC 构成的滤波电路，将交流电压变成安全的直流电压给声光控制电路提供工作电压。

③ 声控单元：由驻极体话筒将声音信号转化成电信号。

④ 光敏组件：由光敏电阻 R_G 和分压电路 R_5、R_6、R_{W1} 构成，它将光强信号转化成电信号。通过调节 R_{W1} 可分析不同的光敏电阻下声光控制电路的灵敏度等特性。

⑤ 信号放大单元：利用“与非”逻辑门和反馈电阻 R_4 与 R_{W4}，将较微弱的驻极体产生的信号进行放大，以推动触发延时电路工作。

⑥ 触发延时电路：由电阻 R_{7a}、R_{7b}、R_{7c}、R_{7d} 与电容 C_{4a}、C_{4b}、C_{4c} 的组合和逻辑门 U_5 组成，用于放大电路输出的电压去推动触发延时电路工作，以控制受控开关闭合时间，达到控制受控元件时间长短的目的，实现声光控制。

2. 仪器工作原理

声光控制电路图如图 5.12.2 所示。

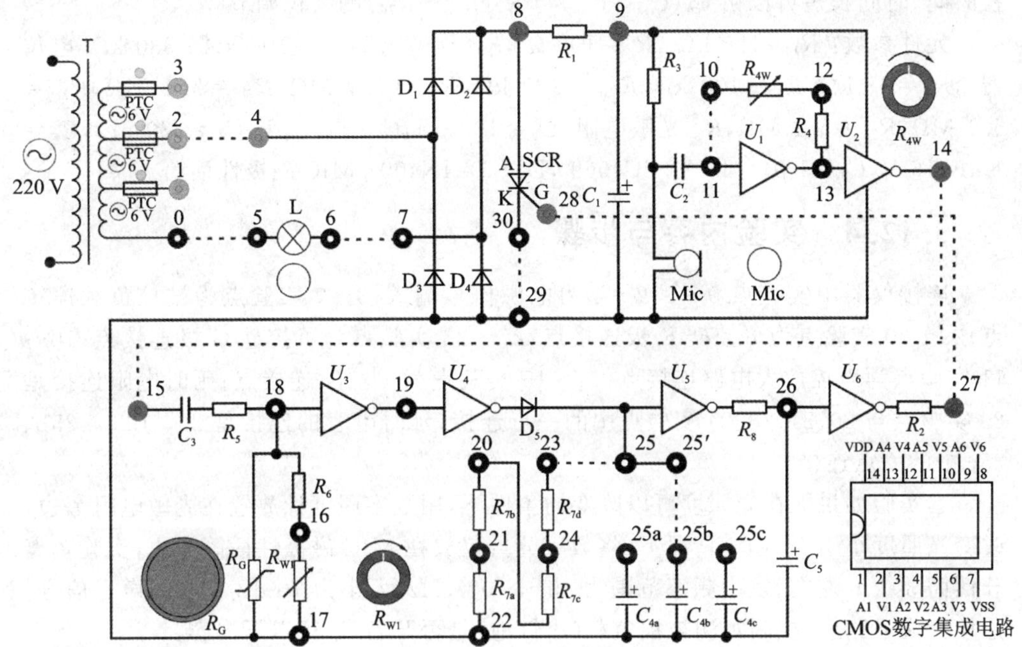

图 5.12.2　声光控制电路图

电路图说明如下：

本实验装置主要电路为：由 D_1～D_4 组成的桥式整流电路，将变压器降压后的交流 6 V、12 V、18 V 等 3 组可供选择的电压转化为直流电压后，经 R_1 降压，C_1 滤波，得到直流电压供 IC 和 MIC 等工作；R_3 为 MIC 提供偏置电压；R_4 为使 U_1 工作于放大状态，由于 U_1 与 U_2 相连，所以 U_1 也工作在放大状态；C_2 和 C_3 为耦合电容。R_6 与 R_{W1} 串联后再与光敏电阻 R_G 并联，通过 R_5 对 U_2 输出的信号进行分压，以触发"非"门 U_3、U_4、U_5、U_6 工作；D_6 向 C_4 单向充电；R_{7a}、R_{7b}、R_{7c}、R_{7d} 结合 C_4 决定延时长短；R_8 和 C_5 使 U_6 翻转关断。单向可控硅 SCR 受 U_6 输出电平的触发控制，R_2 为限流保护电阻。

当光线明亮，光敏电阻 R_G 的阻值小（低电阻），U_3 输入电位很低，即使 MIC 送来的声音电信号经过放大后也不足以使 U_3 输入端成为高电平，最终 U_6 输出为低电平而不能触发可控硅 G 极，灯不亮。

当光线暗时，光敏电阻 R_G 的阻值较大，U_3 输入端对地电阻使其输入端的电位为低电平的某一范围的固定值。由 MIC 送来的声音电信号经过放大后（其放大倍数由电阻 R_{4W} 确定）与 U_3 输入端固定电平值叠加后使 U_3 输入端出现高电平，而最终使 U_6 输出高电平，触发可控硅 G 极，此时灯亮。同时 U_4 输出的高电平迅速通过 D_5 对 C_4 充电，达到某一高电平值。之后选取 C_{4a} 或 C_{4b} 或 C_{4c} 通过 R_{7a}、R_{7b}、R_{7c}、R_{7d} 其中的组合放电。由于 R_{7a}、R_{7b}、R_{7c}、R_{7d} 阻值很大，放电速度很慢，以致 U_5 输入端能够维持一定时间的高电平，U_6 输出端维持可控硅 G 导通所需触发电平值，从而保持一定的受控时间，时间长短可以由 C_4（C_{4a}～C_{4c}）与 R_7（R_{7a}～R_{7d}）的乘积调节。

元件参数：R_1＝180 kΩ，R_2＝100 Ω，R_3＝4.7 kΩ，R_4＝100 kΩ＋330 kΩ（电位器），R_5＝27 kΩ，R_6＝100 kΩ，R_{W1}＝120 kΩ，R_{7a}＝5.1 MΩ，R_{7b}＝5.1 MΩ，R_{7c}＝5.1 MΩ，R_{7d}＝5.1 MΩ，R_G 光敏电阻，C_1＝100 μF，C_2＝0.1 μF，C_3＝330 pF，C_4＝1 μF/16 V，C_5＝1 μF/16 V，IC4069，D_1～D_5 IN4007 MIC 磁极性话筒。

5.12.4 实验内容与步骤

连接仪器中实验点 0～5、2～4 为电源信号输入；6～7 实验点为被控负载连接点；29～30 实验点为可控硅 K 极连接点；27～28 实验点为可控硅 G 极连接点；10～11 实验点为声控放大电路连接点；14～15 实验点为 U_2、C_3 连接点；延时电阻连接是 25 实验点与 20、21、23、24 实验点中的一点连接；延时电容的连接是 25′与 25a、25b、25c 中的一点连接。

本实验如果能在光照度可以改变的条件下，用数字照度计放置在光敏电阻旁边，改变光照度小于 10 Lux 情况下，将数字分贝仪放在 MIC 磁极性话筒旁边，实验者离开话筒 30 cm 左右，发出频率范围为 40～8 000 Hz，大小为 70 dB 左右的声音信号。连接完成电路后，控制观测被控负载（小灯泡）是否开启，进行以下内容：

① 声音控制电路灵敏度的调节与特性分析。

放大电路的设计：

放大电路反馈电阻 R_4、R_{4W}。分别改变 R_{4W} 到合适的阻值，使得电路控制开启的最小幅值为 3.0 V，最大幅值为 9.0 V。

② 通过调节电位器 R_{4W} 的电阻值，改变由“与非”门 U_1 构成的放大电路的放大倍数，从而调节声音控制的灵敏度。利用示波器测量 U_1 的输出端 13 测量孔的信号波形。观察其随声音大小变化以及 R_{4W} 变化时的波形变化情况。

③ 通过测量有声有光照、无光照时各“与非”门输出端的电压值，确定声光控制电路电平的逻辑关系。

④ 光敏控制电路的特性测量。

光控电路的设计：

光控电路由 R_G、R_6、R_{W1} 及 U_3、U_4 等组成。实验时改变 R_{W1} 的大小，使 R_G 在正常光线与遮光时能正常开启工作，用万用表测量 R_4、R_{W1}、R_G 的阻值，用示波器观测 U_3、U_4 输入端与输出端各点的波形并绘制。

⑤ 测量有光照、无光照时对应的光敏电阻上电压的变化情况，通过改变电位器 R_{W1}，观测光敏开关的灵敏度。

⑥ 时延电路的特性分析。

延时控制电路的设计：

延时电路由 R_7、C_4、U_5、U_6 等组成，设计时改变 R_7 的阻值并用万用表测量其大小得到不同的延时，记录下延时开关时间，用示波器观测 U_5 输入端与输出端、U_6 输出端的波形并绘制。记录接入不同电阻 R_7 时，灯亮到灯灭所需的时间长短。

⑦ 利用数字示波器测量“与非”门逻辑电路 $U_1 \sim U_6$ 输入端与输出端的电平大小与波形。

5.12.5　数据处理

在完成以上实验内容的基础上进行以下内容：

① 声音放大电路：用万用表测量其电阻大小，用示波器观测振荡信号并绘制其波形，观测 U_1、R_2 输出端的幅值与波形。

② 光敏电路：用万用表测量 R_4、R_{W1}、R_G 的阻值，用示波器观测 U_3、U_4 输入端与输出端各点的波形并绘制。在 R_{W1} 最大与最小的情况下，测量光敏电阻的暗阻和亮阻的大小。

③ 延时电路：改变不同的 R_7、C_4 组合得到延时时间分别为 6.5 s、12 s、18 s 和 25 s 的电阻值与电容值，测量延迟电路的最大电压。

④ 通过测量各“与非”门输入输出的电压，分析“与非”门逻辑电路的特性和工作原理，画出逻辑图。

⑤ 可控硅开关电路数据分析描述，测量触发电平大小，小灯泡熄灭时的电压。用万用表测量控制端导通时的电压与电流的幅值，用示波器观测可控硅触发信号、可控硅振荡触发信号波形。

⑥ 按上述连接线路，设计一种放大端信号最小幅值为 5.0 V，开启频率为 200～2 000 Hz，延时时间为 12 s 的声光控制电路。

5.12.6　思考题

① 你还知道有哪些不同的声光控制电路？请举例说明。

② 简述晶闸管（可控硅）开关电路的工作原理。

③ 实验时你设计的声光控制电路如果无法工作，请分析是什么原因造成的？你是如何解决问题的？

5.13　直流可调稳压电源的特性研究和设计

在电子电路及设备中一般都需要稳定可调的直流电源对其供电，可调直流电源就是将工频电网电能转变成电压可调的直流电源。随着电子产品的普及，小功率直流可调稳压电源得到了广泛应用。本实验提供了一个可以供实验者自由组合的设计性实验方法，从而了解直流可调稳压电源的基本特性。

5.13.1　实验目的

① 了解直流可调稳压电源的电路构成。

② 掌握直流可调稳压电源的元件选择及用示波器观测其主要技术指标的方法。

③ 设计一种电压稳定性好的直流可调稳压电源并分析其电路特性。

5.13.2 实验仪器

直流可调稳压电源实验仪、示波器、数字万用表等。

5.13.3 实验原理

直流稳压电源一般由电源变压器、整流电路、滤波电路及稳压电路所组成(见图 5.13.1)。直流电源是基于能量转换电路的设备,能将 220 V(或 380 V)50 Hz 的交流电转换为直流电。分析电源电路时要特别考虑:允许电网电压波动±10%,且负载有一定的变化范围。较理想状态的直流稳压电源要求脉动小,即

① 负载发生变化时,输出电压基本保持不变;

② 输入端所接电网电压变化时,其输出电压基本保持不变。

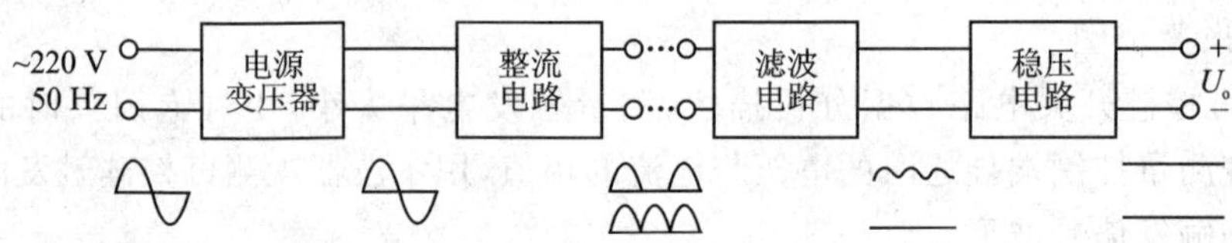

图 5.13.1 直流稳压电路构成示意图

(1) 整流电路

整流电路是利用二极管的单向导电性,将交流电转变为脉动的直流电。整流电路分为半波整流和桥式整流电路。以下介绍单相桥式整流。图 5.13.2 所示为全桥整流电路原理图,其各点波形图如图 5.13.3 所示。

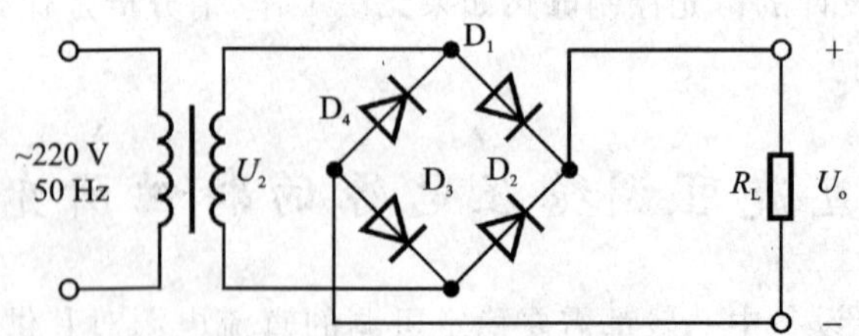

图 5.13.2 全桥整流电路原理图

整流电路输出电压为

$$U_{o(AV)} = \frac{1}{\pi}\int_0^{\pi} \sqrt{2}U_2 \sin \omega t \, d(\omega t)$$

其输出电压平均值 $U_{o(AV)}$

$$U_{o(AV)} = \frac{2\sqrt{2}U_2}{\pi} \approx 0.9U_2$$

整流电路二极管的选择：

考虑到电网电压波动范围为±10%以及交流的峰值电压，二极管的极限参数应满足：

$$\begin{cases} I_F > 1.1 \times \dfrac{0.45U_2}{R_L} \\ U_R > 1.1\sqrt{2}U_2 \end{cases}$$

其中：I_F为最大整流电流；U_R为最高反向工作电压。

（2）滤波电路

滤波电路利用电抗性元件（电容、电感）的储能作用，实现平滑输出电压。根据电路结构不同可分为 LCπ 型滤波、电容滤波、电感滤波、RCπ 型滤波电路。图 5.13.4 所示为全桥整流电容滤波电路图，其波形图如图 5.13.5 所示。以下介绍电容滤波。

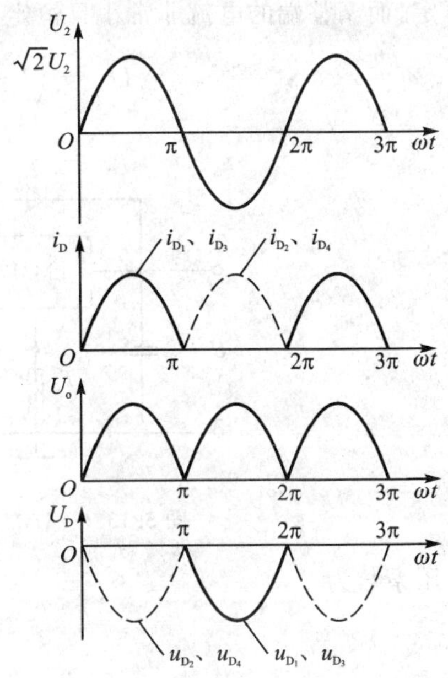

图 5.13.3　全桥整流电路中各点波形图

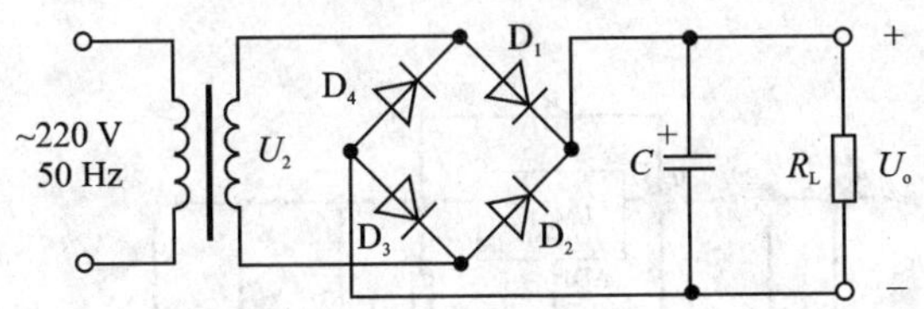

图 5.13.4　全桥整流电容滤波电路图

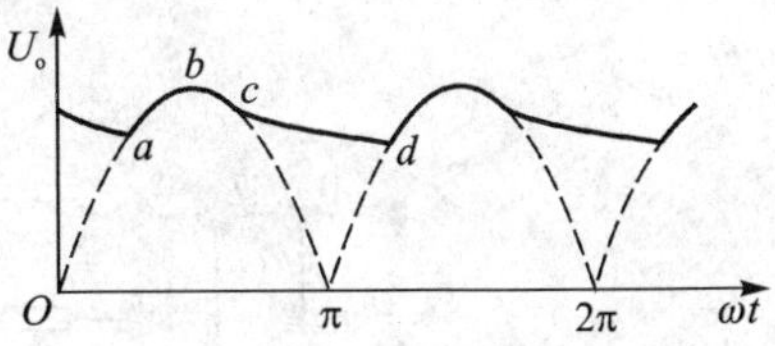

图 5.13.5　全桥整流电容滤波电路波形图

通过电容的充放电，可以使负载R_L上的电压曲线变平滑，其中 C 越大，R_L就越大，充放电时间常数 τ 也越大，放电越慢，曲线越平滑，脉动越小。滤波后，输出电压平均值增大，脉动变小，即 τ 正比于C 、R_L，当 $R_LC=(3\sim5)\dfrac{T}{2}$时，$U_{o(AV)}\approx1.2U_2$。$C$ 的耐压值应大于 $1.1\sqrt{2}U_2$。

（3）稳压电路

稳压电路的作用是保持输出电压的稳定，使输出电压不随电网电压、负载和温度的变化而变化。以下分析 LM317 组成的直流稳压电路。

图 5.13.6 为由 LM317 构成的三端可调式集成稳压电路。其中，LM317 的管脚分别为调整端、输入和输出端。调节电位器 R_2的阻值便可以改变输出电压的大小，因其输出端和调整端能较好地维持 1.25 V 的恒定电压，所以 R_L上的电流值基本保

持恒定,而调整端的电流非常小且恒定,故可将其忽略,则电源输出电压为

$$U_o = \left(1 + \frac{R_2}{R_1}\right) \times 12.5\ \text{V}$$

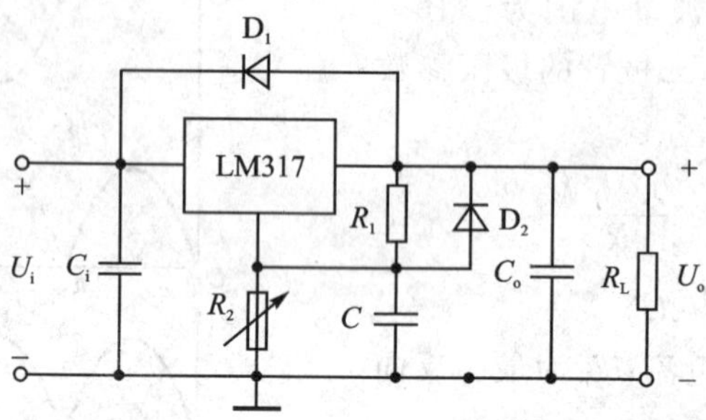

图 5.13.6　LM317 构成的电源调整电路

其稳压系数为

$$S = \frac{\Delta U_o / U_o}{\Delta U_i / U_i}$$

5.13.4　实验内容与步骤

图 5.13.7 是直流可调稳压电源实验仪的接线图,它提供了多项组合供实验者选择。

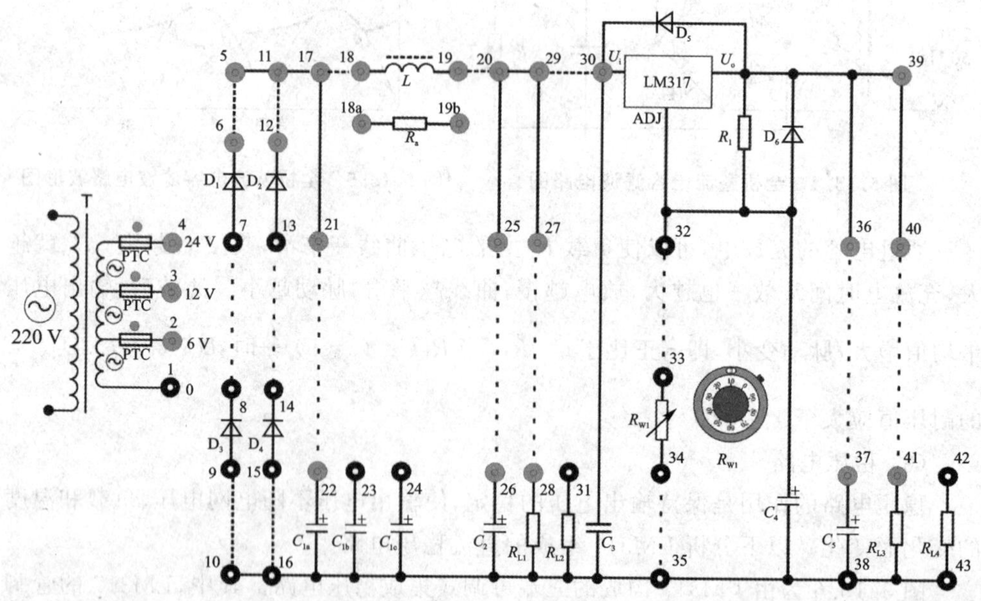

图 5.13.7　直流可调稳压电源实验接线图

1. 整流电路选择

可选择单臂、半桥以及全桥整流电路。将示波器接入整流输出端的 16、17 点，并观测单臂、半桥以及全桥整流电路波形，计算电压平均值。最后选择最优的整流电路。

2. 滤波电路选择

可选择 LCπ 型滤波、RCπ 型滤波、电容滤波、电感滤波电路。将示波器接入整流滤波输出端的 16、29 点，并分别观测 LCπ 型滤波、电容滤波、电感滤波的电路波形，可计算出电压平均值。改变电容 C_1（C_{1a}、C_{1b}、C_{1c}）的大小，并用示波器观测输出端 16、29 波形。接入负载 R_{L1} 或 R_{L2} 后分别观测波形，分析总结波形特点，从而选择理想的滤波电路。

3. 稳压电路的调整

连接整流端电路的 29、30 点，将示波器接入可调稳压输出端的 39、43 点，选择上述你认为较理想的电路组成可调直流稳压电路，在设计好的电路中根据 $U_o=\left(1+\frac{R_{W1}}{R_1}\right)\times 1.25\ \text{V}$ 输出电压 1.25 V、4.2 V、10.0 V、14.5 V。

4. 注意事项

① 按照实验原理连接实验装置导线，检查后，打开电源开关。

② 变压器副边输出端点的 2、3、4 不可直接用导线连接。

③ 用示波器观测交直流信号时需将示波器光点调零后使用。

④ 可调电阻 R_{W1} 使用前应调整到中间位置。

⑤ 不能用导线直接连接任意元件，以免短路。

5.13.5　数据处理

① 计算各整流电路的电压平均值，分析各整流电路输出的波形特性。列表整理实验数据，绘制所观测到的各部分波形。

② 通过观测的波形和计算电压平均值，比较电容滤波、电感滤波、LC 滤波、RCπ 型滤波、LCπ 型滤波电路的性能特点，滤波后输出电压平均值与变压器副边输出电压平均值之比，即 $U_{o(AV)}/U_2$。分析讨论各种列表整理实验数据，绘制所观测到的各部分波形。

③ 在组成的可调直流稳压电路选择一个输出电压。要求输出纹波电压小于 6 mV，R_L 一定时计算稳压系数 $S=\frac{\Delta V_o/V_o}{\Delta V_i/V_i}$，其中 ΔV_o、ΔV 可用示波器灵敏度较大的档位测得，要求稳压系数小于或等于 0.015；最大输出电流为 $I_{max}=0.80$ A。改变负载电阻 R_{W1} 观测输出电压是否变化。你设计的电路是否符合以下特性：负载变化，但输出电压基本不变；电网电压变化，但输出电压基本不变。列表整理实验数据，绘制所观测到的各部分波形。

5.13.6 思考题

① 绘制你所设计的直流可调稳压电路图,并标明元件参数。

② 如果实验中发生了故障,你是怎样排除的?若电路输出纹波电压很大,则其最可能的原因是什么?

附录 A 国际单位制

表 A.1 国际单位制(SI)的基本单位

量的名称	单位名称	单位符号	量的名称	单位名称	单位符号
长度	米	m	热力学温度	开[尔文]	K
质量	千克[公斤]	kg	物质的量	摩[尔]	mol
时间	秒	s	发光强度	坎[德拉]	cd
电流	安[培]	A			

表 A.2 国际单位制的辅助单位和导出单位

量的名称	SI 导出单位		
	名 称	符 号	基本单位和导出单位
[平面]角	弧 度	rad	1 rad=1 m/m=1
立体角	球面度	sr	1 sr=1 m^2/m^2=1
频 率	赫[兹]	Hz	1 Hz=1 s^{-1}
力	牛[顿]	N	1 N=1 kg·m/s^2
压力,压强,应力	帕[斯卡]	Pa	1 Pa=1 N/m^2
能[量],功,热量	焦[耳]	J	1 J=1 N·m
功率,辐[射能]通量	瓦[特]	W	1 W=1 J/s
电荷[量]	库[仑]	C	1 C=1 A·s
电压,电动势,电势	伏[特]	V	1 V=1 W/A
电 容	法[拉]	F	1 F=1 C/V
电 阻	欧[姆]	Ω	1 Ω= 1 V/A
电 导	西[门子]	S	1 S=1 Ω^{-1}
磁通[量]	韦[伯]	Wb	1 Wb=1 V·s
磁通[量]密度,磁感应强度	特[斯拉]	T	1 T=1 Wb/m^2
电 感	亨[利]	H	1 H=1 Wb/A
摄氏温度	摄氏度	℃	1 ℃=1 K
光通量	流[明]	lm	1 lm=1 cd·sr
[光]照度	勒[克斯]	lx	1 lx=1 lm/m^2

注：国际单位制的基本单位的定义。

米：光在真空中(1/299 792 458)s时间间隔内所经过路径的长度。(第17届国际计量大会(1983))。

千克：国际千克原器的质量。(第1届国际计量大会(1889)和第3届国际计量大会(1901))。

秒：铯-133原子基态的两个超精细能级之间跃迁所对应的辐射的9 192 631 770个周期的持续时间。(第13届国际计量大会(1967),决议1)。

安培：在真空中,截面积可忽略的两根相距1 m的无限长平行圆直导线内通以等量恒定电流时,若导线间相互作用力在每米长度上为2×10^{-7} N,则每根导线中的电流为1 A。(国际计量委员会(1946)决议2。第9届国际计量大会(1948)批准)。

开尔文：水三相点热力学温度的1/273.16。(第13届国际计量大会(1967),决议4)。

摩尔：是一系统的物质的量,该系统中所包含的基本单元(原子、分子、离子、电子及其他粒子,或这些粒子的特定组合)数与0.012 kg碳—12的原子数目相等。(第14届国际计量大会(1971),决议3)。

坎德拉：一光源在给定方向上的发光强度,该光源发出频率为540×10^{12} Hz的单色辐射,且在此方向上的辐射强度为(1/683) W/sr。(第16届国际计量大会(1979),决议3)。

表A.3　可与国际单位制单位并用的我国法定计量单位

量的名称	单位名称	单位符号	与SI单位的关系
时　间	分 [小]时 日[天]	min h d	1 min=60 s 1 h=60 min=3 600 s 1 d=24 h=86 400 s
[平面]角	度 [角]分 [角]秒	° ′ ″	$1^\circ=(\pi/180)$ rad $1'=(1/60)^\circ=(\pi/10\ 800)$ rad $1''=(1/60)'=(\pi/648\ 000)$ rad
体　积	升	L[l]	$1\ L=1\ dm^3=10^{-3}\ m^3$
质　量	吨 原子质量单位	t u	$1\ t=10^3$ kg $1\ u=1.660\ 538\ 73\times10^{-27}$ kg
旋转速度	转每分	r/min	$1\ r/min=(1/60)\ s^{-1}$
长　度	海　里	n mile	1 n mile=1 852 m(航行)
速　度	节	kn	1 kn=1 n mile / h(航行)
能	电子伏	eV	$1\ eV=1.602\ 177\times10^{-19}$ J
级　差	分　贝	dB	
线密度	特[克斯]	tex	$1\ tex=10^{-6}$ kg/m
面　积	公　顷	hm^2	$1\ hm^2=10^4\ m^2$

表 A.4 单位词头

因 数	词头名称		符 号	因 数	词头名称		符 号
	英 文	中 文			英 文	中 文	
10^{24}	yotta	尧[它]	Y	10^{-1}	deci	分	d
10^{21}	zetta	泽[它]	Z	10^{-2}	centi	厘	c
10^{18}	exa	艾[可萨]	E	10^{-3}	milli	毫	m
10^{15}	peta	拍[它]	P	10^{-6}	micro	微	μ
10^{12}	tera	太[拉]	T	10^{-9}	nano	纳[诺]	n
10^{9}	giga	吉[咖]	G	10^{-12}	pico	皮[可]	p
10^{6}	mega	兆	M	10^{-15}	femto	飞[母托]	f
10^{3}	kilo	千	k	10^{-18}	atto	阿[托]	a
10^{2}	hecto	百	h	10^{-21}	zepto	仄[普托]	z
10^{1}	deca	十	da	10^{-24}	yocto	幺[科托]	y

附录 B　常用的物理量

表 B.1　基本的和重要的物理常数表

名　称	符　号	数值和单位
万有引力常量	G	$6.672\,0\times10^{-11}$ N·m^2·kg^{-2}
标准重力加速度	g	9.806 65 m·s^{-2}
水在 0 ℃时的密度	$\rho(H_2O)$	999.973 kg·m^{-3}
汞在 0 ℃时的密度	$\rho(Hg)$	13 595.04 kg·m^{-3}
水的比热	$c(H_2O)$	4 184 J·kg^{-1}·K^{-1}
冰的溶解热	$\lambda(H_2O)$	333 464.8 J·kg^{-1}
水在 100 ℃时的汽化热	$L(H_2O)$	2 255 176 J·kg^{-1}
标准状况下的温度	T_0	273.15 K
标准状况下的压强	P_0	1 atm;$1.0132\,5\times10^5$ Pa
标况下理想气体的摩尔体积	V_{mol}	22.413 83 L·mol^{-1}
阿伏伽德罗常数	N_A、R	$6.022\,141\,99\times10^{23}$ mol^{-1}
摩尔气体常量	$k=R/N_A$	8.314 4 J·mol^{-1}·K^{-1}
玻耳兹曼常量		$1.380\,650\,3\times10^{-23}$J·K^{-1}
真空中的光速	c	$2.997\,924\,58\times10^8$ m·s^{-1}
普朗克常量	h	$6.626\,068\,76\times10^{-34}$ J·s
静止电子质量	m_e	$9.109\,381\,88\times10^{-31}$ kg
原子质量单位	u	$1.660\,538\,73\times10^{-27}$ kg
静止质子质量	m_p	$1.672\,621\,58\times10^{-27}$ kg
静止中子质量	m_n	$1.674\,927\,16\times10^{-27}$ kg
电子荷质比	e/m_e	$1.758\,804\,7\times10^{11}$ C·kg
斯特藩-玻耳兹曼常量	σ	$5.670\,373\times10^{-8}$ W·m^{-2}·K^{-4}
基本电荷电量	e	$1.602\,176\,462\times10^{-19}$C
真空电容率	ε_0	$8.854\,188\times10^{-12}$ F·m^{-1}
真空磁导率	μ_0	$12.566\,37\times10^{-7}$ N·A^{-2}
法拉第常数	$F=eN_A$	$9.648\,456\times10^4$ C·mol^{-1}

表 B.2　海平面上不同纬度处的重力加速度

纬度 φ/°	g/(m·s^{-2})	纬度 φ/°	g/(m·s^{-2})	纬度 φ/°	g/(m·s^{-2})	纬度 φ/°	g/(m·s^{-2})
0	9.780 49	25	9.789 69	50	9.810 79	75	9.828 73
5	9.780 88	30	9.783 38	55	9.815 15	80	9.830 65
10	9.782 04	35	9.797 46	60	9.819 24	85	9.831 82
15	9.783 94	40	9.801 82	65	9.822 94	90	9.832 21
20	9.786 52	45	9.806 29	70	9.826 14		

注：计算公式 $g=9.780\,49\,(1+0.005\,288\sin^2\varphi-0.000\,006\sin^2 2\varphi)$。

表B.3 标准大气压下不同温度的水的密度

温度/℃	密度/(kg·m^{-3})	温度/℃	密度/(kg·m^{-3})	温度/℃	密度/(kg·m^{-3})
0	999.841	17	998.774	34	994.371
1	999.900	18	998.595	35	994.031
2	999.941	19	998.405	36	993.68
3	999.965	20	998.203	37	993.33
4	999.973	21	997.992	38	992.96
5	999.965	22	997.770	39	992.59
6	999.941	23	997.538	40	992.21
7	999.902	24	997.296	41	991.83
8	999.849	25	997.044	42	991.44
9	999.781	26	996.783	50	988.04
10	999.700	27	996.512	60	983.21
11	999.605	28	996.232	70	977.78
12	999.498	29	995.944	80	971.80
13	999.377	30	995.646	90	965.31
14	999.244	31	995.340	100	958.35
15	999.099	32	995.025	3.98	1 000.00
16	998.943	33	994.702	纯水此温度时密度最大	

表B.4 物质的密度

物　质	密度/(kg·m^{-3})	物　质	密度/(kg·m^{-3})	物　质	密度/(kg·m^{-3})
锇	22.5×10^3	铝	2.699×10^3	铜	8.960×10^3
金	19.30×10^3	花岗岩	$(2.6\sim2.8)\times10^3$	钢、铁	7.874×10^3
铅	11.35×10^3	砖	$(1.4\sim2.2)\times10^3$	蜡	0.9×10^3
银	10.50×10^3	冰	0.900×10^3	干松木	0.5×10^3
水银	13.595×10^3	植物油	0.9×10^3	海水	1.03×10^3
汽　油	0.71×10^3	煤　油	0.80×10^3	酒　精	0.8×10^3
二氧化碳	1.98	一氧化碳	1.25	空气	1.293
氧	1.429	氦	0.178 5	氢	0.089 88

注：固体和液体的密度为在20 ℃条件下的值。气体的密度为在0 ℃、标准大气压下的值。

表 B.5 不同温度下水和酒精的表面张力 σ

10^{-3} N·m^{-1}

温度 t/℃	0	30	60	90	120	150	180	210	240	300	370
水	75.6	74.18	66.18	60.75	54.9	48.63	42.25	35.4	28.57	14.40	0.47
酒精	24.4	21.9	19.2	16.4	13.4	10.1	6.7	3.3	0.1	—	—

表 B.6 20 ℃时不同材料中的声速

物 质	声速/(m·s^{-1})	物 质	声速/(m·s^{-1})
铝	5 000	空气	331.46
铜	3 750	二氧化碳	258.0
电解铁	5 120	氯	205.3
水	1 482.9	氢	1 269.5
汞	1 451.0	水蒸汽(100 ℃)	404.8
甘油	1 923	氧	317.2
乙醇	1 168	氨	415
四氯化碳	935	甲烷	432

表 B.7 不同温度时干燥空气的声速

温度/℃	0	1	2	3	4	5	6	7	8	9
60	366.05	366.60	367.14	367.69	368.24	368.78	369.33	369.87	370.42	370.96
50	360.51	361.07	361.62	362.18	362.74	363.29	363.84	364.39	364.95	365.50
40	354.89	355.46	356.02	356.58	357.15	357.71	358.27	358.83	359.39	359.95
30	349.18	349.75	350.33	350.90	351.47	352.04	352.62	353.19	353.75	354.32
20	343.37	343.95	344.54	345.12	345.70	346.29	346.87	347.44	348.02	348.60
10	337.46	338.06	338.65	339.25	339.91	340.43	341.02	341.61	342.02	348.60
0	331.45	332.06	332.66	333.27	333.87	334.47	335.07	335.67	336.27	336.87
−10	325.33	324.71	324.09	323.47	322.84	322.22	321.60	320.97	320.34	319.72
−20	319.09	318.45	317.82	317.19	316.55	315.92	315.28	314.64	314.00	313.36
−30	312.72	312.08	311.43	310.78	310.14	309.49	308.84	308.19	307.53	306.88

表 B.8 液体的粘度

液 体	温度/℃	η/(×10⁻⁶ Pa)	液 体	温度/℃	η/(×10⁻⁶ Pa)
汽油	0	1 788	甘油	−20	1.34×10^{8}
	18	530		0	1.21×10^{8}
乙醇	−20	2 780		20	1.499×10^{8}
	0	1 780		100	12 945
	20	1 190	蜂蜜	20	6.50×10^{8}
甲醇	0	817		80	1.00×10^{5}
	20	584	鱼甘油	20	45 600
乙醚	0	296		80	4 600
	20	243	水银	−20	1 855
变压器油	20	19 800		0	1 685
蓖麻油	10	2.42×10^{6}		20	1 554
葵花子油	20	50 000		100	1 224

表 B.9 常见各向同性材料的杨氏模量

材 料	$E/(\mathrm{N\cdot m^{-2}})$	材 料	$E/(\mathrm{N\cdot m^{-2}})$
低碳钢,16Mn 钢	$(2.0\sim2.2)\times10^{11}$	球墨铸铁	$(1.5\sim1.8)\times10^{11}$
普通合金钢	$(2.0\sim2.2)\times10^{11}$	可锻铸铁	$(1.5\sim1.8)\times10^{11}$
合金钢	$(1.9\sim2.2)\times10^{11}$	铸钢	1.72×10^{11}
灰铸铁	$(0.6\sim1.7)\times10^{11}$	硬铝合金	0.71×10^{11}
金	0.79×10^{11}	铝	$(0.70\sim0.71)\times10^{11}$
银	$(0.70\sim0.82)\times10^{11}$	铜	$(1.050\sim1.300)\times10^{11}$
石英	0.73×10^{11}	尼龙	0.035×10^{11}
聚乙烯	0.0077×10^{11}	聚苯乙烯	0.036×10^{11}

表 B.10 固体的折射率

物 质	折射率	物 质	折射率
醋酸纤维	1.49～1.50	琥珀	1.546
白明胶	1.530	聚甲基丙烯酸树脂	1.49
方解石	1.658 3	聚苯乙烯	1.59
加拿大树胶	1.530	钾盐	1.190
萤石(氟化钙)	1.434	刚玉(蓝宝石、红宝石)	1.768 6
赛璐璐	1.49～1.50	黄玉(黄宝石)	1.63
金刚石	2.419 5	绿宝石(绿闪石)	1.581
岩盐	1.543 3	砂糖	1.56
冰	1.310	云母	1.56～1.60
丙烯树脂	1.50	氟化钠	1.325 5
石英	1.544(n_D)	氯化钠	1.5443
	1.553(n_e)		
熔凝石英	1.458 45	氟化锂	1.392

参考文献

[1] 张兆奎,缪连元,张立. 大学物理实验. 北京：高等教育出版社,2001.

[2] 朱鹤年. 新概念基础物理实验讲义. 北京：清华大学出版社,2013.

[3] 潘小青,陆俊发. 大学物理实验教程. 上海：华东理工大学出版社,2006.

[4] 潘小青,黄瑞强. 大学物理实验. 杭州：浙江大学出版社,2013.

[5] 肖苏,任红. 大学物理实验. 合肥：中国科学技术大学出版社,2005.

[6] 孙晶华. 操纵物理仪器 获取实验方法——物理实验教程. 北京：国防工业出版社,2009.

[7] 徐富新,刘碧兰. 大学物理实验. 长沙：中南大学出版社,2011.

[8] 中国科学技术大学普通物理实验室编. 大学物理实验(第一册). 合肥：中国科学技术大学出版社,1996.

[9] 王云才. 大学物理实验教程. 北京：科学出版社,2008.

[10] 浦天舒,张铮扬,沈亚平. 大学物理实验(下册). 上海：东华大学出版社,2002.

[11] 谢行恕,等. 大学物理实验(第 2 册). 北京：高等教育出版社,2001.

[12] 李志超,等. 大学物理实验(第 3 册). 北京：高等教育出版社,2001.

[13] 霍剑青,等. 大学物理实验(第 4 册). 北京：高等教育出版社,2001.

[14] 潘元胜,冯璧华,于瑶. 大学物理实验(第 2 册). 南京：南京大学出版社,2001.

[15] 饶明英,等. 大学物理实验. 北京：航空工业出版社,1999.

[16] 李秀燕. 大学物理实验. 北京：科学出版社,2001.

[17] 李水泉. 大学物理实验. 北京：机械工业出版社,1999.

[18] 李平舟,陈秀华,吴兴林. 大学物理实验. 西安：西安电子科技大学出版社,2002.

[19] 曾仲宁,王秀力. 大学物理实验. 北京：中国铁道出版社,2002.

[20] 梁为民,李建新,熊维德. 北京：航空工业出版社,2001.